耿肇英　编著

用 12 个流行应用程序学
Python
从入门到精通

世界图书出版公司

北京·广州·上海·西安

图书在版编目（CIP）数据

用12个流行应用程序学Python：从入门到精通 / 耿肇英编著. -- 北京：世界图书出版有限公司北京分公司，2025. 1（2025.5重印）. -- ISBN 978-7-5232-1650-7

Ⅰ. TP312.8

中国国家版本馆CIP数据核字第2024P28718号

书　　　名	用12个流行应用程序学Python：从入门到精通
	YONG 12 GE LIUXING YINGYONG CHENGXU XUE PYTHON
编　　　著	耿肇英
责任编辑	张绪瑞
责任校对	王　鑫
出版发行	世界图书出版有限公司北京分公司
地　　　址	北京市东城区朝内大街137号
邮　　　编	100010
电　　　话	010-64038355（发行）　64033507（总编室）
网　　　址	http://www.wpcbj.com.cn
邮　　　箱	wpcbjst@vip.163.com
销　　　售	新华书店
印　　　刷	北京建宏印刷有限公司
开　　　本	787mm×1092mm　1/16
印　　　张	24.75
字　　　数	620千字
版　　　次	2025年1月第1版
印　　　次	2025年5月第2次印刷
国际书号	ISBN 978-7-5232-1650-7
定　　　价	88.00元

★ 学习Python的必要性

没有任何编程经验的初学者，面临的首要问题就是，首选学习哪种编程语言。无论是哪类人，强烈建议把Python作为学习的第一种编程语言。

对于非IT专业类大学生或者从业者，一般仅需要一种编程语言作为工具，用来解决本专业的实际问题，一生可能只需学习一种编程语言。Python入门容易，使用该编程语言能编写在多个操作系统运行的图形界面程序，且有大量各专业免费Python库可用，可用很少的代码，就能解决本专业的复杂问题。因此学习Python是首选。

对于IT专业类及相关专业大学生或者从业者，一般需要学习多种编程语言。把Python作为学习的第一种语言也是一个不错的选择。Python入门容易，是面向对象的编程语言，可作为掌握其它编程语言的起点。该语言也是一个强大的工具，可以开发游戏、Web应用、人工智能等多个领域的应用程序。特别是IT专业类大学生，在学习计算机基础后或同时学习并掌握Python语言，在大学第二年就可以为老师或其它公司开发一些实际的应用程序或承担项目中的部分代码，在开发中继续学习有关知识，在实际工作中学习，能更快地提高自己的工作能力，同时也积累了工作经历，为毕业求职做准备。

很多中小学生家长都想让孩子学习编程。教育部2019年发布《青少年编程能力等级》标准，将青少年编程能力考试分为图形化编程、Python编程、机器人编程和C++编程四个方向。也就是说这4种编程语言都适合青少年学习。小学低年级学生可学图形化编程语言作为启蒙，小学高年级和初高中学生再学习Python就可以了。Python语言入门容易，学习后能编写完整的图形界面应用程序和游戏，使学习的人有成就感，增加学习兴趣。大多数从小学到大学的学生可能只需学习Python就够了，只有考入IT类相关专业院校才需要学习其它编程语言。

全国青少年信息学奥林匹克联赛，简称信奥赛，由教育部和中国科协委托中国计算机学会统一组织，分为初中组和高中组，获得高中组复赛一等奖的选手有可能免试入大学或加分。由于C++目前是信奥赛唯一编程语言，因此有些家长希望孩子能获得这个免试入大学或加分的资格而首选C++，这是不理智的，获得免试入大学或加分资格的学生毕竟是极少数。C++学习难度较大，创建图形界面还需学习MFC库，还要学习其它信奥赛所需知识，所花费的精力是巨大的，如果因此影响校内课程的学习成绩，就得不偿失了。理想的方法是首先学习Python，学得非常好，可再考虑学习C++，如C++也学得非常好，再学习信奥赛所需知识，当感觉到学信奥赛所需知识吃力，或已经影响校内课程，就应立即放弃。

★ 本书特色

因希望没有任何程序设计基础的不同专业各类读者，都能将本书作为学习程序设计语言的入门书，所以编者尽量选择对各专业读者都用得到的内容和例子，使不同专业读者在学完本书后，能利用自己的专业知识，选择本专业Python库，可编写本专业应用程序。绝大数人都不会成为程序员，不需要学习过多计算机专业知识。

首先，Python语言基本语法是必学的，包括变量、数据类型、判断语句、循环语句、列表、元组、字典、函数、类和对象；要理解变量无类型，数据有类型、一切皆为对象，一切皆为对象中的引用论述，以及事件驱动概念；最后12章每章一个应用程序（application program，缩写为App），还使用了如下知识：正则表达式、随机数、二维列表反序和转置、可变和不可变数据类型、多线程、递归函数、异常处理机制、堆栈、深拷贝、用shelve保存数据、矢量图形、矢量运算等。

其次，大部分应用程序必须有一个图形界面，掌握一种创建图形界面的工具，是所有编程者必须掌握的技术。tkinter是Python自带的创建图形界面模块，可用tkinter开发一些中小型图形界面应用程序，也能为学习使用其它图形界面模块打下基础。

再次，图形图像在各个领域有广泛应用。tkinter库的Canvas类处理图形图像功能较少，而pillow库是免费开源的第三方库，提供了非常强大的图像处理功能，它能够很轻松地完成一些图像处理任务，简单易用，非常适合初学者学习。本书介绍了pillow库，并给出一些使用pillow库的例子。

最后，很多人喜欢玩游戏，也希望能编写游戏程序。为提高读者的学习兴趣，本书从12章开始，每章一个完整应用程序，共计12个，其中有5个游戏程序，1个游戏程序用pygame编写。pygame专门用来开发、设计二维电子游戏模块，是免费、开源的第三方软件包，支持多种操作系统，有良好的跨平台性。其余4个游戏是棋类游戏，典型的事件驱动，用tkinter窗体的组件完成。

★ 本书主要内容

本书共有23章。第1章首先说明程序设计语言概念，然后介绍Python的优缺点。第2章介绍Python安装方法，以及Python自带集成开发环境IDLE的使用。第3章到第10章是Python语言基本语法，需要在理解基础上读懂书中例子，仅仅完成书中的习题是不够的，还需在网上寻找习题练习，达到熟练掌握Python语言基本语法的目的。第11章讲解如何使用tkinter库中的组件，创建应用程序的图形界面，实现简单功能，理解事件和事件驱动的概念，以及tkinter窗体的工作机制。

从第12章到第23章，每章一个完整的应用程序，共计12个。每章开始首先说明应用程序要完成的功能和实现功能的思路。如果涉及新的知识点，用例子加以说明。为使读者更容易读懂程序，对于主程序、每个函数和类的定义，都分别详细说明它们要完成的功能，每个函数的参数的意义，以及各个变量的意义。对于其中的难点给出详细解释。12个实例中，有11个是tkinter窗体程序，包括计算器、数字华容道、2048游戏、扫雷游戏、时钟程序、记事本程序、黑白棋游戏、画图程序、画矢量图程序、截屏程序、录屏程序；1个用pygame库编写的游戏，即投篮游戏。这些都是手机、Window系统或网上的应用程序，改用Python实现。在各章中，除了这12个程序，还有一些作为例子的应用程序，例如，使白底色透明程序、走迷宫游戏等。希望通过学习编写这些实际的应用程序，读者能掌握用Python语言编写实际应用程序的步骤和方法。

从第12章到第22章的应用程序，代码总行数逐步增加。第12章的计算器程序代码行数仅有59行；第13章的数字华容道程序，只有基本功能的3行3列数字华容道程序仅用35行；包括3×3、4×4、5×5完整数字华容道程序，并保证所有随机排列数字矩阵都有解，也只有79行代码。其后各章应用程序，总代码行数从100多、200多、300多，直到最后的录屏程序有500多行代码。读者在掌握Python基本语法后，可从第12章开始，按顺序学习每章的应用程序。首先要读懂程序，有些例子并不完整，要求读者自己完成这部分功能。然后看一看是否能增加功能，或者自己编写一个类似功能的程序，例如，在第12章计算器基础上，实现一个函数计算器。本书各章的应用程序也不一定只有一种实现方法，也可能不是最好的方法，读者可试一试其它实现方法。总而言之，学习编程是一个从简单到复杂的逐步提高过程，其中最重要的是自己要动手编写代码，从开始模仿别人的代码，最终达到能根据项目要求，独立完成项目，从小项目开始，到最终能完成大型项目。本书所有实例的程序代码以及因图书篇幅有限未能在书中出现的三个游戏——球球情侣游戏、超人游戏、小蝌蚪吃蚊虫游戏三章的文本以及实例代码都可通过以下链接（链接地址：https://pan.baidu.com/s/1aFiw9LmnxAbQgRRPalBPgw?pwd=2025，提取码：2025）下载获得。

在此要特别感谢北京中学的张亦弛老师，她参与编写了本书第四章、第五章；还要特别感谢北京联合大学的耿燚老师，她参与编写了本书第六章、第七章、第八章，她们为此付出了大量的心血和时间。本书是以教授施羽佳和陈彦辙同学学习Python语言时的教案为基础编写的，因此还要感谢两位同学为本书编写所提供的灵感以及为本书所做的一切。

书中的缺点和不足之处在所难免，敬请读者批评指正。

编者
2024年8月

第4章　input()函数和if语句 / 016

第5章　while循环语句 / 021

第6章　for循环语句 / 025

第7章　列表和元组 / 028

第8章　字典 / 042

第9章　函数 / 051

第13章　数字华容道 / 110

第14章　2048游戏 / 124

第15章　扫雷游戏 / 133

第16章　秒表、定时器、闹钟和时钟 / 155

第17章　记事本程序 / 184

第18章　用Canvas实现黑白棋 / 216

第19章　画图程序 / 234

第20章   画矢量图程序 / 272 | Q

第21章   截屏程序 / 306 | Q

第22章　录屏生成动图程序 / 314

第23章　投篮游戏 / 341

第1章　Python基础

【学习导入】Python 并不是一门新的编程语言，1991年就发行了第一个版本，2010 年以后随着大数据和人工智能的兴起，Python 又重新焕发出耀眼光芒，在历届世界编程语言排行榜中名列前茅。Python 是开源免费的高级编程语言，简单易用，功能强大，非常适合作为入门编程语言。非IT专业人士也很容易掌握 Python，能编写本专业的复杂程序。

1.1　计算机程序设计语言

这里的语言不是人们通常理解的英语、中文等语言，而是用字符根据一定规则书写的多条指令(命令)或语句，称为程序，用来指挥计算机完成指定任务。计算机发展历史中，出现过多种计算机程序设计语言，例如机器语言、汇编语言、C、Java和Python等语言。

1.2　机器语言和汇编语言

日常使用的手机、平板、台式机等都是计算机系统，CPU（中央处理器）是计算机系统最重要的部件，用来运行所有应用程序。能在CPU中直接运行的唯一程序设计语言是机器语言，用其它程序设计语言编写的程序都必须转换为机器语言，才能在CPU中运行。机器语言程序中有多条指令，CPU直接执行机器语言中的多条指令，完成指定任务。机器语言用二进制数代表一条指令，指令就是命令CPU完成某项工作，所有指令集合组成指令系统，各种计算机系统使用的CPU可能不同，不同的CPU有不同的指令系统，互不兼容。

编写二进制机器语言程序十分困难，因此产生了汇编语言。汇编语言用字符和数字表示机器语言的各条指令，其指令和机器语言的指令一一对应，用汇编语言编写的程序称为汇编语言源程序。相对于机器语言，编写汇编语言源程序要容易得多，但是汇编语言源程序并不能在CPU中运行，需用汇编程序将汇编语言源程序转换为机器语言程序，才能在CPU中运行。由于两者指令一一对应，从汇编语言源程序转换为机器语言程序，和直接用机器语言编写的程序，两者运行速度基本相同。这两种语言称为低级语言。

1.3　高级语言及编译系统和解释系统

编写汇编语言程序仍然比较困难，而且不同CPU的指令系统完全不同，因此产生了高级语言。高级语言和使用的CPU无关，是参照数学语言而设计的近似于日常会话的语言，有自己的语法规则，根据语法规则，编写高级语言语句，完成指定工作。一些语句类似数学表达式，例如：a=b+2。一条语句能完成较复杂的功能，包含机器语言的多条指令，使编程效率更高，编写更加容易。C、Java和Python都是高级语言。为了让计算机完成某任务，根据高级语言语法规则，编写的多条语句称之为源程序。由于早期计算机行业的发展主要在美国，因此当前大多数高级语言都近似英语。

高级语言源程序需转换为CPU能理解的机器语言，才能在计算机系统中运行。有两种转换方式：编译执行和解释执行。编译执行是将高级语言源程序一次性转换为机器语言，称为可执行文件，商家发行可执行文件，用户调用可执行文件在计算机系统运行。但编译后的可执行文件只能在一种CPU上运行，为了适应不同CPU的各种计算机系统，商家要发行多种版本的可执行文件。编译执行比解释执行速度要快很多，但运行速度比用汇编语言和机器语言编写的程序运行速度要慢。C语言采用编译执行，在所有高级语言程序中，C语言程序运行速度应是最快的。解释执行，是将高级语言源程序的一条语句翻译为机器语言后，执行该条语句，然后再翻译下一条语句，再执行下一条语句，如此重复，直到程序结束。由于要翻译一条语句后执行，和编译执行相比，解释执行速度较慢。解释执行的最大好处是，只需在不同操作系统预装能在该操作系统运行的高级语言解释程序，就可以在不同操作系统上运行完全相同的高级语言源程序。由于Python和Java都是解释执行的，它们的源程序可以在Window、苹果和Linux等操作系统中直接运行。

1.4　Python语言的优缺点

Python语言是当前IT行业内最为流行的编程语言之一，同时Python也是全场景编程语言，在Web、大数据、人工智能和嵌入式系统等开发领域均有应用，所以Python语言是当今程序员的重要开发工具。Python语言优点如下：

● Python语法简单，没有任何编程基础都可以掌握，非常适合作为入门编程语言。在开发Python程序时，可以专注于解决问题本身，而不用顾虑语法的细枝末节。Python是高级语言，屏蔽了很多底层细节，如Python会自动管理计算机系统运行内存，不需要时自动释放。Python又是面向对象编程语言，能开发中大型应用程序。

● 开源且免费。Python语言遵循GPL（GNU General Public License）协议。任何人都可以免费下载、使用和修改Python语言，包括Python解释器及其它公司或组织为Python开发的模块和库，也可以用Python语言开发自己的程序，修改其他人用Python语言编写的程序，发布后供他人使用，不需要任何费用，不用担心版权问题，即使作为商业用途，也是免费的。但发布自己编写或修改的Python源程序，也必须遵守GPL规则，允许其他人免费使用和修改。

● 解释型语言，Python几乎支持所有常见的平台，比如Linux、Windows、Mac OS等，你所写的Python源程序无需修改就能在这些平台上正确运行。也就是说，Python的可移植性是很强的。

● 由于Python模块（库）众多，使其功能十分强大，开发效率很高。Python基本实现了所有常见的功能，从简单字符串处理，到复杂3D图形绘制等。除了Python官方提供的核心模块，很多第三方机构也参与进来开发了大量实用模块。

● 可扩展性强，Python 具有脚本语言中最丰富和强大的类库，包括文件 I/O、GUI、数据库访问、文本操作等绝大部分应用场景。这些类库的底层代码不一定都是用Python编写，有很多用C/C++ 编写。当一段关键代码需要运行速度更快时，就可用 C/C++ 语言实现，然后在 Python 中调用它们。Python 能把其它语言"粘"在一起，所以被称为"胶水语言"。 这在一定程度上弥补了运行速度慢的缺点。

Python语言缺点如下：

● 运行速度和C、Java相比较慢。这对于大多数应用程序并不是问题。例如，C语言执行用0.001秒，Python用0.1秒， 100倍的倍数看来很大，但可能根本感觉不到0.1秒和0.001秒的区别。而且很多应用程序是联网的，网速相对较慢，比如联网任务需要1秒，那么1.1秒和1.001还有什么区别呢。

● 不可加密。

● 由于GIL锁的存在，Python的线程无法利用多CPU。

● 需要解释器支持才可执行。

1.5　Python语言的2.x和3.x版本

当前Python 语言有2.x和3.x两个版本，这两个版本是不兼容的。现在Python 官方已终止了对Python 2.x版本的支持。建议初学者学习3.x版本。目前已有3.12版本。本书使用Python 3.8.2。本书所有程序在Window 11操作系统、Python 3.8.2环境编写运行。

第2章 安装Python及IDLE的使用

【学习导入】本章首先介绍在Windows操作系统安装Python的步骤，然后说明Python自带的集成开发环境IDLE使用方法，最后介绍Python其它的集成开发环境。

2.1 在Windows系统安装Python

在 Windows 上安装 Python 和安装普通软件一样简单。首先需要下载Python 安装包。打开网站https://www.python.org/downloads/，在打开的网页上将鼠标移到Downloads菜单，将看到如图2-1所示网页，该网页已根据网页所在计算机使用的操作系统，自动为该计算机选择需下载的Python安装包。单击Downloads for Windows下的Python 3.10.6，将自动下载用于Windows系统的Python 最新版本安装包。当前最新Python版本应高于3.10.6。

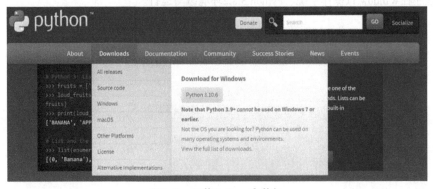

图2-1　下载Python安装包

双击下载得到的 Python-3.10.6-amd64.exe可执行文件，打开窗体如图2-2所示。特别要注意选中Add Python 3.10 to PATH，这样可以将 Python 命令工具所在目录添加到系统 Path 环境变量中，以后开发程序或者运行 Python 命令会非常方便。单击Install Now采用默认安装模式，会选择所有组件，在 C 盘安装。单击Customize installation采用自定义安装模式，可手动选择要安装的组件，可在其它盘符安装。一般用默认安装模式即可。

图2-2 安装Python

单击Install Now采用默认安装模式后，该窗体右侧将变为安装进度条，表示安装进度。成功安装后，窗体给出提示信息：Setup was successful，单击Close按钮，关闭窗体。在Windows 11开始菜单，选择所有应用，看到新增菜单：Python 3.10，单击该菜单有下拉菜单，可看到菜单项：IDLE，单击IDLE，将打开集成开发环境IDLE。说明Python安装成功。

2.2 Python自带IDLE使用

IDLE是集成开发和学习环境的英文缩写，是Python自带的集成开发环境。IDLE有两个窗体：编辑窗体和Shell窗体。在Windows 11操作系统，单击开始菜单的Python 3.x菜单，弹出下拉菜单，单击下拉菜单的菜单项：IDLE，打开Shell窗体。可在Shell窗体的符号>>>后边直接输入语句，例如输入：print(2+3)，键入回车键，将在下一行显示5。该窗体一般用来验证输入的Python少量语句是否正确。也可作为初学者学习Python的起点。在Shell窗体中输入语句无法保存。

设计应用程序，需在编辑窗体编写源程序。打开Shell窗体，单击File菜单的New File菜单项，打开编辑窗体。在编辑窗体输入源程序，例如输入：print(2+3)，回车换行可继续输入其它语句，本源程序仅1条语句。单击编辑窗体的File菜单的Save菜单项，在打开的对话框中，选择保存文件的文件夹，输入文件名，不必输入Python文件扩展名.py，会自动为文件添加扩展名.py，单击确定按钮，保存文件。单击Run菜单的Run Module菜单项，运行所编写的程序，在shell窗体显示运行信息，以及程序运行结果：5。如程序有语法错误，在shell窗体列出，并显示出错误语句的行号和错误类型。在编辑窗体，单击Option下拉菜单的Show LineNumber菜单项，可以为源程序增加行号，可快速定位出错语句。如需要打开源程序，在shell窗体或编辑窗体，单击File菜单的菜单项Open，在打开对话框中选中要打开的源文件名称，打开源文件。File菜单的Recent File菜单项列出最近打开的源文件。编辑窗体还有一些功能，帮助使用者编写源程序，例如，自动改变源程序一些文本的颜色，字符串为绿色、内置命令用紫色、关键字用橙色等，自动检查语法错误并用红色标注错误。IDLE还具有调试功能，参见12.8节。

2.3 离开IDLE运行Python程序

除了在IDLE中运行Python程序外，如果按照第1章所述步骤安装了Python，并且在安装过程中选中了选项Add Python 3.10 to PATH，那么双击Python源代码文件即可运行Python程序，同时打开Windows命令行窗体。

如果需要在没有安装Python的电脑上执行Python源程序，这时候就需要将Python源文件打包成Windows可执行的.exe应用程序，打包过程会将Python程序源代码、所需模块和Python解释程序打包成一个.exe可执行文件，双击该执行文件即可在没有安装Python的电脑上运行该Python程序。这实际上是在没有安装Python的计算机上运行Python解释程序，导入所需模块，使用该解释程序解释执行所编写的源程序。

打包Python源文件为.exe可执行文件，需要使用一个第三方模块Pyinstaller，安装这个模块只要在命令提示符中输入命令pip install pyinstaller即可。

2.4 Python其它的集成开发环境介绍

Python自带集成开发环境IDLE功能比较简单，不适合开发大中型项目，其调试功能也不太友好，也没有代码自动补全功能，即输入了部分字符，集成开发环境给出后续允许输入的字符，例如输入，print(，将提示可以输入的参数等。

有很多优秀的集成开发环境克服了Python自带集成开发环境IDLE这些缺点，例如，Pycharm、Pydev+Eclipse、Visual Studio Code等。其中Pycharm是商业Python IDE，有两个版本，一个是免费版本，另一个是面向企业开发者的更先进的专业版本。大部分的功能在免费版本中都是可用的，包括智能代码补全、直观的项目导航、错误检查和修复、遵循PEP8规范的代码质量检查、智能重构、图形化的调试器和运行器等。

Pydev+Eclipse是免费Python IDE。Eclipse原是非常流行的Java集成开发环境，可在Windows、Linux和MAC OS等系统上运行。Pydev是运行在Eclipse上的开源插件，支持Python调试、代码补全等功能，使Eclipse变为Python集成开发环境。

Visual Studio Code(简称VS Code)是微软的产品，支持多种编程语言、跨平台、轻量级、开源(免费)的集成开发环境，安装Python插件，可支持Python，具有Python调试、代码补全等功能。如果以前使用过微软的其它集成开发环境，选用VS Code是一个不错的选择。

网上有很多文章，介绍各种优秀的集成开发环境，有兴趣的读者可自行查看。

第3章 变量、字符串、数字和布尔数

【学习导入】计算机需要处理各种数据，数据可能是文字、数字和图像等。各种数据的处理方法及保存方法有很大不同。Python 3中有六个标准的数据类型：Numbers（数字）、String（字符串）、List（列表）、Tuple（元组）、Sets（集合）和Dictionaries（字典）。数字类型又细分为4种数据类型，包括int（整数）、float（浮点数）、bool（布尔数）和complex（复数）。本章首先给出变量的概念，然后介绍字符串类型、数字类型和布尔类型数据，其余数据类型在后续章节介绍。最后给出不同类型数据转换的方法。

3.1 变量

计算机为了处理数据，就必须保存这些数据。高级程序设计语言的说法是用变量保存数据，用赋值语句实现：变量名=数值，例如：a=2。习惯上说，定义一个变量a，赋值为2，更简单些，令变量a等于2，或a等于2。那么在Python中，语句a=2执行了哪些操作将数据2保存，并令变量a代表数据2呢？为解释这一点，必须介绍些简单的硬件知识。

在买手机时，最关心的性能指标除了中央处理器（CPU）性能外，还有RAM和ROM容量，如手机性能标记为：8GB+256GB，表示RAM容量为8GB，ROM容量为256GB。1024=1K，1024K=1M，1024M=1G，B表示1个字节，1字节为8位2进制数。

ROM是只读存储器的英文缩写，也称为非运行内存、外存，关机后ROM保存的数据不会丢失，用来保存各种文件，包括操作系统文件、应用程序文件、程序设计语言源文件、照片和视频文件等。大容量ROM能保存更多文件。手机的ROM实际上是快闪存储器（flash memory），简称为闪存，是电可擦写只读存储器，在开机状态，可擦除原数据，写入新数据，但写入速度较慢，不能作为RAM使用。在计算机中使用的闪存被称为固态硬盘。

RAM是随机存储器的英文缩写，读写速度快，也称为运行内存、内存、主存，本书将RAM称为内存。当在手机、平板、台式机中打开应用程序，例如微信，该应用程序文件和应用程序所处理的数据，将从ROM读出，保存到内存中，换句话讲，应用程序只能在内存中运行，处理数据。手机等允许同时打开多个应用程序，打开应用程序越多，占用的内存单元越多，打开的多个应用程序占用了所有内存单元，将会引起手机卡顿，为了使手机不卡顿，当然希望手机内存越大越好。当手机关机后，内存中的数据就丢失了。

内存可想象为有多个小报箱的柜子，每个报箱都有唯一编号，根据报箱编号将报纸分发到报箱，职工可根据编号从报箱取回自己的报纸。内存也有很多单元，每个单元也有唯一编号，内存编号被称为地址，把数据写到内存指定地址单元，根据保存数据的地址能读出数据。报箱虽有编号，但用报箱编号存取报纸不方便，因此为职工分配某编号的报箱后，同时在报箱上贴上职工名字的标签，使姓名和报箱编号形成对应关系，就可根据姓名存取报纸了。当然无法为内存单元贴标签，但可将变量名和数据地址形成对应关系，变量名作用就类似报箱上的人名标签。为此将整个内存划分为多个区域：保存程序区、保存变量区、保存数据区等。执行Python赋值语句a=2，首先为保存数据2，在内存数据区申请内存，然后将2的数据类型保存到申请的内存，其后单元保存整数2。被保存的数据具有三要素：数据类型、该类型数据、保存数据的内存单元首地址，这个首地址称为ID，ID是英文Identity Document的缩写，中文意思是唯一编码。最后将变量保存到变量区。变量包括两部分：变量名称字符串(例如a=2的a)占用一个单元、其后单元保存数据地址（ID），这样变量名和数据地址（ID）就形成对应关系，可将这种对应关系称为变量对应的ID，或者简称变量的ID，例如：a对应的ID，a的ID。为读写这个数据，要先找到变量名字符串，其后内存单元是变量对应的ID，ID是保存数据地址，通过ID去读写数据。通过变量对应的ID读写数据的模式，一般称为变量引用数据，例如变量a引用整数2。由于变量和ID的对应关系，有时也称ID引用数据。"变量引用数据"是告诉我们，Python语言只能通过变量对应的ID去读写数据，没有其它方法。当学到类的概念后，就会知道，这里的数据，实际上就是类对象，见10.1节。

如果再令a=2.2，先将浮点数类型和浮点数2.2保存到内存数据区。请注意，因整型数2为不可变数据类型（参见9.5节），不能修改保存数据2的内存单元为2.2。保存变量名称字符串a的地址保持不变，仅将其后保存整数2在内存的地址，换为保存浮点数2.2在内存的地址，称作变量a引用了浮点数2.2，变量a将不再引用整数2。请注意，不同数据，保存在内存数据区的不同地址单元，不同数据的ID一定不同，也就是说，两个数据的ID不同，两者一定不是同一数据。

通过以上论述，可知在Python中变量无法单独使用，只有为变量赋值后，才能建立变量，用这个变量引用这个数据。如果为已存在变量赋值为其它类型数据，这个变量将引用新的不同类型数据，即某个变量既可引用这种数据类型的数据，也可以引用其它数据类型数据，因此说：变量无类型，数据有类型，数据的类型同数据一同被保存在内存数据区。

但习惯上为了叙述方便，在编写Python程序时，以及在一些有关Python的文章中，往往说某变量是整数类型，某变量是浮点类型等等。对于这种说法，我们都应当理解为该变量所引用的数据是整数类型，或浮点类型，而不能认为变量有类型。

如a=2，语句b=a将在变量区申请两个单元，第1个单元保存变量名称b这个字符串，其后单元保存变量a对应的ID，那么变量a和b将引用同一整型数2，因此赋值语句b=a是将变量a对应的ID传递给b，也称为将变量a的引用传递给b，这里的"引用"是ID。实际上赋值语句a=2，也是将整数2保存到数据区后，将保存整数2的地址（ID）传递给变量a，使a可以引用整数2。所有赋值语句都是将等号右侧数据的ID（引用），包括变量对应的ID和创建数据返回的ID，传递给等号左侧变量，简单描述为：赋值语句是引用传递。

那么Python为什么采用这种方法保存数据呢？用一个内存单元保存变量名，其后单元用来保存数据类型和数据，不更简单吗？数据有多种类型，将来会看到不同数据占用内存单元数不同，有些数据占用内存单元很多，有些数据占用内存单元较少，在变量名后保存数据类型和数据，会使查找变量名变得复杂，即通过变量名访问数据变得复杂。而python，变量名字符串实际上也被保存到内存数据区。在内存变量区，每个变量占用两个内存单元，第一个单元是变量名字符串的ID，第二个内存单元是数据的ID。这样通过变量就能快速找到数据ID，用数据ID读写数据。顺便提醒读者，不是所有高级程序设计语言都采用Python保存数据的方法。

　　Python 预定义了很多函数，称为内置函数，只要输入函数名和参数值就可使用。后边将详细介绍函数有关概念，这里可认为函数是为了完成某些工作，预先编写的一段程序，并给这段程序起一个名字，称为函数名，用函数名调用这段程序，完成指定工作。有些函数在完成指定工作后，还能返回程序运行后的结果，可赋值给变量。例如内置函数type（变量），可得到该变量引用数据的类型，其中type是函数名，括号内的变量称为参数，该函数将得到的数据类型用字符串返回，如果令s=type（变量），那么s就是用字符串表示的变量所引用数据的类型。内置函数id(变量)，将返回该变量引用数据在内存数据区的地址（ID）。

　　下边用例子验证变量a可引用不同类型数据，既可引用整数，也可引用浮点数，整数2和浮点数2.2被保存的内存地址是不同的，是两个不同数据。同时验证赋值语句b=a是将变量a对应的ID传递给b。打开Shell窗体，在Shell窗体输入以下内容，不必输入注释语句，即不必输入#以后的内容，注释语句仅仅是告诉你前边的语句要完成什么工作。每输入一行内容，键入回车键，执行该语句，例如在>>>后输入：a=2，然后回车，将执行赋值语句a=2。

>>> a=2	#为变量a赋值2，2是整数，a引用整数2
>>> type(a)	#内置函数type返回参数a引用数据的类型并显示，int表示整数类型
<class 'int'>	#class表示类，和int组合到一起表示整型类，类的概念以后将讲到
>>> id(a)	#内置函数id返回参数a引用整数2在内存的地址(ID)，在屏幕显示ID
140724342544064	#该地址和读者得到的地址可能不同
>>> a=2.2	#重新为变量a赋值2.2，a将引用浮点数2.2，不再引用整数2
>>> type(a)	#内置函数type返回参数a所引用数据的类型是浮点数
<class 'float'>	#float表示浮点数，class表示类，以后将看到所有数据都是类对象
>>> id(a)	#内置函数id返回参数a引用浮点数2.2在内存的地址(ID)，在屏幕显示ID
3078333655376	#和上边地址一定不同，因它们是不同数据。a可引用整数，也可引用浮点数
>>> b=a	#赋值语句b=a是将变量a对应的ID传递给变量b，也称为引用传递
>>> id(b)	#变量a和b对应的ID相同，两者引用同一浮点数2.2
3078333655376	#b的ID一定和a的ID相同，注意此时a的ID为：3078333655376

　　要用变量引用数据，因此该变量名必须是唯一的。变量名，除了和其它变量名不能重名外，还需遵循如下一些命名规则：

　　● 变量名只能包含字母、数字和下划线。变量名能以字母或下划线开头，但不能以数字开头，例如，可将变量命名为a1，但不能将其命名为1a。变量名首字母一般小写。

　　● 变量名不能包含空格，但可使用下划线来分隔其中的单词。例如，变量名a_pig可行，但变量名a pig会引发错误。也可以用首字母大写分隔单词，例如：aPig。

　　● 不要将Python关键字和函数名用作变量名，即不要使用Python保留用于特殊用途的单词，如print、type、id等。

● 变量名应既简短又具有描述性。例如，name比n好，student_name比s_n好等。

● 慎用大写字母I和O，因为它们可能被错看为数字1和0。

Python 2不支持非ASCII码标识符。在2007年5月的Python增强提案PEP3131认为，很多Python开发者并不熟悉英语，更希望用母语对变量、类和函数进行命名，而不是用有误的英文命名。使用母语命名的标识符可以提高代码清晰度和可维护性。因此Python 3开始支持非ASCII码标识符，当然也就可以使用中文定义变量、类和函数名称。

3.2 注释

在大多数编程语言中，注释都是一项很有用的功能。注释的主要目的是阐述代码要做什么，以及是如何做的。在开发期间，你对程序了如指掌，但过一段时间后，有些细节你可能不记得了。这些注释能帮助你更快地回忆起程序的功能。在多人分工协同编写程序时，注释能使他人更快地明白你负责的模块的功能。或者当你完成委托项目交给用户，不再负责维护，注释将使用户的维护人员能承担起维护程序的任务。在Python中，注释文字放在#号后面，从#号开始到本行结束的内容都会被Python解释器忽略。如果注释有多行，可以将注释内容放到两组英文单引号或双引号之间，两种格式如下。

'''

注释内容，可以有多行

'''

或

"""

注释内容，可以有多行

"""

3.3 垃圾自动回收器

为一个变量赋值，变量引用的数据就要占用内存空间。可能有些数据使用后，就不再使用。如果这些不再使用的数据很多，就将占用很多内存空间，由于内存空间是有限的，占用内存过多将会严重影响计算机运行速度。Python的解释程序具有垃圾自动回收功能，会将不再使用的数据所占用内存空间回收，重新分配给新创建的数据。那么Python的解释程序是如何判断某数据是否被使用呢？判断方法就是查看这个数据是否被变量引用。例如，a=2，变量a引用数据2，再令a=3.0，变量a将引用数据3.0，不再引用数据2，如数据2已经没有被任何其它变量引用，将被程序解释器自动回收。这里不详细解释Python程序解释器的垃圾自动回收原理，读者只需记住，使用Python编写程序，不必像C或C++语言那样，必须用语句删除不再使用的数据。当变量a引用的数据占用很多内存空间，例如一个数据很多的列表，当仅有变量a引用该列表，如希望释放a所引用的列表，只需令变量a=None，或令变量a引用其它数据。请注意，如果a=2，b=a，del a并不是删除a引用的数据2，仅仅是删除变量a，变量a不存在了，也就无法引用数据2了，但b仍然引用数据2，程序解释器不会回收数据2占用的内存空间。

3.4　字符串和print函数

在英文单引号或者英文双引号内的数字、字符、中文字或其它转义字符，称为字符串。请注意，不能使用中文单引号或中文双引号标记字符串。字符串可以直接在屏幕上显示。转义字符虽然也是字符，但不是用来显示，而是有其它意义。例如\n是转义字符，通常称作换行符，表示后边的字符串在下一行显示。有很多转义字符，可参考有关文档。以下是字符串的例子：'cat'、"123"、'包括中文字'和'12\n34'等。单个字符也必须用字符串表示，例如：'k'。如字符串中有英文单引号，定义字符串可用英文双引号，例如："I'am a student"；如字符串中有英文双引号，定义字符串可用英文单引号，例如：'He says "hello".'。如字符串中既有英文单引号，还有英文双引号，必须用转义字符，例如：'He says "I\'am a student".'，或者"He says \"I'am a student\"."。这里\是转义字符，表示后边的英文单引号或英文双引号不是转义字符，就是一个普通字符。需要注意的是，Python的字符串中的字符是区分大小写的，'a'和'A'是不同的字符串。可以把字符串赋值给变量，例如：aCat='cat'，习惯上称变量aCat为字符串类型，实际上是指变量aCat引用的数据为字符串类型。

学习编程，掌握字符串的使用是很重要的。计算机最初是为计算而设计的，因此被称为计算机。但是计算机发展到今天，文字处理已成为计算机十分重要的工作，像word程序、网页和电子书等文字处理方面应用层出不穷。

计算机只能识别2进制数，字符串中的数字、字符、中文字必须用2进制数来代表，这种方法称为字符编码。当需要在屏幕显示某字符，根据该字符编码，找到该编码对应的该字符的点阵图形，在屏幕显示。2进制数是用数字0和1来表示的数。它的基数为2，进位规则是"逢2进1"。从0开始的2进制数是：0、1、10、11、100、101等，8位2进制数是一个字节，可表示十进制数0到255。最早的字符编码是 ASCII 编码，它仅对 10 个数字、26 个大小写英文字母以及一些特殊字符进行了编码。ASCII 编码最多只能表示 256 个符号，每个字符占用 1 字节。随着信息技术的发展，各国的文字都需要进行编码，于是相继出现了GBK、GB 2312、UTF–8 等编码。其中 GBK 和 GB 2312 是我国制定的中文编码标准，ASCII 编码占用 1 字节，每个中文字占用 2 字节。而 UTF–8 是国际通用的编码标准，用来为全世界各国文字进行编码，UTF–8中ASCII 编码占用 1 字节，各国文字编码长度根据需要可为2字节到4字节，每个中文字占用 3 字节。Python 3.x 默认采用 UTF–8 编码格式。

函数print()是Python内置函数，用来在shell窗体显示字符串，其中print是函数名称，其后必须是英文括号，函数的括号中可以为空，也可以有参数，一般是要显示的内容，下例print函数中字符串'123'是参数，是要显示的字符串。

```
>>>print('123')              #用内置函数print在shell窗体显示字符串'123'，括号内字符串'123'是参数
123
>>>print('12\n34')           #\n是转义字符，通常称作换行符，表示字符串'34'在下一行显示
12
34
```

可以使用+号连接两个字符串：

```
>>>print('123'+'456')
123456
```

显示一个用*排列的三角形。

```
>>>print(' * \n * * \n* * *')
 *
 * *
* * *
```

有时希望读出字符串中的某一个字符或汉字，可用如下方法。下例s[0]中的0称为索引，字符串s索引取值范围为0到7。请注意，索引从0开始，最后一个字符'数'索引为7，为字符串长度减1。英文字符和中文字都占用1位索引。Python认为字符串最后一个元素的索引为–1，倒数第2个为–2，依次类推。因此不必知道列表长度，就能访问最后一个元素，还是很方便的。

```
>>> s='12345是整数'
>>> s[0]                #字符串s索引为0的字符为'1'。索引从0开始，最后一个汉字'数'索引为7
'1'                     #两个单引号之间的数字1是字符串
>>> s[-1]               #字符串s索引为–1的字符为'数'，即最后一个汉字'数'
'数'
```

可以获取字符串的部分字符，称为字符串切片。例如取出索引从1到3的所有字符。

```
>>> s='12345'
>>> s1=s[1:4]           #s[1:4]在字符串s中返回索引从1到3所有字符，赋值给s1。字符串s不变
>>> s1                  #显示s1引用的字符串
'234'
```

还可以每次间隔若干字符，从字符串取出字符，例如：

```
>>> s='12345'
>>> s[1:4:2]            #字符串s索引从1到3，每次间隔1字符，取出所有字符后返回在屏幕显示
'24'
```

3.5　Python提供的处理字符串函数

经常要处理字符串，例如所有英文字母变为大写或小写、英文单词首字母大写、去掉空格等。Python提供了众多处理字符串的公用函数，提供的方式就是类，用字符串类封装了多个处理

字符串的函数，类的详细概念以后会讲到，这里只需知道，如定义变量s=字符串，可用格式：s.字符串类中的函数名，调用字符串类中的函数，完成对字符串处理。例如登录网站需输入网名，如网站用户名不区分大小写，会将用户输入的网名中所有字母全变为小写，将网名'Alice'中的字母全变为小写的例子如下。

```
>>> s='Alice'          #定义变量s引用字符串'Alice'
>>> type(s)            #变量s引用的字符串'Alice'类型是字符串类，字符串类封装了众多处理字符串函数
<class 'str'>          #下句因变量s引用字符串，因此s.lower()是调用字符串类中的函数lower()
>>> s1=s.lower()       #s调用lower()函数返回新字符串，赋值给s1，和s字符串相同，但字符都变为小写
>>> s1                 #显示全部字符是小写的字符串s1
'alice'
>>> s                  #显示原字符串s，原字符串s不变
'Alice'
```

Python提供了文本左对齐、右对齐和中间对齐的函数，分别是 ljust()、rjust() 和 center() 。例子如下。

```
>>> s='hello'          #字符串s长度为5
>>> s1=s.ljust(10)     #函数从字符串s返回长度为10的新字符串'hello     '，其尾部有5空格，赋值给s1
>>> s1                 #在屏幕显示s1引用的字符串，左对齐
'hello     '
>>> s.rjust(10)        #函数从字符串s返回长度为10的新字符串'     hello'，其头部有5空格，在屏幕显示
'     hello'
>>> s.center(10)       #函数返回长度为10的新字符串'  hello   '，头部有2空格，尾部有3空格，在屏幕显示
'  hello   '           #如希望字符串'hello'前后各有3个字符，用语句：s.center(11)
>>> s                  #原字符串s不变
'hello'
```

函数s.split(分割符)可将字符串s按照参数指定的分隔符切分成多个子字符串，这些子字符串被保存到列表中(不包含分隔符)，该列表作为函数的返回值，如无参数，分隔符为空格。join()方法用来合并字符串，格式为：<分割符>.join(<iterable>)，其中<iterable> 是任何包含子字符串的 Python 可迭代对象，例如一个列表或一个元组。例子如下。

```
>>> s='32.79'
>>> s1=s.split('.')    #用'.'分割字符串s，返回列表，列表元素是分割后的子字符串。列表概念见后边章节
>>> s1                 #列表有2项，分别是小数点前字符'32'，小数点后字符'79'
['32', '79']           #这里的方括号[ ]，表示数据是列表
>>> s                  #字符串s未被修改
```

'32.79'

```
>>> s2='.'.join(s1)          #将列表s1中的两个字符串，用字符'.'连接组成新字符串'32.79'，赋值给s2
>>> s2                       #在屏幕显示s2引用的字符串
'32.79'
```

　　如s='abcDe fgab'，常用处理字符串函数有：函数s.upper()返回新字符串'ABCDE FGAB'，所有字符大写。s.title()返回新字符串'Abcde Fgab'，每个单词首字母大写，例如英文人名姓和名的开头字母均大写。s.strip('ab')返回新字符串'cDe fg'，去掉首尾'ab'；函数s.lstrip('ab') 返回新字符串'cDe fgab'，去掉首部'ab'；函数s.rstrip('ab') 返回新字符串'abcDe fg'，去掉尾部'ab'。以上三个函数参数还可以是制表符(\t)、回车符(\r)、换行符(\n)等，如无参数，移除空格。函数s.count('ab')返回2，是字符串s中字符串'ab'出现的次数，如查找字符a，参数为'a'，该函数用于检索字符串中，由参数指定的字符串出现的次数，如果检索的字符串不存在，返回0，否则返回出现的次数。函数s.find('b')用于检索字符串s中是否包含参数指定字符串'b'，如果包含，则返回第一次出现该字符串的索引，反之则返回 –1。还有内嵌函数len(s) 返回字符串的长度。4.6节也介绍了字符串类中其它一些处理字符串的函数。

　　这里仅简单说明了一些函数用法，更多和更详细的函数使用方法，可通过内置函数 dir() 和help()自行查看，参数是要查看的对象。dir() 函数用来列出某个类或者某个模块中的全部内容，包括变量、方法、函数和类等。help() 函数用来查看某个函数或者模块的帮助文档。例如在shell窗体运行dir(str)，将列出字符串类的所有函数，以__开头和结尾的函数都是私有的，不能在类的外部调用。要查看字符串方法split()，可在shell窗体运行help(str.split)。所显示内容为英文。网上也有关于字符串的中文详细教程，可自行查看。

3.6　整数和浮点数

　　所有带小数点的数称为浮点数，例如1.0、0.0和–1.0等。没有小数点的数称为整数，例如–1、0和1等。无论整数还是浮点数，都可以做加(+)减(–)乘(*)除(/)运算，并且支持运算优先级，先乘除后加减，但可以使用括号修改优先级。用两个乘号(**)表示乘方运算，例如：2**3=8、0.5**2=0.25、(–2)**2=4、–9**0.5=–3.0、9**0.5=3.0、27**(1/3)=3.0、32**(1/5)=2.0。用符号%得到两整数相除的余数，例如：10%3=1。用符号//得到两整数相除的商，例如：10//3=3。另外Python支持+=运算符，a=a+b可写为a+=b；a=a–b可写为a–=b。

　　两个数用运算符进行计算，如两个数都是整数，除了除法，运算结果都是整数。对于除法，计算结果都为浮点数，例如：10/3, 10/2都为浮点数。如两个数用运算符进行计算，有一个数是浮点数，计算结果一定是浮点数。

3.7　布尔(bool)类型

　　Python用布尔类型数值来表示真或假，条件成立为真，不成立为假。布尔类型仅有两个值：True 和 False，True为真，False为假，请注意：True 和 False首字母必须是大写。可创建布尔变量：a=True 或a= False。

使用逻辑运算符对变量或数值进行比较的表达式，称为布尔表达式，也称逻辑表达式或条件表达式。布尔表达式成立，其值为True，不成立其值为False。例如5>3正确，其值为True；4 > 20错误，其值为False。常用的逻辑运算符有：

>(大于)、<(小于)、==(等于)、>=(大于等于)、<=(小于等于)和!=(不等于)。

另外以下情况布尔值都为False：整数0、浮点数0.0、复数0.0+0.0j、空字符串""、空元组()、空列表[]、空字典{}、None。相反情况，所有非0数值、非空字符串、非空元组、非空列表和非空字典都为True。

布尔类型有3个运算符：and、or和not。布尔值1 and 布尔值2，只有布尔值1和布尔值2都为True，运算结果才为True，否则为False。布尔值1 or 布尔值2，只要布尔值1或布尔值2有一个为True，运算结果就为True，如都为False则运算结果为False。not Ture为False，not False为True。

3.8　类型转换

前面介绍了字符串、整数和浮点数三种数据类型。在程序设计中，有时需要将一种数据类型转换为另一种数据类型，例如，如果要显示一个整数，必须将整数转换为字符串。有些数据类型转换由Python自动完成，例如上节讲到的整数和浮点数可以进行各种运算，运算中可能发生类型转换。例如整数10除以整数4得到浮点数2.5，这个转换是由语言自动完成的。又如下例，n是整数，print(n)将n自动转换为字符串，在屏幕显示。

```
>>> n=2
>>> print(n)
2
```

但有些转换则需用语句显式完成。例如n=2表示有几只兔子，要显示我有2只兔子，语句print('我有'+n+'只兔子')是错误的，因为只能用+号将多个字符串合并为一个字符串，无法用+号将字符串和整数合并为一个字符串，正确的格式是：

```
>>> n=2
>>> print('我有'+str(n)+'只兔子')                              #str(n)将整数2转换为字符串
我有2只兔子
```

str()是内置函数，其它内置类型转换函数还有float()和int()，可将字符串转换为浮点数或整数。但是转换前，必须对字符串进行检查，字符串转换为整型数，字符串中只能包含数字。字符串转换为浮点数，字符串中只能包含数字和一个小数点。

第4章 input()函数和if语句

【学习导入】input()是内置函数，返回从键盘输入的字符串，可以赋值给变量。在图形界面中，一般不使用该函数输入数据，这里介绍该函数是因为一些例子用到该函数。和其它编程语言一样，Python 程序也有三种基本程序结构，即顺序结构、选择结构和循环结构。顺序结构就是让程序按照从头到尾的顺序依次执行每一条语句，不重复执行任何语句，也不跳过任何语句。选择结构也称分支结构，根据条件有选择性地执行某些语句，换句话讲，条件成立执行某些语句，条件不成立，则不执行这些语句。循环结构就是让程序多次重复执行某些相同语句。本章介绍如何用if语句实现选择结构，在后续章节介绍循环结构。

4.1 input()函数

程序设计中，经常要用键盘输入数据，例如为求两数和，必须输入加数。input()函数可以接受用键盘输入的字符串。下边例子介绍input()函数的用法，该例首先请使用者输入姓名，然后在屏幕显示：'欢迎'+输入的姓名。

打开Shell窗体，在>>>后边输入语句：name=input('请输入姓名')，按回车键，字符串'请输入姓名'是提示信息，将在屏幕下一行显示，然后等待输入。输入若干字符，例如输入：geng，键入回车结束输入，将输入的字符串赋值给变量name。请注意，变量name是字符串类型。 最后在shell窗体显示字符串：欢迎geng!。

```
>>> name=input('请输入姓名：')        #按回车键，执行该语句，下行显示：请输入姓名：
请输入姓名：geng                      #输入字符串geng后，按回车键，将令name='geng'
>>> print('欢迎'+name+'!')            #其中name记录上条语句输入的字符串
欢迎geng!                             #在shell窗体显示：欢迎geng!
```

4.2 最简单的if语句

条件表达式也称布尔表达式，条件成立，其值为True，执行if语句的代码块，其可能包含一条语句或多条语句，不成立，其值为False，不执行该代码块。

if语句格式如下。

```
if 条件表达式:                    #if语句行尾的英文冒号表示代码块中每行语句都需缩进4个英文空格
    代码块                        #if语句条件成立执行该代码块，条件不成立，则不执行该代码块
```

Python在函数定义、类定义、流程控制语句以及异常处理语句中，用英文冒号和代码缩进来声明代码块。以if语句为例介绍声明代码块方法。if语句行尾的英文冒号表示下一行需缩进4个英文空格，冒号后第一条语句的缩进表示if语句代码块从此行开始，代码块可有一条或多条语句，每条语句相对if语句都需缩进4个英文空格，代码块最后一行语句的下一行语句缩进结束，表示代码块结束。也可用有4个英文空格制表符设置缩进。

下例首先输入考试分数，然后判断成绩是否及格，采用最简单if语句。先打开Shell窗体。在Shell窗体，单击File菜单的菜单项New File打开编辑窗体，在编辑窗体中输入如下所有语句，包括注释。然后保存为文件，单击Run菜单的菜单项Run module，运行该程序。编辑窗体的使用，参见2.2节。程序源文件如下。

```
str_mark=input('请输入考试成绩(百分制)：')    #从键盘输入字符串，用变量str_mark保存输入的字符串
mark=int(str_mark)                          #将str_mark引用的字符串转换为整数保存到变量mark
str_mark='不及格'                            #str是string缩写，str_mark中的str提示本变量是字符串
if mark>=60:                                #if语句行尾的英文冒号表示下行需缩进4个英文空格
    str_mark='及格'                          #冒号后第一条语句的缩进表示if语句代码块从此行开始
print(str_mark)                             #显示判断结果。语句缩进结束表示该行之前代码块已结束
```

4.3 if else语句

if else语句格式如下，如条件表达式成立，其值为True，执行if语句的代码块1，不成立，其值为False，则执行else语句的代码块2。

```
if 条件表达式:                    #if语句行尾的英文冒号表示代码块1中每行都需缩进4个英文空格
    代码块1                      #if语句条件成立，执行代码块1
else:                           #else语句行尾的英文冒号表示代码块2中每行都需缩进4个英文空格
    代码块2                      #if语句条件不成立，执行代码块2
```

下例首先输入考试分数，然后判断成绩是否及格。采用if else语句。文件如下：

```
str_mark= input('请输入考试成绩(百分制):')
mark=int(str_mark)
if mark>=60:
    print('及格')
else:
    print('不及格')
```

4.4 if elif else语句

如需要检查的条件超过两个，就要使用if elif else语句，格式如下。

```
if 条件1表达式：          #如条件1成立执行代码块1，不再执行其后所有语句，包括else代码块3
    代码块1
elif 条件2表达式：        #如if语句的条件1不成立，才会执行本条语句
    代码块2              #如条件2成立执行代码块2，不再执行其后所有语句，包括else代码块3
…                       #允许有多条elif语句
else:                   #上述if和所有elif条件都不成立，才执行代码块3
    代码块3
```

只有1个if和else，允许有多个elif。如if或某个elif的条件成立，就执行该条件成立要执行的代码块，将不再执行其后所有语句，包括else代码块3；如if或某个elif的条件不成立，就要继续检查其后的elif的条件是否成立。如果if或所有elif条件都不成立，则执行else代码块3。

如考试成绩为优秀、良好、及格和不及格，用if elif else结构进行判断。程序如下：

```
str_mark= input('请输入考试成绩(百分制):')
mark=int(str_mark)
if mark<60:
    print('不及格')
elif mark<70:
    print('及格')
elif mark<90:
    print('良好')
else:
    print('优秀')
```

4.5 if语句中使用运算符and、or或not

在if语句的条件表达式中可能有多个子条件。例如大于等于60岁且小于70岁老人买半票。下例首先输入年龄，如果大于等于60岁且小于70岁，显示：请买半票。

```
age_s= input('请输入年龄：')
age=int(age_s)
if age>=60 and age<70:
    print('请买半票')
```

又如大于等于70岁或小于10岁，免票，程序如下：

```
age_s=input('请输入年龄：')
age=int(age_s)
if age>=70 or age<10:
    print('免票')
```

前边讲到空字符串为False。如为空字符串显示：空字符串。程序如下：

```
n=''
if not(n):                    #if (n==''):也正确
    print('空字符串')
```

4.6　Python提供的其它处理字符串函数

用input()函数从键盘输入的是字符串，可输入英文字母、数字、英文标点符号和其它符号(如算术运算符)，还可输入中文字和中文标点符号。如需要将输入的字符串转换为其它类型数据，并不是所有字符串都能完成转换，例如将字符串转换为整数，如果字符串中有非数字字符，转换将报错。因此转换前，必须检测字符串是否满足转换条件。

在3.5节曾介绍了字符串类中一些处理字符串的函数。类的概念以后会讲到，这里只需知道，如定义变量s=字符串，可用格式：s.字符串类中的函数名，调用字符串类中的函数完成对字符串处理。这里介绍字符串类中其它一些处理字符串的函数。如变量s=字符串，则可使用以下函数对字符串s进行判断，如条件成立，返回True(真)，否则返回 False(假)。

```
s.isalnum()              #如字符串s所有字符都是数字或者字母，返回 True，否则返回 False
s.isalpha()              #如字符串s所有字符都是字母(包括中文字)，返回True，否则返回 False
s.isdigit()              #如字符串s所有字符都是数字，返回 True，否则返回 False
s.islower()              #如字符串s所有字符中的字母都是小写，返回 True，否则返回 False
s.isupper()              #如字符串s所有字符中的字母都是大写，返回 True，否则返回 False
s.istitle()              #如字符串s所有英文单词首字母都是大写，返回 True，否则返回 False
s.isspace()              #如字符串s所有字符都是空格，返回 True，否则返回 False
```

下边例子，用语句判断包括中文和英文字母abc的字符串s的字符是否都是字母。

```
>>> s="英文字母abc"
>>> s.isalnum()
True
```

下例判断字符串s所有字符中的字母是否都是小写，其它字符例如>，不影响判断。

```
>>> s='a>b'
>>> s.islower()
True
```

前边介绍过内置type()函数，返回参数的数据类型，参数可以是Python所有类型数据或变量。可用type()函数判断变量是不是某种数据类型。

```
>>> x=1
>>> type( x )==int          #判断变量是否为整数，判断整数1是否为整数：type(1)==int
True
```

第5章　while循环语句

【学习导入】while 循环语句可无限循环执行循环体(代码块)中的语句，重复完成类似工作，但也可以在满足某种条件时，从循环退出。while 循环语句的特点是循环次数事先不能确定。本章最后用实例介绍如何检查字符串能否转换为整数。

5.1　while 循环语句格式

while 循环语句格式如下。

while 条件表达式：　　　　　　　#while语句行尾的英文冒号表示循环体(代码块)中每行语句都需缩进4个英文空格
　循环体

while 循环语句可循环执行循环体(代码块)中的语句，循环体中可能有一条或多条语句。其中条件表达式值只能为True或False，如为True，执行循环，否则退出循环。while循环语句没有固定的循环次数，如何退出循环，是学习while循环语句的一个重点。

5.2　退出while 循环的方法

如while循环语句的条件表达式的值在循环中能自动改变，当其值变为False后，将会自动退出循环。实现方法见下例。该例求自然数1到5的和。可以看到n每次循环加1，当n=6，n<6不成立为False，退出循环。程序如下。

```
n=1
sum=0
while n<6:
    sum+=n                  #循环体有两条语句，循环体中每条语句相对于while语句缩进4个英文空格
    n+=1
print(sum)
```

如while循环语句的条件表达式是一个布尔变量，其初始值为True，进行循环。在循环中根

据某种条件，令这个布尔变量的值为False，将会退出循环。实现方法见下例。该例对输入的整数求和，输入字符q退出循环。程序如下。

```
sum=0
dojob=True                              #dojob为布尔变量，初值为True，为真
while dojob:                            #dojob为True，正常循环；为False，退出循环
    str=input('输入求和的整数，输入q退出！')
    if str=='q' or str=='Q':
        dojob=False                     #该条语句相对于if字符要缩进4个英文字符
    else:
        sum+=int(str)
print(sum)
```

5.3　使用break语句退出循环

break语句用来结束其所在的while循环语句。注意仅仅退出其所在的while循环语句，如果是嵌套循环，其上一级的循环语句的循环还是要继续的。下例介绍了break使用方法。修改上例，用break退出循环。程序如下。

```
sum=0
while True:
    str=input('输入求和的整数，输入q退出！')
    if str=='q' or str=='Q':
        break
    else:
        sum+=int(str)
print(sum)
```

5.4　用continue语句进入下次循环

continue语句用来结束本次循环，进入下一次循环。在实际运用中，可能根据条件，有些循环中做某工作，另一些循环中不做这个工作，例如求偶数和，是偶数做加法，奇数就不做加法。这个功能可用 continue语句实现。下例计算1到10偶数和。n%2余数为1，说明是奇数，不求和，退出本次循环，进入下次循环。程序如下。

```
n=0
sum=0
while n<=10:
```

```
    n+=1
    if n%2==1:
        continue
    sum+=n
print(sum)
```

这不是计算1到10偶数和的最好方法，不用continue语句，用语句n+=2，也能计算1到10偶数和。用continue语句计算1到10偶数和，仅仅是为了说明如何使用continue语句。

5.5 检查字符串能否转换为整数

在上边的例子中，多次用到语句str=input('输入整数')得到输入的字符串，然后语句int(str)直接将字符串转换为整数。如果输入的字符串中包含非数字字符，语句int(str)将产生错误，这在一个实际使用的应用程序中，是不允许的。程序应首先检查输入字符串中的字符是否都是数字字符，如果为真，用语句int(str)将字符串转换为整数。见下例。有时需要检查字符串是否能转换为浮点数，由于要用到列表知识，相应例子见后边章节。

对输入的整数求和，输入字符q退出循环。要求对输入字符串是否能转换为整数进行检查。程序如下。

```
num_sum=0
s='输入求和的整数，'
while True:
    num_str=input(s+'输入q退出！')
    if(num_str.isdigit()):
        num_sum=num_sum+int(num_str)
        s='输入求和的整数，'
    else:
        if num_str=='q' or num_str=='Q':
            break
        else:
            s='输入错误，重新输入求和的整数，'
            continue
print(num_sum)
```

5.6 while语句的嵌套

while语句的嵌套，是在一个while循环语句的循环体里面嵌入另一个while循环语句。例如显示9×9乘法表，共有9行。第一个while循环的条件表达式为：行数<=9。在第1行，有1列，为

1×1；在第2行，有2列，为2×1 2×2；在第3行，有3列，为3×1 3×2 3×3；…依此规律，在第9行，有9列，即每行的列数，小于等于当前行数，第二个while循环的条件表达式为：列数<=当前行数。显示9×9乘法表程序如下。

```
row=1                          #row为行数，从1开始
while row<=9:                   #乘法表有9行，如行数<=9，执行循环
  col=1                        #col为列数，9×9乘法表每列都从1开始
  while col<=row:              #每行列数col<=行数，执行循环
    print('%dx%d=%d\t' %(row,col,col * row),end='')
    col += 1                   #列数加1
  print()                      #不显示任何字符串，仅仅换行
  row += 1                     #行数加1
```

这里解释一下函数print()使用的参数。每调用一次函数print()，默认要换行，即参数end有默认值为'\n'，也就是默认end='\n'。如果希望调用函数print()后不换行，可修改参数end=''。另外可以令变量按照一定格式输出，本例'%dx%d=%d\t'%(row,col,col*row)，将三个变量row,col,col * row转换为字符串后，按顺序依次替换字符串中三个%d，并将字符串显示到屏幕。"\t"是制表符，是一个转义字符，等效于单击一次键盘上的tab键，这里使用"\t"制表符，可使9×9乘法表的每一列表达式左对齐。

第6章　for循环语句

【学习导入】for循环语句可以遍历任何序列。序列可以是字符串，或是后边将讲到的列表、元组、字典等。所谓遍历，就是按照序列保存元素的顺序，每次循环从序列读出一个元素，直到读出最后一个元素，因此循环次数为序列长度。有时需要指定循环次数，可以用range函数创建一个整数序列，然后逐一读出整数序列中的整数，完成指定次数循环。

6.1　for循环语句的结构

for语句循环结构如下。

```
for var in 序列:              #for语句行尾的英文冒号表示循环体(代码块)所有行都需缩进4个英文空格
    循环体
```

循环从序列中逐一读出数据赋值给变量var，var可根据需要替换为任意其它变量名，循环体中有一条或多条语句，是每次循环要执行的语句，循环体中的语句可以使用变量var。循环体中所有语句相对于for语句缩进4个英文空格。

下例逐一显示字符串中的每个字符。程序如下。

```
for character in 'python':
    print(character)
```

6.2　函数range()和pass语句

函数range()可生成一个整数序列。例如range(3)生成序列0,1,2，注意序列最后的数是2，是range(3)的参数3减1，for n in range(3)可以使循环体执行3次，在循环中从序列0,1,2逐次取出整数赋值给n，循环体中语句可以使用变量n。这种格式可以完成指定循环次数。注意for n in range(0)循环0次，即不会执行循环体，直接退出for循环语句。

range()函数生成的整数序列可以不从0开始，例如range(1,3)生成序列为：1,2。生成的整数序列两个连续整数之间间隔默认为1，也可以修改为其它间隔，例如2、3等。例如间隔为2，函数range(0,10,2)生成序列：0,2,4,6,8。显示10以内偶数的程序如下，注意0也是偶数。请读者用此法求10以内偶数和奇数和。

```
for n in range(0,10,2):
    print(n)
```

for 语句的循环体不能为空。有时决定增加一条for语句，但循环体的语句还没确定如何写，此时希望看到增加for语句后的程序总体结构，又能看到运行所有语句的效果，为避免运行错误，可用pass 语句作为该for语句的循环体。pass是一条语句，但不做任何工作。

6.3　for语句嵌套及使用break和continue

for语句和while语句的嵌套、break和continue 概念相同，使用方法类似，可参考前边有关章节论述。这里仅用例子演示for语句使用嵌套、break和continue的方法。下例用for语句显示9×9乘法表，是for语句使用嵌套的例子。

```
for i in range(1,10):
    for j in range(1,10):
        if i>j:
            print(i,"x",j,"=",i×j,end=' ')        #该条print语句不换行，"×"是乘号
        if i==j :
            print(i,"x",j,"=",i×j)                 #该条print语句换行
```

下例是猜年龄游戏。假如年龄为50岁，允许猜三次，猜对了，显示：恭喜您，答对了！猜年龄偏小显示：猜小了！。猜年龄偏大显示：猜大了！。无论猜大还是猜小，没有猜够三次，允许继续猜，同时提示还能猜几次。三次猜不对显示：对不起，您已猜了3次，下次再来吧！是for语句使用break和continue例子。请读者修改程序，验证输入是否为整数。

```
for m in range(3):                              #允许猜三次，三次猜不对，退出循环
    age=int(input('猜一下我的年龄，还有'+str(3-m)+'次机会哦！'))
    if age==50:
        print('恭喜您，答对了！')
        break
    if age<50:
        print('猜小了！')
        continue
    if age>50:
        print('猜大了！')
```

```
    continue
if m==2 and age!=50:
print('对不起，您已猜了3次，下次再来吧！')
```

第7章 列表和元组

【学习导入】列表(list)是Python中非常重要的内置数据类型。列表是可以保存任意类型数据的有序集合。列表类中封装了处理列表数据的多个函数，包括遍历、查找、删除、增加和排序等，将数据保存到列表，将使处理数据更加方便。调用这些函数的格式为：列表变量.列表类中的函数名。元组(tuple)与列表类似，两者最大不同是元组创建后不能被修改，可理解为，元组是只读版本的列表。在9.5节将看到元组是不可变数据类型，而列表是可变数据类型。

7.1 为什么要使用列表

如果有大量数据需要处理，显然为每个数据创建一个变量不是好办法。例如一个网站中有很多用户，每个用户有自己的用户名和密码。用户登录，要输入用户名和密码。系统首先要判断是否有这个用户，如有这个用户，还要判断密码输入是否正确，只有输入都正确，才能进入系统。想一想如果把所有用户名和密码都用变量表示，要实现上述功能有多困难。列表可以认为是一个数据的容器，可以有序保存任何类型的数据：数字、字符串甚至其它列表，并提供查找等功能。那么用列表来记录所有用户信息就很容易了。

7.2 创建和访问列表

要保存大量用户数据，首先必须创建列表。可以先创建一个空列表，在用户注册后，将用户信息添加到列表中，也可以在建立列表时，将管理员和初始用户信息同时写入列表中，即创建列表时写入初始数据。在shell窗体创建列表语句如下。

```
>>> a=[ ]              #创建空列表，a是列表名称，可称为列表a或a列表
>>> b=[3,4,5]          #创建列表并赋初值，3,4,5为整数，是列表元素，用英文逗号分隔
>>> b[0]               #显示索引为0的元素，即显示3，请注意，索引从0开始
3
>>> b[2]               #列表最后一个元素索引为2，等于列表长度减1，b列表长度为3
5
>>> b[-1]              #索引为-1，也表示最后一个元素
5
```

```
>>> c=[0]*4                    #[0]*4=[0]+[0]+[0]+[0]=[0,0,0,0]，使用+可将多个列表合并
>>> c
[0, 0, 0, 0]
>>> c=[0.1,0.2,0.3]            #列表元素是浮点数，列表元素可以是Python中的任意数据类型
>>> c=[1,0.2,3]               #列表中不同元素可以是不同的数据类型
>>> c=[1,0.2,['a','b'],3]     #列表元素也可以是其它列表
```

在上边例子中a、b和c是列表名称，可称为列表a、列表b、列表c，或a列表、b列表、c列表。b=[3,4,5]中的3、4、5是列表元素，也称为列表项，用英文逗号分隔。列表元素可以是Python中的任意数据类型，可以是字符串、整型数、浮点数，以及还未讲到的元组、字典或集合，列表元素也可是其它列表。列表元素的数据类型可以不相同。列表通过元素索引访问元素的值，用b[0]、b[1]、b[2]分别表示列表b中第一个、第二个和最后一个元素的值，其中在方括号[ ]中的0、1、2是列表元素的索引，索引从0开始，列表最后一个元素索引为列表长度减1，索引为-1，也表示最后一个元素，倒数第2个元素索引为-2，依次类推。因此不必知道列表长度，就能访问最后一个元素，还是很方便的。

7.3　用list()和range()创建列表

Python提供了内置函数list()，和str()一样是类型转换函数，使用它可将其它序列转换为列表，其它序列包括字符串和以后讲到的元组、字典。前边已讲到，range()可产生一个整数序列，因此用list()可将其转换为列表。将其它类型数据转换为列表的例子如下。

```
list1 = list("hello")                        #将字符串转换为列表
print(list1)
tuple1 = ('Python', 'Java', 'C++', 'JavaScript')    #创建元组，本节后边将讲到元组
list2 = list(tuple1)                         #将元组转换为列表
print(list2)
dict1 = {'a':100, 'b':42, 'c':9}             #创建字典，后续章节将讲到字典
list3 = list(dict1)                          #将字典的键转换为列表
print(list3)
range1 = range(1,6)
list4 = list(range1)                         #将range()生成的整数序列转换成列表
print(list4)
```

运行结果如下：

```
['h', 'e', 'l', 'l', 'o']
['Python', 'Java', 'C++', 'JavaScript']
```

['a', 'b', 'c']

[1, 2, 3, 4, 5]

7.4　列表切片和备份列表

所谓的列表切片，就是获得某列表的部分元素组成新列表。切片操作不是列表特有的，Python的有序序列都支持切片，如前边讲到的字符串切片以及以后讲到的元组切片。列表切片的格式为：new_list=list1[start:end:step]，是在列表list1中，从索引start开始取出第1个元素，索引增加step取出第2个元素，依次类推，直到取出索引为end−1元素结束后，将取出的所有元素，按照取出顺序创建新列表new_list。注意不会取出索引为end的元素。列表切片的例子如下。

```
a=[1,2,3,4,5,6]
a1=a[1:4]              #在列表a中取出索引为1、2和3的元素组成新列表：[2,3,4]
print(a1)             #a1是新列表，显示[2,3,4]
print(a)              #a列表未改变，显示[1,2,3,4,5,6]
b=a[:]               #在列表a中取出全部元素，组成新列表b
print(b)             #显示列表b：[1,2,3,4,5,6]
print(a[1:5:2])       #取出的列表是[2,4]
print(a[1:-1:2])      #取出的列表是[2,4]
print(a[1:6:2])       #取出的列表是[2,4,6]
print(a[5:0:-1])      #显示[6, 5, 4, 3, 2]
```

运行结果：

[2, 3, 4]

[1, 2, 3, 4, 5, 6]

[1, 2, 3, 4, 5, 6]

[2, 4]

[2, 4]

[2, 4, 6]

[6, 5, 4, 3, 2]

如要备份列表a=[1,2]，令b=a不能达到备份目的，在3.1节已讲到，赋值语句b=a是将变量a的ID传递给变量b，为引用传递，变量a和b将引用同一列表，修改a列表元素，或修改b列表元素，都是修改同一列表。备份列表a，可令b=a[:]，或者b=a.copy()。如列表元素是列表或字典，用这种方法无法备份。要用18.6节的deepcopy函数完成备份。

7.5 为列表增加元素及合并列表

在列表类中有三个函数可为列表增加新元素，其中2个在列表尾部增加新元素，1个在指定索引处插入新元素。如a=[ ]，a.append(obj)在列表a尾部增加元素obj，参数obj可以是整型数、浮点数、字符串，也可以是其它列表、元组等。用append() 方法在列表尾部增加新元素的例子如下。

```
a=['Python', 'C', 'Java']      #下句在列表a尾部增加字符串'PHP'作为列表元素
a.append('PHP')                #因变量a引用列表，因此变量a调用列表类函数append
print(a)
b=('JavaScript', 'C#', 'Go')   #创建元组b
a.append(b)                    #将元组b作为一个元素，增加到列表a的尾部
print(a)
a.append(['Ruby', 'SQL'])      #将参数(列表)作为一个元素，增加到列表a的尾部
print(a)
```

运行结果如下：

```
['Python', 'C', 'Java', 'PHP']
['Python', 'C', 'Java', 'PHP', ('JavaScript', 'C#', 'Go')]
['Python', 'C', 'Java', 'PHP', ('JavaScript', 'C#', 'Go'), ['Ruby', 'SQL']]
```

和append()函数相同，a.extend(obj)也在列表a尾部增加新元素。不同之处是如参数obj是列表或元祖，该函数不把obj作为单一元素添加到列表中，而是把obj包含的元素逐一添加到列表中。用extend ()函数在列表尾部增加单个元素、元组或列表的例子如下。

```
a=['Python', 'C', 'Java']
a.extend('PHP')               #在列表a尾部增加字符串
print(a)
b=('JavaScript', 'C#', 'Go')  #创建元组b
a.extend(b)                   #将元组b中每个元素按原顺序逐一增加到列表a尾部
print(a)
a.extend(['Ruby', 'SQL'])     #将参数(列表)中每个元素按原顺序逐次增加到列表a尾部
print(a)
```

运行结果如下：

```
['Python', 'C', 'Java', 'P', 'H', 'P']
```

```
['Python', 'C', 'Java', 'P', 'H', 'P', 'JavaScript', 'C#', 'Go']
['Python', 'C', 'Java', 'P', 'H', 'P', 'JavaScript', 'C#', 'Go', 'Ruby', 'SQL']
```

使用+可将两个列表合并，例如：

```
list1=[1,2,3,4]
list2=[5,6,7,8]
list0= list1+ list2          #列表list0为：[1,2,3,4,5,6,7,8]
a=[1,2]
a+=[0]                       #列表a为：[1, 2, 0]
```

如果希望在列表指定索引处插入元素，可以使用 insert() 函数。如a=[ ]，insert()函数的语法格式如下：a.insert(index,obj)，参数index是列表a的索引，参数obj是要插入的元素，insert() 函数将obj 插入到列表a指定索引 index处。当obj是列表或元组时，函数insert()将它们作为一个整体插入到列表中，成为一个元素。这点和 append() 是相同的。用函数insert()在列表指定索引处插入单个元素、元组和列表的例子如下。

```
a=['Python', 'C', 'Java']
a.insert(1, 'C++')          #在列表a索引为1处插入字符串'C++'
print(a)
b=('JavaScript', 'C#', 'Go')   #创建元组b
a.insert(2, b)              #在列表a索引为2处，将元组b作为一个元素插入
print(a)
a.insert(3, ['Ruby', 'SQL'])   #在列表a索引为3处，将参数2(列表)作为一个元素插入
print(a)
```

运行结果如下：

```
['Python', 'C++', 'C', 'Java']
['Python', 'C++', ('JavaScript', 'C#', 'Go'), 'C', 'Java']
['Python', 'C++', ('JavaScript', 'C#', 'Go'), ['Ruby', 'SQL'], 'C', 'Java']
```

7.6 删除列表中元素

del 是 Python 中的关键字，专门用来执行删除操作，可以删除列表中的某些元素。删除列表元素的各种方法如下。

```
lang = ["Python", "C++", "Java", "PHP", "Ruby", "MATLAB"]
```

```
del lang[2]                              #删除列表lang索引为2的元素。正数索引
print(lang)                              #显示['Python', 'C++', 'PHP', 'Ruby', 'MATLAB']
del lang[-2]                             #删除列表lang倒数第2个元素。负数索引
print(lang)                              #显示['Python', 'C++', 'PHP', 'MATLAB']
lang=["Python", "C++", "Java", "PHP", "Ruby", "MATLAB"]
del lang[1: 4]                           #删除列表lang索引为1、2、3的元素
print(lang)                              #显示['Python', 'Ruby', 'MATLAB']
lang.extend(["SQL","C#","Go"])           #lang列表变为['Python','Ruby','MATLAB', "SQL","C#","Go"]
del lang[-5: -2]                         #删除列表lang索引为1、2、3的元素
print(lang)                              #显示['Python', 'C#', 'Go']
```

可以用pop(索引)函数删除列表中指定索引处的元素，并返回被删除的元素值。如果无参数，将在尾部删除最后一个元素。前边讲到可用append() 方法在列表尾部增加元素，加上使用无参数的pop()方法，就可以模拟后进先出的堆栈。使用pop()方法的例子如下。

```
nums = [40, 36, 89, 2, 36, 100, 7]
n=nums.pop(3)                            #删除索引=3的元素并赋值给n
print(nums)                             #显示[40, 36, 89, 36, 100, 7]
print(n)                                #显示2
nums.pop()                              #删除尾部最后一个元素
print(nums)                             #显示[40, 36, 89, 36, 100]
```

remove()函数可以根据元素值进行删除，需要注意的是，remove() 函数只会删除第一个和参数指定值相同的元素，而且必须保证该元素是存在的，否则会引发错误。使用remove() 函数的例子如下。

```
nums = [40, 36, 89, 2, 36, 100, 7]
nums.remove(36)                         #删除第1个36
print(nums)                             #显示[40, 89, 2, 36, 100, 7]
nums.remove(36)                         #第二次删除36
print(nums)                             #显示[40, 89, 2, 100, 7]
nums.remove(78)                         #删除78，因78不存在，将显示出错信息
```

如a=[1,2]，a.clear()将删除列表所有元素，使a引用的列表变为空列表。del a将删除变量a，使引用列表的变量减少了一个，如还有其它变量引用这个列表，这个列表不会被Python垃圾回收器回收，如这个列表不再被任何变量引用，该列表占用的内存将被Python垃圾回收器回收，该内存可以分配给其它数据。请看如下例子。

```
>>> a=[1,2]
>>> a.clear()                    #使a引用的列表变为空列表
>>> a
[]
>>> a=[1,2]
>>> b=a                          #可用id()函数验证列表b和a的ID相同，即b和a引用同一个列表：[1,2]
>>> del a                        #不能认为是删除a引用的列表，删除变量a，仅使引用列表的变量减少了一个
>>> b                            #因有b引用列表，该列表还存在。如再执行del b，列表将被垃圾回收器回收
[1, 2]                           #可用id()函数验证列表b的ID不变，即b仍引用原列表：[1,2]
```

7.7　修改列表指定元素的值

有两种修改列表指定元素的方法，可以一次仅仅修改单个元素，也可以一次修改多个连续元素。一次修改单个元素的例子如下。

```
nums = [40, 36, 89, 2, 36, 100, 7]
nums[2] = –26                    #使用正数索引
nums[–3] = –66.2                 #使用负数索引
print(nums)                      #显示[40, 36, –26, 2, –66.2, 100, 7]
```

一次修改多个连续元素的例子如下。

```
nums = [40, 36, 89, 2, 36, 100, 7]
nums[1: 4]=[45.25, –77, –52.5]   #修改索引为1、2、3的元素
print(nums)                      #显示[40, 45.25, –77, –52.5, 36, 100, 7]
```

7.8　列表排序、反序、长度、最大和最小值

Python语言中的排序函数有4个：列表函数reverse()和内置函数reversed()使列表反序，列表函数sort()和内置函数sorted()使列表正向排序。reverse()例子如下。

```
a=[1,5,2,3,4]
a.reverse()                      #使列表a排列顺序反转，即反序，函数只能用于列表
print(a)                         #显示[4, 3, 2, 5, 1]，列表a被修改
print(a[::–1])                   #显示[1, 5, 2, 3, 4]，用切片反序
```

Python内置反序函数reversed(seq)，将参数seq反序，返回反序后序列的迭代器，迭代器概念见8.7节，参数可以是列表、元组、字符串、字典或 range函数产生的序列，注意，只对字典键

反序。参数seq数据不变。内置函数reversed()的例子如下。

```
>>> a=[1,5,2,3,4]
>>> d=reversed(a)                          #列表a反序，返回反序后列表的迭代器，迭代器概念见8.7节
>>> b=list(d)                              #将迭代器d转换为列表
>>> b
[4,3,2,5,1]
>>> a                                      #列表a不变
[1,5,2,3,4]
>>> tuple(reversed('abcde'))               #将字符串反序，注意，将迭代器转换为元组
('e', 'd', 'c', 'b', 'a')
>>> list(reversed({'语文':89,'数学':92,'英语':93}))   #将字典键反序，字典概念参见第8章
['英语', '数学', '语文']
```

sort()函数对列表元素进行正向排序，例如列表元素为整数，数值从小到大排列。排序后的新列表会覆盖原列表，旧列表将不存在，列表名引用新列表。sort()函数是列表类的函数，只能对列表排序。

```
a = [5,7,6,3,4,1,2]
a.sort()                                   #无参数将列表a正向排序
print(a)                                   #显示[1, 2, 3, 4, 5, 6, 7]
a = [5,7,6,3,4,1,2]
a.sort(reverse=True)                       #参数reverse=True，将对列表a反向排序
print(a)                                   #显示[7, 6, 5, 4, 3, 2, 1]
```

内置函数sorted(seq) 总是返回一个已经排序的列表，原列表保持不变，参数seq可以是列表、元组、字符串或字典，注意，该函数只对字典键排序。

```
a = [5,7,6,3,4,1,2]
b = sorted(a)
print(a)                                   #显示[5, 7, 6, 3, 4, 1, 2]，原列表不变
print(b)                                   #显示[1, 2, 3, 4, 5, 6, 7]，新列表元素值从小到大排列
c=sorted('9654')                           #将字符串按照ASCII编码值排序，返回列表
print(c)                                   #显示['4', '5', '6', '9']
```

len()、max()和min()都是Python内置函数。用法如下：

```
a = [5,7,6,3,4,1,2]
```

```
b=len(a)                                #得到列表a中所有元素的数量，即列表长度
print(b)                                #显示7，有7个元素
b=max(a)                                #得到列表a中所有元素的最大值
print(b)                                #显示7
b=min(a)                                #得到列表a中所有元素的最小值
print(b)                                #显示1
```

7.9 查找遍历列表元素及判断某值是否在列表中

本节首先介绍查找列表元素的函数index()和count()，然后再介绍用for语句遍历列表元素和用关键字in判断某值是否在列表中的方法。

index()函数可以查找某个元素在列表中出现的位置(也就是索引)，如果该元素不存在，则会导致错误，所以在查找之前最好使用 count() 方法判断一下。index()方法的使用如下。

```
nums=[40,36,7,0,89,2,36,100,7,-20.5,-999]
print( nums.index(2) )                  #查找列表nums中数值为2的元素索引，显示5，是索引
print( nums.index(100, 3, 8) )          #查找索引从3到7之间数值为100的元素索引，显示7
print( nums.index(7, 4) )               #查找索引4(包含4)之后的元素值为7的索引，显示8
print( nums.index(55) )                 #查找一个不存在的元素，将产生错误
```

count() 函数用来统计某个元素在列表中出现的次数，如a为列表名，用a.count(obj)得到在列表a中元素值为obj的元素个数，如不存在该元素，返回值为0。使用count() 函数的例子如下。

```
nums = [40, 36, 89, 2, 36, 100, 7, -20.5, 36]
print("36出现了%d次" % nums.count(36))   #显示值为36的元素在列表nums中出现次数
if nums.count(100):                     #判断值为100的元素在列表nums中是否存在
    print("列表中存在100这个元素")
else:                                   #注意，非0整型数为真，整型数0为假
    print("列表中不存在100这个元素")
```

运行结果如下：

```
36出现了3次
列表中存在100这个元素
```

可以使用for语句遍历列表所有元素。遍历列表所有元素的例子如下。

```
nums=[1,9,6,7,5]
```

```
for n in nums:                    #每次循环从列表nums按顺序取出一个元素赋值给n
    print(n,end=' ')              #在一行显示列表所有元素
print()                           #换行
```

运行结果如下：

1 9 6 7 5

可以使用in和not in关键字来判断一个值是否存在于列表中，返回结果为True或False。判断某整数是否在整数列表中的例子如下。

```
nums=[1,9,6,7,5]
if 6 in nums:                     #判断6是否在列表nums中
    print('6在列表中')
else:
    print('6不在列表中')
```

运行结果如下：

6在列表中

7.10 注册和检查输入能否转换为浮点数例子

本节有两个例子，一个例子是注册程序，用列表记录注册信息。另一个例子是检查输入的字符串能否转换为浮点数，其中将输入字符串分割为多个字符串，并保存到列表中。通过两个例子，使读者能更进一步了解列表的使用。

进入一个系统一般需要登录或注册，将用户名和密码保存到列表是一个可行的方法，但不是一个好方法，本例仅仅通过注册程序介绍列表的使用。编写系统的用户注册程序，用列表记录用户名和密码。用户名不能和已有用户名相同，密码输入两次必须相同。

```
users=[]                          #列表保存用户名，在列表中用户名必须唯一
passWords=[]                      #列表保存密码
for i in range(3):                #注册最多允许输入3次数据
    uname=input("请输入用户名：").strip()    #strip()将删除输入字符串首尾的空格
    upass=input("请输入密码：").strip()
    passC=input("请确认密码：").strip()
    if not uname or not upass or not passC:    #3个字符串都不允许是空字符串
        print("用户名或密码不能为空，重新输入")
```

```
      continue
  if upass !=passC:
    print("两次输入密码不一致，重新输入")
    continue
  if uname in users:                          #如用户名不区分大小写，如何做？
    print("用户名已存在，重新输入，")
    continue
  users.append(uname)
  passWords.append(upass)
  print("恭喜你，注册成功！")
  break
else:                                    #如果for循环正常结束，else中语句执行。如果是break退出循环，则不执行
  print("你已经三次输入错误信息，注册失败！")
```

　　用语句my_str=input('输入浮点数')得到输入的字符串，可用语句float(str)将字符串转换为浮点数。如输入的字符串中，除包含数字和一个小数点外，还有其它字符，float (my_str)将产生错误，这在一个实际使用的应用程序中是不允许的。为避免错误，在转换前必须检查字符串my_str是否仅有数字和一个小数点。

　　付费者输入付费金额后，收费程序要检查输入字符串能否转换为浮点数，本程序实现该功能。付费者可以输入整数或浮点数，最终都要转换为浮点数。如果没有输入小数点，并且输入的所有字符都为数字，则为整数，否则输入错误；如输入了小数点，用split('.')函数分割字符串返回列表，如列表长度>2，说明输入小数点多于1个，输入错误；否则，列表长度为2，列表有两个元素，第1个元素是小数点前的字符串，第2个元素是小数点后的字符串。只有3种情况是正确的浮点数：数字.数字、空.数字和数字.空，要分别检查，不是这三种情况则输入错误。完整程序如下。

```
while True:
  money=input('输入付款金额(格式为：数、数.数、.数和数.)：').strip()        #要去掉前后空格
  if '.' not in money:             #如输入无小数点，为空也包括在无小数点条件内
    if money.isdigit():            #如输入无小数点，必须全是数字才是整数，否则输入错误
      break                        #输入完成，退出输入
    else:                          #如有非数字，或者输入空字符串，输入错误
      print('输入格式错误,重新输入')
    continue
  s=money.split('.')               #到此至少有1个小数点，用'.'分割字符串返回列表，其元素为字符串
  if len(s)>2:                     #列表长度>2，说明小数点多于1个，输入错误
    print('输入错误，只能有一个小数点，重新输入')
    continue
```

```
    print(s)                        #调试用，能看到字符串格式，正式程序要去掉
    if s[0].isdigit() and s[1].isdigit():    #如小数点前和后都是数字，输入正确
        break
    elif s[0]=='' and s[1].isdigit():   #如小数点前为空，小数点后是数字，输入正确
        break
    elif s[0].isdigit() and s[1]=='':   #如小数点前是数字，小数点后为空，输入正确
        break
    else:
        print('输入格式错误,重新输入')    #其它情况，输入错误
        continue
money=float(money)                  #转换为浮点数
print(str(money)+'输入格式正确')     #显示输入正确
```

7.11 二维列表

二维列表本质上是以列表作为列表元素的列表，换一种说法就是，二维列表的元素还是列表。见下例。

```
>>> aL=[[1,2],[3,4]]            #创建二维列表并初始化，这个二维列表可看作2×2数字矩阵
>>> aL[0]                       #2×2数字矩阵第0行
[1, 2]
>>> aL[1]                       #2×2数字矩阵第1行
[3, 4]
>>> aL[0][0]                    #访问2×2数字矩阵第0行第0列元素
1
>>> aL[1][0]                    #aL[0][0]和aL[1][0]为2×2数字矩阵第0列
3
>>> aL=[[],[]]                  #创建空二维列表
>>> aL[0]=[1,2]                 # aL[0]也是一个列表，原为[]，修改为[1,2]
>>> aL.append([3,4])           #在列表aL尾部增加一个列表[3,4]
>>> aL                         #显示列表aL
[[1, 2], [], [3, 4]]
>>> aL=[[1,2],[3,4],[5,6]]
>>> for i in range(3):         #遍历二维列表
        for j in range(2):
            print(aL[i][j],end=' ')    #显示每个列表元素
1 2 3 4 5 6
```

7.12 列表数据存储方式

当定义一个列表，列表的数据是如何保存到内存中呢？例如，aL=[1,2]，这是一个赋值语句，将在内存数据区为列表申请内存，将该内存首地址(ID)，传递给变量aL，称变量aL引用该列表。然后是在申请的内存中创建列表[1,2]，是将列表两个元素的值(整数1,2)，直接保存到在内存数据区为列表申请的内存中吗？如是这样，那么，保存这两个元素的值(整数1,2)的两个地址都应该和为列表申请的内存首地址(ID)相近。但是，下边程序说明，无论id(aL[0])，还是id(aL[1])，都和id(aL)相差很多。因此，在为列表申请的内存中，保存的不是数据的值，那么只能是数据的地址。因此，可用aL[0]在申请的内存数据区中，找到整数1的地址，然后访问整数1；用aL[1]找到整数2的地址访问整数2。

```
>>> aL=[1,2]              #创建列表，aL引用列表
>>> id(aL)               #为列表在数据区申请的内存首地址(ID)
2831601395840
>>> id(aL[0])            #列表索引为0的元素的地址
140735881402016
>>> id(aL[1])            #列表索引为1的元素的地址
140735881402048
```

不仅列表元素不是数据本身，是数据的引用 (地址(ID))，后边将讲到元组的元素，以及字典键值对中的值，都不是数据本身，而是数据的引用 (地址(ID))。在编程中，可能要用到这个概念。

7.13 元组

元组和列表一样，也是数据的容器，可以存储不同类型的元素。元组与列表有两个不同点。第一个不同点是元组的声明使用小括号()，而列表使用方括号[ ]。当声明只有一个元素的元组时，需要在这个元素的后面添加英文逗号，以防止与表达式中的小括号混淆。这是因为小括号既可以表示元组，又可以表示表达式中的优先级，这就容易产生歧义。常用的创建元组方法有2种，可以直接定义，也可以调用tuple()将其它序列转换为元组。例如：

```
t=(1,2,4,3)              #直接定义，注意使用小括号()
t1=(9,)                  #定义元组，如为t1=(9)是定义1个整型变量，因此逗号是必需的
a=[1,2,4,3]              #定义列表
b=tuple(a)               #将列表转换为元组
print(b)                 #显示(1, 2, 4, 3)
t=tuple(range(1, 6))     #将range函数产生的整数序列转换为元组
print(t)                 #显示(1, 2, 3, 4, 5)
```

第二个不同点是元组声明和赋值后，不能像列表一样添加、删除和修改元素，也就是说元组在程序运行过程中不能被修改。用于列表的排序、替换、添加等函数也不适用于元组，适用于元组的主要操作有元组的遍历、求元组的最大值和最小值等。下边列出元组可以完成的操作。

```
t=(1, 2, 3, 4, 5)
a=t[1]                    #元组访问元素方法和列表相同
print(a)                  #显示2
t1=t[1:4]                 #在元组t中取出索引为1、2和3的元素组成新元组：(2,3,4)
print(t1)                 #显示(2,3,4)，切片可用。元组t不变
t2=t[:]                   #取出元组t所有元素建立新元组t2。备份(拷贝)可用。元组t不变
print(t2)                 #显示(1, 2, 3, 4, 5)
print(len(t))             #显示元组t的元素数为5，函数len()可用
print(max(t))             #显示元组t的所有元素最大值为5，函数max()可用
print(min(t))             #显示元组t的所有元素最小值为1，函数min()可用
print( t.index(3, 1, 5) ) #从索引1、2、3和4元素中，查找值为3的元素索引，显示2
print(t.count(5))         #显示元组t中元素值为5的个数，显示1
for n in t:               #遍历元组
   print(n,end=' ')       #显示1 2 3 4 5
print(0 in t)             #显示False，说明in和not in可用
tup1 = (12, 34.56)        #使用+合并两个元组
tup2 = ('abc', 'xyz')
tup3 = tup1 + tup2        # 元组tup3为：(12, 34.56, 'abc', 'xyz')。元组tup1和tup2不变
```

不能修改元组元素的值，但有时又确实需要修改元组的值，此时可用原来元组名称重新定义一个新元组，例如t=(1,2)，再令t=(1,2,3)。请注意，这不是修改元组t=(1,2)为t=(1,2,3)，而是重新创建了一个新元组t=(1,2,3)，用变量t引用这个新元组，旧元组如果没有被其它变量引用，将被垃圾收集器收回占用的内存，旧元组就不存在了。

元组的功能比列表少，又不能修改其保存的数据，那么使用元组的意义是什么呢？首先元组占用的内存较少。列表在增加元素后，可能将所申请的内存用尽，必须重新申请内存。为了避免频繁申请内存空间，列表一次必须要申请较多内存。而元组不能增加元素，所申请内存只要够用即可。这就是说，同样的数据，列表占用内存较多。另外元组不需要修改数据，不必包括修改数据的函数，这也使其占用内存较少。其次，元组放弃了对元素的增删，使元组类定义变得更精简，元组的创建效率要比列表高很多。再次，数据的不可修改性在程序设计中也是非常重要的。例如，当把列表作为参数传递给函数时，在函数中可以直接修改列表的元素，但函数参数是元组时，在函数中是无法修改元组的元素的。另外多线程并发的时候，元组是不需要加锁的，不用担心安全问题，编写也简单多了。最后，不能将列表用作字典中的键值(key)，但可以使用元组作为字典键值(key)。

第8章 字典

【学习导入】同列表一样，字典也是Python内置数据类型，字典保存数据采用键值对 (key:value) 形式，采用某种数学算法，具有非常快的查找和插入速度。字典类型是 Python 中唯一的映射类型。"映射"是数学中的术语，简单理解，就是键和值有对应关系，通过键能快速地访问值。有时也把键值对中，键和值的关系描述为：键对应的值。和字符串和列表一样，字典也用字典类封装了多个处理字典数据的函数，调用这些函数的方法为：字典变量.函数名。

8.1 为什么要使用字典

某些数据具有对应关系，例如用户在网站的注册信息：用户名（唯一网名）和用户密码，每个用户名都对应自己的密码。前边注册例子用两个列表分别保存用户名和密码，用户名和该用户密码在两个列表的索引相同，如想得到某用户的密码，必须从用户名列表中用函数index（用户名）查到该用户的索引，再根据查到的索引从密码列表中查到该用户的密码。用函数index()查找要遍历列表，很费时。如能将用户名和密码保存到一起，能通过唯一的用户名快速查到密码，注册和登录网站将会更加方便快捷。

为了保存像用户名和密码这样具有对应关系的数据，Python 提供了字典。字典是Python非常重要的内置数据类型，其数据类型为dist。字典保存数据采用键值对形式（key:value）。采用某种数学算法，具有非常快的查找和插入速度。字典相当于保存了两组数据，其中一组数据是键（key），另一组数据可通过键（key）来访问，被称为值(value)。因此上边注册信息的用户名可作为键，密码为值，组成键值对：用户名：该用户密码。

字典包含的元素（键值对）个数不限。键对应的值可以是任何数据类型。但是字典的键必须是不可变数据类型（有关概念参见9.5节），例如整数、字符串或元组，列表、字典等不可以作为键。同一个字典内的键必须是唯一的，但键对应的值则不必唯一。注意，从Python 3.6开始，字典是有序的，它将保持元素插入时的先后顺序。

8.2 创建字典及函数dict()和fromkeys()

程序用花括号{ }来创建字典，可创建空字典，也可有初值，即在花括号中包含多个键值对，键与值之间用英文冒号隔开，多个键值对之间用英文逗号隔开。这是最常用的两种创建字典方法。创建字典的例子如下。

```
scores={'语文': 89, '数学': 92, '英语': 93}          #创建有初值字典，包括多个键值对
print(scores)                                  #显示：{'语文': 89, '数学': 92, '英语': 93}
empty_dict={}                                  #创建空的字典
print(empty_dict)                              #显示：{}
dict2={(0,0):1, (0,1):2,(1,0):3,(1,1):4}       #用(行,列)记录每个位置的数，0行0列为1，0行1列为2，…
print(dict2)                                    #字典dict2的键是元组
```

有时也用dict()或fromkeys()函数创建字典。dict() 是内置类型转换函数，可使用 dict() 函数将其它类型数据转换为字典类型。实际上，dict 是一种类型，它就是 Python 中的字典类型。用dict() 函数将一个列表或元组转换为字典的例子如下。

```
L1=[['No1',1],['No2',2]]        #L1列表元素为列表。将L1转换为字典，L1[0]和L1[1]只能包含两个元素
d=dict(L1)                      #2维列表转换为字典，L1[0][0]和L1[1][0]作为键，必须是不可变数据类型
print(d)                        #将显示：{'No1': 1, 'No2': 2}
L2=[('No1',1),('No2',2)]        #列表L2的元素也可为元组，该元组只能包含两个元素
d=dict(L2)                      #将元素为元组的列表L2，转换为字典
print(d)                        #将显示：{'No1': 1, 'No2': 2}
d=dict(No1=1,No2=2)             #将元组转换为字典，注意元组的格式
print(d)                        #将显示：{'No1': 1, 'No2': 2}
t = (('two',2), ('one',1), ('three',3))    #元组t的元素，是包含两个元素的元组
# t=(['two',2], ['one',1], ['three',3])     #元组t元素，也可是包含两个元素的列表
d=dict(t)                       #将元组t转换为字典
print(d)                        #将显示：{'two': 2, 'one': 1, 'three': 3}
```

dict.fromkeys()表示调用字典类中函数fromkeys()，可创建并返回一个字典。函数有两个参数，参数1可以是列表或元组，两者的元素都必须是字符串、整数、元组等不可变数据类型(参见9.5节)，这些元素作为字典的多个键。参数2有默认值None，实参 2 可以是任意类型，返回字典所有键对应的值都等于参数2。用fromkeys()函数创建字典的例子如下。

```
d=dict.fromkeys((1,2))          #参数1是元组，返回字典的键为1和2，无参数2，其默认值None
print(d)                        #将显示：{1: None, 2: None}，所有键对应的值都等于参数2默认值None
L1=['语文','数学','英语']        #定义列表，列表元素为字符串：'语文','数学','英语'，将作为字典的键
d= dict.fromkeys(L1,60)         #参数1是列表，返回字典d，其所有键对应的值都等于参数2(为60)
print(d)                        #将显示：{'语文': 60, '数学': 60, '英语': 60}
```

8.3 得到字典键对应的值

字典是以键值对的形式存储数据的，所以只要知道键，就能得到该键对应的值。用语句：

变量=字典变量名[键]，得到字典该键对应的值。例子如下。

```
scores={'语文': 89, '数学': 92, '英语': 93}          #创建字典
s0=scores['语文']                                    #s0为字典scores中名称为'语文'的键对应的值，s0=89
s3=scores['音乐']                                    #访问不存在的键，将抛出异常
```

如果要判断字典是否包含指定的键，则可以使用 in 或 not in 运算符。需要指出的是，对于字典而言，in 或 not in 运算符都是基于键来判断的。例如如下代码：

```
if '语文' in scores:                                 #如字典scores中有名称为'语文'的键
    print(scores['语文'])                            #显示语文的分数
```

字典类提供 get() 函数来获取指定键对应的值。当指定的键不存在时，get() 函数不会抛出异常，而是返回None。

```
s4=scores.get('音乐')                                #访问不存在的键，将不抛出异常
print(s4)                                           #将显示：None
```

8.4　增加和修改键值对

语句：字典变量名[键]=值，如在字典中，键已存在时，该语句将修改该键对应的值。如在字典中，键不存在时，该语句将新增键值对。例子如下。

```
scores = {'语文': 89, '数学': 92, '英语': 93}
scores['语文']=90                                    #修改字典已存在键对应的值，即修改语文的分数为90
print(scores)                                       #将显示：{'语文': 90, '数学': 92, '英语': 93}
scores['音乐']=90                                    #在字典中增加新键值对：'音乐': 90
print(scores)                                       #将显示：{'语文': 90, '数学': 92, '英语': 93, '音乐': 90}
```

字典类函数update(多个键值对)，参数可能有多个键值对，如其中一些键值对已存在，可修改这些键对应的值，如其中一些键值对不存在，则增加这些键值对。例子如下。

```
scores = {'语文': 89, '数学': 92, '英语': 93}
scores.update({'语文':90,'音乐':95})                 #将修改语文成绩，增加音乐成绩，其它科成绩不变
print(scores)                                       #将显示：{'语文': 90, '数学': 92, '英语': 93, '音乐': 95}
```

Python 字典中键(key)的名称不能被修改，只允许修改键对应的值(value)。

8.5　删除键值对

和删除列表、元组一样，删除字典键值对也可以使用 del 关键字。例如：

scores={'语文': 89, '数学': 92, '英语': 93}

del scores['语文']　　　　　　#删除字典scores中键值对：'语文': 89

print(scores)　　　　　　　　#将显示：{'数学': 92, '英语': 93,}

调用函数pop(键)，就可以删除指定键的键值对，而且pop(键)函数会返回该键对应的值。使用无参数的pop()，不能像列表那样弹出最后一个元素，程序会报错。继续上例：

a= scores.pop('数学')　　　　　#a为92

print(scores)　　　　　　　　#将显示：{'英语': 93}

clear()用于清空字典中所有的键值对，对一个字典执行 clear() 方法之后，该字典就会变成一个空字典。继续上例：

scores.clear()　　　　　　　　#清空scores字典中所有键值对

print(scores)　　　　　　　　#将显示：{}

可以用格式：del 字典变量名，删除这个变量，将使引用这个字典的变量减少了一个。如还有其它变量引用这个字典，这个字典不会被Python垃圾回收器回收，如这个字典不被任何变量引用，该字典占用的内存将被Python垃圾回收器回收，该内存可以分配给其它数据。例子如下。

```
>>> a={'语文': 89, '数学': 92, '英语': 93}
>>> b=a              #变量a和b引用同一个字典
>>> del a            #不能认为是删除a引用的字典，删除变量a，仅使引用这个字典的变量减少了一个
>>> b                #由于该字典还被变量b引用，该字典还存在
{'语文': 89, '数学': 92, '英语': 93}
```

8.6　用函数items()、keys()和values()遍历字典

Python支持对字典遍历，但使用for a in 字典变量:, 只能遍历字典的键，见下例。

```
>>> scores = {'语文': 89, '数学': 92, '英语': 93}
>>> for a in scores:
     print(a,end=' ')
语文 数学 英语
```

使用字典类的函数items()、keys()和values()，用for语句可遍历字典的所有键值对、键或值。下边是使用函数items()的例子。

```
scores = {'语文': 89, '数学': 92, '英语': 93}
for key, value in scores.items():              #逐一返回字典所有键值对，key为键，value为键对应的值
    print("Key: " + key,end=' ')
    print("Value: " + str(value))
for a in scores.items():                       #逐一将字典所有键值对作为元组a返回，a[0]是键，a[1]是值
    print(a[0],":",a[1])
```

运行效果如下：

```
Key: 语文 Value: 89
Key: 数学 Value: 92
Key: 英语 Value: 93
语文 : 89
数学 : 92
英语 : 93
```

遍历字典中所有键的例子如下。遍历字典中所有值的语句类似，读者可自己试一下。

```
scores = {'语文': 89, '数学': 92, '英语': 93}
for key in scores.keys():
    print(key,end=' ')
```

运行效果如下：

```
语文 数学 英语
```

8.7 Python的迭代器

迭代器用来遍历一个序列，Python有内置函数iter()，用语句it=iter(序列)创建序列的迭代器it，如果序列不可遍历，将抛出异常。用内置函数next(it)完成对该序列的遍历。遍历也称为迭代，所谓遍历就是从头到尾、逐一访问序列的所有元素，只能前进，不能后退。这里的序列包括列表、元组、字符串、字典或用range函数产生的序列等，它们被称为可遍历序列。注意，用函数iter(字典)创建字典的迭代器，只能遍历字典的键。创建列表和字典键迭代器例子如下。请读者创建其它数据类型迭代器。

```
>>> it=iter([1,2])              #创建列表迭代器
>>> next(it)                    #开始遍历列表，访问第1个列表元素，1在迭代器中就不存在了
1
>>> next(it)                    #访问下一个列表元素，2在迭代器中也不存在了
2
>>> list(it)                    #所有元素被取出，迭代器中将无数据，将迭代器转换为列表为:[]
[]
>>> next(it)                    #再次执行next(it)，将抛出异常：StopIteration，表示迭代已停止
>>> it=iter([1,2])             #再次创建列表迭代器。无此条语句，下句将返回空元组
>>> tuple(it)                   #可将列表迭代器转换为元组，也可转换为其它数据类型
(1, 2)
>>> scores={'语文': 89, '数学': 92, '英语': 93}      #创建字典
>>> it=iter(scores)            #创建字典键迭代器
>>> list(it)                    #将字典键迭代器转换为列表
['语文', '数学', '英语']
```

迭代器已被用于for语句。例如：for a in [1,2]:，从列表逐一取出整数赋值给a，也称遍历列表。为实现遍历列表，for语句首先用语句it=iter([1,2])，为列表[1,2]创建列表迭代器，然后用next(it) 函数逐一取出整数赋值给a。下边例子有两个for语句，第1条for语句自己隐式地创建了迭代器，而在第2条for语句前，先用语句显式地创建迭代器，但运行结果相同。这说明第1条for语句工作方式和最后两条语句工作方式相同。

```
for a in [1,2]:                 #for语句自己隐式地创建了迭代器
    print(a,end=' ')            #程序运行后在shell窗体显示：1 2
it=iter([1,2])                  #创建列表[1,2]的迭代器
for a in it:
    print(a,end=' ')            #程序运行后在shell窗体显示：1 2
```

在for语句中使用迭代器的最大好处是，对于不同类型的可遍历序列，都可用for语句相同格式：for a in 序列:，遍历任意序列，简化了程序设计。如在for语句中不使用迭代器，为了用for语句遍历不同序列，可能需要增加额外语句。

如能掌握迭代器的使用，在读写程序时，当遇到和迭代器有关语句，就能更好地理解和使用这些语句。在7.8节，用到内置函数reversed(序列)，该函数不是直接返回参数的反序序列，而是先将参数反序后得到反序序列，再返回该反序序列的迭代器。在8.6节，用字典类函数items()、keys()和values()，用for语句遍历字典所有键值对、键和值。其中语句scores.items()返回字典键值对的迭代器，next()函数用元组(键,值)形式返回键值对；语句scores.keys()返回字典键的迭代器；语句scores.values()返回字典值的迭代器。有了这些迭代器，才能用for语句遍历字典所有键值对、键和值。在14.4节，为了实现列表转置，即行变列，列变行，用到内置函数zip()，zip()函

数也返回一个迭代器。

8.8　copy() 方法

字典类copy() 方法返回一个字典的拷贝，即返回一个具有相同键值对的新字典，可作为字典的备份。使用scores1=scores不能备份列表scores，两者引用同一字典。如字典的值(value)是列表或字典，使用copy()达不到备份目的，应使用18.6节的deepcopy()函数完成备份。下例说明字典的copy()函数的使用方法。

```
>>> scores = {'语文': 89, '数学': 92, '英语': 93}
>>> scores1=scores.copy()
>>> print(scores1)
{'语文': 89, '数学': 92, '英语': 93}
>>> id(scores)                      #scores引用的字典的地址，和scores1引用的字典的地址不同
3118855607232
>>> id(scores1)                     #scores和scores1是不同字典
3118856034816
```

8.9　使用字典格式化字符串

在格式化字符串时，如果格式化的字符串模板中包含多个变量，后面就需要按顺序给出多个变量的值。这种方式对于字符串模板中包含少量变量的情形是合适的。例如下例，字符串模板中有4个变量。其中，%s表示一个字符串变量，后面给出该变量值是：'张三'；第1个%d表示一个整数变量，后面给出该变量值是：89；其余2个变量类似。

```
>>> info='姓名：%s，语文：%d，数学：%d，英文：%d'%('张三',89,92,93)      #字符串模板
>>> print(info)
姓名：张三，语文：89，数学：92，英文：93
```

如字符串模板中包含大量变量，后面就需要按顺序给出大量变量的值，显得变量的值有点多。可改为在字符串模板中包含多个字典的键，后面用字典，根据字符串模板中键，给出该键对应的值，转换为字符串后，在窗体显示。在下例字符串模板中：%(姓名)s，表示'姓名'键对应的值，s表示值为字符串；%(语文)d，表示'语文'键对应的值，d表示值为整数；其余2个键类似。例子如下。

```
>>> scores = {'姓名':'张三','语文': 89, '数学': 92, '英语': 93}          #字典
>>> print(scores)
{'姓名': '张三', '语文': 89, '数学': 92, '英语': 93}
```

```
>>> s1='姓名:%(姓名)s,语文:%(语文)d,数学:%(数学)d,英文:%(英语)d'        #字符串模板
>>> print(s1%scores)                    #用字典scores，给出字符串模板中的键对应的值
姓名:张三,语文:89,数学:92,英文:93
```

8.10 嵌套

有时候，需要将多个字典作为列表的元素保存到列表中，或将多个列表作为字典的值保存到字典中，这称为嵌套。可以在列表中嵌套字典、在字典中嵌套列表，甚至在字典中嵌套字典。嵌套是一项强大的功能。

列表元素是字典。用字典记录学生姓名，语文、数学和英文成绩，有多个学生，建立多个字典，将多个记录学生成绩的字典保存到列表中，可将列表序号看作学号。程序如下：

```
t0 = {'姓名':'张三','语文': 89, '数学': 92, '英语': 93}        #创建3个字典
t1 = {'姓名':'李四','语文': 80, '数学': 90, '英语': 70}
t2 = {'姓名':'王五','语文': 79, '数学': 80, '英语': 79}
scores=[t0,t1,t2]                          #创建列表，列表元素是字典
for score in scores:
    print(score)
```

运行效果如下：

```
{'姓名': '张三', '语文': 89, '数学': 92, '英语': 93}
{'姓名': '李四', '语文': 80, '数学': 90, '英语': 70}
{'姓名': '王五', '语文': 79, '数学': 80, '英语': 79}
```

上例将多个记录学生姓名和成绩的字典保存到列表中，将列表序号看作学号。但是学号可能不从0开始，也可能不连续。为解决此问题，可将多个记录学生姓名和成绩的字典，保存到记录所有学生成绩的字典中，键是学号，值是字典，该字典记录该学号学生的姓名和成绩。程序如下：

```
t0 = {'姓名':'张三','语文': 89, '数学': 92, '英语': 93}
t1 = {'姓名':'李四','语文': 80, '数学': 90, '英语': 70}
t2 = {'姓名':'王五','语文': 79, '数学': 80, '英语': 79}
scores={1:t0,3:t1,5:t2}                          #键为学号，值是记录学生姓名和学习成绩字典
for key,value in scores.items():
    print('学号:',key,value)
```

运行效果如下：

学号: 1 {'姓名': '张三', '语文': 89, '数学': 92, '英语': 93}

学号: 3 {'姓名': '李四', '语文': 80, '数学': 90, '英语': 70}

学号: 5 {'姓名': '王五', '语文': 79, '数学': 80, '英语': 79}

字典的值是列表。用列表记录学生姓名，语文、数学和英文成绩，有多个学生，建立多个列表，将多个记录学生姓名和成绩的列表，保存到记录所有学生成绩的字典中，键是学号，值是记录该学号学生姓名和成绩的列表。程序如下：

```
t0=['张三',89,92,93]
t1=['李四',80,90,70]
t2=['王五',79,80,79]
scores={1:t0,3:t1,5:t2}
for k,v in scores.items():
    print('学号:',k,'姓名：%s,语文：%d,数学：%d,英文：%d'%(v[0],v[1],v[2],v[3]))
```

运行效果如下：

学号: 1 姓名：张三,语文：89,数学：92,英文：93

学号: 3 姓名：李四,语文：80,数学：90,英文：70

学号: 5 姓名：王五,语文：79,数学：80,英文：79

第9章　函数

【学习导入】在程序设计中，如某一段程序在多处被使用，可将该段程序定义为函数，在需要这段程序处，调用该函数，以减少程序量，增加程序的可读性，达到一次编写、多次调用的目的。本节将首先介绍创建函数的方法，以及函数的参数、参数默认值和函数返回值等概念。

9.1　函数的参数、形参、实参和位置实参

定义一个最简单函数如下。

```
def say_hello():        #函数定义，其最后英文冒号表示下一行函数体中每一行相对于def缩进4个英文空格
    print('hello')      #函数体，即函数要执行的所有代码，本例仅有一条语句。注意前边有4个英文空格
say_hello()             #缩进4个英文空格结束，表示函数体结束。此条语句调用函数
```

其中def是关键字，表示定义一个函数。say_hello是函数名，最好取一个有意义的函数名，以便能从函数名就知道函数的功能。不建议使用中文函数名，避免Python语言对中文支持不全面。函数名命名规则和定义一个变量规则相同。英文括号()和冒号:不能省略。将本例保存为文件，运行后，在shell窗体显示：hello。

如要编写一个计算两数和的函数，必须告诉函数，两个加数是多少，这就用到函数的参数。参数是放到函数定义括号中的变量名，多个参数用英文逗号分割，参数仅能在该函数中使用，在函数外，该变量就不存在了。计算两数和的函数定义和调用函数的程序如下：

```
def add(x,y):           #括号内是两个参数x和y，它们也被称作形参，允许有多个参数
    print(x+y)          #函数体，显示计算x+y的结果
add(2,3)                #调用函数，在shell窗体显示计算结果。2,3为实参，实际上是令x=2，y=3
add(0.8,1.99)           #可以多次调用函数，这里实参为浮点数
add('可以是','字符串')    #这里实参为字符串。必须保证两实参能进行+运算
```

调用函数格式：add(2,3)，将令形参x=2，形参y=3，2和3被称为实参。如函数有多个形参被赋值，必须令第n个形参=第n个实参，n为自然数，这种为形参赋值的方法称为位置实参，由此

可以看出位置实参赋值顺序是很重要的。在本例中三次调用add，实参分别被赋值为整数、浮点数或字符串。在函数定义中，参数x和y还没有引用数据。x和y被实参赋值后，x将引用x的实参，y将引用y的实参，请参见3.1节有关论述。参数可根据需要，被赋值为Python中任意一种数据类型，包括整数、浮点数、字符串，列表或字典以及以后将讲到的类对象等。但上例两实参的数据类型，必须保证两实参能进行+运算。

9.2 关键字实参

上节介绍了位置实参，即调用函数时，按照形参和实参排列顺序，某位置实参赋值给对应位置的形参。除了位置实参，在调用函数时，还可以用"形参名=实参值"方法为形参赋值，这种方法被称为关键字实参。例如，调用上节的add函数，格式为：add(x=2,y=3)。用此种方法，实参为形参赋值的顺序是随意的。在函数调用时，一些参数可以使用位置实参，另一些参数可以使用关键字实参，位置实参只能出现在关键字实参之前。例如，希望add函数的y为位置实参，x为关键字实参，add函数要重新定义如下：

```
def add(y,x):
    print(x+y)
add(3,x=2)              #关键字实参函数正确调用。按add(y=3,2)格式调用将出错
```

9.3 形参默认值

在函数定义中，可以为形参指定默认值，同时也为形参指定了数据类型。例如为函数add的形参y和z指定默认值如下。请注意，所有需要指定默认值的形参要放到所有没有指定默认值的形参之后。如果最后一个形参有默认值，用位置实参为其重新赋值，其前边有默认值的形参，都必须用位置实参重新赋值。如果最后一个有默认值的形参用关键字实参为其重新赋值，其前边所有默认值的形参不必重新赋值。

```
def add(x,y=1,z=2):     #参数y默认值为1，参数z默认值为2。用def add(x=9,y,z): 定义函数将出错
    print(x+y+z)
add(4)                  #第2个参数y用默认值1，第3个参数z用默认值2，三数之和为7
add(4,1,3)              #参数z不用默认值2，用位置实参赋值3，y虽仍用默认值，也需用位置实参赋值1
add(4,z=3)              #可使用关键字实参为z赋值3，y用默认值，不必用实参重新为y赋值
add(4,2,5)              #计算4+2+5，忽略y和z默认值
```

9.4 局部变量、全局变量和函数返回值

在函数定义中创建的变量仅仅能在该函数中使用，在这个函数外，该变量就不存在了，也就无法再使用，在函数定义中创建的变量称为"局部变量"，形参也是"局部变量"。在主程

序中定义的变量，只要不退出主程序，该变量就一直存在，因此这个变量称为"全局变量"。

```
def add(x,y):
    sum=x+y                    #sum在函数定义中创建，只能在该函数中使用，sum是局部变量
    print(sum)                 #在函数中，可以使用该函数的局部变量sum
aSum=0                         #在主程序中定义，是全局变量
#aSum=sum                      #该语句错误，在函数外部，sum不存在，无法为aSum赋值
sum=2                          #这个sum是全局变量，不是函数内的局部变量sum，局部变量sum已不存在
```

定义一个求和函数，调用该函数，往往希望将求和计算结果赋值给一个全局变量，有两种方法实现该目的，第一种，采用return语句返回计算结果，根据需要，返回值可以是整形、浮点数或字符串，及列表、字典以及以后将讲到的类的对象等。第二种，将计算结果直接赋值给一个全局变量。用return语句返回计算结果例子如下。

```
def add(x,y):
    return (x+y)
sum=add(2,3)                   #sum在主程序中定义，是全局变量
```

将计算结果赋值给一个全局变量例子如下，首先要定义一个全局变量，这里是sum。在函数的第一条语句，用global声明sum是全局变量，这样为sum赋值就是为全局变量sum赋值。如果没有语句global sum，那么sum=x+y语句就是创建了一个局部变量sum，在函数外部不能使用函数内部的局部变量。

```
def add(x,y):
    global sum                 #声明sum为全局变量
    sum=x+y                    #由于sum为全局变量，该条语句将计算结果赋值给了全局变量
sum=0                          #全局变量sum，没有该语句，global sum语句会创建全局变量sum
add(2,3)                       #调用函数后，sum=2+3，计算结果sum为5
```

9.5　可变和不可变数据类型

在Python 3中有6个标准数据类型：Numbers（数字）、String（字符串）、List（列表）、Tuple（元组）、Sets（集合）和Dictionaries（字典）。Numbers（数字）类型又细分为4种数据类型，包括int（整数）、float（浮点数）、bool（布尔数）和complex（复数）。这些标准数据类型还可以分为可变数据类型和不可变数据类型，其中不可变数据类型有6个：int（整数）、float（浮点数）、bool（布尔数）、complex（复数）、String（字符串）和Tuple（元组）。可变数据类型有3个：List（列表）、Dictionary（字典）和Sets（集合）。在函数参数传递及判断何时使用浅拷贝和深拷贝时，会用到可变和不可变数据类型概念。

在3.1节讲到，执行赋值语句：变量=数据，会在内存数据区申请首地址为ID的内存单元，用来保存数据类型和数据。变量用该变量对应的ID读写数据，这种模式被称为变量引用数据。这也说明无论哪种类型的数据，都被保存到内存数据区。在内存数据区保存的数据，如不允许修改，该数据的类型为不可变数据类型，否则为可变数据类型。

在10.1节将看到，Python的所有标准类型数据：整数、浮点数、列表、元组和字典等，都用类进行了封装，例如，整数是int类对象，浮点数是float类对象，在内存数据区保存的类型和数据，实际上就是类的对象。因此将int类、float类、bool类、complex类、String类和Tuple类称为不可变类，表示不允许修改这些类对象中保存的数据；将List类、Dict类和Sets类称为可变类，表示允许修改这些类对象中保存的数据。从其它模块导入的类和自定义类，通常是可变类。也允许自定义不可变类。

列表是可变数据类型，用赋值语句d=[3,4]创建列表后，允许用格式：d[0]=5，或者用列表类中修改列表元素的函数，修改保存在数据区的d列表元素3,4。令d=[3,4]，是在内存创建了一个列表，令d引用这个列表。请注意，两个不同数据，保存在内存数据区的不同地址单元，两者的ID一定不同，因此两数据的ID不同，两者一定不是同一数据。两数据的ID相同，两者一定是同一数据。下面验证列表是可变数据类型。

```
>>> d=[3,4]              #d引用列表[3,4]
>>> id(d)                #得到在内存数据区保存d列表元素3,4的地址(ID)
1790777047424
>>> d[0]
3
>>> d[0]=5               #修改d列表索引为0的元素值
>>> d                    #列表d的元素被修改
[5, 4]
>>> id(d)                #修改元素后，在内存数据区保存d列表元素5,4的首地址(ID)不变
1790777047424
>>> d.append(6)          #为d列表增加元素。列表类中还有多个方法可修改d列表元素
>>> d                    #列表d的元素被修改
[5, 4, 6]
>>> id(d)                #d列表增加元素后，在内存数据区保存d列表元素5,4,6的首地址(ID)不变
1790777047424
>>> d=[3,4]              #这里的[3,4]是新列表
>>> id(d)                #和上边ID不同，d引用了新列表
1790808776320
```

元组是不可变数据类型，用赋值语句t=(1,2)创建元组后，不允许用格式：t[0]=3，修改保存在数据区的t元组元素1,2。元组类中不包括任何修改元组元素的方法。如令t=(3,2)，并不是修改保存到数据区的t元组元素1,2为3,4，而是用赋值语句t=(3,2)创建一个新元组，令t引用新元组，不

再引用元组(1,2)。下面验证元组是不可变数据类型。

```
>>> t=(1,2)              #初始t引用元组(1,2)。元组类中不包括任何修改元组元素的方法
>>> #t[0]=3              #执行该语句,将报错,不允许用格式:t[0]=3,修改元组元素
>>> id(t)                #得到在内存数据区保存的t元组元素1,2的首地址(ID)
2076808871104
>>> t1=t                 #t1和t都将引用元组(1,2),即两者引用同一元组
>>> id(t1)               #两者ID一定相同
2076808871104
>>> t=(3,2)              #t将引用新创建的元组(3,2),不再引用元组(1,2)
>>> id(t)                #元组(1,2)和元组(3,2)是不同的元组,两者ID一定不同
2076809148096            #注意两个地址(ID)不同,说明t前后引用了不同元组
>>> id(t1)               #元组(1,2)还存在,仍被t1引用,即该元组未被修改
2076808871104
```

字符串和4种数字类型都是不可变数据类型。例如赋值语句a=2,使变量a引用整数2,如再令a=3,变量a将引用整数3,不再引用整数2。即变量a引用的整数2不允许被修改。下面验证整数是不可变数据类型。

```
>>> a=2                  #变量a引用整数2
>>> id(a)                #在下边地址保存整数2
140713999718080
>>> a1=a                 #a1和a都将引用整数2,即两者引用同一整数
>>> id(a1)               #两者ID一定相同。下边令a=3,不是将该地址保存的整数2修改为3
140713999718080
>>> a=3                  #令a=3,变量a将不再引用整数2,而引用整数3
>>> id(a)                #变量a引用整数3的地址(ID),和整数2的地址(ID)不同
140713999718112         #整数3和整数2的ID不同,即a前后引用了不同整数,是不同数据
>>> id(a1)               #表示在该地址保存的整数2还存在,未被修改
140713999718080
```

如令s='ab',再令s='abc',不是修改s引用的字符串'ab'为'abc',而是s将引用字符串'abc',不再引用字符串'ab',两者的ID不同,是不同字符串。请读者验证该结论。

9.6 函数参数的值传递和引用传递

所有程序设计语言都有函数的概念,函数都需要用赋值语句:形参=实参,将实参数据传递给形参。高级程序设计语言一般包括三种传递方式,用来将实参数据传递给形参:值传递、引

用传递和指针传递。值传递是指，仅把实参值传递给形参，在函数中修改形参，被传递的实参保持不变；引用传递是指，将实参引用传递给形参，使形参和实参代表同一数据，在函数中通过修改形参达到修改实参的目的；Python没有指针的概念，这里不讨论指针传递。因此Python必须实现函数参数的值传递和引用传递功能。

为了实现值传递，可以令形参=不可变数据类型的实参，此时形参和实参都引用同一个数据，也就是说，将实参的值传递给了形参；由于形参被实参赋值后，形参和实参引用同一数据，都是不可变数据类型的数据，不允许形参修改其引用的数据，用赋值语句为形参赋值新数据，形参将引用新数据，实参引用的数据不会改变。见下例。

>>> def f(n):	#n为形参，函数被调用后，形参=实参。如调用函数f(a)，n=a，这里a=1
print(n,id(n))	#在令形参n=9前，n引用的数据和n对应的地址(ID)，和a相同
n=9	#为形参赋新值，n为不可变数据类型，n将引用整数9，不再引用整数1
print(n,id(n))	#在令形参n=9后，n引用的数据和n对应的地址(ID)，和a不相同
>>> a=1	#a引用不可变数据类型的数据，即整数1
>>> print(a,id(a))	#调用f(a)前，显示变量a引用的数据和a对应的地址(ID)
1 140735594813088	
>>> f(a)	#调用函数f(a)，实参为a，是全局变量，将令n=a，两者都引用整数1
1 140735594813088	#在令形参n=9前，n引用的数据和n对应的地址(ID)，和a相同
9 140735594813344	#在令形参n=9后，n引用的数据和n对应的地址(ID)，和a不相同
>>> print(a,id(a))	#调用f(a)后，变量a引用的数据和a对应的地址(ID)
1 140735594813088	#a引用的数据和a对应的地址(ID)未改变

为了实现引用传递，可以令形参=可变数据类型的实参，该赋值语句，会将实参的ID传递给形参，形参和实参就将引用同一个可变数据类型的数据，可以通过变量对应的ID，修改可变数据类型数据。修改形参引用的数据，也就是修改了实参引用的数据。见下例。

>>> def f(list1):	#如调用f(a)，形参list1和实参a都引用同一列表[1,2]，列表是可变数据类型
list1[0]=3	#令list1[0]=3，和令a[0]=3一样，都能令列表索引为0的元素值为3
>>> a=[1,2]	#定义列表
>>> f(a)	#在函数中修改了a[0]
>>> a	
[3, 2]	

由此可得出结论：以不可变数据类型数据作为函数实参，可以完成值传递，能保证在函数中实参不被修改。以可变数据类型列表、字典或集合作为函数实参，可实现函数参数的引用传递功能，即将实参的ID传递给形参，使函数能够用形参修改实参引用的数据。

9.7 传递数量不定的实参

有时在定义函数时，并不清楚调用函数时有多少个实参，即定义函数时，实参个数无法预先确定。有2种方法可用来传递数量不定的实参。第一种方法，可传递多个数量不定的"位置实参"，具体定义如下，其中*表示addends引用一个空元组(不能修改的列表)，当用下列格式调用函数：add(1,2,3,4)，首先令addends引用元组(1,2,3,4)，然后再执行函数add中的语句，本例是计算所有加数的和。

```
def add(*addends):
    sum=0
    for addend in addends:
    sum+= addend
    return sum
sum1=add(1,2,3,4)
```

第二种方法，可传递多个数量不定的"关键字参数"。定义如下，其中**表示addends引用一个空字典，当用下列格式调用函数：add(a=1,b=2,c=3,d=4)，首先令addends引用字典{ a:1,b:2,c:3,d:4}，然后再执行函数add中的程序，本例是计算所有加数的和。

```
def add(**addends):
    sum=0
    for key,value in addends.items():
        sum+=value
    return sum
sum1=add(a=1,b=2,c=3,d=4)
print(sum1)
```

9.8 lambda表达式（匿名函数）

lambda 表达式，又称匿名函数，即没有函数名的函数。常用来代替内部仅包含 1 行表达式的函数。lambda 表达式的语法格式如下。

name=lambda [多个参数] : 一行表达式

这里lambda 是关键字，表示要定义一个 lambda 表达式；其中[多个参数]表示lambda 表达式可有多个参数，多个参数用英文逗号隔开，参数当然允许有默认值，也可以没有参数；表达式是一条语句，表达式中可以包含冒号前的参数，返回表达式的值。name可以认为是这个lambda表达式的名称。例如，求两数和的lambda 表达式为：sum=lambda x,y:x+y。和这个lambda 表达式等效的函数定义如下。

```
def sum(x,y):                          #函数定义
  return x+y
```

　　下面用lambda 表达式sum=lambda x,y:x+y，计算 2 个数的和。

```
sum = lambda x,y:x+y
a=sum(3,4)
print(a)
```

第10章 类

【学习导入】Python是一种面向对象的编程语言，面向对象的最重要概念就是类和对象。类是面向对象编程的基础，类具有封装性、继承性和多态性。本节介绍类的这些概念。

10.1 类和对象基本概念

以下以字符串类为例，介绍类的基本概念。早期的计算机高级语言，没有类的概念。早期高级语言要处理字符串，例如字符串小写变大写，要自己编写这个函数：upper(s)，然后创建字符串变量：s0="abcd"，最后调用这个函数：s1=upper(s0)，将s0作为实参传递给形参s，该函数将字符串s0中字母全部变为大写后，返回给变量s1。

处理字符串是计算机的重要工作，可预先编写多个处理字符串函数，然后将这些函数封装到字符串处理函数库中。要使用这个函数库，要先导入这个库到内存，然后调用函数，s1=库名.upper(s0)，将实参s0中字母转换为大写后返回给s1。因可能使用多个库，多个库中可能有重名函数，因此库名.upper(s0)中的库名是必要的。那么Python是如何处理字符串呢？首先用内置函数type()来查看字符串的类型，见下例。

```
>>> s='abcd'              #创建字符串，变量s引用字符串
>>> type(s)               #检查s引用数据的类型为：<class 'str'>，即字符串类
<class 'str'>
>>> s.upper()             #调用upper() 函数将字符串s的全部字符变为大写，注意调用格式
'ABCD'
```

查看变量s引用数据的类型似乎应是字符串类型，实际给出的是<class 'str'>，class翻译为类，不是类型，即s引用数据的类型是字符串类。而且变量s还能调用upper() 函数，将变量s引用字符串的字母全部变为大写。在3.5节，已看到字符串能调用多个处理字符串函数。这些函数不是自己编写的，那么一定是调用字符串类中的函数。从而推断，在字符串类中封装了多个处理字符串的函数。Python自带字符串类，该类无法预先知道要处理哪个字符串，只有为字符串类提供一个具体的字符串，才能用字符串类中的函数去处理这个字符串。因此执行赋值语句s='abcd'，字符串'abcd'就是提供给字符串类中某函数去处理的对象，一般称用赋值语句s='abcd'创建字符串类对象，也称为创建字符串类实例，可用字符串类中的函数去处理这个字符串类

对象。

Python用赋值语句创建类的对象。例如，用赋值语句s='abcd'创建字符串类对象，隐式地做了很多工作，才能用语句s.upper()调用类中的upper()函数处理字符串s。大致过程是，首先在内存数据区申请若干内存单元，用来保存字符串所属的类（或理解为字符串的数据类型）：str、需要用类中函数处理的字符串'abcd'。这些内存单元保存的所有数据被称为字符串类对象。类对象具有三要素：对象ID，是在内存数据区申请用来保存对象的首地址；该对象所属的类（例如str）；需要处理的数据（例如字符串'abcd'）。最后在内存变量区申请内存空间，用来保存变量，变量包括变量名称字符串s和字符串类对象ID，将二者保存到在内存变量区所申请的连续的两个内存单元，这样变量和对象ID形成对应关系。当执行语句s.upper()时，变量s通过对象ID找到变量s引用的字符串类对象，检测到该对象所属的类str，在str类中调用函数upper()，同时隐式地将字符串类对象的ID传递给函数upper()，使函数upper()能处理这个字符串类对象中的字符串'abcd'。变量通过对象ID访问对象这种模式，一般称为变量引用对象。请牢记，变量通过类对象ID访问类中的变量和函数，所采用格式为：变量名.类中变量名、变量名.类中函数名。

由此可以确定，Python是使用字符串类来封装处理字符串的函数。多个处理字符串的函数，用库封装和用类封装相比，采用类封装优势更多些，首先很多操作由类隐式完成，使用更加简单。其次看不到库中函数之间及和字符串之间的关系，而类函数和字符串之间关系比较清楚。最后，可用类对现实世界的事物进行抽象，更接近于人类对于事物的思考方式，势必提高软件开发效率和质量。和封装一样，抽象也是类的重要特征。以后还将学习类的继承和多态，这些特征进一步扩展了类的用途。和类相比，库只有封装功能。

在3.1节，以a=2为例，说明了该赋值语句使变量a能通过ID引用整型数2的具体步骤。由于当时还没有讲到类，叙述中并没有使用类的概念。本节已经讲到类，整型数2是int类对象，就应该像说明字符串'abcd'那样，说明如何创建int类对象，使变量a能通过ID引用int类对象2。请读者试一试。

Python的所有标准类型数据：整数、浮点数、列表、元组和字典等，都用类进行了封装。有必要将类的概念进一步推广。类可定义为：类是对一些具有相同属性和行为的事物抽象描述，并将事物属性和处理事物属性的函数封装到类中。如将定义中的事物替换为字符串，就将变为字符串类定义。类也可理解为一种数据类型，在类这种数据类型中封装了处理数据的函数，创建该类的对象，就可用在类中封装的处理数据的函数处理该对象。类和对象是 Python 重要特征，相比其它面向对象编程语言，Python 更容易创建一个类和对象。同时Python 也支持面向对象所有特征：抽象、封装、继承和多态。

Python预定义了多个类，包括整数类、浮点数类、字符串类、列表类和字典类等，有了这些类就可极大简化程序设计，一些工作不需再编写自己的程序，只需调用类提供的完成这些工作的函数即可。并且很容易使用，即使不明白类的概念，把这些类看作数据类型，仍然能够正确使用类中的函数。

那么如何定义自己的类，又如何对一些具有相同属性和行为的事物进行抽象描述呢。下边定义一个描述所有人情况的类Person，说明定义类的方法，以及如何抽象地描述所有人。某人最基本信息是：姓名、性别和身份证号。Person类不是某一个人，仅仅提供描述所有人的方法，即需要通过记录某人的姓名、性别和身份证号确认某个人。用Person类提供的方法记录某人的姓名、性别和身份证号，就是一个具体的人，称为Person类对象(实例)。在主程序用赋值语句创建2个Person类对象，分别代表张三和李四，创建步骤参见下一节，最后调用类的实例方法show_data()显示张三的完整信息，以及显示二人的姓名。完整程序如下。在语句后边增加了注释，可初步了解语句功能，后边各节将更深入地解释每行语句。注意第7行语句尾部字符\是转义字符，表示语句未结束，下行继续。在字符\后边空余处不能增加注释语句，否则报错。

```
class Person():         #class是关键字，表示定义一个类，Person是类名，首字符一般大写，不能省略括号和':'
    def __init__(self,name,sex,IDnum):    #创建类对象时自动调用该函数，将创建该类对象ID传递给self
        self.name=name                    #self为该类对象ID，在对象中创建self.name、self.sex、self.IDnum
        self.sex=sex                      #self.sex中的self.表示它是实例变量，将参数sex赋值给self.sex
        self.IDnum=IDnum                  #类的不同对象的实例变量值可能不同
    def show_data(self):                  #实例函数，显示该类对象姓名、性别和身份证号，第1个参数必须是self
        print('姓名:%s,性别:%s,身份证号:%s'%\
            (self.name,self.sex,self.IDnum))      #在类定义内部使用实例变量格式：self.实例变量名
person1=Person('张三','男','130103194011221234')  #创建第1个类对象，变量person1引用该类对象
person2=Person('李四','女','130103194510221234')  #创建第2个类对象，变量person2引用该类对象
person1.show_data()                       #在类外部调用实例函数格式：类对象变量名.类实例函数
print(person1.name)                       #在类外部使用实例变量格式：类对象变量名.实例变量名
print(person2.name)
```

运行效果如下。

姓名:张三,性别:男,身份证号:130103194011221234
张三
李四

很多文章和书籍都讲到Python重要特点：一切皆为对象，一切皆为对象的引用。前边讲到，只有用类创建的实例被称为对象，那么可用内置函数type()来验证这个"一切"，包括字符串'abc'、整数2、列表[ ]或函数等，可看到都是由某个类创建的对象，没有例外。一切皆为对象，就是说，一切都是由类创建的对象。前边讲到用赋值语句创建对象，对象将自己的引用(ID)传递给变量，因此变量可通过引用(ID)访问对象，简称变量引用对象。一个变量赋值给另一个变量，实际上是将这个变量的引用传递给另一个变量，使两个变量引用同一个对象；函数调用，将实参的引用传递给形参，使函数中语句能引用实参的数据等；总之访问对象的唯一方法就是用变量引用对象，即只能通过引用(ID)访问对象。

10.2 函数__init__()和创建类对象

10.1节例子前8行语句定义一个Person类，class是关键字，表示定义一个类，Person是类名，最好是有意义的类名，必须满足和命名变量相同的要求，类名首字母一般大写。括号内是该类的基类，如括号内为空，没有指定基类，默认继承object类，object是所有Python类的基类，不能

省略括号后的':'，冒号表示其后语句相对于class缩进4个英文空格。类中定义的函数称为方法，默认为实例方法，后面将看到还有其它类型方法。类实例方法与函数唯一区别是类实例方法第一个参数必须是self。self不是Python关键字，也可用其它名称，但用self是绝大数程序员共同遵守的约定，遵守这个约定，无论读别人程序或别人读自己程序，看到 self就能明白其作用。在Person类中定义了__init__(self,name,sex,IDnum) 实例方法和show_data(self)实例方法。当用赋值语句创建类的对象时，__init__()方法被自动调用，无法用其它方式调用该方法。注意，即便在应用程序的类定义中，没有添加__init__()实例方法，Python 也会自动为该类添加一个仅包含 self 参数的__init__()实例方法。show_data()实例方法显示每个类对象的姓名、性别和身份证号。

用赋值语句创建类对象，例如：person1=Person('张三','男','130103194011221234')，等号后边是类名，表示创建Person类对象，括号中的数据是__init__()实例方法的实参。首先在内存数据区为Person类对象申请若干内存单元，用来保存Person类对象。将这个内存首地址ID返回给person1，使变量person1能引用该Person类对象。先将对象所属类名：Person，保存到该Person类对象中，然后调用__init__()方法，并隐式地把ID传递给__init__()实例方法的参数self，使self也引用该Person类对象。__init__()方法使用3个赋值语句将3个实参分别赋值给3个实例变量：self.name、self.sex、self.IDnum，在self引用的Person类对象中，创建这3个实例变量。在这里，person1和self都引用同一个Person类对象，用person1.name和self.name都可以访问Person类对象中的实例变量self.name引用的字符串'张三'。

类定义中的self.name、self.sex和self.IDnum是实例变量，实例变量是一个对象(某具体的人)特有的、区别于其它对象的属性。不同对象这些实例变量不会完全相同，必须在数据区申请若干内存单元单独保存，所申请内存单元的首地址被称为ID，保存的格式为：该对象所属的类、3个实例变量。这些内存单元保存的所有数据就是Person类对象。如将ID传递给self，那么self.Name='张三'，就是在Person类对象中创建该实例变量，aName=self.Name，将使aName也引用这个实例变量。类的对象具有三要素：保存对象的内存首地址(ID)、该对象所属的类、该对象所有实例变量。不同的类对象申请的数据区内存单元首地址(ID)肯定不同，各个对象的实例变量都是独立的。

从以上论述可以看到，在创建的Person类对象中，仅仅保存了该对象的实例变量，那么类中的show_data()实例方法如何知道是显示张三，还是显示李四的所有信息呢？如果执行语句person1.show_data()，在person1引用Person类对象中，检测到该对象所属类是Person，从而在Person类中调用show_data()实例方法，隐式地令show_data()实例方法中的参数self=person1，那么self和person1都将引用姓名为张三的那个Person类对象，用self.name、self.sex和self.IDnum就可得到张三的姓名、性别和身份证号，然后在窗体显示，即显示张三的所有信息。如执行语句person2.show_data()就能显示李四所有信息。用person1和person2分别调用Person类同一个实例方法show_data()，由于传递给show_data()实例方法的参数self的ID不同，就能显示不同对象的信息。

在10.1节曾讨论过创建字符串类对象的过程，和本节创建Person类对象的过程相比较，两者有些差别。用赋值语句s='abcd'创建字符串类对象，和非面向对象语言创建字符串采用的格式相同，这样做的好处是，即使不明白类的概念，把这些类看作数据类型，仍然能够正确使用类中的函数。虽然和用赋值语句创建Person类对象右侧表达式完全不同，但由于Python解释器会根据赋值语句等号右侧的不同表达式做不同工作，例如，a=2和b=[1,2]所做工作是不同的，那么创建类对象使用不同的赋值语句，不会影响创建类对象的工作。在讨论创建字符串类对象时，一些类的细节还不清楚，这里参照Person类对象创建过程，重写创建字符串类对象的过程。字符串类定义中应定义了__init__(self,s0)实例方法，在该方法中应包括语句：self.aStr=s0，创建实例变量aStr。用语句s='abcd'创建字符串类对象，'abcd'是__init__()方法的参数s0的实参。首先在内存数据区为字符串类对象申请内存空间，将这个内存首地址ID返回给s，使变量s能引用该字符串类对象。先将字符串类对象所属类名：str，保存到该字符串类对象中，然后调用__init__()实例方法，并隐式地把ID传递给__init__()实例方法的参数self，使self也引用该字符串类对象。__init__()实例方法使用赋值语句：self.aStr=s0，将实参'abcd'赋值给实例变量self.aStr，在self引用对象中，创建这个实例变量。还需在字符串类定义中实现多个实例方法，包括upper(self) 实例方法。当执行语句s.upper()时，隐式将s对应的ID传递给方法upper(self)的参数self，用self.aStr能得到该字符串类对象中的字符串'abcd'，将其所有字符转换为大写并返回。

10.3　类变量、实例变量和局部变量

类中有3种变量，即类变量、实例变量和局部变量，类变量也称为类属性，实例变量也称为实例属性。

类变量，在类定义中所有函数外部用格式：变量名=值，创建的变量为类变量，例如下例用格式：d0=0，创建一个类变量d0。在类定义所在的程序运行后类变量就存在了。类变量生命周期和全局变量相同。无论为某个类创建多少个对象，类变量只有一个，由所有类对象共享。在任何地方，都可以用格式：类名称.类变量名称，访问或修改类变量。

在主程序或者函数内部也可以创建或修改类变量，语句格式为：类名.变量名=值，如果不存在同名类变量，创建类变量，否则修改类变量。注意在函数内创建或修改类变量，只有函数被调用后，类变量才会创建或修改。如果已经创建了类对象，也可以使用格式：类对象名(不是类名).类变量名，访问修改类变量。建议不要使用此格式访问类变量，首先这样做可能会分不清楚某变量到底是实例变量还是类变量，其次如类变量和实例变量同名，不会报错，但会访问不到类变量，为查错增加了困难。类变量例子如下：

```
class A():              #类定义
  d0=0                  #用赋值语句创建类变量(类属性)，方法1，注意语句格式和位置
  def __init__(self):   #该函数在创建对象时被自动调用
    self.d0=10          #实例变量可以和类变量同名
    A.d1=1              #在函数内创建类变量(类属性)，方法2，注意语句格式
def F(self):            #只有函数被执行后，类变量A.d2才会创建
    A.d0=8              #修改类变量
    print(A.d0)         #在函数内访问类变量
    A.d2=2              #在函数内创建类变量(类属性)，注意语句格式
A.d3=3                  #在主程序创建类变量(类属性)，方法3，注意语句格式
print(A.d3)             #没有类对象，在类定义外部，类变量也可以使用，        显示3
```

```
print(A.d0)              #由于类A还没有创建对象，A.d0为0                          显示0
#print(A.d1)             #创建A.d1所在函数还未被调用，A.d1不存在，将报错
aA=A()                   #创建A类对象aA，自动调用函数__init__()，创建A.d1
print(A.d1)              #能显示A.d1                                        显示1
#print(A.d2)             #A.d2不存在不能显示，将报错
aA.F()                   #调用函数F()，修改了A.d0=8，显示A.d0，创建A.d2=2         显示8
print(A.d2)              #能显示A.d2                                        显示2
print(A.d0)              #函数中修改了A.d0为8                                 显示8
print(aA.d0)             #由于实例变量和类变量同名，显示实例变量值10               显示10
A.d1=9                   #修改类变量
print(A.d1)              #                                                显示9
```

实例变量，在创建类对象后，该类对象的实例变量才存在。在10.2节已讨论过创建类对象的步骤，每创建一个类对象，就在内存数据区为对象申请若干内存单元，准备用来保存对象自己的实例变量，这些内存单元所有数据就是该类的对象。在创建类的对象时，会自动调用方法__init__()，该方法一般有多个参数，方法__init__()会用赋值语句将实参赋值给实例变量，就会在该类对象中创建实例变量，完成对象初始化。

在类中定义的其它实例方法中，如有语句：self.实例变量名=值，如实例变量不存在，就会在该类对象中创建实例变量，否则修改实例变量值。只有方法被调用，在该函数中创建或修改实例变量才能完成。虽然是在函数中用赋值语句创建了实例变量，但实例变量不是局部变量，实例变量被保存在类对象中，退出函数，实例变量仍然存在。只当某个类对象不被任何变量引用时，该类对象会被垃圾回收器回收，该类对象所持有的实例变量同时也被回收，就不能再被使用了。

在主程序访问实例变量格式为：类对象名.实例变量名。在主程序如有语句：类对象名.实例变量名=值，如实例变量不存在，将会在类对象中创建实例变量，否则修改已有的实例变量值。实例变量的例子如下。

```
class A():
    def __init__(self,p1):    #创建类对象，该函数被自动调用，创建两个实例变量
        self.d0=p1            #创建实例变量self.d0=形参p1
        self.d1=1            #创建实例变量self.d1=初始值
    def F(self,p2):          #函数被执行后，函数中的实例变量才会创建或被修改
        self.d2=p2           #创建实例变量self.d2=形参p2
        self.d3=3           #创建实例变量self.d3=初始值
        self.d1=8           #修改已存在的实例变量值
        print('实例变量d0值： '+str(self.d0))    #在函数内访问实例变量格式：self.d0
aA=A(10)                     #创建A类对象aA，自动调用函数__init__()，创建实例变量：self.d0和self.d1
print('实例变量d0值： '+str(aA.d0))              #在主程序访问实例变量self.d0
```

```
print('实例变量d1值：'+str(aA.d1))
#print(aA.d2)                    #aA.d2还未创建，不能显示
aA.F(9)                         #调用函数，创建了实例变量：self.d2和self.d3，显示实例变量self.d0
print('实例变量d2值：'+str(aA.d2))
print('实例变量d3值：'+str(aA.d3))
print('修改后实例变量d1值：'+str(aA.d1))
aA.d1=7                         #修改已存在的实例变量self.d1
print('再次修改实例变量d1值：'+str(aA.d1))
aA.d4=6                         #在类定义外部，因实例变量d4不存在，创建类对象aA的实例变量d4
print('实例变量d4值：'+str(aA.d4))
```

局部变量：在类定义的方法内部，用格式"变量名=值"创建的变量，称为局部变量。这些变量和普通函数一样，退出函数，局部变量就不存在了。

10.4　实例方法、静态方法和类方法

在类定义中，可以定义实例方法、静态方法和类方法。

实例方法的第一个参数必须是self，当实例方法被类对象调用，self将引用调用实例方法的类对象。在创建类对象后，实例方法才可以使用。10.1节创建的Person类中，__init__()方法和show_data()方法都是实例方法。在类定义外部，调用实例方法的格式为：类对象名.实例方法名()。在类定义内部，实例方法中调用另一实例方法的格式为：self.实例方法名()。在实例方法中可以访问修改实例变量(用格式：self.实例变量名)和类变量(用格式：类名.类变量名)。实例方法可以调用类方法和静态方法。

类方法必须使用@classmethod进行修饰，其第一个参数不是 self，而是 cls，表示这个类本身。和 self 一样，参数cls也不是关键字，是 Python 程序员约定俗称名称。无论有无类对象，调用类方法都可用格式：类名.类方法()，如有类对象时，还可用格式：类对象名.类方法()，不建议采用此格式。在类方法中，只能访问和修改类变量，格式为：cls.类变量名。不能访问和修改实例变量。不能调用实例方法，但可以调用其它类方法和静态方法。

静态方法必须使用@staticmethod修饰，没有"self"和"cls"参数。其实就是我们学过的函数，和函数唯一的区别是，静态方法是在类中定义的。无论有无类对象，调用静态方法都可用格式：类名.静态方法()。如有类对象时，还可用格式：类对象名.静态方法()，不建议采用这种方法调用静态方法，因这样调用静态方法，调用时不能分辨出是调用了实例方法、类方法还是静态方法。在静态方法中，只能访问和修改类变量，格式为：类名.类变量名。不能访问和修改实例变量，也不能调用实例方法，但可以调用其它静态方法和类方法。

```
class A:                #类定义
    n = 0               #类属性(类变量)
    def __init__(self):  #创建类对象时，自动调用该方法(函数)
```

```
        self.m=9                    #实例属性(实例变量)
        A.n+=1                      #实例方法使用类属性。每创建一个对象，A.n+=1
    def objectF(self):              #实例方法，第一个参数必须是self
        print("objectF()显示{}".format(A.n+self.m))      #实例方法使用类变量和实例变量
        self.objectF1()             #实例方法调用另一实例方法
    def objectF1(self):             #实例方法
        A.staticF1()                #实例方法调用静态方法
        A.classF1()                 #实例方法调用类方法
    @classmethod                    #说明下边是类方法
    def classF(cls):                #类方法必须有第一个参数，约定名为cls
        print("classF()显示{}".format(cls.n))   #用cls.n访问类变量，不能访问实例变量
        A.classF1()                 #类方法调用另一类方法
        A.staticF1()                #类方法调用静态方法
    @classmethod
    def classF1(cls):               #另一个类方法
        pass                        #没有语句
    @staticmethod                   #说明下边是静态方法
    def staticF():                  #静态方法无self和cls参数，但可增加其它参数
        print("staticF()显示{}".format(A.n))    #用A.n访问类变量，不能访问实例变量
        A.staticF1()                #静态方法调用另一静态方法
        A.classF1()                 #静态方法调用类方法
    @staticmethod
    def staticF1():                 #另一个静态方法
        pass
A.classF()                          #无类对象，也能调用类方法，用格式：类名.类方法()
A.staticF()                         #无类对象，也能调用静态方法，用格式：类名.静态方法()
aA= A()                             #创建类对象后，才能调用实例方法
aA.objectF()                        #调用实例方法
aA.classF()                         #有类对象，调用类方法可用格式：类对象名.类方法()
aA.staticF()                        #有类对象，调用静态方法可用格式：类对象名.静态方法()
A.classF()                          #有类对象，调用类方法仍可用格式：类名.类方法()
A.staticF()                         #有类对象，调用静态方法仍可用格式：类名.静态方法()
```

运行效果如下：

```
classF()显示0
staticF()显示0
objectF()显示10
```

classF()显示1

staticF()显示1

classF()显示1

staticF()显示1

在实际编程中，几乎不会用到类方法和静态方法，因为我们完全可以使用函数代替它们实现想要的功能。但在一些特殊的场景中，也可能用到类方法和静态方法。

10.5 访问控制和property()函数

有时希望类中一些数据不被随意修改，只能按指定方法修改，既隐蔽这些数据，也希望一些函数只能在类内部使用，在类外部不能被调用。Python类中定义的变量和方法默认都是公有的，即在类外部使用类名或类对象名就可访问修改它们。解决这个问题的方法是将变量和函数名称以双下划线" __ "开头，这些变量和函数就变为私有变量和私有方法。那么在类定义外部和子类(在继承一节将讲到子类概念)，就不能以格式：类对象名(或类名).私有变量名，访问私有变量；也不能以格式：类对象名(或类名).私有函数名，调用私有函数。但需注意以双下划线开头和结尾的方法，例如方法__init__()，虽然是以__开头，但不是私有方法，是Python特殊方法。下边是使用私有变量和私有方法的例子：

```python
class A():
    __n=0                  #私有类变量
    k=8                    #默认为公有类变量
    def __init__(self):    #这个方法名虽以__开头，但不是私有方法，是Python特殊方法
        self.__m=9         #私有实例变量
        self.h=7           #默认为公有实例变量
    def F(self):           #默认为公有实例方法，类实例方法中可使用私有变量
        print("类公有实例方法能使用私有变量__n={}和__m={}".format(A.__n,self.__m))
        self.__F1()        #公有实例方法能调用私有实例方法
    def __F1(self):        #私有实例方法
        s="类私有实例方法能使用私有变量__n={}和__m={}"
        print(s.format(A.__n,self.__m))
aA=A()
aA.F()
print('使用公有类变量k={}和实例变量h={}'.format(A.k,aA.h))
#print(A.__n)             #类外部不能访问私有类变量
#print(aA.__m)            #类外部不能访问私有实例变量
#aA.__F1()                #类外部不能调用私有实例方法
```

运行结果如下：

类公有实例方法能使用私有变量__n=0和__m=9

类私有实例方法能使用私有变量__n=0和__m=9

使用公有类变量k=8和实例变量h=7

私有变量只能通过公有方法对私有变量访问、修改和删除。见下例。

```
class Person():
    def __init__(self,name):
        self._name = name          #私有实例变量
    def setname(self,name):        #用公有方法修改self._name
        self._name = name          #可以在此增加判断参数name是否满足要求
    def getname(self):             #用公有方法访问self._name
        return self._name
    def delname(self):             #用公有方法删除self._name
        del self._name
aPerson = Person("张三")
print(aPerson.getname())           #获取self._name
aPerson.setname("李四")            #修改self._name
print(aPerson.getname())
aPerson.delname()                  #删除self._name
#print(aPerson.getname())          #由于self._name不存在将报错
```

如果觉得这种操作类属性的方式比较麻烦，更习惯使用"类对象.属性"这种方式，使用Python中提供的property()类，可以实现在不破坏类封装原则的前提下，依旧使用"类对象.属性"的方式操作类中的私有属性。例子如下。

```
class Person:
    def __init__(self,aName):
        self._name =aName                   #只有私有属性(变量)，才能用property
    def setname(self,aName):                #修改私有属性self._name的方法
        self._name =aName
    def getname(self):                      #访问私有属性self._name的方法
        return self._name                   #用property，必须要返回self._name
    def delname(self):                      #删除私有属性self._name的方法
        del self._name
    name=property(getname,setname,delname,'用法说明文字')
```

```
aPerson = Person("张三")
print(aPerson.name)                    #得到name属性，实际调用getname(self)方法，返回self._name
aPerson.name="李四"                     #修改name属性，实际调用setname(self,name)方法，修改self._name
print(aPerson.name)
help(Person.name)                      #注意是：类名.name，显示帮助信息：用法说明文字
#print(Person.name.__doc__)            #也可以此法，显示帮助信息：用法说明文字
del aPerson.name                       #删除name属性，实际调用delname(self)方法，删除self._name
#print(aPerson.name())                 #由于self._name不存在将报错
```

运行效果如下：

张三
李四
Help on property:
用法说明文字

程序中的property是一个类，生成类对象格式如下。

```
name=property(getname,setname,delname,'用法说明文字')
```

创建property类对象有四个参数，参数默认值都为None。前3个参数分别对应获得私有变量、修改私有变量和删除私有变量的函数名称，顺序不能改变，第4个参数是一个字符串，将提供给help()显示。对象名name可根据需要改变，在类外部，可用Person类对象名.name访问、修改和删除私有变量。以上 4 个参数可以仅指定第 1 个或者前 2 个或者前 3 个，当然也可以全部指定。如仅有第1个参数，则私有变量是只读的，有前两个参数，则私有变量是可读可修改的，没有最后一个参数，则没有帮助信息。

这里再一次解释一下封装，它有两个意义：第一是把数据和处理数据的方法同时定义在类中；第二是用访问权限控制，使数据隐蔽。

10.6　继承

在10.1节，定义了一个描述个人情况的Person类，如需要描述一个学生，当然可以从头开始定义Pupil类用来描述学生。但这样不能利用Person类中已定义的方法（函数）和属性（变量）。比较好的方法是以Person类为基类，派生出Pupil类，Pupil类继承了Person类的数据成员和函数成员，即Person类的数据成员和函数成员成为Pupil类的成员。这个Pupil类称为以Person类为基类的派生类，或称以Person类为父类的子类。这是Python提出的方法。Python用继承的方法，实现代码的重用。有一点需要指出，Python 中所有的类都是object类的子类，例如虽然Person()类括号内为空，但是它是object类的子类。下例定义了以Person类为父类的Pupil子类。请注意，Pupil类的

实例方法__init__，如何将参数传递给其父类的实例方法__init__，以及在Pupil类定义内部和外部，是如何使用父类的属性，以及如何调用父类的方法。

```
class Person():
    nums_person=0                          #用来记录该类的对象(实例)数
    def __init__(self,name,sex,IDnum):
        self.name=name
        self.sex=sex
        self.IDnum=IDnum
        Person.nums_person+=1              #每创建该类一个对象，nums_person+1
    def show_data(self):
        print('姓名:%s,性别:%s,身份证号:%s'%(self.name,self.sex,self.IDnum))
class Pupil(Person):                       # Pupil类以Person为父类(基类)
    def __init__(self,name,sex,IDnum,schoolName,className):
        super().__init__(name,sex,IDnum)   #调用父类__init__实例方法
        self.schoolName=schoolName         #子类(派生类)新属性
        self.className=className
    def show_New_data(self):               #子类(派生类)新实例方法
        print(self.sex)                    #在子类内部访问父类属性，父类方法和属性也属于子类
        print('学校:%s,班级:%s'%(self.schoolName,self.className))
        self.show_data()                   #在子类内部调用父类方法
aPupil=Pupil('张三','男','130103194011221234','第1小学','2年级1班')
print(aPupil.schoolName)                   #在类外部访问子类属性
aPupil.show_New_data()                     #在类外部调用子类方法
print(aPupil.name)                         #在类外部访问父类属性，父类方法属性也属于子类
aPupil.show_data()                         #在类外部调用父类方法
```

运行结果如下：

第1小学
男
学校:第1小学,班级:2年级1班
姓名:张三,性别:男,身份证号:130103194011221234
张三
姓名:张三,性别:男,身份证号:130103194011221234

对于父类的方法，只要它不符合子类要求，都可对其进行重写(覆盖)。因此可在子类中定义一个和父类方法同名的方法。当这样调用：子类对象名.两个类的同名方法，将只会调用子类的

重写方法。下例在Pupil类重写了Person类show_data()方法 。请注意最后两条语句，第1句调用子类Ppupil中被重写的show_data()方法，第2句调用父类Person 未被重写的show_data()方法 。

```
class Pupil(Person):
    def __init__(self,name,sex,IDnum,schoolName,className):
        super().__init__(name,sex,IDnum)        #调用父类__init__函数
        self.schoolName=schoolName              #新属性
        self.className=className
    def show_New_data(self):                    #新实例方法
        print('学校:%s,班级:%s'%(self.schoolName,self.className))
    def show_data(self):                        #覆盖父类同名实例方法
        self.show_New_data()                    #调用子类实例方法
        super().show_data()                     #调用父类同名实例方法
aPupil=Pupil('张三','男','130103194011221234','第1小学','2年级1班')
aPupil.show_data()                              #父类同名方法被覆盖，将调用子类同名方法
Person.show_data(aPupil)                        #父类方法已被子类重写，调用父类的同名方法
```

运行效果如下：

```
学校:第1小学,班级:2年级1班
姓名:张三,性别:男,身份证号:130103194011221234
姓名:张三,性别:男,身份证号:130103194011221234
```

如子类只有一个父类，称为单继承，如子类有多个父类，称为多继承。Python支持多继承。和单继承相比，多继承容易让代码逻辑复杂、思路混乱，一直备受争议，中小型项目中较少使用，Java、C#、PHP 等语言取消了多继承。因此本书也不介绍多继承。

10.7 将类的对象作为其它类的属性

在上个例子中，从Person派生一个Pupil类。一个学生最重要的数据就是各门功课的分数。各科分数和学生的其它数据相对独立，最好把各科分数及处理分数的各种方法封装在Score类中，用Score类的对象作为Pupil类的一个属性。将类的对象作为其它类的属性有广泛的用途。下例中定义了一个Score类，方法__init__()参数2是一个列表，该列表元素是字典的键，默认只有两项：语文和数学，实例方法__init__()以列表各个元素为键，值为None创建一个字典。Pupil类方法__init__()最后一个参数是记录字典键的列表，如不输入，参数值为None。如该参数不为None，创建类Score 对象中字典的键，是最后一个参数引用的列表元素；否则字典的键是默认列表的元素。程序如下。

```python
class Person():
    nums_person=0                              #用来记录该类的对象数
    def __init__(self,name,sex,IDnum):
        self.name=name
        self.sex=sex
        self.IDnum=IDnum
        Person.nums_person+=1                  #每创建该类一个对象，nums_person+1
    def show_data(self):
        print('姓名:%s,性别:%s,身份证号:%s'%(self.name,self.sex,self.IDnum))
class Score():
    def __init__(self,aList=['语文','数学']):    #参数2是记录键的列表，有默认值
        self.aDict=dict.fromkeys(aList)        #创建字典以列表元素为键，值为None
    def show_score(self):                      #该方法显示字典
        print(self.aDict)                      #还应定义输入和修改分数的方法
class Pupil(Person):
    def __init__(self,name,sex,IDnum,schoolName,className,aList=None):  #参数aList有默认值
        super().__init__(name,sex,IDnum)       #调用父类__init__函数
        self.schoolName=schoolName             #新属性
        self.className=className
        if aList!=None:                        #如果aList!=None成立
            self.score=Score(aList)            #创建Scoe类对象，参数是输入列表
        else:                                  #否则以默认列表创建Score对象
            self.score=Score()                 #以['语文','数学']作为字典的键
    def show_New_data(self):                   #新方法
        print('学校:%s,班级:%s'%(self.schoolName,self.className))
    def show_data(self):                       #覆盖父类同名实例方法
        super().show_data()                    #调用父类实例方法
        self.show_New_data()                   #调用子类实例方法
        self.score.show_score()                #调用Score对象显示分数实例方法
aScore=Score()
aScore.show_score()
aPupil=Pupil('张三','男','130103194011221234','第1小学','2年级1班',['英语'])
aPupil.show_data()
aPupil1=Pupil('李四','男','130103194011221234','第1小学','2年级1班')  #最后一个参数使用默认值
aPupil1.show_data()
```

运行效果如下：

{'语文': None, '数学': None}

姓名:张三,性别:男,身份证号:130103194011221234

学校:第1小学,班级:2年级1班

{'英语': None}

姓名:李四,性别:男,身份证号:130103194011221234

学校:第1小学,班级:2年级1班

{'语文': None, '数学': None}

10.8 多态性

多态性是面向对象程序设计语言的三大特性之一。当同一操作用于不同的对象,可以有不同的解释,产生不同的执行结果,这种特性称为多态性。计算机程序设计语言中的多态性,一般是指调用一个同名函数,参数不同,会产生不同的执行结果。多态性可以是静态的或动态的。静态多态性,是有若干同名函数,函数的形参类型和个数不同,系统在编译时,根据调用方法的实参类型及实参的个数决定调用哪个同名方法,实现何种操作。动态多态性,是定义一个函数,有若干形参,调用该函数,令该函数形参等于不同实参,完成不同的操作。

由于Python不用编译,是解释执行的,因此这里只讨论动态多态性。前边已经讲过,当调用一个函数,Python的解释系统将令:形参=实参,形参和实参将引用同一个对象,函数就可以用形参调用该对象的方法,用形参访问该对象的属性。此概念将极大简化动态多态性的实现。下面的例子说明Python实现动态多态性的方法。

```python
class A():
    def G(self):
        print(" A.G")
class B():
    def G(self):
        print(" B.G")
def F2(o):
    o.G()
aA=A()
aB=B()
F2(aA)                    #将执行aA.G(),显示A.G
F2(aB)                    #将执行aB.G(),显示B.G
```

运行后,显示如下。这个结果说明调用一个函数,令形参等于不同的类对象,可以实现不同功能,唯一要求是所有实参对象,都必须有一个同名方法。也就是说,用这种方法可以实现Python的多态性。

A.G

B.G

动态多态性概念在Python中被广泛使用，很多内置函数都采用Python动态多态性的概念。例如Python内置函数len()能检测多种数据类型的长度，也是采用了动态多态性的概念，实现步骤和上例类似。Python所有数据类型都是类，包括字符串类、列表类和元组类等，这些类中都应有一个同名的检测自己长度的方法，该方法返回值为所得到的长度，假如都为G()。内置函数len()实参必定引用某一个数据类对象，将实参赋值给形参，形参将也引用这一个数据类对象，通过形参可以调用这个数据类的方法G()，将得到该数据类对象的长度返回。如果对象是字符串，则返回字符数，如果对象是列表，则返回列表长度。

10.9　以上各章练习题

本书所有例题编号，例如e7_10_1，其中e表示为例题，7_10_1表示第7章，第10节的第1个例题。下边是从第4章到第10章的练习题。

1.用for语句计算从1到100的奇数的和。

2.用数1到4组成3位不相等，且百位、十位和个位都不同的数，并且在屏幕显示。

3.判断用户输入的月份是春季、夏季、秋季还是冬季。用列表和字典实现。

4.有4行数字：3,4,9,8、7,6,5,0、1,4,3,2、7,0,9,1。用2维列表记录这4行数字，请问第3行第4个元素是多少。

5.输入一个数，计算机给出是奇数还是偶数。

6.修改e6_3_2，增加检查是否正确输入年龄的语句，年龄只允许为整数。

7.两人玩猜数游戏。一方先输入10以内的整数，为了不让另一方看到，输入的数字显示*，要检查是否正确输入10以内的数。另一人用键盘输入所猜的数，如所猜数正确，显示：你赢了，否则提示所猜想的数是大还是小，三次猜错，显示你输了，并显示正确的数。

8.输入从0到9中的一个数字，输出对应的中文数字：零壹贰叁肆伍陆柒捌玖。

9.用户输入购买水果名称和重量，计算应付金额。

10.列表a=[1,2]，b=a[:]，请验证列表b和a是不同列表。

11.修改e7_10_1，编写注册和登录程序，字典的键为用户名，值为密码，其中密码必须包含字符和数字，长度不小于6。

12.对输入的浮点数求和，输入字符q退出循环。要求首先检查输入的字符串能否转换为浮点数。这也是一个for语句使用嵌套、break和continue的例子。

13.可用字典记录学生各门课程的成绩单，例如：语文:79,数学:80,英语:92。学生有姓名，有可能重名，但每个学生都有唯一的学号。那么如何保存这些数据，能使查询和统计等工作变得容易呢？例如，按学号顺序显示全班所有学生的成绩单。

14.遍历字典中的所有值。

15.参照e10_7_1，编写一个完整的班级的学生信息系统，包括：学生学号、班级，姓名、性别、各科成绩等。

第11章 用tkinter创建图形用户界面

【学习导入】开发应用程序，一般都使用图形界面，掌握一种创建图形界面的工具，是所有编程者必须掌握的技术。tkinter模块（"Tk接口"）是Python的标准Tk GUI工具包的接口，用来创建在各操作系统中运行的、具有图形用户界面的Python应用程序，或在C/S（客户端/服务器端）模式中，编写客户端Python程序。tkinter模块内置在 Python 安装包中，安装 Python 后就能使用。在掌握Python语言后，在工作中希望用Python语言开发一些应用程序，使用tkinter建立图形界面，还是很方便的。也可为学习使用其它模块创建图形界面打下基础。

11.1 图形用户界面、tkinter库和组件

计算机应用程序一般都有一个图形用户界面(Graphic User Interface，GUI)，通常称为窗体或窗口。在窗体上部是标题栏，用来显示标题，标题栏右侧有最小化、最大化和关闭按钮，窗体标题栏下方是用户区，可显示图形图像或文字，也可增加菜单或按钮等组件。

所有图形图像和组件都在显示器屏幕上显示。显示器屏幕可以看作是由m行n列个发光器件组成的点阵。每个发光器件称为一个像素，可产生不同颜色。当在屏幕显示图形，例如显示一条红色直线，在屏幕上无法显示一条连续的红色直线，而是将直线上的所有像素点变为红色，即红色直线由若干红色像素点组成。如两个像素点之间的距离(称为点距)很短，观察者将看到一条连续的红色直线。在涉及屏幕、窗体，组件的宽、高或距离等时，单位都是像素，例如，宽为100，表示宽度有100个像素点。

tkinter是Python自带GUI库。用tkinter库可以快速地创建图形用户界面应用程序。首先用tkinter的Tk类创建主窗体。tkinter库还包括组件Button、Checkbutton、Spinbox、Frame、Entry、Label、LabelFrame、Menubutton、PanedWindow、Radiobutton、Scale和Scrollbar，共计12个组件（控件）。类似搭积木，将组件放到主窗体，很容易创建一个图像界面。所有tkinter组件（控件）都是一个类，都是Widget 类的子类。在Widget 类中定义了所有组件类共有属性的名称和默认值，因此在tkinter库中，组件类的很多属性名称都相同。建立应用程序窗体界面，首先要创建Tk类对象，作为主窗体。然后创建组件类对象，在创建组件对象时，同时初始化组件的一些属性，同时还必须给该组件指定一个父容器，一般放到主窗体，也可以放到其它容器中。最后，还需要给组件指定布局函数，解决组件放在容器哪个位置及怎么放的问题。下例是一个最简单的程序，在主窗体中，用Label显示一行字符。使用Label组件可以显示文本或图像。

```
import tkinter as tk          #必须导入tkinter模块到内存，并将tkinter模块(库)命名为tk
root = tk.Tk()               #创建tk库中的Tk类对象作为主窗体，变量root引用主窗体
label=tk.Label(root,text='12')  #创建tk.Label类对象，参数1表示放在主窗体，参数2是显示的文本
label.pack()                 #调用pack()布局函数，按默认规则将组件放到主窗体
root.mainloop()              #见11.6节
```

除了Python自带的tkinter GUI库，还有许多可用于Python的GUI库，例如，kivy、flexx、pyqt、wxpython、pywin32、pygtk、pyui4win等，这些库必须下载安装后，才能使用。可从网上查看这些库的优缺点。如果是初学者或仅仅是完成一个简单的应用程序，完全没必要下载安装其它GUI库，还要花费时间重新学习，一般用tkinter就可以了。

11.2　修改主窗体及组件属性

本节首先创建主窗体，并详细介绍主窗体常用的属性，以及如何设置这些属性值。然后在窗体增加一个Label组件，显示一行文本。请牢记在窗体中增加一个Label的方法，以及如何修改其属性。下例首先创建主窗体，然后修改主窗体的一些属性。

```
from tkinter import Tk       #从tkinter模块中仅导入Tk类，注意和上例导入方法不同
root = Tk()                  #创建该模块的Tk类对象作为主窗体，变量root引用主窗体
root.title('主窗体')          #修改窗体标题。下句所有数字单位是像素，例如宽为300像素
root.geometry("300x100+200+20")  #窗体宽300高100，窗体左上角距屏幕左边界200，上边界20
root.resizable(width=False,height=False)  #设置窗体宽高是否可变，默认为True可变，为False不可变
root.mainloop()             #见11.6节
```

主窗体有许多属性和方法，上例已用到一些。语句root.title('主窗体')设置窗体标题为"主窗体"，root.title()获得窗体标题。在涉及窗体或屏幕的宽、高或距离时，单位都是像素。root.geometry()可以设置窗体的宽和高，以及窗体左上角距屏幕左边界和上边界的距离。root.resizable()设置窗体宽度和高度是否可变，默认为True表示宽或高可以改变，为False表示不可改变。语句root.winfo_x()和root.winfo_y()可得到窗体左上角在屏幕坐标系的x和y坐标。语句root.winfo_width()和root.winfo_height()可得到窗体的宽度和高度。注意修改属性值后，如需立即获取属性值，需先用语句root.update()刷新窗体，否则只会获取修改前窗体属性。语句root.destroy()关闭窗体。无参数语句root.state()获取窗体状态，root.state('normal')使窗体正常显示，root.state('icon')使窗体最小化，root.state('zoomed')使窗体最大化。root.iconbitmap("图标文件路径")设置窗体左上角图标，扩展名为ico的图标文件要在Python源文件所在文件夹中。语句root['background']='blue'设置窗体背景色为蓝色，或其他颜色。所谓窗体的"背景色"，就是在窗体工作区未放置任何组件时，整个窗体工作区的颜色，也称为窗体的"底色"。还可修改窗体的其它一些属性，可查有关文档。

每个组件都有很多属性，有多种方法可以修改组件属性值。在创建组件类对象时，将自动

调用类的__init__()方法，可在该方法中初始化属性值。修改上例，在创建Label组件类对象时初始化更多属性。

```
import tkinter as tk
root = tk.Tk()
root.title('在主窗体放置Label组件')
root.geometry("300x50+200+20")          #下句初始化Label组件属性值
label=tk.Label(root,text='123',width=3,height=3,justify="center",fg='red',bg='white',font=("Arial",15))
#label.config(fg='red',bg='blue')       #修改label组件的fg和bg属性
#c=label.config('bg')                   #得到label组件背景色
#label['fg']='black'                    #只能修改label组件单个属性
#c=label['fg']                          #得到label组件字符颜色
label.pack()                            #调用pack()布局函数，按默认规则将组件放到主窗体
root.mainloop()
```

　　第5条语句创建Label组件类对象，并初始化Label属性值，其中root是Label所在窗体；text是Label显示的内容；width,height用于指定组件宽和高，如果显示内容是文本，则以字符为单位，如果显示的是图像，则以像素为单位，都为整数，默认值根据实际显示的内容动态调整。justify，文本对齐方式，可以是"center"（默认）中心对齐、"left"左对齐或"right"右对齐；fg字符颜色；bg背景色，即Label组件除去显示的文本和边界，该组件其它部分的颜色，也称为底色；font是文本字体名称及字体大小。其它属性可查看有关文档。tkinter库中其它组件如有和Label组件同名属性，意义相同。

　　如组件已被创建，可能需要修改或得到属性值。组件类的config()方法能修改一个或多个属性值，见第6条语句。第6、7、8、9条语句已被注释掉，第7条语句得到label组件背景色。在Python的tkinter库中，所有组件类的属性名和属性值都是字典的一个键值对，因此，可用第8条语句修改fg属性值。用第9条语句得到fg属性值。

　　为修改和得到组件的属性值，Python给出第三种方法。在tkinter库中定义了4个类：StringVar、BooleanVar、DoubleVar和IntVar，用来处理字符串、布尔数、浮点数和整数。下面用例子说明如何用这4个类修改和得到组件的属性值。语句var=tk.StringVar()，创建StringVar类对象，用var引用该对象，用var.set（'label显示字符串'）语句将var引用的StringVar类对象值变为：label显示字符串。Label组件类属性textvariable和属性text一样，都是Label显示的文本，在创建Label组件类对象语句中，令textvariable=var，将使两者引用同一对象：StringVar类对象，将使Label组件的显示内容随var引用对象的值改变，这里Label组件将显示字符串：label显示字符串。也就是说，Label组件的显示内容，可用var.set()修改，用var.get()得到。使用StringVar类的例子如下。

```
import tkinter as tk
root = tk.Tk()
```

```
var=tk.StringVar()                          #创建StringVar类对象，var引用该对象
var.set('label显示字符串')                   #用var.set()为var引用对象赋值
tk.Label(root,textvariable=var).pack()      #textvariable=var使两者引用同一对象，Label显示内容将改变
var.set('再次修改显示字符串')                #Label显示内容再次改变为：再次修改显示字符串
print(var.get())                            #用方法var.get()，得到Label显示字符串
root.mainloop()
```

需要注意的是，label的text属性是字符串，要选用StringVar()，如组件属性是布尔类型、浮点型和整型必须分别选类BooleanVar、DoubleVar和IntVar。

在11.5节将介绍多选和单选按钮组件Checkbutton和RadioButton，两个按钮组件有选中和未选中两种状态。为了设置和得到两个按钮的状态，也需要使用这些类：StringVar、BooleanVar、DoubleVar或IntVar，具体例子见11.5节。

11.3   import语句

Python 之所以流行，除了其语法简单易学外，另一个重要原因是有丰富的库(模块)，所谓库就是预先编写实现某些功能的函数或类，以某种方式保存的程序集合，方便使用者使用。引入相应的库，使用较少代码就能实现复杂功能。

模块导入方式有两种：第一种，仅导入模块中指定成员。上节第1个例子就使用了这种方法导入模块：from tkinter import Tk，从tkinter模块（库）中仅导入Tk类。如上节第2个例子也用这种方法导入模块，那么导入语句就要修改为：from tkinter import Tk,Label。创建Label语句就要变为：label=Label(root,text='123')。这种方法只导入所需要的类或组件，节约内存。但是如果程序要使用模块中的很多类或组件，就不太方便了。可使用第二种方法，即上节第2个例子导入模块的方法：import tkinter as tk，导入tkinter模块，并将tkinter用别名tk代表。该方法有其它不同格式：import tkinter，导入tkinter模块(库)，创建Label语句就要变为：label=tkinter.Label(root,text='123')。使用这种方法也可用如下语句导入所有模块或组件：from tkinter import *，不建议使用该方法，因为这样做可能引起混乱。例如，两个模块中都有名称为Label的组件，那么在上节第2个例子中创建Label语句将变为：label=Label(root,text='123')，是要创建那个模块中的Label呢？也可以一次导入多个模块，格式为：import 模块名1,模块名2…，或import 模块名1 as 别名1,模块名2 as 别名2等。

11.4   Button按钮组件和事件处理函数

Button按钮组件标题可以是文字，也可以是一幅图片。当按钮被鼠标单击后，会发出按钮单击事件，可以将一个函数绑定到这个事件，这个函数被称作按钮单击事件的事件处理函数，每次单击按钮，都会自动调用这个事件处理函数，完成指定工作。下例单击按钮，自动调用单击按钮事件处理函数，在单击按钮事件处理函数中改变Labe组件的字符颜色。

```
import tkinter as tk
def btnClick():                    #定义单击按钮事件的事件处理函数
    label['fg']='red'              #该句将Labe组件字符变为红色

root = tk.Tk()
root.title('单击按钮改变字符串颜色')
root.geometry("300x100+200+20")
label=tk.Label(root,text='123')    #Labe组件字符默认为黑色
label.pack()
button=tk.Button(root,command=btnClick,text='单击我改变字符串颜色')
button.pack()                      #调用pack()布局函数，按默认规则将组件放到主窗体
root.mainloop()
```

在Button组件中引入一个重要的概念：事件。Button组件使用的事件是鼠标单击Button组件的事件，用属性command将鼠标单击Button组件的事件和定义的事件处理函数btnClick()绑定，即当鼠标单击Button组件，将自动调用事件处理函数，将字符串变为红色。因此要定义一个函数btnClick()，作为单击按钮事件的事件处理函数。以后将更多地使用事件概念。如希望字符为黑色变红色，为红色变黑色，如何实现？

在此不准备逐一介绍各个组件用法，在后续章节例子中，用到哪些组件，再详细介绍所使用组件用法。

11.5　组件CheckButton和RadioButton

多个单选按钮组件Radiobutton可组成一组，但使用者只能从其中选一个。多个多选按钮组件Checkbutton也可组成一组，使用者可以一个也不选，也可以多选，甚至全部都选。程序设计者必须知道每个组件是否被选定，来决定后续工作。为确定选定状态，就要用到在tkinter库中定义的4个类：StringVar、BooleanVar、DoubleVar和IntVar。

单选按钮Radiobutton未被选中的形状是一个空心圆，鼠标左击单选按钮，该圆中将有一个黑色圆点，表示该单选按钮被选中。单选按钮被选中，其属性variable和value相等，不被选中两属性不相等。单选按钮属性text是提示字符串，在单选按钮右侧显示。一般多个单选按钮组成一组，同组中只能有一个单选按钮被选中，其它单选按钮不被选中。同组单选按钮属性variable和value的数据类型必须相同，可以是整数、浮点数、字符串或布尔数。同组每个单选按钮属性value的值必须不同，需令同组所有单选按钮的属性variable都引用同一对象，表示这些单选按钮在同一组。如variable==a，那么同组中，只有属性value==a的单选按钮被选中，同组中其它单选按钮的属性value!=a，不被选中。

如value为整数，属性variable也必须是整数。为了方便修改和得到属性variable的值，可创建IntVar 类对象v，并令同组所有单选按钮属性variable=v，那么同组所有单选按钮的属性variable和v都引用同一IntVar 类对象，也就设定这些单选按钮在同一组。当用鼠标单击同组多个单选按钮中某个单选按钮，使其被选中，那么variable和被选中单选按钮属性value的值一定相等，因此

用语句v.get()可得到被选中单选按钮属性value的值。用语句v.set(8)修改v和variable引用类对象的值为8，将使属性value值为8的单选按钮被选中，由于同组其它单选按钮属性value值不为8，都不被选中，用来设置同组初始被选中的单选按钮。令单选按钮属性command=btnClick，将指定btnClick()为单击单选按钮事件处理函数。下例有两个单选按钮为一组，属性text和value分别是："五"和5、"八"和8。Label组件初始显示：单击单选按钮给出2+3答案。单击某单选按钮，用Label组件显示所选答案。

```
import tkinter as tk
def btnClick():                          #单击单选按钮的事件处理函数
    label['text']='给出答案是'+str(v.get())  #选中按钮variable=value，v.get()为选中按钮value值
root = tk.Tk()
label=tk.Label(root,text='左击单选按钮给出2+3答案')
label.pack()
v = tk.IntVar()                          #因创建单选按钮时，属性value为整数，创建IntVar对象，v引用该对象
v.set(8)                                 #无此语句两单选按钮都未被选中，此语句使value=8的单选按钮被选中
tk.Radiobutton(root,text="五",variable=v,value=5,command=btnClick).pack()      #创建两个单选按钮对象
tk.Radiobutton(root,text="八",variable=v,value=8,command=btnClick).pack()      #注意value=8，为整型数
root.mainloop()                          #上句command=btnClick指定btnClick()为单击单选按钮事件处理函数
```

上例创建单选按钮Radiobutton对象时，属性value是整数，也可以是其它类型，例如令value='8'，为字符串，那么上例v的数据类型也要跟着改变，应是StringVar对象。下例在创建单选按钮Radiobutton对象时，令属性value为字符串类型。完整程序如下。

```
import tkinter as tk
def btnClick():
    label['text']='给出答案是'+v.get()    #注意，v = tk.StringVar()，是字符串类型
root = tk.Tk()
label=tk.Label(root,text='左击单选按钮给出2+3答案')
label.pack()
v = tk.StringVar()              #因创建单选按钮时，value='8'，为字符串，创建StringVar对象，v引用该对象
v.set('8')                      #如无此语句两单选按钮都被选中，此语句使value='8'的单选按钮被选中
tk.Radiobutton(root,text="五",variable=v,value='5',command=btnClick).pack()    #创建两个单选按钮对象
tk.Radiobutton(root,text="八",variable=v,value='8',command=btnClick).pack()    #注意value='8'，为字符串
root.mainloop()
```

如同组单选按钮较多，可用循环语句生成多个单选按钮。修改本节第1个例子，用循环语句生成多个单选按钮。

```
import tkinter as tk
def btnClick():
    label['text']='你左击了'+str(v.get())
root = tk.Tk()
label=tk.Label(root,text='左击单选按钮给出2+3答案')
label.pack()
list1=[("五",5),("八",8),("九",9),("三",3)]
v=tk.IntVar()
v.set(8)                    #使value=8的单选按钮初始被选中
for s1,n in list1:
    tk.Radiobutton(root,text=s1,variable=v,value=n,command=btnClick).pack()
root.mainloop()
```

多选按钮Checkbutton未选中形状是一个空心正方形，鼠标左击正方形，正方形中增加一个对勾，表示选中，再单击正方形，对勾消失，表示未选中。其属性text是提示字符串，在多选按钮右侧显示。多选按钮还有三个属性，如variable==onvalue(默认为整型数1)，多选按钮被选中；如variable==offvalue(默认为整型数0)，多选按钮未被选中。

如属性onvalue和offvalue都为默认值，令variable=1，将使该多选按钮被选中，令variable=0，多选按钮不被选中，可用来设置多选按钮初始状态。用语句if variable==1:，判断当前多选按钮的状态，为真多选按钮被选中，否则未被选中。为了方便修改和得到属性variable的值，可创建IntVar 类对象v，并令该多选按钮属性variable=v，variable和v将引用同一IntVar类对象。用语句v.set(1)将使该多选按钮属性variable=1，会使该多选按钮被选中。用v.get()得到IntVar 类对象的值，也就是得到variable属性的值，因此可以用语句if v1.get()==1:，判断该多选按钮是否被选中。当有多个多选按钮为一组，每个多选按钮都可能被选中，也可能不被选中，为了记录每个按钮自己是否被选中，必须创建多个IntVar 类对象v1、v2、…，每个多选按钮属性variable分别被赋值为v1、v2、…，根据v1、v2、…的值来判断每个多选按钮是否被选中。

下例是多选按钮最简单的例子。在窗体放置两个多选按钮，其属性onvalue和offvalue都为默认值，标题分别是"五"和"八"，初始标题为"八"的多选按钮被选中。单击多选按钮，使多选按钮被选中或不被选中，在窗体显示使用者所选喜欢的数字。完整程序如下。

```
import tkinter as tk
def btnClick():              #单击多选按钮的事件处理函数
    s=''
    if v1.get()==1:          #得到v1值即得到variable值，variable==1，表示该按钮被选中
        s+="五 "
    if v2.get()==1:
        s+="八"
    label['text']='你喜欢的数字是'+s
```

```
root = tk.Tk()
label=tk.Label(root,text='选择你喜欢的所有数字')
label.pack()
v1=tk.IntVar()                    #因为有2个多选按钮，创建2个IntVar类对象
v2=tk.IntVar()
v2.set(1)                         #设置第2个多选按钮被选中。下句没有为onvalue和offvalue设置新值，使用默认值
tk.Checkbutton(root,text="五",variable=v1,command=btnClick).pack()          #注意variable=v1
tk.Checkbutton(root,text="八",variable=v2,command=btnClick).pack()          #注意variable=v2
root.mainloop()
```

上边例子当创建多选按钮时，没有为属性onvalue和offvalue设置新值，都采用默认值。读者可修改上例，仍然创建两个IntVar 类对象v1和v2。但设置属性onvalue的值为5，看一下效果。offvalue值似乎不能改变，设置为任何值，print(v1.get())还是显示0。

修改上例，为属性onvalue和offvalue设置新值，为字符串，在创建多选按钮时，令onvalue='5'，offvalue=''。因此必须创建StringVar类对象v1和v2。当选中多选按钮，v1. get()返回字符串'5'，未选中按钮，返回空字符串。完整程序如下。

```
import tkinter as tk
def btnClick():
    label['text']='你喜欢的数字是'+v1.get()+' '+v2.get()
root = tk.Tk()
label=tk.Label(root,text='选择你喜欢的所有数字')
label.pack()
v1 = tk.StringVar()
v2 = tk.StringVar()
v2.set('8')                    #设置第2个多选按钮被选中
tk.Checkbutton(root,text="五",variable=v1,onvalue='5',offvalue='',command=btnClick).pack()
tk.Checkbutton(root,text="八",variable=v2,onvalue='8',offvalue='',command=btnClick).pack()
root.mainloop()
```

如有多个多选按钮，最好用循环语句生成多个多选按钮。下例用循环语句生成多个多选按钮。

```
import tkinter as tk
def btnClick():
    s=''
    for vasn in vs:               #从列表vs逐一取出StringVar类对象赋值vasn，和某按钮variable引用同一对象
        s+=vasn.get()             #该多选按钮被选中，vasn.get()返回该按钮属性onvalue值，否则返回offvalue值
```

```
    label['text']=s+' 上班'
root = tk.Tk()
label=tk.Label(root,text='你周几上班')
label.pack()
tk.Button(root,text='检查所做选择',command=btnClick).pack()
weeks=['周日 ','周1 ','周2 ','周3 ','周4 ','周5 ','周6 ']
vs=[]                                        #将创建的StringVar类对象保存到列表vs
for week in weeks:
    vs.append(tk.StringVar())                #创建的StringVar类对象是列表最后1项，即vs[-1]
    tk.Checkbutton(root,text=week,variable=vs[-1],onvalue=week,offvalue='',).pack(side='left')
root.mainloop()
```

11.6　事件驱动和mainloop()方法

　　现代操作系统都是多任务的操作系统，即允许同时运行多个程序，它不允许任何一个程序独占外设，如键盘、鼠标等，所有运行程序共享外设和CPU，因此必须由操作系统统一管理各种外设。Windows操作系统把用户对外设的动作都看作事件(消息)，如单击鼠标左键，发送单击鼠标左键事件，用户按下键盘，发送键盘被按下的事件等。Windows操作系统统一负责管理所有的事件，根据具体情况把事件发送到相应运行程序，而各个运行程序自动用一个函数响应事件，这个函数通常称为事件处理函数。应用程序一般总是在等待事件的发生，一旦接到操作系统发来的事件，立即调用事件处理函数处理事件，处理完成后，将再一次进入等待状态，这种工作方式称作事件驱动，这种工作方式最大优点是能够充分利用CPU。所有应用程序都要支持事件驱动，Python的tkinter也不能例外。

　　tkinter模块包括窗体和许多组件，组件可放到窗体组成图形界面(GUI)。窗体和组件本质上都是类，采用属性、事件、方法来描述。组件属性描述组件的特性，例如组件的宽和高、背景颜色、字体颜色、采用的字体和大小等。通过调用组件类的方法，可以控制组件的行为，例如所有组件都应有方法Show()，根据属性重新在窗体显示组件自己。组件通过事件和外界联系，一个组件可以响应若干个事件，程序员可以为事件指定事件处理函数，以后每当该事件发生，将自动调用这个事件的处理函数处理此事件，这个工作被称为事件绑定事件处理函数，简称事件绑定。使用tkinter编写程序，在mainloop()之前的所有代码都是程序的初始化代码，包括建立窗体，在窗体放置组件，为组件指定事件处理函数，这些代码只执行一次。然后调用mainloop()方法，它负责接收操作系统发来的事件，然后把事件发给各个组件，组件用事件函数响应完成指定工作。在程序运行期间必须随时接受操作系统发来的事件，因此不可能退出mainloop()方法，只有程序运行结束，才会退出该方法。从操作系统接受的事件有两类，系统事件和用户事件。例如，当窗体最小化后又恢复，系统发来恢复窗体和组件事件，这是系统事件，把这事件发给窗体和组件，它们调用自己的显示方法show()，重新显示自己。用户只能通过用户事件控制程序完成指定功能，例如本章11.4节第1个例子中鼠标单击按钮，操作系统发出鼠标左击某一位置事件，mainloop()函数接收到事件，判断是单击按钮，将事件传递给按钮，按钮调用该事件绑定的事件处理函数，修改label的属性fg改变字符颜色，label自动调用自己的显示函数show()，重新显示自己。这是程序运行的基本方式。程序员主要工作就是编写mainloop()方法前的初始化程序和定义所需的事件处理函数。

11.7　组件在窗体的布局

tkinter窗体用户区可以看作一个容器，将tkinter库中的组件摆放到窗体用户区中，形成图形用户界面。tkinter提供了三个布局函数：pack()、grid()、place()，这些布局函数可以组织、管理窗体中的各种组件的排列方式，称作布局管理。布局函数的布局原则是，按调用布局函数先后，以最小占用空间方式排列组件，并且保持组件本身的最小尺寸或设定尺寸。tkinter还提供Frame和PanedWindow组件，两者都是组件容器，可用以上三个布局函数，将多个组件放置到这两个组件中的不同位置，再用布局函数，将这两个组件作为整体，摆放到窗体用户区指定位置。其中的PanedWindow组件，用户可以用鼠标拖动放置到该组件中的子组件边界，来改变每个子组件的大小。

11.8　pack布局

用布局函数将组件摆放到窗体用户区指定位置，该位置一般称作组件停靠点，停靠点是由布局函数确定的。组件如采用pack()函数布局，该函数根据参数side和anchor确定组件停靠点。例如，窗体无任何组件，用pack()函数布局，顺序放置多个组件，如参数side='top'，表示从窗体用户区顶部开始依次向下，放置组件，第一个组件，要放到窗体用户区上边界下方、左右边界中间位置，其余组件放到前一个放置的组件下边界下方，左右边界中间位置；如参数anchor='center'，或不设置参数anchor，用参数默认值'center'，组件保持原位置不动，如参数anchor='w'，组件保持y坐标不变，移到用户区左边界；如参数anchor='e'，组件保持y坐标不变，移到用户区右边界。pack()函数的参数是：

●　side：可为'top'、'bottom'、'left'和'right'，参数的意义分别是：从窗体用户区顶部开始向下，从窗体用户区底部开始向上，从窗体用户区左侧开始向右，从窗体用户区右侧开始向左，按添加顺序根据side指定规则依次放置组件。默认为'top'。

●　anchor：一般和side参数一起使用。例如side='left'，从窗体用户区左侧开始向右，按添加顺序依次放置组件，新组件具体是放置在窗体垂直方向中间位置、上侧还是下侧，取决于参数anchor，默认'center'在垂直中间位置，为'n'在上侧，为's'在下侧。参数anchor有5个参数值可用，分别是：'e'、's'、'w'、'n'和'center'，表示：东、南、西、北和中间位置，上北下南，左西右东，默认'center'。

●　padx是组件左右两边界外侧预留空隙的宽度，空隙的高度和左右边界高度相同。pady是组件上下两边界外侧预留空隙的高度，空隙的宽度和上下边界宽度相同。

●　ipadx是组件和该组件包含的内容（例如图像），两者左（或右）边界之间预留空隙宽度。ipady是组件和该组件包含的内容(例如图像)，两者上(或下)边界之间预留空隙高度。

●　Fill：参数可以是'x'、'y'、'both'和'none'，分别是在水平方向填充、在竖直方向填充，水平和竖直方向都填充和不填充。

● expand参数表示是否扩展，为布尔变量，可以是'yes'和'no'。

前边例子都是用无参数pack()函数布局，即pack()函数用默认参数布局，就是参数side为'top'、anchor为'center'、padx和pady为0、fill为'none'、expand为'no'。

下例Label组件采用pack布局，其中参数padx=2，pady=2，使在x和y方向两个组件之间的间距为4，组件和边界之间的间距为2。side参数选用不同参数值，其余大部分参数都为默认值。参数anchor默认值为'center'，表示中间位置，具体是哪两个部件之间的中心位置，要根据实际情况确定。完整程序如下。

```python
import tkinter as tk
root=tk.Tk()
root.geometry('500x150')
tk.Label(root,text='从顶部向下1',bg='lightblue').pack(side='top',padx=2,pady=2)          #anchor默认'center'
tk.Label(root,text='从顶部向下2',bg='lightblue').pack(side='top',padx=2,pady=2,anchor='w')
tk.Label(root,text='从左侧向右1',bg='lightblue').pack(side='left',padx=2,pady=2)          #anchor默认'center'
tk.Label(root,text='从左侧向右2',bg='lightblue').pack(side='left',padx=2,pady=2)
tk.Label(root,text='从底部向上1',bg='lightblue').pack(side='bottom',padx=2,pady=2)
tk.Label(root,text='从底部向上2',bg='lightblue').pack(side='bottom',padx=2,pady=2)
tk.Label(root,text='从右侧向左1',bg='lightblue').pack(side='right',padx=2,pady=2)
tk.Label(root,text='从右侧向左2',bg='lightblue').pack(side='right',padx=2,pady=2)
root.mainloop()
```

图11-1　运行效果

运行效果如图11-1所示，请仔细查看运行结果，是不是看到有的Labe组件并不在窗体用户区上下或左右边界的中心位置。程序首先创建标题为"从顶部向下1"的Label组件，由于pack参数side='top'，将从窗体用户区顶部向下顺序放置组件，由于pady=2，该组件到窗体用户区上边界线有2像素点间隙，由于参数anchor为默认值'center'，其位于窗体左右边界线中间位置；创建标题为"从顶部向下2"的Label组件，从顶部向下组件1和2上下边界之间有4点间隙，由于参数anchor='w'，其位于窗体左侧边界，和窗体左侧边界有2点间隙。

创建第3个Label组件，标题为"从左侧向右1"，由于pack参数side='left'，将从窗体用户区左侧向右顺序放置组件，由于padx=2，该组件到左边界线有2点间隙，由于参数anchor='center'，其位于标题为"从顶部向下2"的Label组件下边界和窗体下边界线中间位置，请注意不是窗体用户区上下边界线中间位置。创建第4个Label组件，标题为"从左侧向右2"，由于pack参数side='left'，其位于标题为"从左侧向右1"组件右侧，两组件之间有4点间隙，在垂直方向位置，其和标题为"从左侧向右1"Label组件相同。

请读者想一想后边四个Label组件放到窗体的过程，这里就不再重复了。最后两个Label组件在垂直方向位置是在窗体用户区上下边界中间位置，这是因为最后这两个Labe组件，在它们上方和下方各有两个Label组件，请注意，本例所有组件的高度相同。

采用pack()布局，组件在窗体一种常用的排列方式是：组件在窗体用户区上部从左到右排列。下例的两个Label组件采用pack()布局，两个Label组件在窗体用户区上部从左到右排列，和窗体上边界，以及两个组件之间都有一定间隙。完整程序如下。

```
import tkinter as tk
root=tk.Tk()
root.geometry('300x100')
tk.Label(root,text='Labe1',bg='tan').pack(anchor='n',side='left',padx=9,pady=9)
tk.Label(root,text='Labe2',bg='tan').pack(anchor='n',side='left',padx=9,pady=9)
root.mainloop()
```

在上例创建Label类对象时，如将属性anchor='n'改为anchor='s'，Label组件将在窗体底部从左到右排列。如将上例anchor='n',side='left'改为anchor='w',side='top'，Label组件将在窗体左侧从上到下排列。如anchor='n',side='left'改为anchor='e',side='top'，Label组件将在窗体右侧从上到下排列。读者可以想一想，如果希望组件在窗体上部从右到左排列，如何修改上例。

下例是使用参数fill、expand和side的例子。3个Label组件，分别沿x方向、y方向两个方向扩展。可以保留第4行，注释掉第5、6行；然后保留第5行，注释掉第4、6行；再保留第6行，注释掉第4、5行；最后保留所有行，分别看一下效果。应该更好理解参数fill、expand和side的用途。

```
import tkinter as tk
root =tk.Tk()
root.geometry('400x80')
tk.Label(root,text='在右侧y方向扩展',bg='pink',font='宋体',fg='red').pack(fill='y',side='right')          #4
tk.Label(root,text='在底部x方向扩展',bg='lightblue',font='宋体',fg='red').pack(fill='x',side='bottom')      #5
tk.Label(root,text='填充余下部分',bg='yellow',font='宋体',fg='red').pack(fill='both',expand='yes')          #6
root.mainloop()
```

11.9 grid布局和entry组件

grid布局函数是将容器划分为row行column列网格。创建组件后，用grid布局函数，指定组件放到容器的第几行第几列的网格中，grid()布局函数参数row是网格行号，参数column是网格列号，不用事先指定每个网格的大小，布局函数会自动根据里面的组件进行调节。下例介绍grid()

函数参数row（行号）和参数column（列号）的用法。

```
import tkinter as tk
root =tk.Tk()
root.geometry('200x50')
tk.Label(root,text="提示1").grid(row=0)          #组件放在窗体用户区第0行，第0列(默认值)网格
tk.Label(root,text="提示2").grid(row=1)          #组件放在窗体用户区第1行，第0列(默认值)网格
e1=tk.Entry(root)                                 #Entry是输入字符串组件，只能输入1行，回车结束
e2=tk.Entry(root)
e1.grid(row=0,column=1)                           #放在第0行，第1列，第0列是显示提示1的Label
e2.grid(row=1,column=1)                           #放在第1行，第1列，第0列是显示提示2的Label
root.mainloop()
```

　　组件由于各种原因，高度可能不同。如在一行中有多个不同高度的组件用grid布局，由于grid默认对齐方式是组件居中对齐，即所有组件中心点在一条水平直线上，显而易见，所有组件的上下边界都不能对齐。如希望所有组件上边界对齐，可令grid()函数参数sticky='n'；如希望所有组件下边界对齐，则sticky='s'；如希望所有组件上下边界都对齐，则sticky='n'+'s'。如在一列中有多个不同宽度的组件用grid布局，希望左、右或左右两边界对齐，应使参数sticky='w'或'e'或'e'+'w'。这里的n、s、e和w分别是北、南、东和西。

　　下例介绍grid布局参数sticky的使用。在一行中两个按钮默认居中对齐，上下边界都未对齐，如希望上下边界都对齐，可用注释掉的两条语句替换上边两条语句，就能使两个按钮上下边界都对齐了。

```
import tkinter as tk
root =tk.Tk()
root['background'] ='blue'
root.geometry('200x100')
tk.Button(root,text="提示1",height=2,width=7).grid(row=0,column=0)
tk.Button(root,text="提示2",height=3,width=13).grid(row=0,column=1)
#tk.Button(root,text="提示1",height=2,width=7).grid(row=0,column=0,sticky='n'+'s')
#tk.Button(root,text="提示2",height=3,width=13).grid(row=0,column=1,sticky='n'+'s')
root.mainloop()
```

　　有时一个组件必须占用多个列，例如下例中的label3，用作输入错误的提示信息，信息可能比较长，必须占用多个列。这种情况就要用到grid()函数参数columnspan，其设置单元格横向跨越的列数。而参数 rowspan设置单元格纵向跨越的行数，即组件占据的行数。

　　下例是一个模拟登录和注册的程序，用到了grid方法参数columnspan和padx。程序还使用Entry组件，可以看到该组件的基本用法。程序运行后，可以输入用户名和密码，然后单击注册

按钮注册，或单击登录按钮登录，如果出现错误，在最后一行给出错误提示。

```python
from tkinter import *
def login():                              #登录函数
    s1=entry1.get()                       #得到注册的用户名
    if len(s1)==0:
        label3['text']='用户名不能为空，登录失败'
        return
    if s1 not in name_password.keys():
        label3['text']='无此用户'
        return
    if name_password[s1]==entry2.get():
        label3['text']='登录成功'
        entry1.delete(0, END)
        entry2.delete(0, END)
    else:
        label3['text']='密码错误'
def regis():                              #注册函数
    s=entry2.get()                        #得到注册的密码
    if len(s)<6:
        label3['text']='密码长度必须大于6个字符'
        return
    if s.isdigit():
        label3['text']='密码不能全部为数字'
        return
    s1=entry1.get()                       #得到注册的用户名
    if len(s1)==0:
        label3['text']='用户名不能为空'
        return
    if s1 in name_password.keys():
        label3['text']='用户名已被使用'
        return
    else:
        name_password[s1]=s
        label3['text']='注册成功'
        entry1.delete(0, END)
        entry2.delete(0, END)
root=Tk()
```

```
root.title('欢迎浏览网站，请先登录或注册')
root.geometry('500x130+100+100')
name_password={}
label1=Label(root,text='网名',font=('宋体',16),fg='SteelBlue').grid(row=0,column=0)
label2=Label(root,text='输入密码',font=('宋体',16),fg='SteelBlue').grid(row=1,column=0)
entry1=Entry(root,font=('宋体',18),fg='Plum')
entry1.grid(row=0,column=1,columnspan=2)
entry2=Entry(root,font=('宋体',18),fg='DarkCyan',show='*')
entry2.grid(row=1,column=1,columnspan=2)
button1=Button(root,text='登录',width=10,font=('宋体',18), background='Tan',command=login)
button1.grid(row=2,column=0,padx=5)
button2=Button(root,text='注册',width=10,font=('宋体',18), background='Tan',command=regis)
button2.grid(row=2,column=1,padx=5)
button3=Button(root,text='退出',width=10,font=('宋体',18), background='Tan',command=root.destroy)
button3.grid(row=2,column=2,padx=5)
label3=Label(root,font=('宋体',16),fg='SteelBlue')
label3.grid(row=3,column=0,columnspan=2)
root.mainloop()
```

　　grid布局和Pack布局的参数padx 、pady、iPadx 和ipady意义相同，就不做介绍了。

11.10　place布局和Python坐标系统

　　二维平面的每一个点都可以使用直角坐标系来定位。在平面内画两条相互垂直，并且有公共原点的数轴，其中横轴为x轴，纵轴为y轴，这样就在平面上建立了平面直角坐标系，简称直角坐标系，共有4个象限。如图11-2（a）所示。

　　Python默认使用直角坐标系，但是只有一个象限，坐标系统的原点 (0,0) 在屏幕左上角，其中x轴向右为正方向，y轴向下为正方向，以屏幕像素为单位，某点x坐标表示该点距离y轴有多少个像素，某点y坐标表示该点距离x轴有多少个像素。如图11-2（b）所示。

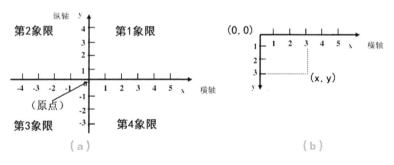

图11-2　Python坐标系统

当用 Place()函数布局时，需要设置组件的 x、y 或 relx、rely 等参数，用来指定每个组件在其所在容器的坐标(x,y)，或者相对于其所在容器的相对位置(relx,rely)。该方法可用于所有标准组件。

先介绍place布局函数参数x、y、anchor、width、height的用法。其中width和height是组件宽高像素数。创建6个Button组件，用place布局，使用不同的anchor。程序如下。

```
import tkinter as tk
root =tk.Tk()
root.geometry('290x70')                      #下两条语句说明anchor默认为'nw'。width和height单位为像素
tk.Button(root,text="布局1",bg='tan').place(x=0,y=30,width=50,height=30)         #(x,y)默认是左上角坐标(0,30)
tk.Button(root,text="布局2",bg='tan').place(x=50,y=30,width=50,height=30,anchor='nw')    #是左上角坐标
tk.Button(root,text="布局3",bg='tan').place(x=100,y=30,width=50,height=30,anchor='sw')   #是左下角坐标
tk.Button(root,text="布局4",bg='tan').place(x=150,y=30,width=50,height=30,anchor='ne')   #是右上角坐标
tk.Button(root,text="布局5",bg='tan').place(x=200,y=30,width=50,height=30,anchor='se')   #是右下角坐标
tk.Button(root,text="布局6",bg='tan').place(x=250,y=30,width=50,height=30,anchor='center')  #中心点坐标
root.mainloop()
```

运行效果如图11-3。首先创建标题为"布局1"的按钮组件，这是Place布局最常用的用法，仅使用4个参数。由图中可以看出，标题为"布局1"的按钮左侧，距窗体左边界为0，距窗体用户区上边界，隔了标题为"布局3"的按钮，其高度为30，由此得出按钮左上角坐标是(0,30)，这是参数x,y的值，因此默认情况下，place()的参数x,y默认是按钮的左上角的坐标值。创建标题为"布局2"的按钮组件，place()函数增加了一个参数anchor='nw'，可以得到place()的参数x,y，在参数anchor='nw'情况下，仍然是按钮左上角的坐标值(50,30)，也证明了参数anchor的默认值是'nw'。创建标题为"布局3"的按钮组件，x=100，y=30，anchor='sw'，只有该按钮左下角坐标为(100,30)，因此当anchor='sw'，place()的参数x,y是按钮左下角坐标值。同理，当anchor为'ne'、'se'和'center'，Place()的参数x,y分别是按钮右上角、右下角和按钮中心点的坐标值。

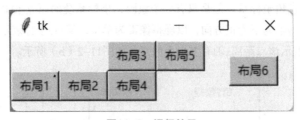

图11-3 运行效果

如果能记住e、s、w、n是英文东南西北单词的缩写，那么按照上北下南、左西右东的地图规则，'nw'、'sw'、'ne'和'se'的中文含义是西北角、西南角、东北角和东南角，就比较好记忆了。实际上anchor还可以是"n"、"s"、"w"和"e"，那么函数Place()的参数x,y分别是按钮上边界、下边界、左边界和右边界中心点的坐标。"n"、"s"、"w"和"e"用法见下例，运行效果见图11-4。

```
import tkinter as tk
root =tk.Tk()
root.geometry('290x70')
tk.Button(root,text="布局1",bg='tan').place(x=0,y=30,width=50,height=30)          #下句上边界中点坐标=(75,30)
tk.Button(root,text="布局2",bg='tan').place(x=75,y=30,width=50,height=30,anchor='n')
tk.Button(root,text="布局3",bg='tan').place(x=100,y=30,width=50,height=30,anchor='s')
tk.Button(root,text="布局4",bg='tan').place(x=175,y=30,width=50,height=30,anchor='e')
tk.Button(root,text="布局5",bg='tan').place(x=175,y=30,width=50,height=30,anchor='w')
tk.Button(root,text="布局6",bg='tan').place(x=250,y=30,width=50,height=30,anchor='center')
root.mainloop()
```

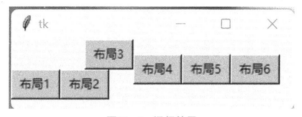

图11-4　运行效果

　　使用4个参数的place(x=0,y=30,width=50,height=30)函数，只要记住参数x和y是组件的左上角的坐标值，就能满足绝大多数用坐标定位组件的要求。

　　一些程序的窗体尺寸总是保持不变，另一些程序却允许窗体尺寸任意改变。程序如改变窗体尺寸，往往希望窗体中的组件也随窗体尺寸改变而重新排列，以适应改变后的窗体。例如，三个按钮在窗体上水平排列，分别位于窗体左侧、中间和右侧，窗体尺寸改变后，希望三个按钮仍然位于尺寸改变后的窗体的左侧、中间和右侧。另外也许希望组件改变大小，以适应改变后的窗体。这种情况可以通过 relx、rely、relwidth和relheight等参数来实现。relx 和rely默认是组件左上角坐标相对于父容器的位置，可以用参数anchor修改为组件的其它位置的坐标，例如令anchor='center'，则修改为组件中心坐标相对于父容器的位置，relx=0 在父容器的最左边，relx=0.5 是正中间，relx=1 是最右边；rely=0 是最上边，relx=0.5 是正中间，relx=1 是最下边。而relwidth和relheight是相对于父容器的尺寸，以父容器总宽度为单位 1，该值应该在 0.0~1.0 之间，其中 =1 表示组件和整个窗体等宽(或高)，=0.5 表示为窗体宽(或高)的一半等。

　　下例介绍place方法中参数relx、rely、relwidth和relheight的用法。在窗体垂直中间位置，沿x方向，在左侧、中心和右侧放置3个按钮。窗体尺寸改变后，3个按钮仍然位于尺寸改变后的窗体垂直中间位置的左侧、中间和右侧。窗体尺寸变大，按钮尺寸也变大，窗体尺寸变小，按钮尺寸也变小。完整程序如下。

```
import tkinter as tk
root = tk.Tk()
root.geometry("300x100+200+20")
```

```
tk.Button(root,text='1',bg='tan').place(relx=0.1,rely=0.5,anchor='center',relwidth=0.1)
tk.Button(root,text='2',bg='tan').place(relx=0.5,rely=0.5,anchor='center',relwidth=0.1)
tk.Button(root,text='3',bg='tan').place(relx=0.9,rely=0.5,anchor='center',relwidth=0.1)
root.mainloop()
```

11.11　Frame和PanedWindow组件

　　组件Frame，是一个组件容器，可将Button、Label等组件摆放到Frame容器中，再用布局函数，将Frame作为整体摆放到窗体用户区指定位置，能将窗体用户区分割为多个功能区域。这样做的目的是为了更好的布局。所以本质上，frame是一个布局组件。下例创建一个窗体，在上部显示提示信息，左侧增加若干按钮，其余部分是工作区。程序如下。

```
import tkinter as tk
root=tk.Tk()
root.title('My Frame')
root.geometry('300x100')
tk.Label(root,text='这里显示提示信息').pack()
frm=tk.Frame(root,width=100)
frm.pack(fill='y',side='left')
tk.Button(frm,text='按钮1').pack(side='top')
tk.Button(frm,text='按钮2').pack(side='bottom')
root.mainloop()
```

　　PanedWindow组件和Frame 组件类似，可以像Frame组件那样，在框架中添加多个组件，但是 PanedWindow 允许使用者用鼠标拖动两个组件之间的分界线，调整两个组件的空间划分。

　　下例将PanedWindow组件作为主窗体，在其中增加两个Label组件，上下排列。运行后，用鼠标拖动两Label组件之间的分界线，可改变两个Label组件占用的空间。程序如下。

```
from tkinter import *
m=PanedWindow(orient=VERTICAL)
m.pack(fill=BOTH, expand=1)
top=Label(m, text="顶部",bg='blue')
m.add(top)
bottom=Label(m, text="底部",bg='yellow')
m.add(bottom)
mainloop()
```

　　下例建立主窗体root，在主窗体增加一个PanedWindow组件m1，充满整个主窗体，在m1左侧增加一个Label组件。然后在m1中再增加另一个PanedWindow组件m2，占用其余空间，在m2中增加两个Label组件，上下排列。运行后可以看到用鼠标拖动每个Label组件的分界线，可改变每个组件占用的空间。完整程序如下。

```
from tkinter import *
root=Tk()
m1=PanedWindow(root)
m1.pack(fill=BOTH, expand=1)
left = Label(m1,text="在左侧的Label组件",bg='blue')
m1.add(left)
m2=PanedWindow(m1,orient=VERTICAL)
m1.add(m2)
top=Label(m2, text="在右上部的Label组件",bg='red')
m2.add(top)
bottom = Label(m2, text="在右下部的Label组件")
m2.add(bottom)
mainloop()
```

11.12　ttk模块和Notebook组件

Tk8.5 (tkinter库版本号)之前，tkinter库中组件外观有些过时，不太美观。因此从Tk8.5 开始，新增tkinter.ttk模块，该模块除包含原有12个组件，还新增6个组件：Notebook、Combobox、Progressbar、Separator、Sizegrip 以及 Treeview。在ttk 模块中，所有18个组件具有更加漂亮的外观，并能在绝大多数操作系统中良好地运行，并且符合所在操作系统的窗体风格。本节介绍tkinter.ttk组件使用方法。因ttx中没有创建主窗体的Tk类，另外可能还需要tkinter模块其它的函数或类，为了使用ttk组件，必须从tkinter模块导入Tk类以及所需其它类。当然也必须导入tkinter.ttk模块。使用ttk组件简单例子如下。

```
from tkinter import *                                    #需先导入tkinter模块，后导入ttk模块
from tkinter.ttk import *                                #后导入的ttk组件将覆盖tkinter组件
def btnClick():                                          #单击按钮事件处理函数
    #label['foreground']='blue'                          #不支持用被注释两语句修改组件属性
    #label.config(foreground='blue')                     #必须改用ttk.Style()修改组件属性
    pass
root=Tk()                                                #创建主窗体
#label=Label(root,text='字符串',fg='black',bg='tan').pack()   #foreground和background不能写为fg和lbg
label=Label(root,text='字符串',foreground='black',background='tan').pack()
Button(root,text='单击我',command=btnClick).pack()        #这里label和按钮都是ttk组件
root.mainloop()
```

由上例可以看出，ttk组件和tkinter组件用法基本相同，也有些不同，首先，ttk组件的属性foreground和background不能简写为fg和bg；其次，创建组件对象时，可能需要修改该对象某些默认属性值。创建tkinter组件Label并同时修改某些属性的语句如下。

```
tk.Label(root,text='字符串',fg='black',bg='tan')        #tkinter组件所有属性都可用类似bg='tan'方式修改
```

组件的一些描述外观的属性，例如字符颜色、字符背景色、字符字体和字体大小等，在创建ttk.Label对象时，将这些描述外观的属性，也可像tkinter组件一样，直接放到创建ttk组件语句后边的括号中，例如上例中的foreground='black',background='tan',虽然不报错，最好还是遵循ttk的风格，将描述外观的所有属性，统一用ttk.Style来管理。ttk把描述外观的属性称为样式(style)。如果创建对象语句中样式设置很多，将使该语句过长，会对语句理解造成困难。ttk为了尽可能地将样式设置和其它属性设置分离，为ttk组件增加一个属性：style。下例介绍ttk.Style类和ttk组件style属性的用法。请注意，下例仅导入tkinter模块中的Tk类，但不清楚在其它应用程序中，是否还需导入其它类，可根据运行后的错误提示，添加所需要的类。完整程序如下。

```
from tkinter import Tk, ttk        #仅导入tkinter的Tk类和ttk模块
root=Tk()                          #创建主窗体
my_style=ttk.Style()               #my_style用来保存ttk所有样式
my_style.configure("TLabel",foreground="red",background="pink")        #Labe组件"自定义默认样式":"TLabel"
my_style.configure("a.TLabel",foreground="blue")        #在my_style 增加Labe "组件对象样式"："a.TLabel"
ttk.Label(root,text='字符串').pack()        #将用自定义默认样式"TLabel"重置组件默认样式
ttk.Label(root,text='字符串',style="a.TLabel").pack()        #将同时使用"TLabel"和style="a.TLabel"重置样式
root.mainloop()
```

第3条语句my_style 是ttk.Style 类对象，用于保存所有样式。第4条语句创建一个ttk.Labe组件的"自定义默认样式"，名称是"TLabel"，本例"TLabel"是修改字符颜色为红色、背景色为粉色；自定义默认样式"TLabel"用于所有ttk.Label组件类对象，即每创建一个ttk.Label组件类对象，无需声明，都会按"TLabel"要求，自动重置其样式；请注意"自定义默认样式"名称的写法，都是组件类名最前边加大写T。第5条语句创建一个ttk.Labe组件的"组件对象样式"，名称是"a.TLabel"，本例"a.TLabel"是修改字符颜色为蓝色；"a.TLabel"仅用于修改某个ttk.Label组件对象的样式，即只有指定style="a.TLabel"，才会按"a.TLabel"要求修改该组件类对象样式；请注意"组件对象样式"名称的写法：字符串."自定义默认样式"名称。无论Python如何操作，可以认为，创建一个ttk.Label组件类对象，设定其样式的步骤为：首先按ttk.Label组件类定义中设定的默认样式创建对象；然后，自动按自定义默认样式"TLabel"要求修改ttk.Label组件的样式；最后，如显示指定属性style="a.TLabel"，还需按照"a.TLabel"要求修改该ttk.Label组件类对象的样式。例如，上例第6条语句，首先按组件类定义中设定的默认样式创建对象，其中字符色为黑色，背景色为白色，然后自动按自定义默认样式"TLabel"要求修改组件的样式，重置字符颜色为红色，背景颜色为粉色。而第7条语句，除完成第6条语句设置样式外，还需按照样式"a.TLabel"

要求重置样式，修改该ttk.Label组件类对象的字符颜色为蓝色。其它组件设置样式的方法和Label组件相同。

再次，用类似语句label['foreground']='blue'和label.config(foreground='blue')，可修改tkinter组件的所有属性。虽然ttk组件仍然可用label['text']='字符串'类似语句，来修改非描述外观的属性，但ttk不支持用这样的语句修改那些描述外观的属性，而必须使用如下类似语句：label['style']='1.TLabel'。下例在主窗体增加了一个ttk的Label和Button组件，单击按钮，将在Label组件显示'单击了按钮'字符串，重置该字符串为宋体、大小为30。该例主要介绍在创建ttk组件后，如何修改ttk组件的样式和其它非样式属性。完整程序如下。

```
from tkinter import Tk ,ttk          #仅导入tkinter的Tk类和ttk模块
def btnClick():                      #单击按钮事件处理函数
    label['text']='单击了按钮'         #修改显示的字符串，非样式属性修改方法
    label['style']='1.TLabel'        #将字符串变为红色，修改字体和字体大小
root=Tk()
root.geometry("400x100+200+20")
my_style=ttk.Style()
my_style.configure("1.TLabel",foreground="red",font=("宋体",30))   #ttk.Labe "组件对象样式"："1.TLabel "
my_style.configure("TLabel",foreground="blue")                    #ttk.Labe "自定义默认样式"："TLabel"
label=ttk.Label(root,text='123',width=10)                         #在创建ttk组件时，仅width可这样指定
label.pack()
my_style.configure("TButton", width=25,height=10)                 #ttk按钮组件没有height属性，但不报错
ttk.Button(root,command=btnClick,text='单击我').pack()             #默认使用style="TButton"修改按钮样式
root.mainloop()
```

最后，tkinter组件和ttk组件不完全兼容，例如tkinter按钮组件有35个属性，而ttk按钮组件仅有14个属性，两者有部分属性相同，但ttk按钮组件不包括tkinter按钮组件的一些属性，例如没有属性activebackground和activeforeground，是鼠标移到按钮上方，按钮背景颜色和字符颜色；ttk按钮组件还增加了一些tkinter按钮组件没有的属性，例如属性padding=5，应是按钮标题字符串到按钮左右边界距离为5，到按钮上下边界距离为默认值；padding=[5,2]，应是按钮标题字符串到按钮左右和上下边界距离分别为5和2。那么在使用ttk组件时，如何设置这些属性呢？下例首先说明配置ttk组件属性padding的方法。

```
from tkinter import ttk
import tkinter
root=tkinter.Tk()
root.geometry("100x50+200+20")
ttk.Style().configure("TButton",padding=5,relief="flat")
#ttk.Style().configure("TButton",padding=[5,2],relief="flat")
```

```
btn = ttk.Button(text="例子")
btn.pack(pady=5)
root.mainloop()
```

上例当鼠标移到ttk按钮上方，按钮背景改为浅蓝色，就是说ttk按钮已经实现了tkinter组件属性activebackground功能。如果希望鼠标移到ttk按钮上方，变为其它颜色如何实现呢？下例说明配置ttk组件属性activebackground和activeforeground的方法。该例出自Python官方文档。运行后，当鼠标移到按钮上方，按钮标题字符串变为蓝色；鼠标移到按钮上方按下，按钮标题字符串变为红色。

```
import tkinter
from tkinter import ttk
root = tkinter.Tk()
root.geometry("100x50+200+20")
style = ttk.Style()
style.map("C.TButton",foreground=[('pressed','red'),('active', 'blue')],
                background=[('pressed', '!disabled', 'green'), ('active', 'red')])
colored_btn = ttk.Button(text="测试",padding=5,style="C.TButton").pack(pady=10)
root.mainloop()
```

Notebook组件是Tk 8.5 版本新增ttk组件，将Notebook组件放到主窗体，然后在该组件中增加多个Frame组件，可在Frame放置各种组件，形成多个类似有标签的卡片，一次只能观察一个卡片中的内容，每个卡片标签上都有卡片名称，点击标签可选择该标签下的卡片，从而观察该卡片中的内容。下边是实现代码。可看出tkinter和ttk组件是能混用的。

```
import tkinter as tk                              #必须导入tkinter模块
from tkinter import ttk                           #使用ttk组件，必须从tkinter导入ttk模块
root =tk.Tk()                                     #创建主窗体，ttk中没有Tk类
root.geometry('400x100+200+200')
ttk.Style().configure(".", font=("仿宋", 20))     #所有ttk组件的字符串的字体和大小
tabControl = ttk.Notebook(root)                   #在主窗体root中创建ttk组件Notebook对象
tab1 = tk.Frame(tabControl,bg='blue')             #tk组件Frame放到Notebook中作为卡片1
tk.Label(tab1,text='第一个卡片的Label').pack()     #在tab1中增加tk组件Label对象
tabControl.add(tab1,text='卡片1')                  #Notebook增加卡片tab1，卡片标签名='卡片1'
tab2 = tk.Frame(tabControl,bg='yellow')           #tk组件Frame放到Notebook中作为卡片2
ttk.Button(tab2,text='第二个卡片中的按钮').pack()   #在卡片页tab2中增加ttk组件Button对象
tabControl.add(tab2, text='卡片2')                 #注意ttk组件Button标题为仿宋体、20大小
tabControl.pack(expand=1, fill="both")            #Notebook组件类对象充满root窗体
```

```
tabControl.select(tab1)                    #初始选择tab1
root.mainloop()
```

11.13　tkinter Tix模块

在早期tkinter版本，kinter.tik模块提供了许多标准tkinter库没有的组件。但Tk3.6版后，这个kinter.tik模块已无人维护，因此Python官方建议：请不要在新代码中使用kinter.tik模块，请改用tkinter.ttk模块。

11.14　练习题

1.修改e11_4_1，单击n(n=1、2、3…)次按钮，Label显示：按钮被单击了n次。

2.e11_4_1中，如将两条语句label=tk.Label(root,text='123')和label.pack()合并为一条语句label=tk.Label(root,text='123').pack()，语法是否有错，单击按钮后，能否将字符串变为红色。

3.修改e11_4_1，初始字符为黑色，按钮标题为：变红色。单击按钮，字符变为红色，按钮标题变为：变黑色；点击标题为"变黑色"按钮，字符变为黑色，按钮标题变为：变红色。提示：事件处理函数根据按钮标题决定将字符变为何种颜色。

4.用循环程序创建4个Label组件，字符红色，背景绿色，字体为宋体，字体大小为10，组件之间间距为6。

5.能否在右侧，4个Label组件从上向下间隔为6排列。

6.参照e10_7_1，编写一个完整的班级的学生信息系统，包括：学生学号、班级，姓名、性别、各科成绩等。但采用图形界面。

7.修改e11_9_3，注册要求输入两次密码，两次输入密码必须相同。

第12章　计算器

【学习导入】本章使用tkinter组件编写计算器程序。计算器由若干按钮组成按钮矩阵，用鼠标单击按钮，输入数学表达式，单击标题为"="按钮，计算输入的数学表达式的结果并显示。这是典型的事件驱动模式，采用tkinter或其它图形界面(GUI)组件库编写比较合理。使用tkinter编写应用程序的一般步骤是，首先要做需求分析和功能分析，然后根据所做分析，用组件形成程序图形界面，最后为组件编写事件处理函数和初始化程序。

12.1　计算器的功能及设计思路

用Python的tkinter组件实现一个能完成加、减、乘、除，类似手机中的计算器，能自动改正输入错误。运行界面如图12-1所示。

图12-1　计算器运行界面

为了完成这个计算器，要实现3个功能：

①用tkinter组件实现计算器界面，用来输入要计算的数学表达式并显示。

②要检查数学表达式格式是否正确，以保证能够计算数学表达式的值。

③按标题为=的按钮，计算数学表达式的值并显示。

12.2 事件绑定

图形界面程序采用事件驱动方式工作，程序总是在等待事件发生，一旦接到操作系统发来的事件，立即调用事件处理函数处理事件，处理完成后，将再一次进入等待状态。把事件和事件处理函数联系在一起的工作，称作事件绑定。

前一章只介绍了为鼠标单击按钮事件指定事件处理函数的方法，即按钮的属性command=事件处理函数名称。实际上tkinter组件可以响应很多事件，可以用事件绑定方法为这些事件指定事件处理函数。Label组件默认不响应鼠标左键单击事件，如希望某个Label类对象能响应鼠标左键单击事件，实现的具体步骤如下。

```
import tkinter as tk
root = tk.Tk()
def hit_me(event):                      #事件处理函数第1个参数必须为event
    label['text']='已经点击了我'
label=tk.Label(root, text="点击我")
label.pack()
label.bind('<Button-1>',hit_me)         #绑定鼠标左键单击label事件的事件处理函数hit_me
root.mainloop()
```

常用鼠标事件有<Button-1>、<Double-Button-1>、<Motion>和<B1-Moion>，分别为鼠标左键单击、鼠标左键双击、鼠标移动和鼠标左键按下移动事件；<Button-3>和<Double-Button-3>，为鼠标右键单击和双击事件。在事件处理函数中，通过参数event可以得到鼠标的一些状态，例如，event.x和event.y为事件发生时鼠标所在容器的坐标，event.num=1鼠标按下左键，=3按下右键等。event.widget是响应事件的组件ID。下边例子用鼠标左键和右键单击窗体用户区，共用同一事件处理函数，在事件处理函数中，用event.num区分是鼠标哪个键，在Label组件显示单击了鼠标哪个键，并显示鼠标单击窗体用户区处的坐标，注意，单击窗体标题栏不会产生左击或右击窗体事件。例子如下。

```
import tkinter as tk
root = tk.Tk()
root.geometry('200x100+200+200')
def hit_me(event):
    s="单击鼠标左键坐标为:"
    if event.num==3:                        #event.num鼠标按键编号，1:左键，3:右键
        s="单击鼠标右键坐标为:"
    label['text']=s+str(event.x)+":"+str(event.y)   #(event.x,event.y) 鼠标单击窗体用户区坐标
label=tk.Label(root, text="单击窗体用户区")
label.pack()
```

```
root.bind('<Button-1>',hit_me)              #绑定鼠标左键单击主窗体root事件的事件处理函数hit_me
root.bind('<Button-3>',hit_me)              #绑定鼠标右键单击主窗体root事件的事件处理函数hit_me
root.mainloop()
```

　　<Key>，用键盘输入字符事件。在事件处理函数中，通过参数event可以得到输入字符，采用格式为：event.char。但有些键不能被显示，例如alt、shift和ctrl等键，只有通过event.keycode获取键盘字符的ASCII码，从而判断按下哪个键。下边例子用Label组件显示按下键盘的那个键。请试试输入中文。实现的程序如下。

```
import tkinter as tk
root = tk.Tk()
root.geometry('200x100+200+200')
def callback(event):
    label['text']="输入字符为："+event.char+",编码为："+str(event.keycode)
root.bind("<Key>", callback)                #绑定键按下事件的事件处理函数callback
label=tk.Label(root ,text="用键盘输入中文或英文或特殊键")
label.pack()
root.mainloop()
```

　　上边的例子都是为组件(类)对象的事件绑定事件处理函数。bind_class方法可以为某类所有对象的事件绑定事件处理函数。鼠标在组件上方事件为'<Enter>'，鼠标离开组件上方事件为'<Leave>'。为Label组件类所有对象的这两个事件绑定事件处理函数，即创建多个Label组件类对象，每一个Label组件类对象，都会响应鼠标这两个事件，当鼠标在Label上方，Label背景变为浅蓝色，离开则为浅灰色。在实际应用中，如确实需要当鼠标移到组件上方时改变背景颜色，可设置组件activebackground属性为指定颜色，很容易实现上述功能。本例仅仅是为了说明bind_class方法的用法。完整程序如下。

```
import tkinter as tk
def aboveMe(event):
    event.widget['bg']='lightblue'
def leaveMe(event):
    event.widget['bg']='lightgray'
root=tk.Tk()
root.geometry('200x100+200+200')
tk.Label(root,text="移到我上方再离开",bg='lightgray').pack()
tk.Label(root,text="移到我上方再离开",bg='lightgray').pack()
root.bind_class('Label','<Enter>',aboveMe)
root.bind_class('Label','<Leave>',leaveMe)
```

root.mainloop()

还可以使用bind_all方法，为所有类的所有对象的事件绑定事件处理函数。修改上例，将一个Label组件改为按钮，将绑定语句中的root.bind_class修改为root.bind_all。运行后，当鼠标仅在主窗体上方，主窗体背景变浅蓝色；当鼠标仅在组件Label上方，主窗体和Label组件背景都变浅蓝色。本例仅仅是为了说明问题，实际实现该功能一般修改组件属性activebackground。完整程序如下。

```python
import tkinter as tk
def aboveMe(event):
    event.widget['bg']='lightblue'
def leaveMe(event):
    event.widget['bg']='lightgray'
root=tk.Tk()
root.geometry('200x100+200+200')
tk.Button(root, text="移到我上方再离开",bg='lightgray').pack()
tk.Label(root, text="移到我上方再离开",bg='lightgray').pack()
root.bind_all('<Enter>',aboveMe)
root.bind_all('<Leave>',leaveMe)
root.mainloop()
```

12.3 为单击按钮调用的函数增加参数的方法

有些组件有command属性，例如Button、Radiobutton和Checkbutton等，当鼠标单击这些组件，就会自动调用command属性指定的函数，这个函数也称为事件处理函数。该函数默认没有参数。在tkinter窗体中增加按钮Button，令其command属性为hit_me，当鼠标单击按钮，按钮标题将变为'已经点击了我'。完整程序如下。

```python
import tkinter as tk
def hit_me():
    button['text']='已经点击了我'
root=tk.Tk()
root.geometry('200x100+200+200')
button=tk.Button(root, text="点击我", command=hit_me)
button.place(x=20,y=20,width = 100,height = 30)
root.mainloop()
```

在编程中，有时command属性指定的函数需要参数。例如编写计算器程序，至少需要0到9这

10个按钮，组成按钮矩阵。如果为10个按钮，编写10个事件处理函数，显然将增加代码长度，也没有必要。比较好的方法是，用循环方法建立按钮对象，将按钮在矩阵中的行号和列号作为键，和这个行号和列号对应按钮对象ID，组成键值对保存到字典中。所有按钮都共用同一事件处理函数，在建立对象时，将按钮在矩阵中的行号和列号传递给事件处理函数，事件处理函数根据参数，通过字典知道是哪个按钮被按下，做不同的处理。以下是实现该功能的三种方法。

方法1：该法在每一次循环生成按钮时，首先定义了一个函数作为该按钮的单击事件处理函数，例如下例：but_click(x=row,y=col)，该函数有2个参数都有默认值，分别为该按钮所在矩阵的行列数，因此不同按钮的事件函数的形参相同，但默认值不同。所有事件函数都仅有一条语句，是调用外部定义的同一个函数，和事件函数有相同的形参，调用时实参为默认值，例如下例：hit_me(x,y)。用command=but_click指定单击按钮调用的函数，该函数也称为单击按钮的事件处理函数，调用时无实参，即令事件处理函数使用默认值。注意，虽然command都是指定but_click，但代表的函数是不同的。虽然为每个按钮都生成一个事件处理函数，但由于都调用同一个外部函数，所以占用的系统资源还是比较少的。下例用该方法为按钮单击事件处理函数增加参数。

```
import tkinter as tk
def hit_me(x,y):                        #实际的单击按钮处理函数
    label['text']=buttons[x,y]['text']  #label组件显示被单击按钮的标题
root=tk.Tk()
label=tk.Label(root,text='')
label.place(x=10,y=140)
buttons={}                              #字典，键是元组(行号,列号)，值是按钮引用(ID)
n=0                                     #按钮标题，0、1、2、3
for row in range(2):                    #创建2×2按钮矩阵
    for col in range(2):                #下一句事件函数参数是按钮的行列数，当然也可是按键标题
        def but_click(x=row,y=col):     #每个按钮都有一个事件处理函数，参数默认值是按钮行列数
            hit_me(x,y)                 #所有事件函数都调用同一个函数，x,y也用row,col默认值
        button=tk.Button(root,text=str(n),command=but_click)   #指定事件函数，注意无实参
        button.place(x=20+col*60,y=20+row*60,width=50,height=50)
        buttons[row,col]=button         #键是元组，值是按钮引用(ID)
        n += 1
root.mainloop()
```

方法2：用lambda 表达式给事件处理函数增加参数。lambda 表达式，又称匿名函数，即没有函数名的函数，参见9.8节。常用来代替内部仅包含 1 行表达式的函数。lambda 表达式的语法格式为：lambda [多个参数]:一行表达式，其中[多个参数]表示lambda 表达式可有多个参数，参数当然允许有默认值，也可以没有参数。方法1中定义的按钮事件处理函数but_click，仅有一行表达式：hit_me(x,y)，因此可以用lambda 表达式(匿名函数) 代替函数but_click，这个lambda 表达式

的2个参数都有默认值：x=row,y=col。当单击按钮，就会调用这个lambda 表达式(匿名函数)，因而执行"一行表达式"，即调用hit_me(x,y)函数，同时将默认参数值传递给hit_me(x,y)函数，完成指定工作。下例用lambda 表达式给事件处理函数增加参数。

```python
import tkinter as tk
def hit_me(x,y):
    label['text']=buttons[x,y]['text']
root=tk.Tk()
label=tk.Label(root,text='')
label.place(x=10,y=140)
buttons={}
n = 0
for row in range(2):
    for col in range(2):
        button=tk.Button(root,text=str(n),command=lambda x=row,y=col:hit_me(x,y))
        button.place(x=20+col*60,y=20+row*60,width=50,height=50)
        buttons[row,col]=button
        n += 1
root.mainloop()
```

方法3：自定义按钮类，属性row和col是该类对象所在行号和列号，绑定鼠标单击事件处理函数是该类的实例方法，在该实例方法中，可以得到该类对象的行号和列号属性。

本例不使用Button按钮，而是从Label组件类派生一个MyButton按钮类，Label组件用来显示MyButton类对象上显示的编号。在MyButton类中绑定鼠标单击事件处理函数是该类的实例方法hit_me()，即当鼠标单击这个MyButton类按钮后，系统发出鼠标单击事件，程序用事件处理函数响应这个事件，即调用这个实例方法，在此实例方法中可通过self访问MyButton类(包括父类Label)对象所有数据，完成所需功能。创建2*2按钮阵列，每创建一个MyButton按钮类对象，将该按钮显示的编号传递给父类Label的属性text，所在阵列的行号和列号作为该按钮类MyButton对象的属性。显然MyButton类中事件处理函数hit_me()，可以通过self访问该对象所在阵列行列号属性。我们不能错误地认为，每创建一个MyButton类的对象，就创建一个事件处理函数hit_me()方法。实际情况是无论MyButton类有多少个对象，hit_me()方法只有一个，只是单击那个数字，hit_me()方法中的self就代表显示这个数字的MyButton类对象，也就是通过self能找到这个MyButton类对象的行列号属性，并在Label上显示。用自定义按钮类给事件处理函数传递参数例子如下。

```python
import tkinter as tk
class MyButton(tk.Label):          #以Label组件类为基类
    LabelID=0                      #类属性是唯一的，该类所有对象共用。使用方法:类名.类属性
    def __init__(self,root,row, col,n):    #初始化函数，下句调用基类初始化函数，创建label类对象
```

```python
        super().__init__(master=root,bg='lightgray',fg='red',font=("Arial",20),text=str(n))
        self.row,self.col=row,col                              #按钮所在位置的行数和列数作为属性
        self.bind('<Button-1>',self.hit_me)                    #绑定鼠标左键单击事件的事件处理函数
    def hit_me(self,event):                                    #鼠标单击事件处理函数
        MyButton.LabelID['text']=str(self.row)+str(self.col)   #注意如何使用类变量和实例变量
root = tk.Tk()
label1=tk.Label(root,text='单击数字显示行列数',fg='red',font=("Arial",15))
label1.place(x=3,y=5,width=200,height=30)
MyButton.LabelID=label1                                        #注意如何为类变量赋值
k = 0                                                          #k为MyButton按钮标题
for m in range(2):                                             #m为行号
    for n in range(2):                                         #n为列号
        b1=MyButton(root,row=m,col=n,n=k)                      #注意如何传递行号、列号和显示的标题
        b1.place(x=10+n*32,y=45+m*32,width=30,height=30)
        k+=1
root.mainloop()
```

12.4　实现计算器按钮矩阵

计算器界面包括18个按钮组件和1个label组件。label组件用来显示输入的表达式。用循环方法生成18个按钮组件对象，按5行4列排列，这些按钮text属性依次分别是：c←÷×789-456+123=0。。所有按钮使用同一个事件处理函数，事件处理函数有1个参数，是按钮的text属性值，根据这个参数，事件处理函数可以区分是哪个按钮被单击。实现计算器的按钮矩阵完整程序如下。

```python
import tkinter as tk
def btnClick(x):                                #单击任何一个按钮共用的事件处理函数，参数x是被点击按钮标题
    label['text']="键入字符:"+x                   #显示键入的字符
root = tk.Tk()                                  #初始化窗体
root.title('计算器')                             #窗体标题
root.geometry("320x370")                        #窗体宽320，高=370
root.resizable(width=False,height=False)        #窗体宽不可变，高不可变，默认为True都可变
label=tk.Label(root,text='0',fg='red',font=("Arial",20),anchor="e")   #显示输入的数学表达式或计算结果
label.place(x=20,y=10,width=280,height=40)
nums=list('.0=321+654-987×÷←c')                 #数字和字符列表，列表每个元素是1个按钮的标题
for row in range(5):                            #行row=行，0、1、2、3、4，共5行
    for col in range(4):                        #列col=列，0、1、2、3，共4列
        if row==4 and col==2:                   #最后一行的后两列没有按钮
```

```
    break                           #break退出内循环到外循环，因col=5，退出外循环
  s=nums.pop()                      #将列表nums末尾元素赋值s后，删除末尾元素
  button=tk.Button(root,text=s,command=lambda x=s:btnClick(x),fg='red',font=("Arial",20))
  button.place(x=45+col*60,y=60+row*60,width=50,height=50)
root.mainloop()
```

12.5 内置函数eval()

内置函数eval(s)，会按照数学规则，对用字符串呈现的数学表达式s进行计算，返回计算结果。字符串s必须满足内置函数ezal(s)的要求，即将字符串呈现的数学运算表达式s显示在屏幕上，应能看到一个能满足ezal()要求的数学运算表达式，并能满足所有数学运算规则。例子如下。

```
>>> s="10+0.11−20*3/1"
>>> eval(s)
−49.89
```

12.6 用多分割符分割字符串

Python内置split()函数只能用单个分隔符分割字符串。如需用多个分割符分割字符串，必须使用re模块的正则表达式的re.split()函数，为此必须用import re语句导入该模块。

正则表达式是用于处理字符串的强大工具，拥有自己独特的语法。使用预定义的一些特殊意义字符及这些特殊意义字符的组合，组成描述某种规则的一个字符串，这个字符串称为正则表达式。使用正则表达式，可从一个字符串中，查找、替换和删除那些符合正则表达式规则的文本，也可根据正则表达式规则，分割一个长字符串为多个子字符串。正则表达式可以描述非常复杂的规则，广泛用于数据分析、爬虫等领域。

正则表达式语法十分复杂，这里不详细介绍其用法。仅仅介绍如何借助正则表达式，使用+、−、×和÷四个分割符，分割计算器输入的数学表达式字符串。使用步骤如下。为了用多个分隔符对句子进行分割，不同的分隔符要用 "|" 隔开。但'+'和'−'在正则表达式中有特殊意义，'\+'和'\−'则去掉特殊意义，成为单纯的分割符'+'和'−'。[ ]用来表示一组分割符。例如：

```
>>> import re
>>> s="10+0.11−20×3÷1"               #+,−,×,÷为分割符，用这4个分隔符将该字符串分为5部分
>>> re.split('[\+|\−|×|÷|]',s)
['10', '0.11', '20', '3', '1']       #返回的列表长度为5，即列表有5个元素
>>> s="0.11"                         #如字符串中没有分隔符
>>> re.split('[\+|\−|×|÷|]',s)
['0.11']                             #返回的列表长度为1，即列表只有1个元素
```

12.7 单击按钮共用的事件处理函数

计算器输入的数学表达式，被显示在Label组件上，数学表达式用字符串呈现。当单击标题为'='按钮，内置函数eval(s)将把数学表达式字符串作为参数s的实参，计算实参的值，返回运算结果。但数学表达式字符串必须满足内置函数eval()的要求，即数学表达式字符串仅仅是把整数或浮点数用运算符加、减、乘、除连接在一起，字符串中的字符只能包括+、−、×、÷四个运算符，以及两个运算符之间的整数或浮点数，整数只能包括数字0到9，浮点数除了包括数字外，只能有一个小数点。

将数学表达式字符串全部输入后，计算前再检查其是否满足内置函数eval()的要求，这样将使程序无法修正计算器使用者输入的错误。正确的作法是每输入一个字符，就检查一次数学表达式字符串，确保已输入的数学表达式字符串满足内置函数eval()的要求。计算器程序运行后，或单击标题为'C'按钮清空Label显示内容后，开始输入数学表达式第一个整数或浮点数，每次输入一个字符，将该字符放到已输入字符串的尾部，如增加字符后的字符串不是整数或浮点数，就忽略此次输入字符，当输入一个运算符(+、−、×或÷)，表示第一个整数或浮点数被正确输入；然后输入第二个整数或浮点数，显然不用检查已正确输入的第一个整数或浮点数，只需检查当前正在输入的第二个整数或浮点数；继续输入第三个整数或浮点数，显然不用检查已正确输入的第一和第二个整数或浮点数，只需检查当前正在输入的第三个整数或浮点数。总而言之，输入一个新整数或浮点数，不用检查当前输入的新整数或浮点数之前已经正确输入的多个整数或浮点数，只需用+、−、×和÷四个分割符，分割计算器已输入的完整数学表达式字符串，得到当前正在输入的新整数或浮点数，对其进行检查，就可保证已经输入的完整数学表达式字符串满足内置函数eval()的要求。

以上是实现单击按钮的事件处理函数btnClick(x)的基本思路，其中参数x是本次输入字符，即被单击按钮属性text的值。btnClick(x)函数完整代码如下。用这个btnClick(x)函数替换12.4节的同名函数，就是完整计算器程序。

```python
import re                                    #使用正则表达式需要导入re模块，12.4节程序未导入re模块
def btnClick(x):                             #所有按钮共用的单击事件处理函数，参数x是本次输入的字符
  s=label['text']                            #s是单击按钮前已输入的数学表达式字符串，不包括参数x
  s1=re.split('[\+|\-|×|÷|]',s)[-1]          #用运算符分割s返回列表，s1是正在输入的整数或浮点数
  if x in '0123456789':                      #如这次输入了数字字符。注意整数不允许出现03这样的数
    if '.' not in s1 and s1.startswith('0'): #如该条件成立，s1是'0'，即字符串s的最后一个字符串是'0'
      s=s[0:-1]                              #把s字符串的最后一项'0'删除，下句在字符串s尾部+x
    label['text']=s+x                        #使字符串s最后一个运算符之后整数，为'0'或首位不为'0'
  elif x == '.':                             #如当前输入的是小数点
    if '.' in s1:                            #浮点数只能有1个小数点，如已有小数点
      return                                 #忽略这次输入的小数点
    if s1=='':                               #如为空，输入的第一个字符是小数点，在其前边增加0
      label['text']+='0.'
```

```
    else:
        label['text']+='.'
elif x in ['+','−',' × ',' ÷ ']:              #如这次输入了运算符，表示当前正在输入的整数或浮点数(即s1)结束
                                              #s=s1说明s1是输入的第一个数字字符串，s1前不可能有运算符
                                              #否则s1前一定有一个运算符，如是 ÷ ，如s1为0，就会出现除0错误
        if s!=s1 and len(s1)!=0:              #s1长度是0为空字符串，在最后一个运算符之后，还未输入数字字符串
            if float(s1)==0 and s[−(len(s1)+1)]==' ÷ ':     #如s1为0，且s1前运算符是 ÷ ，除0错误
                return                        #这个运算符不能加入，否则表示s1输入完成，会出现除0错误
        if s[−1] in ['+','−',' × ',' ÷ ']:    #两个运算符不能相邻
            label['text']=s[0:−1]+x           #用新输入的运算符替换上次输入的运算符
        elif s[−1]=='.':                      #其前边是小数点，增加0，例如：1.要变为1.0
            label['text']+=('0'+x)
        else:
            label['text']+=x
elif x=='←':
    s=s[0:−1]                                 #删掉最后1个字符
    if len(s)==0:                             #如删除后，s为空，令s='0'
        s='0'
    label['text']=s
elif x=='c':                                  #全部删除
    label['text']='0'
else:                                         #最后是单击=键，表示输入数字字符串结束，准备计算
    if s!=s1 and len(s1)!=0:                  #避免出现除0错误
        if float(s1)==0 and s[−(len(s1)+1)]==' ÷ ':
            return
    if s[−1] in ['+','−',' × ',' ÷ ']:        #最后一个字符是运算符，eval()计算会出错
        s=s[0:−1]                             #删掉这个运算符
    s=s.replace(' × ','*',s.count(' × '))     #eval()不认识运算符 × 和 ÷ ，替换为*和/
    s=s.replace(' ÷ ','/',s.count(' ÷ '))
    label['text']=str(eval(s))                #计算
```

12.8　IDLE的调试功能

　　在编写程序时，程序难免会出现错误。这些错误可大致分为3类：语法错误、运行异常错误和逻辑错误。语法错误，是指编写的语句不符合Python语言的语法规则。有些语法错误在用编辑窗体编写程序时，就能指出；在运行时发现的语法错误，在shell窗体列出，并显示出错误语句的行号和错误类型。在编辑窗体，单击Option下拉菜单的Show LineNumber菜单项，可以为源程序增加行号，可快速地定位出错语句。

运行异常错误，是指在程序运行时无法预知的错误，比如内存不够、磁盘出错、被0除等，所有这些错误被称作异常，不能因为这些异常使程序运行产生问题。各种程序设计语言经常采用异常处理语句来解决这类异常问题。参见17.14节。

逻辑错误，是指程序无语法错误，但在程序运行后，没有达到预期的结果。这种错误需要使用IDLE的调试功能。调试的基本思路是，在可能发生错误的语句前，设置断点，在调试模式下，运行程序，运行到断点处，停止运行，然后单步运行，一次执行一条语句，并查看相关变量的值是否正确，如未发现错误，继续单步运行，查看变量值，直到发现错误。例如，下边程序希望求出从1到6的和，应是21，运行后显示15。这个错误很明显，语句while n<m:应修改为：while n<=m:。如用调试功能发现该错误，需要增加断点，主程序仅两条语句，无错误，错误只可能在函数getSum(m)中，在语句sum1=0设置断点，然后单步运行，一次执行一条语句，最后查到少加了一个6。

```
def getSum(m):
    n=1
    sum1=0
    while n<m:
        sum1+=n
        n+=1
    return sum1
sum0=getSum(6)
print(sum0)
```

要使IDLE进入调试模式，第一步，在shell窗体，单击Debug菜单的Debuger菜单项，进入调试模式。自动打开调试控制(Debug Control)窗体，见图12-2右图。选中Source多选按钮，将使每次程序停止执行，下次要执行的语句背景将变灰色，见图12-2左图，将更加直观看到单步执行语句的轨迹。单击该窗体的Go按钮：如有多个断点，程序执行到下一个断点停止；如无断点，连续执行。Step按钮：单步执行语句，遇到函数，单步执行进入函数。Over按钮：单步执行语句，将函数作为一条语句执行。Out按钮：如断点在函数中或单步执行已进入函数，执行函数的所有语句，在函数下一条语句停止。Quit按钮：退出调试模式。每次程序停止执行，在该窗体白色框内显示：>'_main_'.getSum(),line5:sum1+=n等类似信息，本信息表示当前程序停止在主程序的getSum()函数中，在第5行的语句sum1+=n处。每次程序停止执行，显示的信息略有差别。在该窗体还能查看程序中的全局变量和局部变量的值，这里Locals多选按钮已选中，表示能查看局部变量，如需查看全局变量，Globals多选按钮必须选中。

第二步，在shell窗体或编辑窗体，单击File菜单的open菜单项，打开要调试的源文件，例如上边程序，在编辑窗体显示源文件。单击Option下拉菜单的Show LineNumber菜单项，为源程序增加行号。右击需创建断点的语句，例如上边程序sum1=0，单击弹出菜单的Set Breakpoin菜单项，该语句背景变为黄色，表示在该语句创建断点。见图12-2右图。单击Run菜单的菜单项Run Module，运行所编写的程序。在调试控制窗体白色框内可看到，程序停止在第一行，该语句背景变灰色，表示可以开始调试。

第三步，在调试控制窗体，单击go按钮，在第一个断点处停止执行，由于断点处语句背景为黄色，无法变灰，但在在调试控制窗体白色框内可看到，程序停止在第3行。单击Step按钮，执行一条语句，在下条语句停止，该语句背景变灰。在该窗体Locals下方看到局部变量n、sum1和m的值，多次单击Step按钮，每单击执行一条语句，都查看m、n和sum1值。继续单步运行，最后发现错误是，最后一个加数6没有被加上，即语句应修改为while n<=m:。

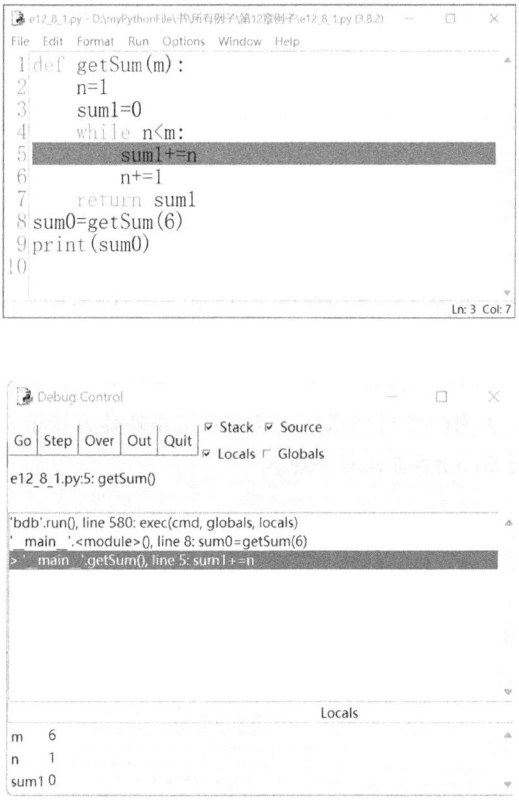

图12-2

第13章　数字华容道

【学习导入】本章实现了一个完整数字华容道游戏。首先用35条语句完成一个3×3数字矩阵华容道游戏，然后为其增加多个辅助功能，包括重玩、实现4×4和5×5数字矩阵华容道游戏和记录玩家每局完成正确排列所用步数。最后说明n×n数字矩阵华容道游戏有解的条件，以及根据该条件，用程序实现从随机出现的多个n×n数字矩阵中排除无解数字矩阵。

很多编程者用Python编写游戏，首先想到使用pygame。但是类似数字华容道这样的棋类游戏，都是单击棋子，棋子才运动，这是典型的事件驱动。而pygame运行方式是游戏循环，每秒刷新屏幕若干次，要占用CPU大量时间。而GUI组件的运行方式，其大部分时间是在等待玩家用鼠标或键盘操作游戏，占用CPU时间很少，况且可用组件作为棋子，而pygame的棋子必须使用图片。因此棋类游戏使用GUI界面比较合理。

13.1　游戏规则和设计思路

3×3数字矩阵华容道游戏界面如图13-1所示。左图是游戏开始时的数字排列，排列是随机的。只允许将数字移到空白位置，通过移动数字，使数字排列如右图，游戏结束。

图13-1　3×3数字矩阵华容道游戏界面

以3×3数字矩阵华容道游戏为例，介绍游戏的编程思路。用9个tkinter库的Button按钮，按3行3列排列，每个按钮的标题是1到8和空白中的一个，初始按钮标题所显示的数字和空白随机排列。当按钮被单击后，调用按钮被单击事件处理函数，该函数首先判断按钮是否和标题为空白按钮相邻，如相邻则两个按钮的标题交换，就像被单击按钮移到空白处。最后判断3×3按钮矩阵的数字标题是否按顺序排列，如排列正确，游戏结束。

13.2 生成随机数

编程语言中的随机函数，并不能产生真正的随机数，只能产生伪随机数，伪随机数有其内在规律，只能作为对现实世界真正的随机数的近似模拟。但在程序设计中，一般把伪随机数称为随机数。为使用随机函数，必须导入随机数模块：import random。生成随机数的常用函数如下。

● randrange(stop)和randrange(start,stop,step=1)，函数将从start开始，stop结束，间隔为step的整数序列随机返回一个整数。如仅有一个参数，序列从0开始。例如：

```
>>> import random
>>> random.randrange(10)          #产生一个随机整数，0<=随机整数<10
0
>>> random.randrange(10)
4
>>> random.randrange(0,10,2)
8
```

● randint(a, b)，返回一个随机整数，a<=随机整数<=b。例如：

```
>>> import random
>>> random.randint(3,20)          #产生一个大于等于3、小于20的随机整数
18
```

● random.uniform(a,b)，返回a,b之间的随机浮点数，注意a<随机浮点数<b。例如：

```
>>> import random
>>> random.uniform(1,9)           #返回一个随机浮点数，1<随机浮点数<9
5.946099392405469
```

● choice(seq)，从非空序列 seq 随机返回一个元素。如 seq 为空，引发 IndexError错误。

```
>>> import random
>>> random.choice('1234567890')             #从字符串随机返回一个字符
'2'
>>> random.choice('abcdefg')
'e'
>>> random.choice(list('1234567890'))       #从列表随机返回一个列表元素
'9'
```

● sample(seq,k)，从指定序列seq中，随机返回k个元素保存在列表中返回。

```
>>> import random
>>> random.sample('1234567890',2)
['8', '0']
>>> random.sample(list('1234567890'),2)
['1', '4']
```

● shuffle(seq)，将使序列 seq的元素随机排列，并将该序列转换为列表返回

```
>>> import random
>>> numbers=list('12345678 ')          #将包括数字字符1到8和空字符的字符串转换为列表
>>> random.shuffle(numbers)            #使numbers列表中字符随机排列
>>> numbers
['2', '1', '3', '6', ' ', '4', '8', '7', '5']
```

shuffle(x)函数将被用于本章数字华容道例子中。首先用上述代码使列表numbers元素随机排列。3×3数字矩阵华容道游戏，使用9个tkinter库的按钮，按3行3列排列，每个按钮的标题是1到8和空白中的一个，游戏开始，按钮标题所显示的数字和空白要随机排列。程序开始用嵌套循环语句生成3×3矩阵按钮，每次循环生成一个按钮，同时令按钮标题为numbers.pop()，这样3×3矩阵按钮的标题中的数字就是随机的了。

13.3　创建按钮矩阵

数字华容道和计算器的按钮矩阵类似，但有几点不同。第一，数字华容道是3×3按钮矩阵。第二，用字典保存每个按钮的引用(ID)，字典的键是元组(x,y)，x,y是该按钮在矩阵的行列号。第三，单击按钮的事件处理函数有两个参数，为被单击按钮在矩阵的行列号，根据行列号，从字典就能得到该按钮的ID，然后判断该按钮是否和标题为空白按钮相邻，如相邻，就使该按钮和标题为空白的按钮互换标题，看起来，被单击按钮移到空白位置。第四，用Label组件显示提示信息：单击数字移动方块，如玩家移动数字使数字按顺序排列，则显示：你赢了。下边是实现按钮矩阵完整程序。运行后，单击按钮，将显示按钮所在矩阵的行号和列号。请注意倒数第6行语句：buttons[row,col]=button，其中等式左侧是字典buttons的一个元素，其键是(row,col);，等式右侧变量button引用创建的Button类对象。前边讲过，赋值语句是引用传递，因此这里是将变量button的引用(ID)传递给字典buttons中键为(row,col)的元素，因此认为：用字典保存每个按钮的引用(ID)。在下节的btnClick(x,y)函数中才可以用buttons[x,y]['text']访问按钮属性'text'。

```
import random                          #导入随机数模块
from tkinter import Tk,Button,Label
```

```
def btnClick(x,y):                          #参数x,y是被单击按钮在矩阵中的行列号
    label['text']='行号：'+str(x)+',列号：'+str(y)
root = Tk()
root.title('数字华容道')
root.geometry("300x250+200+20")
root.resizable(width=False,height=False)
label=Label(root,text='单击数字移动方块',fg='red',font=("Arial",15))        #用来显示提示信息
label.place(x=20,y=10,width=250,height=40)
row_of_space,col_of_space=0,0        #用来保存标题为空白按钮的行号和列号
buttons={}                           #字典，保存矩阵中所有按钮的引用(ID)
numbers=list('12345678 ')            #在单击按钮调用的函数中将用来判断按钮标题是否顺序排列
numberS=numbers[:]                   #拷贝numbers所有数据到numberS，按钮的标题：数字1–8和空白
random.shuffle(numberS)              #使列表中数字和空白随机排列，用来使矩阵中按钮初始标题随机排列
for row in range(3):                 #row(行)：0,1,2
    for col in range(3):             #col(列)：0,1,2。下句创建按钮，注意lambda表达式的使用
        button=Button(root,command=lambda x=row,y=col:btnClick(x,y),fg='red',font=("Arial",35))
        buttons[row,col]=button      #赋值语句是传递引用(ID)，将变量button的引用(ID)传递给字典元素
        button['text']=numberS.pop() #将列表最后一项作为按钮标题，并将列表最后一项删除
        button.place(x=60+col*60,y=60+row*60,width=50,height=50)        #将按钮放到指定位置
        if button['text']==' ':      #如按钮标题为空白，记住空白按钮所在位置的行列号
            row_of_space,col_of_space=row,col
root.mainloop()
```

13.4　单击按钮调用的函数

　　该函数有两个参数，是被单击按钮所在矩阵行列号。在函数中首先判断该按钮(行号为x，列号为y)是否和标题为空白的按钮(行号为x0，列号为y0)相邻，两按钮相邻条件是：abs(x–x0)+abs(y–y0)==1，abs是求绝对值，如相邻则两个按钮的标题交换，就像标题不为空白的按钮移到标题为空白的按钮位置。然后检查所有按钮标题是否排列顺序为：第1行为1、2、3，第2行为4、5、6，第3行为7、8、空白。检查方法是按钮矩阵按第1、2、3行顺序，每行从左到右所有按钮标题和列表list['12345678 ']每一项值逐一比较。

```
numbers=list('12345678 ')            #该语句在13.3节程序中已存在。用来判断按钮标题是否按顺序排列
def btnClick(x,y):                   #所有按钮的事件函数，有两个参数，被点击按钮所在矩阵行列号
    global row_of_space,col_of_space #声明空白按钮的行列号是全局变量
    if abs(x–row_of_space)+abs(y–col_of_space)==1:        #判断被单击按钮是否和空白按钮相邻
        buttons[row_of_space,col_of_space]['text']=buttons[x,y]['text']
        buttons[x,y]['text']=' '                          #如相邻被点击按钮和空白按钮交换标题
```

```
    row_of_space,col_of_space=x,y            #被点击按钮标题变为空白，保存其行列号
    n=0
    for row in range(3):                     #所有按钮标题，按第1、2、3行顺序
        for col in range(3):                 #每行从左到右和列表numbers每元素值逐一比较
            if buttons[row,col]['text']!=numbers[n]:  #有1项不等，表示排列不正确退出
                return
            n+=1
    label['text']='你赢了'                    #到这里，说明排列正确，玩家赢了，修改Label标题
```

将这个函数替换上节的同名函数，就完成了3×3数字华容道游戏，只用了35条语句，可以体会到Python语言的强大。

13.5   用自定义类实现数字华容道游戏

在12.3节，给出了3种方法，为单击按钮调用的函数增加参数。其中第3种方法是从Label类派生一个新按钮类，使单击按钮调用的函数可以使用新按钮类中所有属性。本节用这种方法实现3×3数字华容道游戏。

所有按钮对象共用的数据可保存到类属性。类属性是唯一的，供所有类对象共用。使用方法是：类名.类变量。类定义中，在所有方法外部定义的变量都是类属性，在类定义外部，用类名.类变量定义的变量也是类属性。MyButton类属性有两个：MyButton.numbers列表和MyButton.b0，后者用来保存标题为空按钮的引用。在单击按钮调用的函数hit_me()中，使用了这两个类属性，第1个用来判断所有按钮标题是否按顺序排列，通过第2个，得到标题为空的按钮引用，从而得到标题为空的按钮所有属性。

我们不能错误地认为，每创建一个MyButton类的对象，就创建一个事件处理函数hit_me()方法。实际情况是无论MyButton类有多少个对象，hit_me()方法只有一个，只是单击那个按钮，hit_me()方法中的self就引用被单击的MyButton类对象，也就是通过self能找到这个MyButton类对象的行列号等属性。完整程序如下。

```
import random
import tkinter as tk
class MyButton(tk.Label):                    #从Label派生自定义按钮
    numbers=list('12345678 ')                #在函数hit_me中用来判断按钮标题是否按顺序排列
    def __init__(self,root,row, col,n):      #初始化函数，下句调用父类初始化函数
        super().__init__(master=root,bg='lightgray',fg='red',font=("Arial",20),text=n)     #创建Label对象
        self.row,self.col=row,col            #按钮所在矩阵的行数和列数作为实例变量
        self.bind('<Button-1>',self.hit_me)  #绑定鼠标左键单击自定义按钮事件的事件处理函数
    def hit_me(self,event):                  #鼠标单击事件处理函数。下句判断被单击按钮和空白按钮是否相邻
        if abs(self.row-MyButton.b0.row)+abs(self.col-MyButton.b0.col)==1:
```

```
        MyButton.b0['text']=self['text']        #如相邻,被单击按钮和空白按钮交换标题
        self['text']=' '                        #被单击按钮标题变为空
        MyButton.b0=self                        #保存标题为空按钮引用(ID)
        n=0                                     #将作为列表numbers序号
        for row in range(3):                    #按第0、1、2行顺序
            for col in range(3):                #每行按钮标题从左到右和列表numbers每元素值逐一比较
                if buttons[row,col]['text']!=MyButton.numbers[n]:    #有1项不等,排列不正确退出
                    return
                n+=1                            #列表序号+1
        label['text']='你赢了'                   #到这里说明排列正确,显示玩家赢了
root = tk.Tk()
root.title('数字华容道')
root.geometry("300×250+200+20")
root.resizable(width=False,height=False)
label=tk.Label(root,text='单击数字移动方块',fg='red',font=("Arial",15))    #用来显示提示信息
label.place(x=20,y=10,width=250,height=40)
numberS=MyButton.numbers[:]                     #拷贝类列表numbers所有数据到numberS
random.shuffle(numberS)                         #使列表中数字和空白随机排列,用来使矩阵按钮标题随机排列
buttons={}                                      #字典,保存所有按钮ID,键是按钮所在矩阵行号、列号
for m in range(3):                              #循环创建3行3列按钮矩阵
    for n in range(3):                          #注意下句如何传递行号、列号和标题字符串
        b1=MyButton(root,row=m,col=n,n=numberS.pop())    #pop()将列表末项先赋予n后删除
        b1.place(x=60+n*60,y=60+m*60,width=50,height=50)
        buttons[m,n]=b1                         #将按钮b1引用(ID)保存到字典,键是按钮所在矩阵行列号
        if b1['text']==' ':                     #如按钮标题为空白
            MyButton.b0=b1                      #MyButton.b0是MyButton类变量,保存空白按钮的ID
root.mainloop()
```

13.6 增加选择游戏难度、重玩和记录游戏步数功能

本节为游戏增加如下功能,允许玩家选择游戏难度,可以是3×3、4×4和5×5阶按钮矩阵,也允许玩家不改变游戏难度重玩,能够记录玩家移动数字的步数。以13.3节和13.4节完成的3×3数字华容道游戏为基础,增加上述功能。

首先定义全局变量level记录游戏难度等级,3×3、4×4和5×5阶按钮矩阵对应变量level的值为:3、4和5,游戏运行后为3×3按钮矩阵,level=3。增加4个按钮,标题分别是:重玩、3×3、4×4和5×5。将这4个按钮以及前边用来显示提示信息及你赢了的Label组件都放到组件Frame中,4个按钮放到组件Frame左侧,Label组件放到组件Frame右侧,这5个组件都采用pack布局,其中padx=3表示和左右两侧边界间距为3,两按钮之间间隔为6。每个按钮的command指定

函数是lambda定义匿名函数，匿名函数调用setLevel(level)函数，level是实参值，请注意如何使用lambda表达式(匿名函数)实现4个按钮使用同一事件处理函数。

```
frm = tk.Frame(root)
frm.pack(fill=tk.BOTH)
tk.Button(frm,text="重玩",command=lambda:setLevel(level)).pack(side='left',padx=3)    #level为当前难度等级
tk.Button(frm,text="3×3",command=lambda:setLevel(3)).pack(side='left',padx=3)
tk.Button(frm,text="4×4",command=lambda:setLevel(4)).pack(side='left',padx=3)
tk.Button(frm,text="5×5",command=lambda:setLevel(5)).pack(side='left',padx=3)
label=tk.Label(frm,text='单击数字移动方块',font=("Arial",12))                          #用来显示提示信息
label.pack(side='right',padx=3)
```

单击4个新增按钮，都调用同一个函数：setLevel(n)，参数是按钮矩阵阶号。单击这4个按钮的任何一个，都是重新开始游戏，都要销毁原来的按钮。但程序运行后，还未创建按钮矩阵，因此不能销毁按钮。单击重玩按钮，因按钮矩阵阶数不改变，其实不必销毁原有按钮，只需将矩阵中的按钮标题重新变为随机排列即可。本例单击重玩按钮，也采用销毁原有按钮矩阵，再重建按钮矩阵方法。这样做的好处是减少了代码，缺点是增加了CPU运行时间。读者可试试单击重玩按钮，不销毁按钮方法。

按钮矩阵阶数改变，用来判断矩阵中按钮标题是否排列正确的列表numbers也需重新创建，因矩阵中按钮标题可能为2位数，不能采用前边创建列表numbers方法。拷贝列表numbers所有数据到列表numberS，将numberS随机化，然后使矩阵中按钮标题根据列表numberS随机化。最后重新创建指定阶数的按钮矩阵。创建按钮矩阵方法，以及单击按钮调用函数，使被单击按钮和标题为空白按钮交换标题，并检查矩阵中按钮标题是否按顺序排列方法，和前边3×3按钮矩阵实现同一功能方法基本相同，只是两个for循环语句的range(3)改为range(level)，level是游戏难度值。在13.3节和13.4节完成的3×3数字华容道游戏程序中，这部分代码是在主程序中，这里将其搬到函数setLevel(n)中，因此在主程序中最后要调用setLevel(3)，创建3×3按钮矩阵。setLevel函数定义如下。

```
def setLevel(n):                    #重玩、3×3、4×4和5×5按钮共同的事件处理函数，参数是数字矩阵阶号
    global row_of_space,col_of_space,level,numbers,playEnd,stepNum        #全局变量
    playEnd=False                   #初始playEnd=False，表示游戏未结束
    stepNum=0                       #使矩阵中按钮标题顺序排列，所用步数，初始为0
    label['text']='单击数字移动方块'   #重玩游戏显示提示信息，以后显示步数，可能还显示你赢了
    if len(buttons)!=0:             #销毁原有按钮。运行后因未创建按钮矩阵，不能删除按钮
        for row in range(level):    #row是行，两个for循环语句，销毁修改难度前所有按钮
            for col in range(level):    #col是列，这里level是修改难度前矩阵的阶数
                buttons[row,col].destroy()   #删除所有按钮，否则从5×5变为4×4矩阵，会看到多余按钮
    level=n                         #令level等于修改难度后新数字矩阵阶数
```

```
numbers=[]                               #不同阶按钮矩阵，按钮标题不同，先清空列表
for k in range(1,n*n):                   #创建新列表，所有按钮标题显示数字从1到n×n-1和空白
    numbers.append(str(k))
numbers.append(' ')                      #最后一项是空格
numberS=numbers[:]                       #拷贝numbers所有数据到numberS
random.shuffle(numberS)                  #使列表数字和空白随机排列
for row in range(level):                 #row是行，创建按钮矩阵。Level为当前数字矩阵阶数
    for col in range(level):             #col是列
        button=tk.Button(root,command=lambda x=row,y=col:btnClick(x,y),fg='red',font=("Arial",25))
        buttons[row,col]=button          #字典记录所有按钮ID，字典的键为(矩阵行号,列号)
        button['text']=numberS.pop()     #列表numberS末项作为按钮标题，并将列表末项删除
        button.place(x=20+col*60,y=45+row*60,width=50,height=50)
        if button['text']==' ':          #如按钮标题为空白
            row_of_space,col_of_space=row,col    #保存标题空白按钮的行号和列号
```

创建变量stepNum=0，记录玩家移动数字的次数，简称步数。单击矩阵中的按钮一次，玩家移动数字一次，步数加1。玩家错误地单击和矩阵空白处不相邻的按钮，不能移动按钮，步数也要增加1。步数增加并显示语句放到btnClick(x,y)函数中。矩阵中按钮标题已经按顺序排列，游戏结束，玩家再单击按钮，不能再移动数字。为此创建变量playEnd=False，记录游戏是否结束，初始为False，表示游戏未结束。btnClick(x,y)函数首先要判断游戏是否结束，如果结束执行return语句，不再移动数字。btnClick(x,y)函数最后2条语句，如执行了语句使Label显示'你赢了'，表示游戏结束，因此其后将playEnd=True，表示游戏结束。当调用函数setLevel(n)，表示重玩一次游戏，函数开始必须令playEnd=False。btnClick函数定义如下。

```
def btnClick(x,y):               #单击矩阵按钮事件处理函数，有两个参数，被点击按钮所在矩阵行列号
    global row_of_space,col_of_space,level,numbers,stepNum,playEnd        #全局变量
    if playEnd:                  #如果游戏结束，不允许再移到数字
        return
    stepNum+=1                   #单击一次数字矩阵中按钮，步数+1
    label['text']='步数：'+str(stepNum)        #在Label组件显示当前步数
    if abs(x-row_of_space)+abs(y-col_of_space)==1:    #被单击按钮是否和空白按钮相邻
        buttons[row_of_space,col_of_space]['text']=buttons[x,y]['text']
        buttons[x,y]['text']=' '             #如相邻,被点击按钮和空白按钮交换标题
        row_of_space,col_of_space=x,y        #现在被点击按钮标题变为空白，行列被保存
    n=0              #按第1、2、3…行顺序，每行从左到右所有按钮标题和列表numbers每一项值逐一比较
    for row in range(level):                 #注意，当前按钮矩阵为level*level
        for col in range(level):
            if buttons[row,col]['text']!=numbers[n]:    #有1项不等，表示排列不正确退出
```

```
        return
        n+=1
     label['text']= '你赢了，步数'+str(stepNum)      #到这里说明排列正确，玩家赢了，修改Label显示内容
     playEnd=True                                    #游戏结束，playEnd=True
```

完整程序如下。

```
import random
import tkinter as tk
def btnClick(x,y):              #单击按钮的事件处理函数，有两个参数，被单击按钮所在矩阵行列号
     …                          #语句未列出，参见上边该函数定义

def setLevel(n):                #重玩、3×3、4×4和5×5按钮共同的事件处理函数，参数是数字矩阵阶号
     …                          #语句未列出，参见上边该函数定义

root = tk.Tk()
root.title('数字华容道')
root.geometry("330x350+200+20")
root.resizable(width=False,height=False)
buttons={}                      #字典，记录所有按钮引用
frm = tk.Frame(root)
frm.pack(fill=tk.BOTH)
tk.Button(frm,text="重玩",command=lambda:setLevel(level)).pack(side='left',padx=3)
tk.Button(frm,text="3X3",command=lambda :setLevel(3)).pack(side='left',padx=3)
tk.Button(frm,text="4X4",command=lambda :setLevel(4)).pack(side='left',padx=3)
tk.Button(frm,text="5X5",command=lambda :setLevel(5)).pack(side='left',padx=3)
label=tk.Label(frm,text='单击数字移动方块',font=("Arial",12))          #用来显示提示信息
label.pack(side='right',padx=3)
setLevel(3)              #初始为3×3矩阵
root.mainloop()
```

13.7　判断数字华容道随机排列数字矩阵是否有解

很多数字华容道游戏程序，用随机函数使n×n数字矩阵中的整数和空随机排列。n×n数字华容道数字矩阵，该矩阵有整数1、2、3…n*n−1和一个空白。数学已证明两点，第一，如数字华容道矩阵中数字和空随机排列，在所有排列中，半数随机排列不能通过移动数字到空，使数字按顺序排列，称为"无解矩阵"。第二，数字华容道矩阵A通过移动数字到空变成数字华容道矩阵B的充要条件是：数字华容道矩阵A和B的总逆序数同为奇数或偶数。

为了理解第二点，首先必须清楚总逆序数的意义。依次排列的一组数，例如2 4 3 1，可以计算这组数中每个数的逆序数，方法是找到某数前面比该数大的数为k个，某数的逆序数就是k。

例如：2 4 3 1，2前面没有数，逆序数是0；4前面是2没有它大，逆序数是0；3前面有1个比它大的4，逆序数是1；1前面有3个比它大的分别是2 4 3，逆序数是3。所以 2 4 3 1 逆序数之和为：0+0+1+3=4，为偶数。数字矩阵行列号都从0开始，例如3×3数字华容道，行列号都为：0、1、2。要计算数字华容道矩阵的逆序和，要从矩阵0行开始到最后一行，每行从左到右取出数字，依次排列组成一组数，其中空看作0，计算这组数的逆序和就是数字华容道矩阵的逆序和。总逆序数=矩阵的逆序和+空所在矩阵的行号+空所在矩阵的列号。

数字华容道矩阵按顺序排列后，指定阶数的矩阵总逆序数为定值。下边是按顺序排列后的4×4和3×3的数字华容道矩阵。3×3矩阵的总逆序数为12，为偶数。4×4矩阵的总逆序数为21，为奇数。

1	2	4	5		1	2	3
6	7	8	9		4	5	6
10	11	12	13		7	8	
13	14	15					

请注意，按顺序排列后，所有数字的逆序数都为0，0(空)的逆序，3×3矩阵为8，4×4矩阵为15，0（空）所在矩阵的行列号之和都为偶数。由此可以推论，n×n数字华容道矩阵中，数字和空随机排列后，有解的充要条件是：n为奇数，总逆序数为偶数，n为偶数，总逆序数为奇数。为使计算更加简单，从而简化程序，进一步推论，n×n数字华容道矩阵中，数字和空随机排列后，有解的充要条件是：n+总逆序数为奇数。这是本程序使用的计算公式。下边用实际4×4数字矩阵进一步来说明用法，4×4数字矩阵数字排列随机排列如下：

3	1	7	2
11	8	15	10
5	9		6
13	12	14	4

其数字排列：3 1 7 2 11 8 15 10 5 9 0 6 13 12 14 4，注意空位为0。计算矩阵逆序数是：0+1+0+2+0+1+0+2+5+3+10+6+1+2+1+11=45。总逆序数为(45) + 2(0的行号) + 2(0的列号)，再加上矩阵阶数4，为奇数，能通过移动数字，使数字按顺序排列。

13.8　实现数字华容道游戏只出现有解矩阵

有了判断数字华容道是否有解的判据，用程序就很容易删除无解的随机排列。用随机函数生成一组随机排列数字，如判断无解，再重新生成一个随机排列，直至找到一个有解的随机排列。由于所有随机排列中，有解和无解的随机排列各占一半，即出现有解概率为1/2，通过几次循环就能找到有解的排列。只修改13.6节的数字华容道游戏程序中的函数setLevel(n)，该函数如下。

```python
def setLevel(n):              #重玩、3下3、4下4和5下5按钮共同的单击事件处理函数，参数是要修改的数字矩阵阶数
    global row_of_space,col_of_space,level,numbers,playEnd,stepNum
    playEnd=False             #重玩游戏，初始playEnd=False
    stepNum=0                 #使矩阵中按钮标题顺序排列，所用步数，初始为0
    label['text']='单击数字移动方块'  #重玩游戏显示提示信息，以后显示步数，可能还显示你赢了
    if len(buttons)!=0:       #销毁原有按钮。运行后因还未创建按钮矩阵，不能删除按钮
        for row in range(level):   #row=行，两个for循环语句，销毁修改难度前所有按钮
            for col in range(level):  #col=列，这里level是修改难度前矩阵的阶数
                buttons[row,col].destroy()
    level=n                   #令level等于修改难度后新数字矩阵阶数
    numbers=[]                #不同阶按钮矩阵，按钮标题个数不同，要先清空列表
    numS=[]                   #整数列表用于计算逆序数，元素不能是字符，只能是整数
    for k in range(1,n*n):    #创建新列表numbers和numS，元素分别为字符串和数字
        numbers.append(str(k))  #数字字符依次添加到列表，用于判断数字矩阵排列是否正确
        numS.append(k)        #将数字依次添加到列表numS，用于计算逆序数
    numbers.append(' ')       #列表numbers最后一项是空格
    numS.append(0)            #列表numS最后一项是整数0
    while True:               #无限循环，直到找到有解的数字矩阵
        numberS=numS[:]       #有解判据：level+矩阵中0所在行号+列号+总逆序数为奇数
        random.shuffle(numberS)  #使列表numberS中数字和0随机排列
        ind=numberS.index(0)  #列表中数值0的序号
        row=ind//level        #矩阵中0所在位置的行号
        col=ind%level         #矩阵中0所在位置的列号
        sum=level+row+col
        for i in range(1,level*level):  #计算列表numberS中所有数字的总逆序数
            for j in range(i):  #求列表第i项的逆序数，即项号j从0到i-1的所有项逐一和序号
                              #为i的项比较大小
                if numberS[i]<numberS[j]:  #如果序号为i的项的值小于其前边某项值
                    sum+=1
        if sum%2==1:          #如果和为奇数，说明该数字矩阵有解
            break
    k=0
    for row in range(level):  #row=行，创建按钮矩阵
        for col in range(level):  #col=列
            button=tk.Button(root,command=lambda x=row,y=col:btnClick(x,y),fg='red',font=("Arial",25))
            buttons[row,col]=button  #字典记录所有按钮ID，字典的键为(行,列)
            button['text']=str(numberS[k])  #整数列表numberS，必须转换为字符串才能赋值给按钮标题
            k+=1
```

```
button.place(x=20+col*60,y=45+row*60,width=50,height=50)
if button['text']=='0':                                              #如按钮标题为0
    button['text']=' '                                               #按钮标题变为空格
    row_of_space,col_of_space=row,col                               #保存标题空白按钮的行号和列号
```

第14章　2048游戏

【学习导入】2048是一款比较流行的数字游戏，于2014年3月20日发行。已经被移植到各个平台，有多种程序设计语言的版本。本程序采用Python语言的tkinter组件实现。

14.1　游戏规则

2048游戏规则如下，游戏由16个正方体组成4×4矩阵，每个正方体上方可显示2、4、8、16、32…2048、4096等数字，也可为空。游戏开始矩阵仅有2个正方体上方有数字，其余全为空，两数字可为2或4，出现2的概率要高。玩家使用键盘上下左右箭头键使4行或4列数字向一侧移动，移动时数字可覆盖空位，如相邻两个数字相等或虽不相邻，但中间仅相隔若干空，则合并成1位，数值翻倍，得分增加两数和，最终使数字都移到一侧，数字之间无空位，末位移出数字的位为空。例如左移某行4个数字8022，0代表空，移动后变为8400；又如0404左移，两个4不相邻，中间相隔0(空)可合并，变为8000；又如8044左移，变为8800，第2个8是第1步合并的结果，因此不能合并，即所有数字在一次移动中只能合并一次。移动完成后，如果本次移动后数字排列相对于移动前有变化，在矩阵中增加一个2或4，出现2的概率要高，否则不增加任何新数字。游戏界面如图14-1。

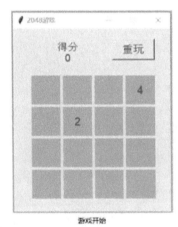

图14-1　游戏界面

14.2　游戏初始界面和程序框架

本节目的是创建上节左侧图像显示的游戏开始界面，但没有任何数字。使用 Label组件组成 4×4数字矩阵，用这些Label组件显示数字。为了让Label组件显示出一个正方形，必须使Label 组件的背景色不同于窗体的背景色。Label组件宽和高都为55像素，相邻组件中心点距离为60 像素。为了修改每个Label组件的text属性以改变其显示数字，用字典labels来记录每个Label组件ID，字典的键是Label组件所在4×4矩阵的行列数，通过语句labels[行号,列号]['text']修改Label 组件显示的数字。2维列表digits中的数字，是用Label组成的4×4矩阵显示数字的映像，即列表 digits[m][n]元素值，是4×4矩阵m行n列Label显示的数字。为按下键盘上下左右箭头键分别绑定 事件处理函数，四个事件处理函数分别实现4×4矩阵中的4行或4列数字按箭头键指定方向移 动。创建游戏初始界面代码如下。

```python
import random
from tkinter import Tk,Button,Label
def check_game_is_over():                #判断游戏是否结束
    pass
def leftPressed(event):                  #←键按下事件的事件处理函数
    pass
def rightPressed(event):                 #→键按下事件的事件处理函数
    pass
def downPressed(event):                  # ↓键按下事件的事件处理函数
    pass
def upPressed(event):                    #↑键按下事件的事件处理函数
    pass
def btnClick():                          #重玩按钮的事件处理函数，初始化一些变量
    global digits,score,is_game_over,number_of_0
    number_of_0=14                       #列表digits初始2元素非0，因此列表0的数量初始为14
    score = 0                            #玩家得分，初始为0
    is_game_over=False                   #游戏是否结束，初始为假，未结束
    digits=[[0,0,0,0],[0,0,0,0],[0,0,0,0],[0,0,0,0]]  #用Label组成4×4数字矩阵的映像，0表示label显示空
    add2or4()                            #在列表digits增加1个非0数，2或4。下句再增1个数
    add2or4_and_Display(score)           #然后显示分数，最后在Label矩阵显示digits中所有数字
def add2or4():                           #在列表digits随机增加一个数字，2或4，出2概率大
    pass
def add2or4_and_Display(s):    #调用函数add2or4，然后显示分数，在Label矩阵显示列表digits中数字
    pass
def move_to_left():                      #将列表digits中4行数字按游戏规则移到左侧
    pass
```

```
root = Tk()
root.title('2048游戏')
root.geometry("300×350")                    #窗体宽300，高350
root.resizable(width=False,height=False)    #设置窗体宽和高都不可变
labels={}                                   #字典保存Label组件ID，键是该Label所在4×4矩阵行列号
for row in range(4):                        #row(行)，0,1,2,3。组件Label组成4×4矩阵，Label显示数字
    for col in range(4):                    #col(列)，0,1,2,3。用Label组成4×4矩阵组成数字矩阵界面
        label=Label(root,fg='red',bg="Silver",font=("Arial",15))
        labels[row,col]=label               #保存label组件ID到字典，键是Label所在4×4矩阵行列号
        label.place(x=35+col*60,y=90+row*60,width=55,height=55)
label1=Label(root,text='得分\n0',fg='red',font=("Arial",14))      # label1用来显示得分
label1.place(x=20,y=20,width=170,height=50)                 #组件位置坐标为(x,y)，宽=170，高=50
button=Button(root,text='重玩',command=btnClick,fg='red',font=("Arial",15))    #重玩按钮
button.place(x=190,y=20,width=80,height=40)
btnClick()                                  #调用单击重玩按钮事件处理函数，程序初始化
root.bind("<Left>", leftPressed)            #绑定按键盘←键事件的事件处理函数
root.bind("<Right>", rightPressed)          #绑定按键盘→键事件的事件处理函数
root.bind("<Down>", downPressed)            #绑定按键盘↓键事件的事件处理函数
root.bind("<Up>", upPressed)                #绑定按键盘↑键事件的事件处理函数
root.mainloop()
```

以上程序除了创建2048游戏图像界面，还定义了2048游戏程序中所有函数，仅实现了单击重玩按钮的事件处理函数btnClick()，该函数对一些变量赋初值，每条语句都有详细解释。在主程序中也应调用该函数，初始化这些变量。其它函数都没有实现的语句，都仅包含一条pass语句。因此本节程序不仅创建了2048游戏图像界面，也是2048游戏程序的总框架，以后的工作就是实现这些函数。程序运行后，图像界面和上节左侧图形基本类似，只是因为函数add2or4()和add2or4_and_Display()中都只有pass语句，运行后的界面全是空，没有2和4。其后将首先对这两个函数进行说明。

14.3　二维列表以及和初始化有关的函数

用Label组成数字矩阵，用键盘↑↓←→键使数字矩阵的4列或4行数字按箭头键指定方向移动。本程序不直接移动4×4数字矩阵中的数字，而是用列表digits[m][n]元素保存4×4矩阵m行n列Label显示的数字，即列表digits保存的数字，是数字矩阵中Label显示的数字的映像。这样就把用键盘移动2048游戏4×4数字矩阵的操作，转化为对2维列表元素的操作。由于Python有多个对列表操作的函数，将极大简化程序。完成对列表操作后，再把列表digits中数字用4×4数字矩阵对应的Label显示。Python的2维列表，就是列表的所有元素也是列表，列表digits初始为：digits=[[0,0,0,0],[0,0,0,0],[0,0,0,0],[0,0,0,0]]。那么digits[m]就是数字矩阵的第m行数字，m=0,1,2,3， digits[m][n]就是数字矩阵第m行第n列数字，n=0,1,2,3。因此能很方便地将列表digits的数字，用数字矩阵对应的Label显示。

游戏开始要做一些初始化工作，其中包括在数字矩阵随机位置增加2个数字，数字只能是2或4，并要求出现2的概率要大一些。函数add2or4能在列表digits增加一个数字2或4，并满足上述要求。两次调用函数add2or4，就增加了2个数字。之所以不一次增加两个数字，是因为用键盘↑ ↓ ← →键使数字矩阵的4行或4列数字向某侧移动后，如移动后数字排列相对于移动前有变化，需在矩阵中增加一个2或4。add2or4_and_Display()函数，先调用函数add2or4，在列表digits增加一个2或4，然后显示分数，最后在Label矩阵显示列表digits中数字。

函数add2or4()，首先要找到列表digits中所有值为0的元素(数字矩阵为空的元素)，并用列表zeros记录所有值为0元素的行列号。如列表zeros长度为0，表示列表digits任何元素都不为0，无法为数字矩阵增加2或4。如列表zeros长度不为0，在zeros随机选1个元素，该元素是列表digits某元素行列号，令所选随机行列号的列表digits元素的值为random.choice([2,2,2,4,2])，这将使出现2的概率要大于出现4的概率，增减2和4的数量可改变出现概率比。函数add2or4()如下。

```
def add2or4():                              #随机在列表digits中找到一个值为0的元素，将该元素值替换为2或4
    zeros=[]                                 #该列表保存digits中所有值为0的元素行列号
    for row in range(4):                     #row为行取值：0、1、2、3
        for col in range(4):                 # col为列取值：0、1、2、3
            if digits[row][col]==0:          #如列digits某项为0，列表zeros保存该项行列号
                zeros.append([row,col])      #将列表[该位置行号，该位置列号]增加到列表zeros
    if len(zeros) == 0:                      #如列表digits任何元素都不为0，返回值为0
        return 0                             #下2条随机在zeros选元素，作为digits元素索引，该索引元素值变为2or4
    n=random.randint(0,len(zeros)−1)         #下条语句令digits指定元素值为随机产生的2或4
    digits[zeros[n][0]][zeros[n][1]]=random.choice([2,2,2,4,2])    #增减2,4改变2,4出现概率比
    return len(zeros)−1                      #返回值是列表digits增加了1个0或4后，各项为0的个数
```

函数add2or4_and_Display(s)，首先调用函数add2or4()，增加1个2或4，并将列表digits中数字用4×4矩阵中对应的Label显示。参数是当前得分。函数定义如下。

```
def add2or4_and_Display(s):
    global number_of_0                       #number_of_0记录列表digits中值为0的元素个数
    label1['text']='得分\n'+str(s) #显示得分
    number_of_0=add2or4()                    #add2or4()返回值是列表digits中值为0的元素个数
    for row in range(4):                     #row为行，取值：0、1、2、3
        for col in range(4):                 # col为列，取值：0、1、2、3
            if digits[row][col]!=0:          #如果列表digits元素值不是0
                labels[row,col]['text']=digits[row][col]    #用矩阵中的Label显示digits对应元素值(数字)
            else:                            #为0，显示空
```

```
        labels[row,col]['text']=' '
```

将这2个函数替换14.2节同名函数，运行后，出现的界面和14.1节左图基本相同，将出现两个数字。可单击重玩按钮，可看到出现2或4是随机的，出现的两个数字可能是：2和2、4和4、2和4，因位置也是随机的，2个数字的位置也会和图中位置不同。

14.4 列表的反序和转置

有时列表需要反序，例如，已定义了一个函数，能按照某规则左移列表一行元素，可能同时还需要按照相同规则右移列表一行元素，不必再定义右移函数，只需先将列表反序，调用左移函数，实现列表左移，再将列表反序，就完成按照相同规则右移列表元素。在前边列表章节，介绍列表类有反序函数reverse()，该函数只能用于列表。使用方法如下。

```
>>> a=[1,2,3,4]
>>> a.reverse()            #将列表a反序，注意列表a被修改
>>> print(a)
[4, 3, 2, 1]
```

如果同时还希望对4行4列2维列表的列按照相同规则上移列表元素，同样不必再定义上移函数，只需先将列表转置，即行变列，列变行，调用左移函数，实现列表左移，再将列表转置，就完成按照相同规则上移列表元素。将列表digits转置的方法如下。

```
digits1=list(map(list,zip(*digits)))
```

这条语句包含了3个内置函数：zip、map、list，以及对列表"*"操作。在列表变量前加"*"号，会将变量引用的列表中元素拆分出来，变成若干独立的数据。见下边两个例子。

```
>>> a=[1,2,3]
>>> print(*a)              #*a将变量a引用的列表元素拆分为：1 2 3
1 2 3
>>> a                      #列表a不变
[1, 2, 3]
>>> digits=[[0,1,2,3],[4,5,6,7],[8,9,10,11],[12,13,14,15]]    #4行4列2维列表，每行是1维列表
>>> print(*digits)
[0, 1, 2, 3] [4, 5, 6, 7] [8, 9, 10, 11] [12, 13, 14, 15]      #列表digits的4行分割为4个独立一维列表
```

函数it=zip([0, 1, 2, 3],[4, 5, 6, 7],[8, 9, 10, 11],[12, 13, 14, 15])，有4个参数，都是一维列表，4个参数实际上是将列表digits的4行拆分后的4个独立一维列表。函数zip将4个列表参数变为4个元

组：（0, 4, 8, 12）（1, 5, 9, 13）（2, 6, 10, 14）（3, 7, 11, 15），是列表digits的列变行后的4个独立的一维元组。函数zip返回一个迭代器it（参见8.7节），可用函数next(it)逐一返回转换后的4个独立一维列表，用list(it)就可以得到列表digits的转置2维列表。

```
>>> it=zip([0, 1, 2, 3],[4, 5, 6, 7],[8, 9, 10, 11],[12, 13, 14, 15])
>>> next(it)                                #注意下行是元组
(0, 4, 8, 12)
>>> next(it)
(1, 5, 9, 13)
>>> next(it)
(2, 6, 10, 14)
>>> next(it)
(3, 7, 11, 15)
>>> digits=[[0,1,2,3],[4,5,6,7],[8,9,10,11],[12,13,14,15]]
>>> list(zip(*digits))                      #list函数将zip(*digits)返回的迭代器转换为列表
[(0, 4, 8, 12), (1, 5, 9, 13), (2, 6, 10, 14), (3, 7, 11, 15)]   #注意列表元素是元组，map函数会将元组变为列表
```

函数zip可有多个参数，参数可以是列表、元组或字符串，参数类型可以不同，一般各参数的长度相同，如参数的长度不相同，有些数据将会丢弃。例子如下。

```
>>> it=zip([1,2],(3,4))                      #两初始类型不同
>>> list(it)
[(1, 3), (2, 4)]
>>> it=zip([1,2],'ab')                       #参数2是字符串
>>> list(it)
[(1, 'a'), (2, 'b')]
>>> it=zip([1,2],(3,4,5))                     #两参数长度不同，元组元素5被丢弃
>>> list(it)
[(1, 3), (2, 4)]
>>> it=zip([[1,2],[3,4]],[[5,6],[7,8]])       #两个元素是：[[1,2],[3,4]]和[[5,6],[7,8]]
>>> list(it)
[([1, 2], [5, 6]), ([3, 4], [7, 8])]
```

map函数的参数1是函数名，参数2是一可迭代序列，返回新迭代器。map函数循环对参数2指定可迭代序列完成遍历，每次循环都调用参数1指定函数，其参数是本次循环得到参数2指定可迭代序列的元素，该函数返回值作为新迭代器的元素。例子如下。

```
>>> def square(x):          #例子1，map函数参数1是square函数
```

```
        return x ** 2                              #square函数返回参数x的平方
>>> m=map(square,[1,2,3,4,5])                      #m迭代器元素是列表[1,2,3,4,5]元素的平方
>>> list(m)                                        #将m迭代器转换为列表
[1, 4, 9, 16, 25]
>>> m=map(lambda x:x**2,[1,3,5,7,9])               #例子2，map函数参数1是lambda匿名函数
>>> list(m)
[1, 9, 25, 49, 81]
>>> digits=[[0,1,2,3],[4,5,6,7],[8,9,10,11],[12,13,14,15]]   #例子3，digits是2维列表，是可迭代序列
>>> d=list(map(list,zip(*digits)))                 #map函数将zip(*digits)每一个元组变为列表
>>> d
[[0, 4, 8, 12], [1, 5, 9, 13], [2, 6, 10, 14], [3, 7, 11, 15]]
```

14.5　切片赋值语句

　　有时需要将列表所有元素的数值替换为其它数值，例如，将列表a=[1,2,3,4]的所有元素替换为列表b=[5,6,7,8]对应的元素，变量a引用的地址不能改变。a=b显然不行，将使a和b都引用列表b，即a的地址改变了。用循环语句使a[n]=b[n]可以完成该任务，但使用的语句较多。使用切片赋值语句：a[:]=b，也能完成该任务，但更简单，该语句是将列表a的所有元素替换为列表b的对应元素。见下边例子。

```
>>> a=[1,2,3,4]
>>> id(a)                    #列表a的地址
2641546406592
>>> b=[5,6,7,8]
>>> id(b)                    #列表b的地址
2641546772800
>>> a[:]=b                   #切片赋值语句
>>> print(a)                 #列表a的元素被替换
[5, 6, 7, 8]
>>> id(a)                    #但列表a的地址没有改变
2641546406592
>>> a=b                      #如令a=b
>>> print(a)                 #列表a的元素被替换
[5, 6, 7, 8]
>>> id(a)                    #a引用地址已经改变，为列表b的地址
2641546772800
```

　　如有列表a和列表b，切片赋值语句a[start=0:end=len(a)+1:step=1]=b实现的功能是：在列表a

中，从索引start开始的第1个元素，索引start+step的第2个元素，上一个计算所得索引再加step的第3个元素，依次类推，直到索引为end−1的最后元素，逐一被列表b的元素替换，两者元素数量可以不相等。切片赋值语句等号左侧不是一个变量，因此不是前边讲到的赋值语句，不是将等号右侧引用传递给左侧变量。见下边例子。

```
>>> a=[1,2,3,4,5]
>>> a[:1]=[6]              #和a[0:1:1]=[6]相同
>>> a
[6, 2, 3, 4, 5]
>>> a[1:3]=[7,8]           #和a[1:3:1]=[7,8]相同
>>> a
[6, 7, 8, 4, 5]
>>> a[-2:]=[9,0]           #和a[3:5:1]=[9,0]相同，可将负数索引转换为正数索引
>>> a
[6, 7, 8, 9, 0]
>>> a[1:4]=[6,7]           #列表a的3个元素(7, 8, 9)被列表[6,7]的2个元素替换
>>> a
[6, 6, 7, 0]
>>> a[-1:]=[8,9,4]         #列表a尾部1个元素(0)被列表[8,9,4]的3个元素替换
>>> a
[6, 6, 7, 8, 9, 4]
>>> a[:1]=[]              #列表a第0个元素(6)被空列表[]替换，删除第0个元素
>>> a
[6, 7, 8, 9, 4]
>>> a[2:5:2]=[6,7]         #step不为默认值1，为2
>>> a
[6, 7, 6, 9, 7]
>>> a[1::-1]=[9, 0]        #step不为默认值1，为−1
>>> a
[0, 9, 6, 9, 7]
```

14.6　矩阵4行左右移动和4列上下移动

前边讲到，在2048游戏中，把移动4×4数字矩阵操作转化为对2维列表digits中数字的操作。对2维列表digits中4行数字左移和右移，4列数字上移和下移，仅编写2维列表digits的4行左移函数move_to_left()。2维列表digits的4行右移，使用反序函数reverse()，先将列表每行都反序，调用函数move_to_left()左移，再次将列表每行都反序，从而完成4行右移。2维列表digits的4列上移，先将列表digits转置，即行变列，列变行，调用函数move_to_left()左移，再一次转置，

完成4列上移。2维列表digits 的4列下移，先转置，再反序，调用函数move_to_left()左移，再反序，再转置，完成4列下移。函数move_to_left()，需要循环4次，每次取出1行，完成左移。请注意a=digits[n]，n为0、1、2、3，分别是用Label组成数字矩阵的对应行。函数move_to_left()定义如下。

```
def move_to_left():              #将列表digits中4行数字按游戏规则移到左侧
    global score                 #全局变量score记录得分
    changed=False                #执行本函数后数字是否被左移，初始是未移动
    for a in digits:             #从列表digits逐次取出元素赋值给a，a列表是数字矩阵一行映像
        b = []                   #列表a中数字逐一左移后，左移后数字保存到列表b，列表a不变
        last=0                   #存列表a前一个数，用来查和列表a下一个数是否相等，初始为0(空)
        for v in a:              #从列表a(即一行数)逐次取出元素赋值给v，0代表数字矩阵中的空
            if v!=0:             #如果v不是0，将添加到b中，是0(空)将被丢弃
                if v!=last:      #如v和上一个数不等
                    b.append(v)  #那么将v添入b列表尾部
                    last=v       #然后更新last，用于判断是否和下个数相等
                else:            #否则，就说明v(本次数)和last(上次数)相等，可以合并
                    n=b.pop()*2  #将列表b中保存的上一个数(即b[-1])取出*2，并删除b[-1]
                    score+=n     #得分增加n
                    b.append(n)  #将合并的数放到列表b尾部
                    last=0       #合并后的数即使和下一个数相等，也不能合并
        b+=[0]*(4-len(b))        #左移完成后，在末尾添加0，使b长度为4，[0]*2=[0]+[0]=[0,0]
        for i in range(0,4):     #左移后数字保存到列表b，列表a不变，比较两列表是否相同
            if a[i]!=b[i]:       #如查两列表对应元素不同，说明数字已被左移
                changed = True   #只要有1元素被移动，令changed=true
                break
        a[:]=b                   #每行完成移动，把移动后的b列表用切片语句替换a列表的元素
    return changed               #所有行左移完毕后，返回True，有数字被左移，否则数字未左移
```

按键盘↑↓←→键事件分别绑定自己的事件处理函数，这4个事件处理函数分别实现矩阵中的4行或4列数字向一侧移动。但实际上是对列表digits的操作，然后将列表digits中数字用4×4数字矩阵中的Label组件显示在屏幕上。4个事件处理函数如下。

```
def leftPressed(event):              #按←键的事件处理函数
    if check_game_is_over():
        return
    if move_to_left():               #函数返回值为true，说明数字被移动
        add2or4_and_Display(score)   #增加1个2或4，在屏幕显示得分和移动后的结果
```

```
def rightPressed(event):                          #按→键的事件处理函数
    if check_game_is_over():
        return
    for a in digits:                              #将列表每1行都反序
        a.reverse()
    changed=move_to_left()                        #函数返回值为true，说明数字被移动
    for a in digits:                              #将列表每1行都再反序，即恢复原来顺序
        a.reverse()
    if changed:                                   #如果数字矩阵中有数字被移动
        add2or4_and_Display(score)                #增加1个2或4，在屏幕显示得分和移动后的结果
def downPressed(event):                           #按↓键的事件处理函数
    global digits
    if check_game_is_over():
        return
    digits=list(map(list,zip(*digits)))           #列表digits转置，即行变列，列变行
    for a in digits:
        a.reverse()
    changed=move_to_left()
    for a in digits:
        a.reverse()
    digits=list(map(list,zip(*digits)))           #列表digits再转置，即恢复原状
    if changed:
        add2or4_and_Display(score)
def upPressed(event):                             #按↑键的事件函数
    global digits
    if check_game_is_over():
        return
    digits=list(map(list,zip(*digits)))
    changed=move_to_left()
    digits=list(map(list,zip(*digits)))
    if changed:
        add2or4_and_Display(score)
```

将这5个函数定义替换14.2节对应的函数，运行后，将能用键盘上下左右键移动4行或4列数字向一侧移动，即可正常玩本游戏了。但还不能判断游戏是否结束。

14.7 判断游戏是否结束

每次按键盘↑↓←→键，将分别调用自己的事件处理函数，4个事件处理函数中，最后一条语句都是：

```
if changed:                    #如果数字矩阵中有数字被移动
    add2or4_and_Display(score)  #列表digits中增加2或4，并将其显示到数字矩阵上
```

调用函数add2or4_and_Display()，在该函数中，为在列表digits中增加2或4，将调用函数add2or4()，并将返回值赋予全局变量number_of_0，该函数返回值是列表digits中值为0的元素个数，因此全局变量number_of_0记录了在数字矩阵完成一次移动后，列表digits中值为0的元素个数。函数check_game_is_over()用来判断游戏是否结束。函数定义如下：

```
def check_game_is_over():                    #判断游戏是否结束
    global score,is_game_over,number_of_0
    if is_game_over:                         #is_game_over是结束标志，=true已结束
        return True
    if number_of_0 !=0:                      #number_of_0是列表digits中0的个数，非0不结束
        return False
    for a in digits:                         #列表digits每行中，左右相邻元素相等，能合并不结束
        if a[0]==a[1] or a[1]==a[2] or a[2]==a[3]:
            return False
    for n in range(4):                       #列表digits每列中，上下相邻元素相等，能合并不结束
        if digits[0][n]==digits[1][n] or digits[1][n]==digits[2][n] or digits[2][n]==digits[3][n]:
            return False
    is_game_over=True                        #列表digits各项都不为0，每行每列所有相邻项都不等，游戏结束
                                             label1['text']='游戏结束最终得分\n'+str(score)
```

将这个函数替换14.2节同名函数，完成2048游戏。

14.8 玩2048游戏的一些技巧

顺便说一说玩2048的技巧，要把合并后的大数放到矩阵第0行，如能使该行数字按大小从右向左(或从左向右)排列最理想，见14.1节图14-1游戏界面中间图。只使用键盘←→↑键移动数字，不要使用↓键移动数字。要避免出现游戏界面图的第2图状况，在此状况下，用键盘←→↑键无法再移动数字，只能使用↓键，这样游戏就快结束了。

第15章　扫雷游戏

【学习导入】扫雷最原始的版本可以追溯到1973年。1981年，微软公司在Windows3.1系统上加载了该游戏，以后许多Windows版本都有这个游戏。本扫雷程序参考Win XP和网上的扫雷程序，但用Python的tkinter的组件实现。

15.1　游戏规则

扫雷游戏界面如图15-1。

| 初级初始界面 | 初级游戏进行中 | 初级游戏输了 | 初级游戏赢了 | 中级初始界面 | 高级初始界面 |

图15-1　扫雷游戏界面

扫雷游戏界面是用方块按行和列组成的矩阵，初始所有方块上方为空，既无字符也无标记，为灰色，表示未打开，打开后为白色。方块矩阵中每块都有相邻的块，最多8块，如在角仅有3块，如在边有5块，把这些块称作某块的相邻块。每个方块下都可能有雷，称为有雷块，也可能无雷，称为无雷块，玩家看不到雷，只能自己判断某块下是否有雷。玩家如认为某无标记灰色块下有雷，右击该块用红旗标记，标记错误不会给出提示，会影响以后对某块下是否有雷的判断。右击用红旗标记的块，红旗标记消失，变为无标记块。

用鼠标左键单击标有红旗的块，程序不做任何处理，无论该块有雷或者无雷被错标红旗。如用鼠标左击到灰色有雷块，游戏结束，该块将显示背景为红色的雷，说明这个雷被点击，见图15-1中左边第三个图倒数第2行左侧的雷，然后显示所有未被红旗标记的雷，被红旗标记却无雷的块显示打叉的雷，表示标记错误，有雷而且被正确标记的块保留显示红旗。

如左击灰色无雷块，该块从灰色变为白色，表示该块已被单击，也称为被打开，然后自动调用左击事件处理函数，来计算该无雷块的所有相邻有雷块的数量(即雷数)，请注意，是计算真实的雷数，不受相邻块中那些错标红旗无雷块的影响。把得到的雷数显示在被左击无雷块上方。如被左击无雷块的所有相邻块都是无雷块(雷数为0)，被左击无雷块上方为空白。由于被左击无雷块相邻的这些块都无雷，因此玩家可以左击这些相邻无雷块，将它们打开，为了方便玩家，所有这些需要打开的无雷块，由程序模拟左击这些无雷块，自动打开，即在左击事件函数中，再多次调用左击事件函数，判断这些块相邻有雷块数，如果继续发现某块相邻有雷块数为0，还要重复上述过程，直到不再有相邻有雷块数为0的块，即若干显示空白的方块区域被一圈显示数字的方块所包围，程序的自动打开块过程才会结束，这本质上是函数的递归调用。请注意，在自动打开块的过程中，错误标记了红旗的无雷块不会被自动打开。

当某块显示数字n，表示该块的所有相邻块中n块有雷，如玩家已在该块所有相邻块中，为n块标记红旗，认定是有雷块，那么玩家认定其余没有标红旗且未打开的相邻块都是无雷块，可逐一左击打开玩家认为的这些无雷块，为了方便玩家，玩家只需双击这个显示数字n的块，程序就会替玩家完成逐一左击打开玩家认为的这些无雷块。如玩家在相邻块中把红旗错误标记到1个无雷块上，那么所有相邻块中一定存在一个没被红旗标记的有雷块，这个有雷块被左键单击，游戏就结束。

玩家胜利的条件是：全部有雷块都被红旗标记，没有被错误标记红旗的无雷块，所有无雷块都被单击打开。

15.2 程序设计思路

本扫雷程序参考Win XP和网上扫雷程序，用Python的tkinter组件实现。在扫雷程序用户区上部增加五个按钮，标题是：初级、中级、高级、重玩和帮助，并在上部显示未标记的雷数和玩家已使用的秒数。Win XP中的扫雷程序有3个难度等级，初级矩阵方块数为9×9、10个雷，中级16×16、40个雷，高级30×16、99个雷，级别偏难。因此参考网站的扫雷游戏，改为初级矩阵为7×7、7个雷，中级10×10、16个雷，高级13×13、35个雷。

pygame库是Python编写游戏常用的库，为了实现动画的连续动作，每秒刷新屏幕若干次，要占用CPU大量时间。但是扫雷游戏，单击、双击或右击方块时，才调用事件处理函数完成指定功能，其它时间都在等待事件，占用CPU时间较少，这是典型的事件驱动。而tkinter的组件的运行方式就是事件驱动，况且可用组件作为方块。因此本扫雷游戏使用tkinter按钮或Label组件作为方块。

程序需要对多个方块进行处理，例如游戏开始要在方块矩阵中随机布雷，这时必须知道需要布雷方块的ID(引用)。为了更加容易地找到方块的ID，可以用矩阵的行列号定位矩阵中的方块，在创建方块时，将方块的ID保存到字典中，字典键是元组(矩阵行号,矩阵列号)，字典的值是该行和列的方块ID。使用字典，通过方块在方块阶矩阵中的行号和列号，能方便、快速地找到指定行号和列号方块的引用(ID)。

左击某方块，将调用左击方块事件处理函数完成指定功能。由于方块众多，不可能为每个方块都指定不同的左击方块事件处理函数，所有方块都要共用同一左击方块事件处理函数。那么为了让共用左击方块事件处理函数知道左击了哪个方块，必须用参数传递被左击的方块ID(引用)，或者被左击方块所在方块矩阵中的行数和列数，用行数和列数作为键值，从字典取出被左击方块的ID。双击或右击某个方块，也有类似问题，必须采用像左击方块类似的方法处理。

单击、双击或右击方块事件处理函数，要根据方块的不同状态，采用不同的处理方法。方块有5种状态，是互斥的，因此可用一个整数表示方块的5种状态，可令方块状态是负数表示该方块有雷，–1表示有雷无标记 ,–2表示有雷标记红旗，是正数表示方块无雷，0表示方块无标记未打开 ,1表示方块已打开，2表示无雷标记红旗。除此之外，还需定义变量用来记录该方块所有相邻的有雷块数，–1表示该方块未打开，即未计算该方块所有相邻有雷块数，为正数表示其已被打开，其值为该方块所有相邻有雷块数(0 ~8)，为0方块显示空。这些方块状态是动态的，游戏开始或者改变游戏难度等级，所有方块初始状态值为0，表示所有方块下都无雷，并且无标记。然后开始布雷，即用随机的行号和列号找到某方块，令方块状态值为–1。当玩家用鼠标左击、右击或双击方块，方块的状态不断变化。

有两种方法记录方块矩阵中每个方块的状态，方法1，用3维列表，m[i][j][k]是3维列表的元素，其中i和j为方块所在方块矩阵的行列号，元素m[i][j][0]记录矩阵i行j列方块的状态值，元素m[i][j][1]记录矩阵i行j列方块的相邻有雷块数。例如方块矩阵为2行2列，3维列表为：m=[[[1,2],[0,–1]],[[2,–1],[–2,–1]]]，则m[0][0][0]元素值为1，表示矩阵0行0列方块无雷已打开，m[0][0][1]元素值为2，表示矩阵0行0列方块已打开，该块所有相邻块中有2个有雷块。

方法2，从按钮类或Label类派生方块类，在方块类中，创建属性state表示该方块状态，例如为–1，表示有雷无标记；属性mineNum记录相邻有雷块数。这样就不需要用列表记录每个方块的状态值和该块的相邻有雷块数，也不用为方块的单击、双击和右击的事件处理函数提供该块所在矩阵的行号和列号，也增加了程序的可读性。本章扫雷游戏采用从Label派生方块类Square的方法。从Label类派生方块类的定义见下节。

15.3　创建方块类

本章扫雷游戏中所有方块，都是从Label类派生Square类的对象，在Square类中，创建新属性：方块在方块矩阵中的行号row、列号col、方块状态state、方块相邻有雷块的数量mineNum。并绑定鼠标左击、双击和右击事件。这些事件的事件处理函数，不仅要处理被左击、双击或右击方块的数据，还要处理其它方块数据，例如左击方块，如其相邻块无雷，要用递归调用方法打开所有相邻块。这些事件的事件处理函数，还可能需要调用在方块类外部定义的多个处理全部方块数据的函数。为此将实际处理单击、双击和右击事件的函数放在方块类的外部，在方块类中绑定的事件处理函数分别调用这3个外部实际处理事件的函数。用类变量保存3个外部函数ID。再一次提醒读者，不能认为每创建一个类对象，就创建一个事件处理函数，即认为有多个事件处理函数。实际上只为单击、双击和右击方块定义了3个事件处理函数，它们分别调用3个外部实际处理事件的函数，这6个函数都有参数self，它是被单击、双击或右击方块ID，这6个函数根据self去处理被self引用方块的数据。Square类定义如下。

```
class Square(tk.Label):                              #从Label类派生的Square(方块)类
    def __init__(self,root,row,col):                 #下句调用Label类__init__方法，创建Label类对象
        super().__init__(master=root,bg="Silver",fg='red',font=("Arial",20),relief='groove')
        self.row = row                               #方块在方块矩阵中的行数
        self.col = col                               #方块在方块矩阵中的列数
```

```
    self.state=0                #-1=有雷，-2=有雷标红旗，0=无雷未打开，1=无雷已打开，2=无雷标红旗
    self.mineNum=-1             #相邻有雷块数量：-1未计算相邻地雷数，0-8相邻方块下的雷数
    self.bind('<Button-1>',self.lBtnClick)             #绑定鼠标左击方块事件处理函数
    self.bind('<Double-Button-1>',self.lBtnDouClick)   #绑定鼠标双击方块事件处理函数
    self.bind('<Button-3>',self.rButDclick)            #绑定右键单击方块事件处理函数
  def lBtnClick(self,event):                           #鼠标左键单击方块事件处理函数
    Square.lClick(self)                                #调用外部函数，参数是被单击方块ID
  def lBtnDouClick(self,event):                        #鼠标左键双击事件处理函数
    Square.lDclick(self)                               #注意，通过方块ID可访问方块类属性
  def rButDclick(self,event):                          #鼠标右键单击方块事件处理函数
    Square.rClick(self)
```

　　下面程序使用Square类创建一个13×13的方块矩阵，在矩阵上方有一个Label组件，当用鼠标单击(双击或右击)方块，在Label组件上首先显示单击、双击或右击，然后显示被单击(双击或右击)的方块的行列号。完整程序如下。

```
import tkinter as tk
class Square(tk.Label):                        #从Label类派生的Square(方块)类
    …                                          #此处略去，参见上边的Square类定义
def lClick(ID):                                #实际处理左击事件的函数，参数是被单击方块ID
    label['text']='左击'+str(ID.row)+'行'+str(ID.col)+'列方块'   #在Label显示：左击某行某列方块
    ID['bg']='white'                           #左击打开方块
def lDclick(ID):                               #实际处理双击事件的函数
    label['text']='双击'+str(ID.row)+'行'+str(ID.col)+'列方块'
def rClick(ID):                                #实际处理右击事件的函数
    label['text']='右击'+str(ID.row)+'行'+str(ID.col)+'列方块'
root = tk.Tk()
root.title('用自定义方块类创建13x13方块矩阵')
root.geometry("502x530")
root.resizable(width=False,height=False)
root.config(bg='white')
Square.lClick=lClick                           #用类变量保存3个外部函数ID
Square.lDclick=lDclick
Square.rClick=rClick
label=tk.Label(root,text='左击、右击或双击方块，显示该方块的行列数',font=("Arial",15))
label.pack()
for row in range(13):
    for col in range(13):
```

```
        square=Square(root,row,col)
        square.place(x=17+col*36,y=45+row*36,width=34,height=34)
root.mainloop()
```

本程序有一个问题，当单击和双击方块，都打开方块。实际上是当双击方块时，先调用单击事件处理函数，再调用双击事件处理函数。笔者认为Python可能有缺陷，参见15.14节。

15.4　多线程

操作系统可以启动多个应用程序在操作系统中运行，在操作系统中运行的每个应用程序都是一个进程，在操作系统中同时运行的所有应用程序分时共用CPU运行时间。如果在一个应用程序中，有多个工作要同时做，可采用多线程，在每个线程中运行一段程序。每个进程最少有一个线程，叫主线程，是进程自动创建的。每个进程可创建多个子线程，系统将该应用程序得到的CPU运行时间分为多个时间片，每个线程分别占用不同时间片，运行自己的程序。一个线程用完一个时间片后，此线程被挂起，将另一个线程唤醒，使其使用下一个时间片，不断把多个线程挂起，唤醒，再挂起，再唤醒，如此重复，由于CPU运行速度比较快，感觉多个线程中运行的多个应用程序似乎在同时执行，也称为并发执行。

扫雷程序，一般要记录胜利完成扫雷所用的秒数，这就需要一个秒表。玩家在扫雷时，秒表必须每间隔1秒更新一次秒数。秒表的工作方式是，建立一个死循环，每次循环，秒数加1，休眠1秒后，进入下一次循环。无法在主线程建立一个死循环，这必定使主线程中扫雷代码无法运行，即使秒表进入休眠，也不会允许同一线程其它代码运行。必须把秒表程序放在另一线程，秒数加1，休眠1秒后，进入下一次循环，秒表线程在用完时间片或处于休眠状态，就会让出时间片，给主线程其它程序使用，这样多线程使秒表和扫雷互不影响，并发执行。有很多情况需要多线程，例如程序的背景音乐，字处理程序中的语法检查等。所有长时间占用CPU的任务都不应该在主线程中执行，而应该放到其它子线程中执行。本节不过多讲解多线程的知识，仅介绍使用多线程实现类似秒表这样的定时器的方法，不过多涉及多线程的互斥、死锁和同步等概念。

Python 3建议使用threading模块来实现多线程。一般用threading模块的Thread类或Timer类创建子线程。使用Thread类创建子线程例子如下。首先生成Thread类对象t，创建子线程，有3个参数，执行t.start()语句后，调用参数1指定的函数，在创建的子线程中运行。参数2和参数3是传递给参数1指定函数的参数，默认值为None，表示参数1指定函数无参数，如需给参数1指定函数传递参数，参数2必须是元组，参数3必须是字典。参数1指定的函数在子线程中运行，退出这个函数，子线程结束。

```
import threading                              #使用多线程必须导入的模块
t=threading.Thread (函数名, args=None, kwargs=None)   #生成 Thread类对象，创建子线程
t.start()                                     #启动子线程t，参数1函数在子线程运行
```

　　用Thread类在子线程创建秒表完整程序如下。一般用单击窗体标题栏右侧的X按钮退出应用程序，但退出前必须关闭子线程，否则报错。为避免报错，将窗体关闭事件处理函数设定为closeRoot，包括单击窗体标题栏右侧的X按钮，关闭窗体都调用该函数。在closeRoot函数中令isTime=False，导致在run()函数中的while循环结束，从而退出run()函数，子线程结束，确保关闭窗体后不报错。注意所有线程是共享全局变量的。

```
import threading                    #使用多线程必须导入的模块
import time                        #time模块用于延时
import tkinter as tk               #下句如创建子线程参数2和参数3为None，run()函数无参数
def run(x,y,a):                    #在子线程中运行的函数，退出该函数，子线程结束
    print(x,y)                     #显示2 3，创建子线程参数args=(2,3)传递给函数run()，参数x,y作为实参
    print(a)                       #显示4，创建子线程参数kwargs={"a":4}传递给函数run()，参数a作为实参
    n=0                            #下句如isTime为False，退出循环，结束线程
    while isTime:                  #函数中使用未赋值变量，例如isTime，就会到函数外找全局变量
        label['text']=str(n)       #显示秒数
        n+=1                       #秒数加1
        time.sleep(1)              #延时1秒将释放子线程占用的时间片，但子线程未结束，启动其它线程
def closeRoot():                   #关闭窗体事件的事件处理函数
    global isTime                  #在函数中修改全局变量，需用global声明，否则认为定义1个局部变量
    isTime=False                   #在关闭窗体前，isTime=False，使子线程结束
    root.destroy()                 #关闭主窗体
root = tk.Tk()
root.protocol("WM_DELETE_WINDOW",closeRoot)         #指定关闭窗体事件的事件处理函数为closeRoot()
isTime=True                        #全局变量
label=tk.Label(root,text='0',fg='red',font=("Arial",15))    #用来显示秒数
label.pack()                       #下句参数args必须为元组，只有一个元素的元组格式为：(2,)
t=threading.Thread(target=run,args=(2,3),kwargs={"a":4})    #参数2和3将参数值传递给run(x,y,a)的参数
t.start(                           #启动子线程，run()方法将在子线程运行，退出run()方法，线程结束
root.mainloop()
```

　　用Timer类也可创建一子线程。生成Time类对象，将创建子线程，t.start()语句后，经过参数1指定秒数后，调用参数2指定的函数，在创建的子线程中运行，参数2和参数3是传递给参数2指定函数的参数，默认为None。请读者将上例修改为使用Timer类。

```
from threading import Timer                  #从threading模块导入Timer类
t=Timer(秒数, 函数名, args=None, kwargs=None)    #生成Time类对象，创建子线程
t.start()                                    #启动子线程，参数2函数将在子线程运行
```

多个子线程同时修改共享数据可能发生错误。每个子线程都被分配一个时间片，时间片用完，当执行一条机器语言指令后，该子线程被挂起，另一子线程运行。假设2个子线程分别监视2个入口进入的人数，每当有人通过入口，两个子线程对总人数变量执行加1操作。一条高级语言的语句包含若干机器语言指令，假设加1语句包含的机器语言指令是：取总人数，加1，再存回。操作系统可以在一条机器语言指令结束后，挂起运行的子线程。如当前总人数为5，子线程1运行，监视到有人通过入口，取出总人数(=5)后，子线程1时间片用完挂起。子线程2唤醒，也监视到有人通过入口，并完成了总人数加1的3条机器语言指令，总人数为6，子线程2挂起。子线程1唤醒，对已取出的总人数(此时为5)加1，存回去，总人数应为7，实为6，少算1个。为了防止此类错误，在多个线程修改共享资源时，只允许一个线程对这一共享资源进行修改，在修改完成后，才允许其他线程修改，这叫线程的互斥。这样的对象很多，例如计算机中的许多外设，网络中的打印机等都是共享资源，只允许一个进程或线程使用。线程的互斥带来的问题是可能产生死锁，即两个(或多个)子线程都在等待对方完成任务，使程序不能继续执行。另外可能还有同步问题，即多个子线程完成同一工作，需要协同配合，必须按照指定顺序，某些工作必须先做，某些工作必须后做。有关这方面的问题可参考其它有关论述。

15.5 格式化字符串常量(f-string)

扫雷程序有3个难度等级，不同等级难度使用的方块数不同，因此需要主窗体的长和宽也不同。用语句geometry("252x270")设定主窗体的长和宽，该函数的参数是一个字符串，代表该主窗体的宽为252，高为270。现在要求geometry函数的参数这个字符串要随着难度等级改变，这就要用到f-string。

f-string，亦称为格式化字符串常量，是Python3.6新引入的一种字符串格式化方法，主要目的是使格式化字符串的操作更加简便。f-string在形式上是以 f 或 F 修饰符引领的字符串'xxx'或F'xxx'，以大括号 {} 标明被替换的字段，f-string本质上并不是字符串常量，而是一个在运行时的运算求值的表达式。f-string在功能方面不逊于传统的%-formatting语句和str.format()函数，同时性能又优于二者，且使用起来也更加简洁明了，因此对于Python3.6及以后的版本，推荐使用f-string进行字符串格式化。本节不详细介绍f-string，仅仅说明如何用f-string，动态改变主窗体的长和宽。f-string更详细的内容请自行查找。

使用f-string可在字符串中使用大括号{}，在大括号{}中可填入变量、表达式或调用函数，Python会求出大括号{}中结果，并转换为字符串，加入返回的字符中。例子如下。

```
>>> name = '张三'
>>> f'你好,我是{name}'
'你好,我是张三'
>>> f'(24 * 8 + 4)等于{24 * 8 + 4}'
'(24 * 8 + 4)等于196'
>>> import math
>>> f'根号2的值是 {math.sqrt(2)}'
```

'根号2的值是 1.4142135623730951'

　　方块矩阵行数为row，列数为col，难度等级不同，row和col值不同。方块宽和高都为36，矩阵距左右边界都为17，因此窗体宽度为：矩阵列数*36+34；矩阵上部有窗体标题栏，有5个按钮，并且按钮在垂直方向距离矩阵要预留空间，加上距离窗体下边界的17，因此窗体高度为：矩阵行数*36+60。因此为了使geometry函数设置的主窗体的长和宽随着难度等级改变，geometry格式为：geometry(f"{col*36+34}x{row*36+60}+200+50")。

15.6　messagebox模块

　　tkinter.messagebox模块中有多个模式对话框。打开模式对话框后，就不能操作主窗体，必须关闭对话框后，才能重新操作主窗体。这些对话框被分为3个区域：图标区、提示区和按钮区。图标区在对话框左侧，可选用4个图标中的一个，4个图标是：error(错误)、info(信息)、question(问题)和warning(警告)。提示区在对话框图标区右侧，是字符串，用来说明打开对话框的目的。按钮区在对话框底部，有多个按钮可选，包括yes(是)、no(否)、retry(重试)、ok(确定)、cancel(取消)、ignore(忽略)、abort(中止)。点击按钮关闭对话框，并返回字符串或布尔值，点击按钮不同，返回值也不同。生成消息对话框、警告对话框、错误对话框和各种问题对话框的语句如下，在每条语句后边，列出该对话框的图标、有哪些按钮及单击按钮的返回值。参数title是对话框标题栏中的标题，参数message是字符串，用来说明打开对话框的目的；参数icon和type默认值None，如使用默认值时不必列出。更多用法参考有关文章。本扫雷程序只使用了第1个对话框。

```
import tkinter.messagebox as m        #必须导入tkinter.messagebox模块，以下都是模式对话框
m.showinfo(title,message)             #消息对话框，info图标，一个确定按钮，返回字符串'ok'
m.showwarning(title,message)          #警告对话框，warning图标，一个确定按钮，返回字符串'ok'
m.showerror(title,message)            #错误框对话框，error图标，一个确定按钮，返回字符串'ok'
m.askquestion(title,message)          #问题对话框，question图标，是和否两按钮，返回字符串'yes'和'no'
m.askokcancel(title,message)          #问题对话框，question图标，确定和取消按钮，返回True和False
m.askyesno(title,message)             #问题对话框，question图标，是和否按钮，返回True和False
m.askretrycancel(title,message)       #问题对话框，question图标，重试和取消按钮，返回True和False
```

　　实际上showinfo()等函数除了参数title和message外，还有参数icon和type，默认值为None。也可为参数icon赋值为其它图标，为参数type赋值，可以改变对话框下边按钮的个数和种类。例如下例，如使用showinfo()函数打开对话框，那么该对话框默认使用info图标，有一个确定按钮。如令type='abortretryignore'，那么在对话框下边就会有3个按钮：中止、重试和忽略，3个按钮返回值都是字符串，分别是abort 、retry和ignore。如果令icon='question'，则图标变为问题图标。完整程序如下。

```
import tkinter as tk
import tkinter.messagebox as m
def butClick():
    a=m.showinfo(title="实验",message="改变图标和按钮",icon='question',type='abortretryignore')
    print(a,type(a))                #显示返回值和返回值类型
root = tk.Tk()
b=tk.Button(root,text='单击我',command=butClick)
b.pack()
root.mainloop()
```

　　运行后，主窗体上有一个标题为"单击我"的按钮，单击这个按钮，打开messagebox模式对话框如图15-2所示。如果不关闭messagebox模式对话框，将不能关闭主窗体，这说明它是一个模式对话框。单击该messagebox模式对话框中任意一个按钮，将显示该messagebox模式对话框返回值和返回值类型。

图15-2　messagebox模式对话框

　　参数Icon可以选error（错误）、info（信息）、question（问题）和warning（警告）四个图标中的一个。参数type选项有"abortretryignore"（中止、重试、忽略）、"ok"（确定）、"okcancel"（确定、取消）、"retrycancel"（重试、取消）、"yesno"（是、否）、"yesnocancel"（是、否、取消）。

15.7　扫雷程序初始界面和程序框架

　　扫雷程序框架包括：模块的导入、类定义、函数定义和主程序。本节只编写扫雷程序中所有和雷无关的代码。主要包括生成主窗体，主窗体上部有5个按钮，标题分别是重玩、初级、中级、高级和帮助，并为按钮初级、中级、高级和帮助编写了单击按钮事件处理函数。在按钮右侧，创建两个Label组件，用来显示玩家扫雷已用时间(秒数)和没有被标记红旗的雷数。初始游戏难度为初级，主窗体上有7X7方块矩阵。单击重玩、初级、中级、高级按钮都导致重新开始扫雷游戏，这4个按钮单击事件函数中都要调用reSet函数。在reSet函数中使isTimerRun=False，使秒表子线程中函数run()结束，导致秒表子线程自动结束，然后创建秒表新的子线程，并不启动。扫雷游戏的第1步最为可能是单击方块，极少可能右击方块，双击未打开的方块不做任何工作。因此在单击和右击方块事件处理函数中，要用timer.start()函数启动线程，也就是启动秒表。线程

只能启动一次，已经启动的线程如再一次被启动，将出错，必须判定线程未被启动，才能启动线程。

本扫雷游戏有3个难度等级，分别为初级、中级和高级。初级为7×7方块矩阵，中级为10×10矩阵，高级为13×13矩阵。在扫雷游戏主程序中用循环语句创建13×13个Square类对象，以后简称为方块，将每个方块引用（ID）保存到字典中，其键值是方块在矩阵的行号、列号。没有使用布局函数将这些方块放置到指定位置，因此时看不到方块矩阵。放置每个方块到指定位置的工作由函数setGameLevel(r,c,m)完成，该函数的参数为所设置难度等级的矩阵行数r、矩阵列数c和该游戏难度等级的雷数m。因此在主程序的最后，必须调用函数setGameLevel(7,7,7)，将扫雷游戏难度等级设置为初级。在setGameLevel函数中的语句if mines==m and numOfrow==r and numOfCol==c:成立，说明如要设置的游戏难度等级和旧游戏难度等级相同，就没必要重新布局方块了。游戏程序运行后，所有方块都未布局，必须在主程序中令numOfrow=numOfCol=mines=0，调用setGameLevel(7,7,7)函数，使上边的if语句不成立，将游戏难度等级设置为初级。函数setGameLevel的基本思路是，如为初级，7×7方块矩阵，仅将7×7方块矩阵中的这些方块移到指定位置，多余方块移到主窗体外，并使主窗体宽和高匹配7×7矩阵。如为中级，和初级类似，10×10方块矩阵，仅移动10×10方块矩阵中方块到指定位置，其余方块移到主窗体外。高级就必须将全部方块移到指定位置。setGameLevel(r,c,m)函数是标题为初级、中级和高级按钮的单击按钮事件处理函数，不同按钮调用该事件处理函数时，用lambda表达式为该事件处理函数的参数传递不同数值即可，例如初级r=7，c=7，m=7。重玩按钮单击事件处理函数是reSet函数。帮助按钮的单击事件处理函数是helpMe()，该函数打开一个messagebox对话框，提供帮助信息和版权信息。扫雷游戏程序框架如下。

```
from threading import Timer          #从threading模块导入Timer类，用Timer类创建子线程
import time                          #time模块用于延时
import random                        #random模块用于生成随机数
import tkinter as tk
import tkinter.messagebox
class Square(tk.Label):              #从Label类派生的Square(方块)类
    ...                             #此处略去，参见15.3节Square类定义
def getAroundBut(x,y):               #返回列表，记录x行y列方块的所有相邻块(最多为8个)的行列号
    pass
def showAllMines(i,j):               #第i行j列方块下有雷被单击后，游戏结束，显示矩阵中所有的雷
    pass
def showNumOfMine():                 #使所有打开方块上方显示其相邻的有雷方块数
    pass
def getNumOfAroundMine(x,y):         #得到x行y列处方块所有相邻有雷方块数(最多为8个)
    pass
def lClick(ID):                      #实际处理左击事件函数，函数不完整，左击方块工作未实现
    global gameOver,isTimerRun,timer
```

```
    if not timer.is_alive() and not gameOver:        #子线程只能启动一次，子线程未激活，才能启动子线程
        isTimerRun=True
        timer.start()                                #启动子线程
def lDclick(ID):                                     #实际处理双击事件的函数
    pass
def rClick(ID):                                      #实际处理右击事件函数，函数不完整，右击方块工作未实现
    global gameOver,isTimerRun,timer
    if not timer.is_alive() and not gameOver:        #子线程只能启动一次，子线程未激活，才能启动子线程
        isTimerRun=True
        timer.start()
def isWin():                                         #判断玩家是否赢了
    pass
def reSet():                                         #初始化函数，函数不完整，布雷等初始化工作未实现
    global mines,numOfrow,numOfCol,gameOver,isTimerRun,timer
    gameOver=isTimerRun=False                        #游戏结束标记、定时器在运行标记为假，使子线程结束，秒表停止
    label2['text']='秒数:0'                           #游戏重新开始，秒表清0
    label1['text']='雷数:'+str(mines)                 #显示该游戏等级的初始雷数，用红旗标记一个雷，该值减1
    timer=Timer(1,run)                               #创建Timer类对象，启动子线程1秒后，函数run在子线程中运行
def setGameLevel(r,c,m):       #修改难度等级，参数为所设置难度等级的行数r、列数c和雷数m
    global mines,numOfrow,numOfCol
    if mines==m and numOfrow==r and numOfCol==c:     #如设置新游戏难度等级和旧的相同
        reSet()                                      #只需调用reSet()函数，初始化
        return
    numOfrow,numOfCol,mines=r,c,m                    #设置新矩阵行列数、雷数
    for r in range(13):
        for c in range(13):
            if r>numOfrow-1 or c>numOfCol-1:         #如难度等级较低，将多余的方块移出主窗体
                squareDic[r,c].place(x=500,y=500,width=34,height=34)
            else:                                    #只保留该等级较低所需的方块
                squareDic[r,c].place(x=17+c*36,y=45+r*36,width=34,height=34)
    root.geometry(f"{numOfCol*36+34}x{numOfrow*36+60}+200+50")      #矩阵行列改变,主窗体尺寸也要改变
    reSet()                                          #调用初始化函数
def helpMe():                                        #打开帮助模式对话框
    s='左击未打开方块，有雷游戏结束，无雷打开方块，上方显示相邻块的雷数，相邻块无雷显空。\n'+\
    '右击未打开方块，标记红旗表示有雷，再右击无标记。\n'+\
    '方块显数字n，相邻块已标记n块有雷，双击数字n，等效单击邻近无雷块，'+\
    '\n如雷标记有错，游戏结束。              保留所有版权'
    tkinter.messagebox.showinfo(title="帮助",message=s)
```

```python
def run():                          #在子线程中运行的秒表函数
    sec=0                           #秒数
    while isTimerRun:               #没有为变量赋值，仅使用这个变量，函数内没定义，去找全局变量
        sec+=1
        label2['text']='秒数:'+str(sec)
        time.sleep(1)               #延迟1秒
def closeRoot():                    #关闭窗体事件处理函数
    global isTimerRun               #为全局变量赋值，必须说明该变量为全局变量
    isTimerRun=False                #在关闭窗体前，isTimerRun=False，使子线程结束
    root.destroy()                  #关闭主窗体
root=tk.Tk()
root.title('扫雷')
root.resizable(width=False,height=False)
root.config(bg='white')             #主窗体背景颜色为白色
Square.lClick=lClick                #用类变量保存3个外部函数引用(ID)
Square.lDclick=lDclick
Square.rClick=rClick
squareDic={}                        #字典记录所有方块ID，格式:(方块所在矩阵的行,列):Square对象ID
numOfrow=numOfCol=mines=0           #矩阵行列数和雷数。此时还无矩阵，为0使设置等级函数中重建矩阵
root.protocol("WM_DELETE_WINDOW",closeRoot)      #为关闭窗体事件绑定事件处理函数closeRoot
frm=tk.Frame(root)
frm.pack(fill=tk.BOTH)
tk.Button(frm,text="重玩",command=reSet).pack(side='left')
tk.Button(frm,text="初级",command=lambda r=7,c=7,m=7:setGameLevel(r,c,m)).pack(side='left')
tk.Button(frm,text="中级",command=lambda r=10,c=10,m=16:setGameLevel(r,c,m)).pack(side='left')
tk.Button(frm,text="高级",command=lambda r=13,c=13,m=35:setGameLevel(r,c,m)).pack(side='left')
tk.Button(frm,text="帮助",command=helpMe).pack(side='left')
label1=tk.Label(frm,text='雷数:00',font=("Arial",10))     #用来显示所有未被标记的雷数
label1.pack(side='right')
label2=tk.Label(frm,text='秒数:0000',font=("Arial",10))     #用来显示玩家所使用的时间(秒数)
label2.pack(side='right')
for row in range(13):               #13是游戏最高难度等级的行列数，即无论哪个难度，方块数都是13*13
    for col in range(13):           #如果选择较低难度等级，会将多余方块移到主窗体外
        square=Square(root,row,col) #创建Square类对象，未布局，看不到方块矩阵
        squareDic[row,col]=square   #保存Square类对象引用到字典
p=tk.PhotoImage(file='pic/红旗.png')   #取出3个图形文件
p2=tk.PhotoImage(file='pic/地雷2.png')
p3=tk.PhotoImage(file='pic/地雷3.png')
```

```
setGameLevel(7,7,7)          #修改函数3个参数值，改变程序扫雷的等级，初始是初级，到此才显示方块矩阵
root.mainloop()
```

运行上边程序，在主窗体出现7×7方块矩阵，秒表不工作显示0，显示雷数为7。单击标题为中级的按钮，窗体变大，出现10×10方块矩阵，显示雷数为16；单击标题为高级的按钮，窗体变大，出现13×13方块矩阵，显示雷数为35；单击标题为初级的按钮，窗体变小，出现7×7方块矩阵，显示雷数为7。左击或右击方块，秒表开始工作；单击标题为重玩、初级、中级或高级按钮，秒表清0，停止工作。单击帮助按钮，打开模式对话框，显示帮助和版权信息，不关闭该对话框，不能继续玩游戏。

15.8　单击重玩按钮要实现的功能

玩家扫雷成功或失败，希望不改变游戏难度，重新再玩一次，可单击重玩按钮，调用函数reSet()。此时许多方块已经被单击打开，方块上可能有数字，一些方块上有红旗或雷的图形。那么函数reSet()必须将方块上这些数字和图形去掉，恢复方块为灰色，还要重新随机布雷，显示初始雷数，秒表清0，暂停计时，直到鼠标单击或右击重新开始工作。为了重新随机布雷，首先建立序列range(numOfrow*numOfCol)，函数range的参数是方块矩阵的方块数，可以认为所建立的序列是矩阵所有方块的序号，用random.sample函数从用函数range建立的序列中，随机取出mines(雷数)个序号保存到列表中，该函数返回序号的列表，从这个返回列表中，逐次取值赋给i，将方块序列号i转换为该块在矩阵中的行号和列号，保存到列表list1中。列表list1中就保存了需要布雷的方块在矩阵中的行号和列号，不在列表list1中的方块，不需要布雷。函数reSet()重新定义如下。

```
def reSet():
  global mines,numOfrow,numOfCol,gameOver,isTimerRun,timer
  list1=[]                          #下句从矩阵所有序号中随机取出mines个序号，从mines个序号逐次取出赋值给i
  for i in random.sample(range(numOfrow*numOfCol),mines):
     list1.append((i//numOfCol,i%numOfCol))      #保存将序号i转换为该块在矩阵行号和列号
  for r in range(numOfrow):                       #r为行，0到numOfrow−1
     for c in range(numOfCol):                    #c为列，0到numOfCol−1
       squareDic[r,c]['text']=''                  #方块标题显示为空
       squareDic[r,c]['image']=''                 #去掉方块显示的图形
       squareDic[r,c]['bg']='Silver'              #方块背景为灰色
       squareDic[r,c].mineNum=-1                  #相邻有雷块数=−1，未完成计算相邻有雷块数
       if (r,c) in list1:                         #如果行列号在记录了需布雷块行列数的列表中
          squareDic[r,c].state=-1                 #布雷，−1表示方块下有雷无标记
       else:                                      #否则，不布雷
          squareDic[r,c].state=0                  #0表示方块下无雷无标记
  gameOver=isTimerRun=False                       #游戏结束=假，秒表运行=假，使线程结束，秒表停止
```

```
label2['text']='秒数:0'              #游戏重新开始，秒表清0
label1['text']='雷数:'+str(mines)    #显示该游戏等级初始的雷数
timer=Timer(1,run)                   #建立Timer类对象，启动子线程1秒后，函数run在子线程中运行
```

15.9 判断扫雷是否成功

判断扫雷是否成功的函数是isWin()，该函数还要计算所余雷数并显示。玩家胜利的条件是：全部有雷块都被红旗标记，没有被错误标记红旗的无雷块，所有无雷块都被单击打开。那么必须得到3个变量值：标红旗有雷块数、标红旗无雷块数和打开方块数。这个比较容易，按行列循环，得到每个方块状态值，就可以统计出这3个变量值。那么要根据玩家标记的红旗数，显示的所余雷数为：地雷总数−(标红旗有雷块数+标红旗无雷块数)。如标红旗无雷块数=0，所余雷数是正确的，如标红旗无雷块数不为0，所余雷数是不正确的。如玩家标记红旗的方块数大于地雷数，所余雷数就会是负数，雷数不能为负，可令所余雷数=0。胜利的条件是：标红旗有雷块数=雷的实际数量，以及打开方块数=方块总数−标红旗有雷块数。函数isWin()定义如下。

```
def isWin():
    global mines,numOfrow,numOfCol,gameOver,isTimerRun
    sum1,sum2,sum3=0,0,0                #分别为：标红旗有雷块数，标红旗无雷块数，打开方块数
    for i in range(numOfrow):          #i为行，0到numOfrow−1
        for j in range(numOfCol):      #j为列，0到numOfCol−1
            if squareDic[i,j].state==-2:   #如果有雷块被标红旗
                sum1+=1                #标红旗有雷块数+1
            elif squareDic[i,j].state==2:  #如果无雷块被标红旗
                sum2+=1                #标红旗无雷块数+1
            elif squareDic[i,j].state==1:  #如果该方块已被打开
                sum3+=1                #打开方块数+1。下句为：未被标记的地雷数=地雷总数−
    s=mines-(sum1+sum2)                #地雷总数− (标红旗有雷块数+标红旗无雷块数)
    if s<0:                            #如无雷被标记红旗
        s=0                            #标记红旗的块数>实际雷数，仍显示0个雷
    label1['text']='雷数:'+str(s)       #显示剩余地雷数
    if sum1==mines and sum3==numOfCol*numOfrow-mines:   #胜利条件是: (接下行注释)
        label1['text']='你赢了'         #有雷标红旗块数=雷实际数量，打开块数=块总数−雷实际数量
        gameOver=True
        isTimerRun=False
```

15.10 在Label和按钮上显示图形

Label(标签)和Button(按钮)组件上方可以显示文本或图像。两组件的属性text指定用于显示的

文本，属性image指定用于显示的图形或图像。当两者同时存在时，优先显示图形或图像。下例 Label组件初始显示一面红旗，单击按钮，显示地雷，再单击按钮，显示打叉的地雷，再单击按 钮重新显示红旗。例子完整程序如下。

```
import tkinter as tk
def btnClick():
    global n
    n+=1
    if n==3:
        n=0
    if n==0:
        label['image']=p1                    #设定显示图形方法2
    elif n==1:
        label.config(image=p2)               #设定显示图形方法3
    elif n==2:
        label['image']=p3
root = tk.Tk()
n=0                                          #以下两语句中，文件位置采用绝对路径
p1=tk.PhotoImage(file='D:/myPythonFile/书/所有例子/第15章例子/pic/红旗.png')
#p1=tk.PhotoImage(file='D:\\myPythonFile\\书\\所有例子\\第15章例子\\pic\\红旗.png')
#p1=tk.PhotoImage(file='pic/红旗.png')        #取出红旗、雷和被错标的雷的图形文件
p2=tk.PhotoImage(file='pic/地雷2.png')        #文件位置采用相对路径
p3=tk.PhotoImage(file='pic/地雷3.png')        #文件必须在源文件所在文件夹的子文件夹pic中
label=tk.Label(root,text='00',image=p1)      #优先显示图片，设定显示图形方法1
label.pack()
tk.Button(root,text="换图",command=btnClick).pack()
root.mainloop()
```

Label和Button不能直接显示png类型文件，必须将png类型文件转换为两组件能显示的 格式，方法为：tk.PhotoImage(file=图片文件路径字符串)，文件可以使用相对地址，上例 tk.PhotoImage(file='pic/红旗.png')语句中的图片文件路径就是相对地址，该文件是在扫雷源文 件所在文件夹的子文件夹pic中；当然也可以将图片文件放到源文件所在文件夹中，那么file='红 旗.png'。也可以使用绝对路径，上例红旗.png文件另外两个路径就是绝对路径。前边介绍过，可 用三种方法来设置组件属性。当然也有三种方法修改属性image。第一种方法就是在创建Label组 件对象时，为属性image指定为p1，第二种方法就是用语句label['image']=p1，第三种方法就是用 语句label.config(image=p2)。

15.11 右击方块要实现的功能

右击方块调用rClick(ID)函数，参数ID是被右击方块的引用。多次右击灰色方块，方块显示按规律循环，如右击前，方块显示空，右击后方块显示红旗；如右击前方块显示红旗，右击后方块显示为空。方块共有5种状态，是互斥的，用方块类属性state记录方块的5种状态，−1=有雷无标记,−2=有雷标记红旗，0=无标记未打开，1=表示已打开，2=无雷标记红旗。右击方块前，state=1，表示方块已打开，右击无效退出，其余4种状态允许右击方块，右击后，方块状态也有4种变化。如用判断语句，根据右击前方块状态得到右击后方块状态，需不少代码。为减少代码，创建字典：dic={−1:(−2,p,''),−2:(−1,'',''),0:(2,p,''),2:(0,'','')}。单击前方块状态作为字典的键，字典的值是元组，有3项，分别为单击后方块状态、方块image属性值和方块text属性值。例如右击时，方块状态为−2(有雷标记红旗)，右击方块后状态为−1(有雷无标记)，后两项都为空字符串，令方块属性text和image都等于空字符串，因此方块显示为空。rClick(ID)函数定义如下。

```
def rClick(ID):
    global gameOver,isTimerRun,timer
    if not timer.is_alive() and not gameOver:          #子线程只能启动一次
        isTimerRun=True
        timer.start()
    if gameOver or ID.state==1:                          #如游戏结束或该方块已被打开，不能增加标记
        return
    m=ID.state
    dic={-1:(-2,p,''),-2:(-1,'',''),0:(2,p,''),2:(0,'','')}
    ID['image']=dic[m][1]
    ID['text']=dic[m][2]
    ID.state=dic[m][0]
    isWin()                                             #判断是否完成游戏
```

15.12 左击到雷显示所有雷

如果左击到雷，游戏结束，调用函数showAllMines (i,j)，参数(i,j)是被左击有雷方块所在矩阵的行列数，使用语句squareDic[i,j]['bg']='red'，可将被左击的有雷方块底色变红，表示该有雷块被单击；该函数还要显示所有未被标记的雷，所有错误标记红旗的无雷块上显示打叉的雷。可按行列循环，得到每个方块状态值，如该块状态值=−1，表示该块下有雷无标记，在该块上方显示雷图形；如该块状态值=2，表示该块下无雷却有标记，显示雷有红叉，正确标记的有雷块保留红旗不变。函数showAllMines定义如下。

```
def showAllMines(i,j):                                 #(i,j)是被左击有雷方块所在矩阵的行列数
    squareDic[i,j]['bg']='red'                         #该方块背景变红，表示被左击的雷
```

```
for row in range(numOfrow):              #row为行，0到numOfrow-1
    for col in range(numOfCol):          #col为列，0到numOfCol-1
        if squareDic[row,col].state==-1: #如是无标记雷
            squareDic[row,col]['image']=p2 #显示雷
        if squareDic[row,col].state==2:  #如无雷标了红旗，显示雷有红叉
            squareDic[row,col]['image']=p3 #注意，正确标记了红旗的雷，红旗不变
```

15.13　用递归函数计算无雷块相邻有雷块数

如一个函数在其内部调用函数自己，也可描述为：函数自己调用自己，称为函数的递归调用，这种函数被称为递归函数。通常用它来计算阶乘、累加等。递归函数必须有一个明确的递归结束条件，称为递归出口，否则将会无限调用，成为死循环。Python3默认递归的深度不能超过100层。用递归调用计算阶乘例子如下。

```
def f(n):
    if n == 1:              #如n为1，返回1，退出函数，是递归出口
        return 1
    else:                   #否则递归调用f(n-1)，等待f(n-1)的返回值和n相乘，才能退出
        return n * f(n-1)
print (f(4))                #显示24，是阶乘4!的值
```

调用f(4)，执行return 4*f(3)语句，先调用f(3)等待f(3)返回值；f(3)执行return 3*f(2)语句，先调用f(2)等待f(2)返回值；f(2)执行return 2*f(1)语句，先调用f(1)等待f(1)返回值；f(1)返回1，导致f(2)返回2，导致f(3)返回6，导致f(4)返回24。计算阶乘4!结束。

每次左击未打开、无红旗标记的x行y列无雷块，将调用getNumOfAroundMine(x,y)函数，计算x行y列块相邻的有雷块数后并保存。如果某块(这里称为A块)相邻的有雷块数为0，则A块所有相邻块都是无雷块，玩家可以逐一左击A块相邻的未打开无雷块，每次左击，都将调用getNumOfAroundMine(x,y)函数，计算被左击无雷块所有相邻有雷块数并保存。为方便玩家，不需要玩家逐一左击A块相邻的未打开无雷块，扫雷程序会自动循环调用函数getNumOfAroundMine(x,y)，对A块相邻的所有的无雷块，逐一计算每个无雷块所有相邻有雷块数并保存。这本质上是递归调用。可能需要多次递归调用，直到不再有相邻有雷块数为0的块，即若干显示空白的方块区域被一圈显示数字的方块所包围，计算相邻有雷块数并保存的函数才会结束。getNumOfAroundMine(x,y)函数定义如下，其参数x,y是被左击块所在矩阵的行列号。

```
def getNumOfAroundMine(x,y):            #得到x行y列方块所有相邻有雷块数(最多为8个)
    if squareDic[x,y].state<0:          #方块状态值<0，说明点击到有雷块，游戏结束
        return 0                        #返回0，表示点击到有雷块，游戏结束
    aroundBut=getAroundBut(x,y)         #返回列表记录x行y列块所有相邻块的行列号
```

```
mineSum = 0                          #变量mineSum记录地雷数，初始为0
for i, j in aroundBut:               #逐一取出相邻块行列号赋值i,j
    if squareDic[i,j].state<0:       #如i行j列块属性state是负数表示块下有雷
        mineSum += 1                 #下句将mineSum记录的地雷数保存到mineNum
squareDic[x,y].mineNum=mineSum       #为-1未计算相邻地雷数，0到8是相邻有雷块数
if mineSum==0:                       #如该块相邻有雷块数为0,其相邻的都是无雷块，如不为0退出，递归出口
    for i, j in aroundBut:           #需要计算所有这些相邻无雷块的相邻有雷块数
        if squareDic[i,j].mineNum==-1:   #如该块未被计算其相邻有雷块数
            getNumOfAroundMine(i,j)  #递归调用计算相邻有雷块数，可能需多次递归调用
    return 1                         #直到不再有相邻有雷块数为0的块，退出返回1，表示未点击到有雷块
```

函数getNumOfAroundMine(x,y)需要得到方块矩阵第x行第y列方块所有相邻块的行列号，函数getAroundBut(x,y) 完成该工作，该函数返回列表，列表中包含x行y列块的所有相邻块的行列号。如某块在第x行，其相邻块的3个行号是x−1,x,x+1，可用range语句获得：range(x−1,(x+1)+1)，其中x−1为起始行号，(x+1)是结束行号，起始和结束行号必须在行号x取值范围内，即从0到numOfrow−1。当x>0，起始行号为x−1；当x=0，x−1为负数，起始行号为0，可用表达式：max(0,x−1)作为起始行号。当x<numOfrow−1，结束行号为(x+1)，当x=numOfrow−1，结束行号为numOfrow−1，那么min(numOfrow−1,x+1))可作为结束行号的表达式。最终range语句为：range(max(0,x−1),min(numOfrow−1,x+1)+1)。同理如某块在第y列，其相邻块的列号为：range(max(0,y−1),min(numOfCol−1,y+1)+1)。另外相邻块不包括第x行第y列的方块。用两个range语句可获得方块矩阵第x行第y列方块所有相邻块的行列号，除去第x行第y列方块。如第x行第y列方块不在矩阵的边和角，可获得8个相邻块行列号，如是矩阵的4个角，只有3个相邻块行列号，如在矩阵边上，有5个相邻块行列号。下例演示用上述方法，如何获得矩阵x行y列方块相邻块的行列号。

```
def getAroundBut(x,y):
    a=[]
    for i in range(max(0,x−1),min(numOfrow−1,x+1)+1):
        for j in range(max(0,y−1),min(numOfCol−1,y+1)+1):
            if (i !=x or j !=y):     #相邻块不包括第x行第y列方块，即需i==x或j==y有一个不成立
                a+=[[i,j]]
    return a
numOfrow=7
numOfCol=7
b=getAroundBut(0,0)                  #0行0列方块在矩阵角上
print(b)                            #显示：[[0, 1], [1, 0], [1, 1]]
b=getAroundBut(0,4)                  #0行4列方块在矩阵边上
print(b)                            #显示：[[0, 3], [0, 5], [1, 3], [1, 4], [1, 5]]
```

b=getAroundBut(3,0)	#3行0列方块在矩阵边上
print(b)	#显示：[[2, 0], [2, 1], [3, 1], [4, 0], [4, 1]]
b=getAroundBut(3,4)	#3行4列方块既不在矩阵边上，也不在矩阵角上
print(b)	#显示：[[2, 3], [2, 4], [2, 5], [3, 3], [3, 5], [4, 3], [4, 4], [4, 5]]

上例中的函数可直接作为扫雷程序中的getAroundBut(x,y)。下边重新定义了这个函数，实现的原理基本相同，语句比较精简，但是功能完全相同。可理解为，用两个循环语句，创建多个满足if i !=x or j !=y条件的列表元素[i,j]，增加到列表中，循环完成后，返回列表。

```
def getAroundBut(x,y):
    return [(i,j) for i in range(max(0,x−1),min(numOfrow−1,x+1)+1)
        for j in range(max(0,y−1),min(numOfCol−1,y+1)+1) if i !=x or j !=y]    #应不包括自己
```

函数getNumOfAroundMine(x,y)仅仅计算多个方块的相邻有雷块数，并将相邻有雷块数值保存到对应块的属性mineNum中，并没有真正打开这些块。要打开某块，必须将该块底色变为白色，并将该块相邻有雷块数显示在块上边。该工作由函数showNumOfMine()完成，该函数定义如下。

```
def showNumOfMine():                    #使每个打开方块上方都显示其相邻方块下的雷数
    for row in range(numOfrow):    #row为行，0到numOfrow−1，col为列，0到numOfCol−1
        for col in range(numOfCol):        #下句条件是无雷方块未打开，且计算了所有相邻有雷块数
            if squareDic[row,col].state==0 and squareDic[row,col].mineNum>=0:
                squareDic[row,col].state=1                          #设置为打开状态
                squareDic[row,col]['text']=squareDic[row,col].mineNum    #显示该块相邻有雷块数
                if squareDic[row,col].mineNum==0:                  #如果雷数为0，显示空白
                    squareDic[row,col]['text']=''
                squareDic[row,col]['bg']='white'        #该块底色由灰色修改为白色，表示该块已打开
```

15.14　双击触发单击和双击事件问题

Label组件绑定鼠标单击事件和双击事件。单击组件，调用单击处理事件函数。但双击组件，调用双击事件处理函数，也调用单击处理事件函数。这显然不合理，将会产生错误。见下例。双击按钮，字符串先出现：双击了我，又出现：单击了我。既调用了双击事件处理函数后，又调用了单击事件处理函数。在本章15.3节的例子，也有类似问题。

```
import tkinter as tk
def butClick():                #单击事件处理函数
    label['text']='单击了我'
```

```
def butDoubleClick(event):                                      #双击事件处理函数
    label['text']='双击了我'
root = tk.Tk()
label=tk.Label(root)
label.pack()
b=tk.Button(root,text='单击或双击我',command=butClick)          #指定按钮单击事件处理函数
b.bind('<Double-Button-1>',butDoubleClick)                      #按钮绑定双击事件处理函数
b.pack()
root.mainloop()
```

　　无论如何，在编写程序时要注意该问题。对于本扫雷程序，双击未打开方块，虽然会调用单击和双击事件处理函数，但双击事件处理函数不会做任何工作退出，仅执行了单击事件处理函数，完成其功能，因此双击未打开方块完成了单击未打开方块功能，虽然未造成错误，但不太理想。双击已打开方块，虽然会调用单击和双击事件处理函数，但单击处理函数不会做任何工作退出，看起来是正确调用了双击事件处理函数。

15.15　左击方块要实现的功能

　　左击方块处理函数是lClick(ID)，参数ID是被左击方块的引用，通过ID可以访问该块的所有属性。该函数首先要启动子线程，从而打开记录玩家使用时间的秒表，只需在玩家开始游戏时启动子线程，如果再次启动一个已经被启动的子线程，将报错，如果判断线程已经启动，就不能再一次启动。

　　如果游戏结束，方块有红旗标记或者方块已被打开，不做任何处理退出。否则调用函数getNumOfAroundMine(x,y)，计算被左击块相邻有雷块数，并将相邻有雷块数值保存到被左击块的属性mineNum中。如果函数返回值为0，左击了有雷的方块，游戏结束。否则调用函数showNumOfMine()，打开已经计算了相邻有雷块数的方块(置底色为白色)，并显示相邻有雷块数。最后判断输赢。函数定义如下。

```
def lClick(ID):
    global gameOver,isTimerRun,timer
    if not timer.is_alive() and not gameOver:                   #子线程未启动，才能启动，否则报错
        isTimerRun=True
        timer.start()
    if gameOver or ID.state==-2 or ID.state==2 or ID.state==1:  #游戏结束、方块有标记或方块已打开
        return                                                  #退出
    x,y=ID.row,ID.col                                           #被单击方块的行列号
    if getNumOfAroundMine(x,y)==0:                              #返回值为0，左击了有雷的方块，游戏结束
        showAllMines(x,y)                                       #将所有雷显示出来
```

```
    gameOver=True              #游戏结束标志
    isTimerRun=False           #将使子线程结束，从而导致秒表停止计时
    label1['text']='你输了'
    return
showNumOfMine()                #打开已计算了相邻有雷块数的方块，并显示相邻有雷块数
isWin()                        #判断扫雷是否成功
```

15.16　双击方块要实现的功能

函数lDclick(ID)是双击方块处理函数，参数ID是被双击方块引用，通过ID可以访问该块的所有属性。第一条是判断语句，在游戏结束或方块未打开(mineNum=-1)或打开但周围无雷(mineNum=0)时，不处理退出。否则，得到被双击块的相邻块，然后计算被双击的相邻块中被标记红旗的块数，如相邻已标记红旗的块数等于被双击块属性mineNum值(即被双击块上显示的数字)，说明玩家认为已正确标记了被双击块相邻有雷块，那么被双击块相邻块中未被打开而且未标记红旗的块可以被打开。因此对所有相邻块都调用函数getNumOfAroundMine(i,j)，参数i,j是某相邻块的行列号。如该函数返回0，说明(i,j)块是有雷块，是该块的state为-1或-2，导致函数返回0，如该块state为-1，说明是有雷块但未被正确标记红旗，发生这种情况，一定是玩家错误地将某个无雷块标记了红旗，游戏结束；如(i,j)块state=-2，说明有雷块被正确标记红旗，不做处理。函数lDclick(ID)定义如下。

```
def lDclick(ID):
    global gameOver,isTimerRun
    if gameOver or ID.mineNum<1:              #如游戏结束或方块未打开或打开但周围无雷，退出
        return
    x,y=ID.row,ID.col                         #被双击方块的行列号
    aroundBut=getAroundBut(x,y)               #列表aroundBut是x行y列块的所有相邻块的行列号
    mineFlagSum=0                             #该变量记录被标记红旗的相邻块数，初始为0
    for i, j in aroundBut:                    #计算被双击块所有相邻块被标记为红旗标的数量
        if squareDic[i,j].state==-2 or squareDic[i,j].state==2:       #=-2或=2的块都标记了红旗
            mineFlagSum += 1                                          #只要标记了红旗，+1
    if mineFlagSum==squareDic[x,y].mineNum:                           #后一项是被双击块所有相邻有雷块数
        for i, j in aroundBut:                #对所有相邻块都调用函数getNumOfAroundMine
            if getNumOfAroundMine(i,j)==0 and squareDic[i,j].state==-1:    #如单击了有雷无标记块，第13行
                showAllMines(i,j)            #游戏结束，将所有雷显示出来
                gameOver=True               #游戏结束标志
                isTimerRun=False            #结束子线程，秒表停止计时
                label1['text']='你输了'
                return
```

showNumOfMine()	#双击块所有相邻无雷块被打开
isWin()	#判断输赢

注意第13行语句，getNumOfAroundMine(i,j)返回0，表示i行j列方块下有雷，可能有红旗标记，也可能无红旗标记，squareDic[i,j].state==–1表示无标记雷，因此第13行语句表示i行j列方块下有雷无标记，游戏结束。

将各节定义的完整函数，替换15.7节的扫雷游戏框架中未定义的函数，或者定义不完整的函数，就得到完整的扫雷程序。

第16章 秒表、定时器、闹钟和时钟

【学习导入】在手机和计算机上，都有一个时钟程序，包括秒表、定时器、闹钟和世界时钟4个功能。本章介绍使用Python实现这个时钟程序。秒表、定时器、闹钟和世界时钟实际上是4个独立程序，本章例子提供了一种方法，使4个独立程序能在同一界面下运行。

16.1 创建和导入模块

Python 模块（Module），是一个扩展名为.py的文件，即Python源文件，文件名即是模块名。一个模块中可包含函数、类和变量等，也能包含可执行的语句。可把应用程序实现不同功能的代码分配到不同模块中，使程序具有清晰的逻辑关系，增加程序的可读性。模块文件必须和导入它的主程序在同一文件夹。

时钟程序的秒表、定时器、闹钟和世界时钟，实际上是运行在同一界面下的4个独立程序。如果将这4个独立程序都放到一个源文件中，会使程序的逻辑关系不清楚，程序不容易读懂。如果4个独立程序由4人独立完成，每人编写的程序都在主界面下运行，最后要汇总到一个文件中，要删除一些代码，确定自己代码放到哪个位置，还要考虑变量和函数名称是否重名等，无形增加许多工作量。较好的方法是，将时钟程序分割为5个部分，包括主界面程序，以及秒表、定时器、闹钟和世界时钟4个模块，保存到5个文件中。先创建主界面程序，4人分别用类封装秒表、定时器、闹钟和世界时钟代码，保存到4个模块中。每人在自己模块中不必考虑是否和其它模块中的变量或函数同名，例如在所有模块中，都可以有变量minute（分），不同模块中同名变量或函数是独立的，不会引起混乱。每人调试自己程序时，只需在主界面程序中导入自己设计的模块。分别调试完毕，就很容易地把所有程序汇总到一起。较大程序设计一般由多人完成，必须合理地将程序分为多个模块，每人负责一个模块，确保模块分割及编写后，能使汇总为完整程序更加容易。

用例子介绍如何创建模块和创建模块后，在主程序如何导入模块。导入模块参见11.3节。本例有1个按钮，单击按钮，用Label组件显示按钮被单击的次数。主界面程序如下：

```python
from tkinter import Tk
from e16_1_2模块 import Count          #从e16_1_2模块导入Count类
root =Tk()
count=Count(root)                     #创建Count类对象count
```

root.mainloop()

创建e16_1_2模块，代码如下。文件名为：e16_1_2模块.py，文件名(e16_1_2模块)即是模块名，该文件必须和上一文件在同一文件夹中。然后运行主界面程序，就能看到主窗体中有一个Label，初始显示0，还有一个按钮，每单击一次按钮，Label显示数字加1。

```python
from tkinter import Label,Button
class Count():
    def __init__(self,root):
        self.label=Label(root,text='0')
        self.label.pack()
        Button(root,text='单击我',command=self.btnClick).pack()
        self.n=0
    def btnClick(self):
        self.n+=1
        self.label['text']=str(self.n)
```

16.2 自定义事件

本章实现时钟程序，包括秒表、定时器、闹钟和时钟4个功能。其中闹钟和时钟对时间精度要求较高，因此时间取自计算机系统，仅仅要求每秒更新一次时间。秒表、定时器对时间精度要求相对较低，可创建子线程，在子线程中运行秒表程序，用秒表作为时间基准。在子线程中的秒表除了延时1秒外，还有其它代码。如果其它代码太多，将使秒表误差增大。为解决该问题，可使子线程中的秒表除了延时1秒外，仅有一条语句是发出事件，即每隔1秒发一个事件，使秒表、定时器、闹钟和时钟改变时间。如用Python tkinter编写这个程序，必须自定义事件，并把自定义事件绑定自定义事件处理函数，然后发送自定义事件，就会自动调用该自定义事件的事件处理函数，完成相应工作。具体的语句如下。

```python
root.bind("<<myEvent>>",myEventFun)          #绑定自定义事件myEvent和事件处理函数myEventFun
def myEventFun(event):                        #自定义事件myEvent的事件处理函数
    pass
root.event_generate('<<myEvent>>')           #发送自定义事件myEvent
```

用自定义事件和Timer类在子线程创建秒表完整程序如下。用t=Timer(1,run) 语句创建子线程，用语句t.start()启动子线程，启动子线程1秒后，函数run在子线程中运行，当退出run函数，子线程结束。如子线程未关闭，就关闭主窗体可能报错。isTime是全局变量，run函数执行while循环语句，如isTime=False，while循环结束，退出run函数，子线程结束。在关闭主窗体前，令isTime=False，就不会报错了。完整程序如下。

```
from threading import Timer
import time
import tkinter as tk
def run():                                          #在子线程运行的函数
    while isTime:                                   #isTime=False，将使子线程结束
        root.event_generate('<<myEvent>>')          #发送自定义事件myEvent
        time.sleep(1)                               #休眠1秒，不再占用CPU时间
def myEventFun(event):                              #自定义事件myEvent的事件处理函数
    global n
    n+=1
    label['text']=str(n)                            #显示秒数
def closeRoot():                                    #所有关闭窗体事件的事件处理函数
    global isTime
    isTime=False                                    #首先令isTime=False，使子线程结束
    root.destroy()                                  #关闭主窗体，就不会报错了
root = tk.Tk()
root.title('自定义事件')
root.geometry('300x100')
root.resizable(width=False,height=False)
root.bind("<<myEvent>>",myEventFun)                 #将自定义事件和自定义事件函数绑定
root.protocol("WM_DELETE_WINDOW",closeRoot) #所有关闭窗体事件都调用函数closeRoot
n=0
isTime=True
label=tk.Label(root,fg='red',font=("Arial",15))     #用来显示秒数
label.pack()
t=Timer(1,run)                                      #生成Timer类对象，创建子线程
t.start()                                           #启动子线程，1秒后，函数run将在子线程中运行
root.mainloop()
```

16.3　Notebook使时钟4功能在同一窗体

　　ttk.Notebook 是一个容器组件，在该容器中可以放置多个Frame组件，每个Frame组件上都可以放置多个不同的组件，但只能看到多个Frame组件中的一个，其余放置的Frame组件都被当前可见的Frame组件覆盖，不能被看到。每个Frame组件上部都有一个标签，并具有标签名，所有标签在Notebook组件上部顺序排列，能够看到放置的所有Frame组件的标签，单击某个标签，就可以看到该标签所代表的Frame组件及该Frame组件上的其它组件，其它Frame组件都被当前可见的Frame组件覆盖。也可以认为在Notebook组件增加多个Frame组件，组成有标签的多个卡片，一次只能观察一个卡片中内容，每个卡片标签上都有卡片名称，点击标签可选择该标签下的卡

片，从而观察该卡片中的内容。组件Notebook请参考11.12节。下例使用ttk.Notebook容器组件，创建一个有4个卡片的窗体，标签标题分别是秒表、定时器、闹钟和世界时钟。从这个例子可以看出，tkinter.ttk模块中的组件和tkinter中的组件是可以混用的。完整程序如下。

```
from tkinter import Tk,Label,Frame,ttk                  #需要装载tkinter.ttk模块
root=Tk()                                               #创建窗口对象
root.title('使用Notebook组件')                          #设置窗口标题
root.geometry('400x300+200+200')
root.resizable(width=False,height=False)                #设置窗口宽不可变，高不可变
ttk.Style().configure(".",font=("仿宋",15))             #所有ttk组件的字符串使用的字体及大小
tabControl=ttk.Notebook(root)                           #创建Notebook对象
tab1=Frame(tabControl,bg='lightblue')                   #增加新卡片
Label(tab1,text="闹钟卡片",bg='lightblue').pack()       #在tab1放置一个Label组件
tabControl.add(tab1,text='闹钟')                        #把新卡片增加到Notebook，标签名为闹钟
tab2=Frame(tabControl,bg='lightyellow')
Label(tab2,text="时钟卡片",bg='lightyellow').pack()     #在tab2放置一个Label组件
tabControl.add(tab2,text='时钟')
tab3=Frame(tabControl,bg='lightgreen')
Label(tab3,text="定时器卡片",bg='lightgreen').pack()
tabControl.add(tab3,text='定时器')
tab4=Frame(tabControl,bg='lightgray')
Label(tab4,text="秒表卡片",bg='lightgray').pack()
tabControl.add(tab4,text='秒表')
tabControl.pack(expand=1,fill="both")
tabControl.select(tab1)                                 #初始选择tab1
root.mainloop()
```

16.4   鼠标右击弹出菜单

弹出菜单也称为快捷菜单。在世界时钟程序中，在窗体水平放置多个Label组件，每个Label组件显示一个城市的日期和时间，由于时区关系，不同城市的日期和时间可能不同。世界时钟程序需要两个功能：第一，增加一个Label组件，用来显示新城市的日期和时间；第二，如已不再需要显示某城市日期和时间，删除显示该城市日期和时间的Label组件。要删除Label组件，可右击该Label组件，在右击事件处理函数中，令lab=event.widget，lab是被右击Label组件的引用(ID)，用lab.destroy()就删除了被右击的Label组件。一般右击事件处理函数中不直接删除Label组件，而是弹出包含"删除"菜单项的弹出菜单，通过全局变量lab，右击事件处理函数将变量lab传递给"删除"菜单项单击事件处理函数。单击"删除"菜单项，在其单击事件处理函数中，用lab.destroy()删除被右击Label组件。

在闹钟程序中，也需类似的功能，首先用Label组件显示闹钟响铃的时间，用另一个Label组件显示每周七天中，周日到周六，周几在设定的时间响铃。右击这两个Label组件中任意一个，弹出一个菜单，菜单包括4个菜单项：删除闹钟、编辑闹钟、打开闹钟和关闭闹钟。其中编辑闹钟菜单项，将打开对话框，修改闹钟响铃的时间，以及周几响铃；打开闹钟就是允许闹钟工作；关闭闹钟就是不允许闹钟工作。秒表程序和定时器程序不需要这个功能。

下边程序用右击弹出菜单实现删除Label类对象的功能。该程序有一个标题为'增加字符串'的按钮，单击一次按钮，增加一个Label类对象。右击Label类对象，出现弹出菜单，单击弹出菜单的"删除字符串"菜单项，删除被右击的Label类对象。完整程序如下。

```
import tkinter as tk
def showMenu(event):                               #右击Label类对象的事件处理函数
    global lab                                     #lab为全局变量，在其它函数中可以使用lab
    lab=event.widget                               #lab记录被右击Label类对象的引用(ID)
    menubar.post(event.x_root,event.y_root)        #在右击处弹出菜单
def delStr():                                      #弹出菜单的"删除字符串"菜单项的事件处理函数
    lab.destroy()                                  #删除被右击字符串，lab是被右击字符串的引用(ID)
def addStr():                                      #单击标题为'增加字符串'按钮的事件处理函数
    global n
    tk.Label(text='字符串'+str(n)).pack()            #增加一个字符串
    n+=1
root = tk.Tk()
root.title("右击字符串弹出菜单，单击"删除字符串"菜单项，删除被右击的字符串")
root.geometry("500x100+200+20")
n=0
tk.Label(text='字符串').pack()                       #增加一个字符串
tk.Button(text='增加字符串',command=addStr).pack()    #增加一个按钮
menubar=tk.Menu(root,tearoff=0)                    #创建弹出菜单，tearoff=0去掉右击弹出菜单最上部虚线
menubar.add_command(label="删除字符串", command=delStr)      #为弹出菜单增加菜单项：删除字符串
root.bind_class('Label',"<Button-3>",showMenu)    #为右击任意Label类对象绑定事件处理函数showMenu
root.mainloop()
```

由程序可以看出，为了使用弹出菜单，第一步，首先创建弹出菜单，见程序倒数第4行，其中tearoff=0将去掉右击弹出菜单最上部虚线，读者可以去掉参数tearoff=0，比较有无tearoff=0的效果。第二步，为弹出菜单增加标题为"删除字符串"菜单项，并为该菜单项绑定单击事件处理函数，见程序倒数第3行。第三步，为右击任意Label类对象绑定事件处理函数showMenu，见程序倒数第2行，之所以绑定任意Label类对象，是因为本章的世界时钟程序和闹钟程序中都有数量不定的Label类对象，用来显示不同城市的时间，或用来显示多个闹钟时间，可能需要编辑或删除这些Label对象。其它应用程序可根据实际需求，绑定唯一类对象。第四步，定义函数

showMenu，见程序第2行，event.widget是被右击组件类对象引用（ID），通过全局变量lab，将变量lab传递给弹出菜单的"删除字符串"菜单项单击事件处理函数。最后，在弹出菜单中，标题为"删除字符串"菜单项的事件处理函数delStr()，用语句lab.destroy()删除被右击字符串。

　　本章程序包括4个功能：秒表、定时器、闹钟和世界时钟，每个功能都用类来封装。本章程序中有很多Label类对象。为右击任意Label类对象绑定事件处理函数showMenu，在这个函数中将弹出菜单。那么右击本章世界时钟等程序中的任意一个Label对象，都弹出菜单，显然不合理，应该只有右击到需要处理的Label对象时，才弹出菜单，因此必须根据是否右击到需要处理的Label对象，决定是否弹出菜单。在世界时钟类中，需要删除显示某城市时间的Label对象，如显示每个城市时间的Label类对象ID，都被保存在列表list中。在函数showMenu中，令lab=event.widget，是被右击类对象ID，如这个lab在列表list中，表示右击了需要被删除Label类对象，则弹出包含"删除"菜单项的弹出菜单，通过全局变量lab，右击事件处理函数将变量lab传递给"删除"菜单项单击事件处理函数。当单击删除菜单项，其单击事件处理函数中，用lab.destroy()删除被右击的显示某城市日期和时间的Label对象。世界时钟类的其它Label对象ID不在列表list中，单击不在列表list中的Label，不会弹出菜单。

　　闹钟也需要类似功能。秒表和定时器没有需要处理的字符串，不需要此功能。因此在世界时钟类和闹钟类中，都要定义自己的方法showMenu()，如被右击Label类对象，是自己需要处理的Label类对象，弹出菜单，用弹出菜单的菜单项处理Label类对象，如不是，不弹出菜单，不做处理。在主程序中，为右击任意Label类对象绑定事件处理函数showMenu，并定义函数showMenu，在该函数中，分别调用闹钟和世界时钟的showMenu方法，这样就确保只有右击了需要处理的Label类对象，才会出现弹出菜单，右击了不需要处理的Label类对象，不会出现弹出菜单。也确保不处理右击秒表和定时器Label组件事件。使用语句如下。

```
def showMenu(event):                              #主程序中的showMenu函数
    alarmClock.showMenu(event)                    #调用闹钟的showMenu方法
    worldClock.showMenu(event)                    #调用世界时钟的showMenu方法
root.bind_class('Label',"<Button-3>",showMenu)    #主程序中的事件绑定语句
```

16.5　主界面程序

　　时钟程序的主界面包括主窗体，主窗体用Notebook 组件创建4个卡片，某时刻只能看到一个卡片，4个卡片分别用来创建秒表、定时器、闹钟和世界时钟的界面。每个卡片都有自己的标签，其名称分别是秒表、定时器、闹钟和世界时钟。单击卡片标签，可看到对应的卡片中的界面。创建子线程，在子线程运行的函数，每秒产生一个自定义事件，在自定义事件处理函数中，调用秒表、定时器、闹钟和世界时钟的运行函数，完成自己的功能。为了避免关闭主窗体时由于多线程未关闭，产生错误，重新指定了关闭主窗体的事件处理函数，在该函数中，先关闭多线程，再关闭主窗体。为右击任意Label类对象绑定事件函数showMenu()。运行后，将在秒表界面看到一个数字，每秒增加1。秒表、定时器、闹钟和世界时钟中任何一个，如果希望和主程序联调，必须做4件事：第一，在主程序头部导入该模块；第二，创建该类对象；第三，在

自定义事件处理函数myEventFun()中，分别调用秒表、定时器、闹钟和世界时钟的运行函数，完成自己的功能，例如秒表，秒表加1并显示；第四，在右击任意Label类对象的事件处理函数showMenu()中，分别调用闹钟和世界时钟的showMenu()方法，单击弹出菜单中的菜单项，处理自己的字符串。在下边主程序中，已经为秒表、定时器、闹钟和世界时钟都预先增加了这4部分语句，但被注释掉了，使用时只要去掉注释即可。

```python
from threading import Timer
import time
from tkinter import Tk,Label,Frame,ttk        #要导入tkinter.ttk模块
#from 秒表 import StopWatch                    #导入自定义秒表模块
#from 定时器 import MyTimer                    #导入自定义定时器模块
#from 世界时钟 import WorldClock               #导入自定义世界时钟模块
#from 闹钟 import AlarmClock                   #导入自定义闹钟模块
def run():                                    #在子线程运行的函数
    while isTime:                             #isTime=False，使子线程结束
        root.event_generate('<<myEvent>>')   #发送自定义事件myEvent
        time.sleep(1)                         #延时1秒
def myEventFun(event):                        #自定义事件myEvent的事件处理函数
    #sec.stopWatchWork()                      #调用秒表类对象的方法完成秒表功能
    #myTimer.timerWork()                      #调用定时器类对象方法完成定时器功能
    #worldClock.WorldClockWork()              #调用世界时钟类对象方法完成时钟功能
    #alarmClock.alarmClockwork()              #调用闹钟类对象的方法完成闹钟功能，
        #如调试秒表程序，删除以下3条语句，去掉4条有关秒表语句前注释即可。定时器、时钟和闹钟类似
    global n
    n+=1
    label['text']=str(n)
def closeRoot():                              #所有关闭窗体事件的事件处理函数
    global isTime
    isTime=False                              #首先令isTime=False，使子线程结束
    root.destroy()                            #先关子线程，再关主窗体，避免报错
def showMenu(event):                          #右击任意Label类对象事件处理函数
    #alarmClock.showMenu(event)               #调用闹钟类showMenu方法
    #worldClock.showMenu(event)               #调用世界时钟类showMenu方法
    pass                                      #使用上两条语句后，要去掉该条语句
root=Tk()
root.title('闹钟和时钟')
root.geometry('450x300+200+200')
root.resizable(width=False,height=False)
```

```
root.bind("<<myEvent>>",myEventFun)              #将自定义事件和事件处理函数绑定
root.protocol("WM_DELETE_WINDOW",closeRoot)      #所有关闭窗体事件都调用函数closeRoot
root.bind_class('Label','<Button-3>',showMenu)   #为右击任意Label类对象绑定事件函数
isTime=True
ttk.Style().configure(".", font=("仿宋", 15))     #所有ttk组件的字符串使用的字体及大小
tabControl = ttk.Notebook(root)                  #创建Notebook
tab1 = Frame(tabControl,bg='lightblue')          #增加卡片
tabControl.add(tab1, text='闹钟')                 #增加卡片到Notebook，标签为闹钟
tab2 = Frame(tabControl,bg='lightyellow')
tabControl.add(tab2, text='时钟')
tab3 = Frame(tabControl,bg='lightgreen')
tabControl.add(tab3, text='定时器')
tab4 = Frame(tabControl,bg='lightgray')
tabControl.add(tab4, text='秒表')
tabControl.pack(expand=1, fill="both")
tabControl.select(tab4)                          #选择tab4，将看到每秒数字加1
#sec=StopWatch(tab4)                              #创建秒表类对象
#myTimer=MyTimer(tab3)                            #创建定时器类对象
#worldClock=WorldClock(tab2)                      #创建世界时钟类对象
#alarmClock=AlarmClock(tab1)                      #创建闹钟类对象
#以下3句为测试语句，正式程序要删除
label=Label(tab4,text='0', font=("仿宋", 40),bg='lightgray')
label.pack(pady=20)
n=0
t=Timer(1, run)                                  #生成Timer类对象，创建子线程
t.start()                                        #启动子线程，启动子线程1秒后，函数run在子线程中运行
root.mainloop()
```

16.6　秒表程序

　　秒表运行界面如图16-1所示。有1个Label组件和2个按钮，Label组件用来显示秒表时间，程序运行后显示：00分00秒。左侧按钮初始标题为启动，另一个按钮标题为复位。单击标题为启动的左侧按钮，秒表开始计时，左侧按钮标题变为暂停；单击标题为暂停的左侧按钮，秒表暂停计时，左侧按钮标题又变为启动；如此循环。单击标题为复位按钮，秒表停止计时，左侧按钮标题变为启动，Label组件显示时间为：00分:00秒。

图16-1 秒表运行界面

StopWatch类封装了秒表所有功能。注意，类名称不能和其它模块中的类、函数和变量同名，在__init__(self,tabNo)中，创建两个按钮和一个Label组件对象，参数tabNo指定3个组件放到Notebook 组件的那个卡片中。该函数中还定义了3个变量：self.isStop=True，记录秒表是否停止计时，初始值是True表示停止计时；self.second=0和self.minute=0，记录秒表时间中的秒和分的数值。为单击左侧按钮指定事件处理函数为：begOrstop(self)。为单击复位按钮指定事件处理函数为：reset(self)。方法stopWatchWork(self)完成秒表计时工作，需每秒运行一次，16.5节的主程序每秒发送一个自定义事件，因此在主程序自定义myEvent事件处理函数myEventFun(event)中必须调用stopWatchWork()方法。StopWatch类定义如下。保存该类的文件是：秒表.Py，和16.13节主界面程序必须在同一文件夹。

```python
from tkinter import Label,Button
class StopWatch():                                                    #StopWatch类定义
    def __init__(self,tabNo):                                         #tabNo为秒表所在卡片ID
        self.label=Label(tabNo,text='00分00秒',font=("仿宋", 40),bg='lightgray')   #用来显示分和秒
        self.label.pack(pady=20)
        self.button=Button(tabNo,text='启动',font=("仿宋",20),command=self.begOrstop)   #左侧按钮
        self.button.pack(side='left',padx=80)
        Button(tabNo,text='复位',font=("仿宋",20),command=self.reset).pack(side='left')   #复位按钮
        self.isStop=True                    #秒表是否暂停，初始不工作暂停
        self.second=0                       #记录秒表时间的秒数
        self.minute=0                       #记录秒表时间的分数
    def stopWatchWork(self):                #秒表运行函数，在主程序自定义事件处理函数中被调用
        if self.isStop:                     #如不允许秒表工作，退出
            return
        self.second+=1                      #如允许秒表工作，秒表的秒数+1
        if self.second==60:                 #60秒进位到分
            self.second=0
            self.minute+=1
        s1=str(self.second)
        if len(s1)==1:                      #如是1位数，前边加0
            s1='0'+s1
        s2=str(self.minute)
```

```
        if len(s2)==1:
            s2='0'+s2
        self.label['text']=s2+'分'+str(s1)+'秒'        #显示秒表时间的分数和秒数
    def begOrstop(self):                              #单击左侧按钮调用的函数
        if self.isStop:                               #如秒表暂停为真，此时左侧按钮标题为启动
            self.isStop=False                         #单击标题为启动按钮，秒表开始计时
            self.button['text']='暂停'                #左侧按钮标题变为：暂停
        else:
            self.isStop=True                          #秒表暂停计时
            self.button['text']='启动'                #左侧按钮标题变为：启动
    def reset(self):                                  #单击标题为重置按钮调用的函数
        self.isStop=True                              #秒表暂停计时
        self.button['text']='启动'                    #左侧按钮标题为：启动
        self.second=0                                 #秒表的时间为：0分0秒
        self.minute=0
        self.label['text']='00分00秒'
```

16.7 定时器程序

定时器的三个界面：（a）是初始运行界面，（b）是正在定时界面，（c）是重置界面。

（a）　　　　　　　　（b）　　　　　　　　（c）

图16-2 定时器的三个界面

定时器和秒表的界面和功能基本类似，主要区别是定时器有一个非0的初值，程序运行后第一次显示01分01秒，即初值为1分1秒。单击标题为启动的按钮，该按钮标题从启动变为暂停，然后每隔1秒所显示时间减1秒，单击标题为暂停按钮，暂停计时，该按钮标题从暂停又变为启动，再次单击标题为启动的按钮，该按钮标题再次从启动变为暂停，每隔1秒所显示时间继续减1秒，当显示的时间为00时00秒，定时器停止定时，并用蜂鸣器报告时间到。因此必须增加修改定时器初值的功能，当单击重置按钮时，定时器停止定时，左侧按钮标题变为启动，显示的分和秒上下各增加1个标题为︿或﹀按钮，共4个按钮，单击︿按钮，秒或分增加，单击﹀按钮，秒或分减少。单击启动按钮，表示修改初值结束，这个初值将被保存，4个标题为︿或﹀的按钮消失，从设置的初值开始定时。每次单击重置按钮，定时器都停止定时，左侧按钮标题变为启动，显示的时间是上次修改后被保存的初值，可以修改这个初值，也可以不修改这个初值，单

击启动按钮，从显示的初值开始定时。

　　用MyTimer类封装了定时器所有功能。请注意，类名称不能和其它模块中的类、函数和变量同名，假如定时器类名称为Timer，在主程序导入定时器的Timer类。在主程序语句from threading import Timer也导入多线程的Timer，两个Timer，一定出错。因此本定时器类名称为MyTimer。MyTimer类定义如下。在__init__(self,tabNo)中，同秒表一样，需创建两个按钮和一个Label组件对象，及3个变量：self.isStop=True、self.second=1和self.minute=1，用途基本相同，还要创建标题为︿或﹀的4个按钮，在设定初值时用来修改初值的分和秒，这4个按钮只有在重置初值时才出现，在定时器工作时不可见，增加变量self.minute0=1和self.second0=1，记录初值的分和秒。除了启动暂停按钮和重置按钮，其它组件的布局采用grid。为所有按钮的单击事件定义事件处理函数。方法timerWork完成定时工作，需每秒运行一次，16.5节的主程序每秒发送一个自定义事件，因此在主程序自定义myEvent事件处理函数myEventFun(event)中必须调用timerWork()方法。MyTimer类定义如下。保存该类的文件是：定时器.Py，和16.13节主界面程序必须在同一文件夹中。

```
from winsound import Beep                                          #为使用蜂鸣器，导入的模块
from tkinter import Label,Button,Frame
class MyTimer():
    def __init__(self,tabNo):                                     #tabNo为定时器所在卡片ID
        self.frame=Frame(tabNo,bg='lightgreen')
        self.frame.pack()                                          #下4句创建2个标题为︿按钮
        self.b1=Button(self.frame,state="disabled",relief='flat',font=("仿宋",15),\
                        bg='lightgreen',command=self.butClick0)   #初始禁用，看不到标题︿
        self.b1.grid(row=0,column=0)
        self.b2=Button(self.frame,state="disabled",relief='flat',font=("仿宋",15),\
                        bg='lightgreen',command=self.butClick1)   #初始禁用，看不到标题︿
        self.b2.grid(row=0,column=1)
        self.label=Label(self.frame,text='01分01秒',font=("仿宋", 40),bg='lightgreen') #用来显示定时器时间
        self.label.grid(row=1,column=0,columnspan=2)             #下4句创建2个标题为﹀按钮
        self.b3=Button(self.frame,state="disabled",relief='flat',font=("仿宋",15),\
                        bg='lightgreen',command=self.butClick2)   #初始禁用，看不到标题﹀
        self.b3.grid(row=2,column=0)
        self.b4=Button(self.frame,state="disabled",relief='flat',font=("仿宋",15),\
                        bg='lightgreen',command=self.butClick3)   #初始禁用，看不到标题﹀
        self.b4.grid(row=2,column=1)
        self.button=Button(tabNo,text='启动',font=("仿宋",20),command=self.begOrstop) #左侧按钮
        self.button.pack(side='left',padx=80)
        Button(tabNo,text='重置',font=("仿宋",20),command=self.reset ).pack(side='left') #复位按钮
        self.isStop=True                                          #定时器是否暂停，初始不工作暂停
```

```
        self.second,self.minute,self.second0,self.minute0=1,1,1,1
    def timerWork(self):                          #定时器运行函数，在主程序自定义事件处理函数中被调用
        if self.isStop :                          #如不允许计时，退出
            return
        if self.minute==0 and self.second==0:     #如定时器时间到，蜂鸣器发声
            self.isStop=True                      #定时器停止工作，下句蜂鸣器发声
            Beep(1000,2000)                       #参数1表示声音大小，参数2表示发声时长(1000=1秒)
            return
        if self.second==0:                        #如秒表的秒数为0，减1必须从秒表的分数借位
            self.second=59                        #秒表的秒数变为59
            self.minute-=1                        #秒表的分数-1
        else:                                     #不需从秒表分数借位
            self.second-=1                        #秒表的秒数-1
        self.showTime(self.second,self.minute)    #显示秒表的时间
    def begOrstop(self):                          #左侧按钮的单击事件处理函数
        self.b1.config(state="disabled",text="") #单击左侧按钮后，标题为︿或﹀按钮禁用，看不到标题
        self.b2.config(state="disabled",text="")
        self.b3.config(state="disabled",text="")
        self.b4.config(state="disabled",text="")
        if self.isStop:                           #如当前定时器暂停为真，此时左侧按钮标题为启动
            self.isStop=False                     #单击标题为启动按钮，定时器开始计时
            self.button['text']='暂停'            #左侧按钮标题变为：暂停
        else:                                     #如当前定时器暂停为假，此时左侧按钮标题为暂停
            self.isStop=True                      #单击标题为暂停按钮，定时器暂停
            self.button['text']='启动'            #左侧按钮标题变为：启动
    def reset(self):                              #单击重置按钮调用的函数
        self.b1.config(state="normal",text="︿")  #单击重置按钮后，标题为︿或﹀按钮可用
        self.b2.config(state="normal",text="︿")
        self.b3.config(state="normal",text="﹀")
        self.b4.config(state="normal",text="﹀")
        self.isStop=True                          #停止定时
        self.button['text']='启动'                #左侧按钮标题变为：启动
        self.second=self.second0                  #显示上次修改后的初值
        self.minute=self.minute0
        self.showTime(self.second0,self.minute0)
    def showTime(self,second,minute):             #在Label类对象显示定时器的时间
        s1=str(second)
        if len(s1)==1:                            #如是1位数，前边加0
```

```
        s1='0'+s1
      s2=str(minute)
      if len(s2)==1:
        s2='0'+s2
      self.label['text']=s2+'分'+s1+'秒'                    #显示时间
  def butClick0(self):                                       #左上角⌃按钮单击事件处理函数
      self.minute0+=1
      if self.minute0==60:                                   #如最大定时时间为999分59秒，如何修改
        self.minute0=0
      self.minute=self.minute0
      self.showTime(self.second0,self.minute0)
  def butClick1(self):                                       #右上角⌃按钮单击事件处理函数
      self.second0+=1
      if self.second0==60:
        self.second0=0
      self.second=self.second0
      self.showTime(self.second0,self.minute0)
  def butClick2(self):                                       #左下角⌄按钮单击事件处理函数
      self.minute0-=1
      if self.minute0==-1:
        self.minute0=59
      self.minute=self.minute0
      self.showTime(self.second0,self.minute0)
  def butClick3(self):                                       #右下角(se)⌄按钮单击事件处理函数
      self.second0-=1
      if self.second0==-1:
        self.second0=59
      self.second=self.second0
      self.showTime(self.second0,self.minute0)
```

16.8 得到日期和时间

　　时钟程序中的闹钟和世界时钟功能，由于定时间隔较长，不能再使用自定义的秒时钟作为基准，因其误差较大，必须使用系统时间。可用Python的time和datetime模块，得到系统的日期和时间。datetime模块使用更加方便，建议使用datetime模块。datetime模块包含date、time、datetime和timedelta类。其中date类用来获得日期，time类用来获得时间。一般不使用date和time类，而用datetime类来获得日期和时间，datetime.now()用来获取当前本地时间，strftime(format)按照 format 要求进行格式化输出；timedelta类主要用于计算时间的跨度，例如定义时间跨度是10小

时：timedelat(hours=10)。更详细的内容可参考有关文档。使用datetime模块例子如下。

```
>>> import datetime
>>> datetime.datetime.now().strftime('%Y年%m月%d日 %H时%M分%S秒')        #得到当前日期和时间字符串
'2022年01月24日 22时56分12秒'
>>> datetime.datetime.now().strftime('%Y年%m月%d日')                    #得到当前日期字符串
'2022年01月24日'
>>> datetime.datetime.now().strftime('%Y')                           #'%Y'为4位年份, '%y'为2位年份
'2022'
>>> datetime.datetime.now().strftime('%H')                           #小时0-23
'22'
>>> datetime.datetime.now().strftime('%M')                           #分钟
'43'
>>> datetime.datetime.now().strftime('%S')                           #秒
'03'
>>> datetime.datetime.now().strftime('%A')                           #完整的英文星期
'Monday'
>>> datetime.datetime.now().strftime('%a')                           #简写的英文星期
'Mon'
>>> datetime.datetime.now().strftime('%w')                           #星期(0-6)，星期天为0
'1'
```

地球是自西向东自转，自转一周需要24小时，东边比西边先看到太阳，东边的早晨、中午和下午等时刻也比西边的早。如果东边与西边两个地点的时差，不仅要考虑小时，还要考虑分和秒，这给时间转换带来不便。为了照顾到各地区的使用方便，又使人们容易将本地的时间换算到其它地方时间，有关国际会议决定将地球表面按经线划为24个区域，称为时区，在某时区内，都使用时区中央经线处的时间作为共同的时间，相邻时区的时间相差1小时，而在同一时区东端和西端的人，看到太阳升起的时间最多相差1小时。当人们跨过一个时区，需将自己的时钟校正1小时，向西减1小时，向东加1小时，跨过几个时区就加或减几小时。这样使用起来就方便多了。国际会议还规定英国格林尼治天文台旧址为0时区，0时区的时间一般称为UTC，向东为东1区到东12区，记为正数，1到12；向西为西1区到西12区，记为负数，-1到-12。

世界时钟功能，要显示世界各城市的日期和时间。首先要确定城市的时区，然后用下列方法得到该城市的日期和时间，该例是得到东8区的日期和时间，其中第3条语句的8是指东8区，如为西时区则为负值。

```
import datetime
utcTime=datetime.datetime.utcnow()                    #得到0时区的日期和时间
localtime=utcTime+datetime.timedelta(hours=8)         #得到东8区的日期和时间
```

```
UTC_FORMAT="%Y年%m月%d日 %H时%M分%S.%fZ秒"          #显示格式
print(localtime.strftime(UTC_FORMAT))              #以指定格式显示东8区的日期和时间
```

16.9 世界时钟程序

世界时钟程序运行界面如图16-3所示。

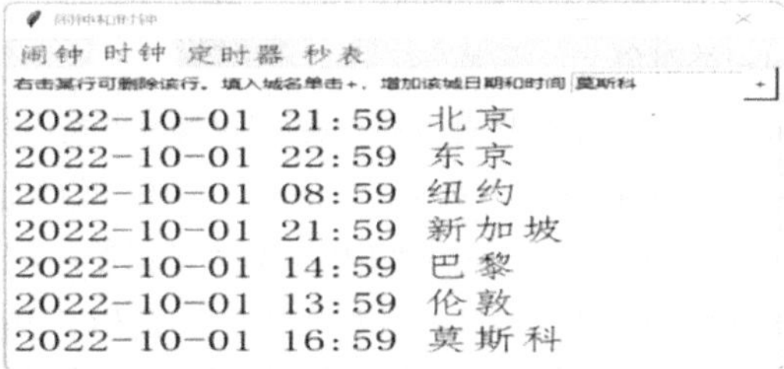

图16-3 世界时钟程序运行界面

世界时钟程序可以显示选定城市的日期和时间。本程序窗体最多水平放置7个Label组件，每个Labe组件显示一个城市的日期和时间。程序运行后，仅显示北京日期和时间。可在文本输入框输入需要显示日期和时间的城市名，单击标题为+的按钮，就创建一个Label类的对象，用来显示所选城市的日期和时间。如不再需要显示某城市日期和时间，右击可删除显示该城市日期和时间的Label组件。用WorldClock类封装了世界时钟所有功能。

方法WorldClockWork用来显示不同时区的城市日期和时间，显示的基本思路是：先得到0时区的日期和时间，再根据城市所在时区，计算该城市的日期和时间，用Label类对象显示该城市日期和时间。因此为了在窗体上用Label组件显示某个城市的时间，必须知道城市名(city)、城市所在时区(TimeZone)和显示该城市日期和时间的Label引用(Label类对象ID)，用字典self.dist0记录这3个数据，格式为，城市名称:[该城市的时区,显示该城市日期时间的Label类对象ID]。在窗体用户区高为300时，最多可同时显示7个不同城市的日期和时间，也就是说，字典self.dist0最多有7项。方法WorldClockWork需每秒运行一次，16.5节的主程序每秒发送一个自定义事件，因此在主程序自定义myEvent事件处理函数myEventFun(event)中必须调用WorldClockWork方法。

方法WorldClockWork用for语句遍历字典所有城市的数据，按照添加城市的顺序，显示每个城市的日期和时间。Python早期版本用for语句遍历字典时，不支持按照增加键值对顺序，遍历所有键值对功能。版本3.7后则支持该功能。如使用版本不支持该功能，可为字典的键建立列表，其顺序按字典增加键值对顺序，用for语句遍历这个列表，从列表取出键，再用键从字典取出键值对，那么取出键值对的顺序就是增加键值对顺序。

为了增加一个城市并显示该城市日期和时间，首先创建字典self.dist，键为城市名，值是该城市对应的时区。然后在窗体右上角添加Entry输入框和标题为+的按钮，Entry输入框用来输入所需增加的城市名称，单击标题为+的按钮，将调用函数cityToTimeZone()，在函数中首先检查输入是否为空，如不为空，以输入的城市名称为键，在字典self.dist中查找该城市的时区。如查到对应的时区，调用函数addCity(城市名,该城时区)，该函数首先创建显示日期和时间的Label类对象，然后在字典self.dist0增加新键值对，该字典格式：{城市名:[时区,显示日期和时间的

LabelID]}，记录在Label上显示新增城市日期和时间的所有数据。

当已不再需要显示某城市日期和时间，可右击在窗体显示的该城市日期和时间的字符串 (Label类对象)。在主程序中，已为右击任意Label类对象绑定事件处理函数showMenu()，在主程序的函数showMenu(event)中，必须调用WorldClock类的showMenu(self,event)方法。该方法中必须检查被右击的Label类对象是不是用来显示某城市日期和时间的Label类对象，如果是，则显示弹出菜单，单击弹出菜单的"删除字符串"菜单项，调用"删除字符串"菜单项的事件处理函数 delLabel，该函数先找到被单击Label类对象中的城市名，删除字典self.dist0中键为该城市名的键值对，再删除被右击的Label类对象。

在showMenu(self,event)方法中，必须检查被右击的Label类对象是不是用来显示某城市日期和时间的Label类对象。必须将被右击Label类对象ID(event.widget)，赋值给 self.labID，以便右击弹出菜单的"删除字符串"菜单项的事件处理函数delLabel()中可以使用self.labID。字典self.dist0[城市名键][1]是用来显示某城市日期和时间的Label类对象ID，因此可用for循环语句，从字典self.dist0逐一取出这个Label类对象ID，和self.labID进行比较，如果相等，说明右击的Label类对象是用来显示某城市日期和时间的Label类对象，可显示弹出菜单；如果没有一个相等，则是右击了其它Label类对象，不显示弹出菜单。

为了实现模块化设计，将世界时钟的所有功能封装到WorldClock类中。保存该类的文件是：世界时钟.py，和16.13节主界面程序必须在同一文件夹中。该类定义如下。

```python
import datetime                  #导入处理日期和时间的模块
from tkinter import Label,Button,Frame,Menu,Entry
class WorldClock():              #类定义，注意类名不能和其它模块中的类、函数和变量同名
    def __init__(self,tabNo):    #tabNo为世界时钟所在主窗体的卡片ID
        self.tabNo=tabNo
        self.dist0={}            #该字典格式，{城市名:[时区,显示日期和时间的LabelID]}
        self.dist={'北京':8,'伦敦':0,'巴黎':1,'伊斯坦布尔':2,'莫斯科':3,'阿布扎比':4,\
            '新德里':5,'仰光':6,'曼谷':7,'新加坡':8,'东京':9,'墨尔本':10,\
            '惠灵顿':12,'圣地亚哥':-4,'纽约':-5,'芝加哥':-6,'温哥华':-8,'檀香山':-10}  #字典格式，城市名:时区
        self.frame=Frame(tabNo,bg='lightyellow')
        self.frame.pack(fill='x')
        s='右击某行可删除该行。填入城市名单击+,增加该城市日期和时间'              #提示信息字符串
        self.label1=Label(self.frame,text=s,bg='lightyellow')
        self.label1.pack(side='left')                                        #下句增加标题为+按钮
        Button(self.frame,text='+',bg='lightyellow',command=self.cityToTimeZone).pack(side='right')
        self.e1=Entry(self.frame,width=14)                                   #用来输入城市名
        self.e1.pack(side='right')
        self.addCity('北京',8)                                               #初始增加北京日期时间
        self.menubar=Menu(tabNo,tearoff=0)                                   #右击弹出菜单
        self.menubar.add_command(label="删除", command=self.delLabel)        #右击弹出菜单的菜单项：删除
```

```
    self.labID=None                              #用来从showMenu方法向delLabel方法传递Label类ID
def WorldClockWork(self):                        #世界时钟运行函数,主程序自定义事件处理函数调用该函数
    UTC_FORMAT="%Y-%m-%d %H:%M "                  #定义显示日期和时间的格式字符串
    utcTime=datetime.datetime.utcnow()           #得到0时区的日期和时间
    for key,value in self.dist0.items():             #从字典dist0得到键(城市名),值([时区号,Label类ID])
        localtime=utcTime+datetime.timedelta(hours=value[0])          #计算指定时区日期和时间
        value[1]['text']=localtime.strftime(UTC_FORMAT)+key          #显示日期、时间和城市名
def addCity(self,city,timezone):                                 #增加要显示日期和时间的新城市
    if len(self.dist0)==7:                                       #最多显示7个城市日期和时间
        self.label1['text']='最多显示7个城市日期和时间'
        return
    if city in self.dist0:                                       #不能增加重复城市
        self.label1['text']='不能增加重复城市'
        return
    self.label=Label(self.tabNo,font=("仿宋", 20),bg='lightyellow')          #创建显示日期时间的Label类对象
    self.label.pack(anchor='w')
    self.dist0[city]=[timezone,self.label]          #增加字典新项,城市名:[时区, Label类ID]
def cityToTimeZone(self):                                        #标题为+号按钮的事件处理函数,从输入城市名得到时区号
    self.label1['text']='右击某行可删除该行。填入城市名单击+,增加该城市日期和时间'
    s=self.e1.get()                              #得到输入城市名
    if s=='':
        self.label1['text']='城市名不能为空'
        return
    if s in self.dist:                           #如果字典中有该城市的时区号
        self.addCity(s,self.dist[s])             #增加要显示日期和时间的新城市
    else:
        self.label1['text']='未发现'+s+'所在时区'
def showMenu(self,event):                        #主程序showMenu函数将调用该showMenu方法
    self.labID=event.widget                      #被右击Label类对象ID,将传递给delLabel方法
    for value in self.dist0.values():            #从字典逐一取出值,value[1]是用于显示的Label类ID
        if self.labID==value[1]:  #两个Label类对象ID相等,表示右击了显示城市日期时间的Label类ID
            self.menubar.post(event.x_root, event.y_root)          #显示弹出菜单,然后退出循环
            break                                #如在循环中,没发现相等的Label类对象ID,不显示弹出菜单
def delLabel(self):                              #弹出菜单的删除菜单项事件处理函数
    s=self.labID['text']                         #用从showMenu()传来的self.labID,得到Label显示的字符串
    s1=s.split()[-1]                             #用空格分割字符串,取最后一项,为城市名
    del self.dist0[s1]                           #从字典self.dist0中删除指定城市名为键的键值对
    self.labID.destroy()                         #删除被右击Label类对象
```

16.10 自定义模式和非模式对话框

在图形界面程序设计中，经常用到两种对话框：模式对话框和非模式对话框。从主窗体打开模式对话框，不关闭模式对话框，就不能操作主窗体，这是因为系统只把事件发送到模式对话框，不再发送事件到主窗体。例如，常用的登录和注册对话框就是模式对话框。从主窗体打开非模式对话框后，不关闭对话框，还能操作主窗体。例如文本编辑器的查找和替换对话框就是非模式对话框，查找一般从光标处开始，如完成查找后，不关闭查找对话框，希望从开始再查找一次，非模式对话框允许在主窗体将光标移到开始处。

python tkinter提供了多个模式对话框模块：messagebox模块包括消息、警告、错误和问题等模式对话框；filedialog模块包括若干有关文件的模式对话框；colorchooser模块包括选择颜色的模式对话框；simpledialog模块包括用来输入整数、浮点数或字符串的模式对话框。但这些只是一些通用对话框，通用对话框并不能满足一些应用的特殊需求，例如登录和注册对话框，它需要输入用户名和密码，并要对输入的数据格式做检查，例如检查注册时密码是否满足指定字符数，是否同时包括数字和字符，用户名是否唯一等；登录时要确定密码是否正确，不正确要求重新输入。对这些有特殊要求的对话框，要使用Toplevel类生成自定义对话框。Toplevel类可以在主窗体外创建一个独立的窗体，它和用Tk()方法创建的主窗体一样有标题栏、边框等部件，有相似的方法和属性。在Toplevel窗体中，能像主窗体一样可放入Button、Labe和Entry等组件。Toplevel窗体和主窗体可以互相使用对方的变量和方法。一般用于创建自定义模式和非模式对话框。用Toplevel类创建的对话框默认是非模式对话框。Toplevel类方法grab_set()可将创建的对话框变为模式对话框，变为模式对话框后，对话框将总在主窗体前边。

下边是使用模式对话框的例子。在主窗体，放置一个Label组件，初始显示：初始字符，再放置一个标题为"打开模式对话框"的按钮，单击该按钮，将打开模式对话框。打开模式对话框后，就不能再操作主窗体，例如关闭主窗体，或单击主窗体按钮，再打开一个新的模式对话框。在模式对话框中放置一个Entry组件，用来输入字符和一个标题为"确定"的按钮。当在模式对话框用Entry组件输入字符后，单击模式对话框中确定按钮，关闭模式对话框，主窗体的Label组件将显示刚才用Entry组件输入的字符。完整程序如下。

```
import tkinter as tk
def openDialog():                        #单击标题为"打开模式对话框"按钮的事件处理函数
    global f1,e1                         #在Toplevel窗体和主窗体可以互相使用对方的变量和方法
    f1=tk.Toplevel(root)                 #用Toplevel类创建独立主窗体的新窗体，默认为非模式对话框
    f1.grab_set()                        #将f1设置为模式对话框，f1不关闭，无法操作主窗体
    e1=tk.Entry(f1)                      #在e1中输入字符，单击确定按钮将数据显示在主窗体label1
    e1.pack()
    b1=tk.Button(f1,text='确定',command=showInput).pack()    #单击该按钮将调用函数showInput()
def showInput():                         #在此函数中，可检查数据格式是否正确
    label1['text']=e1.get()              #用主窗体Label类对象显示e1输入数据
    f1.destroy()                         #关闭对话框
```

```
root = tk.Tk()
root.geometry('200x200+50+50')
label1=tk.Label(root,text='初始字符')
label1.pack()
tk.Button(root, text="打开模式对话框", command=openDialog).pack()
root.mainloop()
```

　　非模式对话框可以在主窗体前边，也可能在后边，决定于谁获得焦点(例如被鼠标点击可获得焦点)。在使用非模式对话框时，有时希望非模式对话框总在主窗体的前边，例如文本编辑器的查找和替换对话框，用f1.transient(root)语句使f1总是在父窗体前边，如父窗体最小化，f1被隐藏。注意模式对话框不用使用这条语句，模式对话框总在主窗体前边。

　　用tkinter的Toplevel类创建并打开非模式对话框后，一般不允许再打开第2个相同的非模式对话框。实现该功能的思路是：如用单击菜单项或按钮创建并打开非模式对话框，当非模式对话框被打开，菜单项或按钮应变为不能用；当非模式对话框被关闭，菜单项或按钮要变为可用。单击对话框右上角X按钮，默认调用Toplevel类定义的关闭对话框方法，该方法没有使菜单项或按钮重新变为可用的语句，因此必须令单击Toplevel窗体右上角X按钮执行自己编写的关闭窗体函数，使菜单项或按钮重新变为可用。

　　修改上例，单击"打开非模式对话框"按钮，打开一个非模式对话框，主窗体"打开非模式对话框"按钮变为不能用，避免打开第2个相同非模式对话框。可以在非模式对话框中用Entry组件输入数据。单击非模式对话框标题为确定按钮，使主窗体Label组件显示在非模式对话框中用Entry组件输入的字符，主窗体按钮变为可用后，再关闭对话框；如单击非模式对话框右上角的X按钮，主窗体Label组件显示不变，主窗体按钮变为可用后，再关闭非模式对话框。关闭主窗体，非模式对话框也同时关闭。完整程序如下。

```
import tkinter as tk
def openDialog():                #单击标题为"打开非模式对话框"按钮的事件处理函数
    global f1,e1                 #在Toplevel窗口和主窗口可以互相使用对方的变量和方法
    b['state']='disabled'        #打开非模式对话框，b按钮不能用，避免打开第2个非模式对话框
    f1 = tk.Toplevel(root)       #用Toplevel类创建非模式对话框，独立主窗口的新窗口
    f1.protocol("WM_DELETE_WINDOW",closeDialog)    #使单击f1窗体X按钮，调用closeDialog()
    f1.transient(root)           #使f1总是在父窗口前边，父窗口最小化，f1被隐藏。模式对话框不需要
    e1=tk.Entry(f1)              #可在e1中输入数据，单击确定按钮，数据显示在主窗口label1上
    e1.pack()
    b1 = tk.Button(f1,text='确定',command=showInput).pack()
def closeDialog():               #单击f1窗体X按钮调用的函数，使b按钮可用后，再关闭对话框
    b['state']='normal'          #使b按钮可用
    f1.destroy()                 #关闭对话框
def showInput():                 #单击标题为"确定"按钮，调用函数
```

```
    label1['text']=e1.get()              #在主窗体label1组件上显示e1中输入的数据后
    closeDialog()                        #调用closeDialog()，使b按钮可用后，关闭对话框
root = tk.Tk()
root.geometry('200x100')
label1=tk.Label(root,text='初始字符')
label1.pack()
b=tk.Button(root,text='打开非模式对话框',command=openDialog)
b.pack()
root.mainloop()
```

16.11 用对话框选定响铃时间和周几响铃

下边开始设计闹钟程序。首先必须选定闹钟响铃时间，以及在一周中星期几响铃。开始不准备使用对话框，希望像定时器程序那样，在闹钟界面直接修改。这样设定一周中星期几响铃，就需要7个多选按钮。闹钟程序允许增加多个闹钟，每增加一个闹钟，就增加7个多选按钮，显然不合理。因此决定用对话框为每个闹钟选定闹钟响铃时间，以及在一周中星期几响铃。选定后用两个Label组件显示所选的闹钟响铃时间和一周中响铃的日期。本闹钟程序使用模式对话框设置闹钟数据。当在闹钟界面，右击字符串打开设置闹钟数据模式对话框后，系统不再给主窗体发送事件，使用者将无法操作主界面，只能看到闹钟界面，不能单击卡片标签，查看秒表、定时器和世界时钟的界面，不能右击字符串弹出菜单，也就不会打开第2个设置闹钟数据模式对话框。请读者注意，模式对话框是在主线程中运行的，仅使同在主线程运行的主窗体接收不到事件。但在主线程打开模式对话框，并不会影响子线程每秒发出自定义事件，因此每秒能正常调用自定义事件处理函数，使秒表、定时器、世界时钟和闹钟正常工作。当然，也可以使用非模式对话框设置闹钟数据，如果使用非模式对话框，必须采取措施，保证不会同时打开2个设置闹钟数据非模式对话框。请读者试一试。

将设定闹钟响铃时间以及设定一周中星期几响铃这些功能，封装到EditAlarm类中。设定闹钟响铃的时间，采用24小时制，用Label组件显示闹钟响铃时间的时和分，在显示的时和分上下各增加1个按钮，标题为⌃或⌄，共计4个按钮，用来增加和减少响铃时间的时和分的数值。设定一周中星期几响铃，用7个多选按钮。多选按钮使用参见11.5节。在闹钟程序中，也要使用这个类。

在模式对话框中，要创建EditAlarm类对象，在该对话框中将出现设定响铃时间和设定周几响铃界面。还要在模式对话框中增加两个按钮，标题分别为：保存、忽略。保存就是得到模式对话框修改的数据。忽略，就是不采用模式对话框修改的数据。模式对话框的界面，见下节三个图形的中间那个图形。

为了验证EditAlarm类，在主窗体中增加按钮，标题是打开模式对话框，用来打开设定闹钟时间和周几响铃的模式对话框，打开模式对话框方法和前边例子相同。关闭模式对话框后，在主窗体用两个Label组件显示设定的闹钟响铃时间，以及在一周中星期几响铃。完整程序如下。

```python
from tkinter import Label,Button,Frame,Toplevel,Checkbutton,IntVar,Tk
class EditAlarm():
    def __init__(self,dlgID):                                              #这里dlgID是模式对话框ID
        frame=Frame(dlgID)
        frame.pack(pady=10)
        Button(frame,text='︿',relief='flat',font=("仿宋",15),command=self.butClick0).grid(row=0,column=0)
        Button(frame,text='︿',relief='flat',font=("仿宋",15),command=self.butClick1).grid(row=0,column=1)
        self.label=Label(frame,text='12时30分',font=("仿宋",40))            #用来显示响铃时间的时和分
        self.label.grid(row=1,column=0,columnspan=2)
        Button(frame,text='﹀',relief='flat',font=("仿宋",15),command=self.butClick2).grid(row=2,column=0)
        Button(frame,text='﹀',relief='flat',font=("仿宋",15),command=self.butClick3).grid(row=2,column=1)
        Label(dlgID,text='都不选，只响铃1次',font=("仿宋",12)).pack(side='top')        #提示信息
        frame2=Frame(dlgID)
        frame2.pack()
        weeks=['周日','周1','周2','周3','周4','周5','周6']
        self.intVars=[]
        for week in weeks:                        #创建设定一周中星期几响铃的7个多选按钮
            self.intVars.append(IntVar())
            Checkbutton(frame2,text=week,variable=self.intVars[-1],font=("仿宋",12)).pack(side='left')
        self.hour,self.minute=12,30               #两个变量记录设定时间的时和分，初始值为12时30分
    def showTime(self,hour,minute):               #每次修改时间的时或分，要更新在Label上显示的时间
        s1=str(hour)
        if len(s1)==1:                            #如是1位数，前边加0
            s1='0'+s1
        s2=str(minute)
        if len(s2)==1:
            s2='0'+s2
        self.label['text']=s1+'时'+s2+'分'         #显示时间
    def butClick0(self):                          #左上角︿按钮单击事件处理函数
        self.hour+=1                              #小时+1，0-23循环
        if self.hour==24:
            self.hour=0
        self.showTime(self.hour,self.minute)
    def butClick1(self):                          #右上角︿按钮单击事件处理函数
        self.minute+=1                            #分+1，0-59循环
        if self.minute==60:
            self.minute=0
        self.showTime(self.hour,self.minute)
```

```python
    def butClick2(self):                     #左下角⌄按钮单击事件处理函数
        self.hour-=1                         #小时-1，0-23循环
        if self.hour==-1:
            self.hour=23
        self.showTime(self.hour,self.minute)
    def butClick3(self):                     #右下角⌄按钮单击事件处理函数
        self.minute-=1                       #分-1，0-59循环
        if self.minute==-1:
            self.minute=59
        self.showTime(self.hour,self.minute)
    def getData(self):                       #得到设定的闹钟响铃时间，以及一周中星期几响铃
        v1=[]                                #列表记录周几响铃，顺序从周日到周六，1响铃，0不响铃
        for n in self.intVars:
            v1.append(n.get())
        return [self.hour,self.minute,v1]
def openDialog():                            #主窗体'打开模式对话框'按钮单击事件处理函数
    global f1,ed1
    f1=Toplevel(root)                        #用Toplevel类创建独立主窗体的新窗体
    f1.grab_set()                            #使f1为模式对话框
    f1.geometry('400x300+200+200')
    ed1=EditAlarm(f1)                        #在对话框f1上创建EditAlarm类对象
    Button(f1,text='保存',command=getData,font=("仿宋",20)).pack(side='left',padx=80)      #创建保存按钮
    Button(f1,text='忽略',command=closeDialog,font=("仿宋",20)).pack(side='left')           #创建忽略按钮
def getData():                               #保存按钮单击事件处理函数
    global f1,ed1
    d=ed1.getData()                          #返回列表d，d[0]和d[1]是闹钟响铃时和分，d[2]为列表记录周几响铃
    label1['text']=str(d[0])+'时'+str(d[1])+'分'
    if 1 in d[2]:                            #周几响铃列表d[2]，顺序为周日到周六，1响铃，0不响铃，都为0，仅响铃1次
        s=''
        weeks=['周日 ','周1 ','周2 ','周3 ','周4 ','周5 ','周6 ']        #注意顺序
        for n in range(7):                   #多选按钮使用参见11.5节
            if d[2][n]==1:
                s+=weeks[n]
        label2['text']=s
    else:
        label2['text']='仅响铃1次'
    f1.destroy()                             #关闭非模式对话框
def closeDialog():                           #该函数关闭非模式对话框f1
```

```
    f1.destroy()              #关闭非模式对话框f1
root =Tk()
root.geometry('450x300+200+200')
label1=Label(root,text='显示设定时间',font=("仿宋", 30))
label1.pack()
label2=Label(root,text='显示每周星期几响铃',font=("仿宋", 15))
label2.pack()
b=Button(root,text='打开模式对话框',command=openDialog)
b.pack()
root.mainloop()
```

16.12　闹钟程序

闹钟程序运行的界面如图16-4所示。

（a）　　　　　　　　　　　（b）　　　　　　　　　　　（c）

图16-4　闹钟程序运行的界面

闹钟程序开始没有闹钟。左上侧有提示信息：右击时间打开菜单。时间为红色，闹钟打开，黑色关闭。右上角有一个按钮，标题为：增加闹钟。单击该按钮，增加一个闹钟。图16-4（a）增加了4个闹钟，初始响铃时间都是：12时30分，从周一到周日每天都响铃。最多增加4个闹钟。右击闹钟的时间字符串，出现弹出菜单，弹出菜单有4个菜单项：删除闹钟、编辑闹钟、打开闹钟和关闭闹钟。之所以采用右击字符串弹出菜单方法，是因为通过右击闹钟时间字符串，确定要操作那个闹钟。图16-4（b）是单击"编辑闹钟"菜单项，打开的模式对话框用来修改闹钟响铃时间以及每星期周几响铃。图16-4（c）是运行界面，删除了第4个闹钟，修改了响铃时间和每周哪几天响铃。

所有闹钟功能被封装到2个类中：AlarmClock(闹钟)类、EditAlarm类。单击"增加闹钟"按钮，将调用闹钟类addAlarm方法增加一个闹钟。一个闹钟有如下数据：显示响铃时间的Label类对象ID、显示每星期周几响铃的Label类对象ID、响铃的时数、响铃的分数、闹钟是否工作和列表[0,1,1,1,1,1,0]，该列表记录每星期从周日、周一……到周六，哪天允许响铃，1表示允许响铃，0表示不允许响铃，都为0仅响铃一次。用列表记录一个闹钟的这些数据，记录所有闹钟数据的列表self.list1最多有4项，每一项都是不同闹钟的数据列表。

增加的闹钟还不能使用，必须将闹钟响铃时间修改为所希望的时间，并指定每星期周几允许响铃，还要将显示的字符串变为红色，闹钟才开始工作。为完成上述工作，用鼠标右击显示响铃时间的字符串，或右击显示每星期周几响铃的字符串，显示弹出菜单，单击弹出菜单的菜单项，完成上述工作。在主程序中，已为右击任意Label类对象绑定事件处理函数showMenu，该函数必须调用闹钟类showMenu(self,event)方法。闹钟类这个方法将逐一取出列表self.list1的所有元素，每个元素都是记录闹钟数据的列表，闹钟数据列表第0个元素是闹钟显示闹钟响铃时间的Label类对象ID，第1个元素是显示每星期周几响铃的Label类对象ID。如这两个ID中任意一个和被右击Label类对象ID相等，将self.list1列表这个元素索引(闹钟编号)赋值给self.ItemNo属性，弹出菜单的每个菜单项根据self.ItemNo属性去处理指定闹钟，然后显示弹出菜单。弹出菜单有4个菜单项：删除闹钟、编辑闹钟、打开闹钟和关闭闹钟。单击不同菜单项，完成不同的工作。例如单击"删除闹钟"菜单项，调用闹钟类delAlarm()方法，先删除该闹钟用来显示响铃时间的Label类对象，再删除该闹钟用来显示某闹钟每星期周几响铃的Label类对象，最后从记录所有闹钟数据的列表self.list1中，删除该闹钟数据。单击"打开闹钟"和"关闭闹钟"菜单项，工作过程类似。单击"编辑闹钟"菜单项，将会打开一个模式对话框，用来设定响铃时间，以及设定每星期周几响铃，请参考上节内容。如已打开设定响铃时间和每星期周几响铃的模式对话框，将不允许操作主窗体，当然也不会响应鼠标右击字符串事件，也就不会打开第2个设定响铃时间和每星期周几响铃的模式对话框。

闹钟类alarmClockwork()方法实现闹钟功能，需每秒运行一次。16.5节的主程序每秒发送一个自定义事件，因此在主程序自定义myEvent事件处理函数myEventFun(event)必须调用闹钟类alarmClockwork()方法。alarmClockwork()方法首先得到当前本地时间，包括时、分、秒，星期几。然后逐一检查每个闹钟是否打开，如打开，用当前本地时间的时和分与响铃时间比较，如相同，再查看当前是周几，是否允许响铃，如允许就响铃，响铃1秒钟。当下一秒，alarmClockwork()方法再次被调用，响铃条件仍然满足，又将响铃1秒，如此循环，将使蜂鸣器连续响铃1分钟，这是不允许的。解决方法是，在响铃条件中增加秒数为某值响铃，例如为3秒响铃1秒，响铃完成，到第4秒alarmClockwork()方法再次被调用，响铃条件不再满足，做到只响铃一次。如仅响铃一次，关闭闹钟。完整闹钟程序如下。保存该程序的文件是：闹钟.Py，和16.5节主界面程序必须在同一文件夹中。

```python
from winsound import Beep        #导入蜂鸣器模块
import datetime                  #处理日期和时间的模块
from tkinter import Label,Button,Frame,Menu,Toplevel,Checkbutton,IntVar
class AlarmClock():               #闹钟类定义
    def __init__(self,tabNo):     #tabNo为闹钟选项卡ID
        self.tabNo=tabNo
        frame=Frame(tabNo,bg='lightblue')
        frame.pack(fill='x')
        self.label1=Label(frame,text='右击时间打开菜单。时间为红色闹钟打开，黑色关闭',bg='lightblue')
        self.label1.pack(side='left')
```

```
    Button(frame,text='增加闹钟',bg='lightblue',command=self.addAlarm).pack(side='right')
    self.menubar=Menu(tabNo,tearoff=0)        #创建弹出菜单，以下4条语句为弹出菜单增加4个菜单项
    self.menubar.add_command(label="删除闹钟", command=self.delAlarm)        #为菜单项指定事件函数
    self.menubar.add_command(label="编辑闹钟", command=self.editAlarm)
    self.menubar.add_command(label="打开闹钟", command=self.openAlarm)
    self.menubar.add_command(label="关闭闹钟", command=self.closeAlarm)
    self.list1=[]              #该列表项记录某闹钟所有数据，列表项格式见addAlarm方法中注释
    self.ItemNo=None           #从showMenu()向弹出菜单的菜单项事件处理函数传递list1索引(闹钟编号)
def alarmClockwork(self):    #完成闹钟工作的函数。主程序自定义事件处理函数调用该函数
    hour=int(datetime.datetime.now().strftime('%H'))          #得到当前时间的时
    minute=int(datetime.datetime.now().strftime('%M'))        #得到当前时间的分
    second=int(datetime.datetime.now().strftime('%S'))        #得到当前时间的秒，为保证只响铃1次
    weekNo=int(datetime.datetime.now().strftime('%w'))        #得到当前星期(0-6)，星期天为0
    for n in range(len(self.list1)):                          #取出记录闹钟数据的列表各项的项号
        if self.list1[n][4]==0:                               #如为0该闹钟未打开，检查下一个闹钟
            continue
        if self.list1[n][2]==hour and self.list1[n][3]==minute and second==3:  #时:分正确，第3秒响铃1次
            if self.list1[n][5][weekNo]==1:                   #weekNo这天允许响铃，才响铃
                Beep(1000,2000)                               #参数1为声音大小，参数2为响铃时长，1000=1秒
            else:                                             #星期不正确，检查是否只响铃1次
                if 1 in self.list1[n][5]:                     #星期几列表不全为0，不是只响铃1次
                    break
                else:                                         #到此，星期几列表全为0，只响铃1次
                    Beep(1000,2000)
                    self.list1[n][4]=0                        #一周每天都未选，响铃1次后，关掉这个闹钟
                    self.list1[n][0]['fg']='black'            #显示闹钟时间的字符串变黑色
def addAlarm(self):                                  #增加一个闹钟
    self.label1['text']='右击时间打开菜单。时间为红色闹钟打开，黑色关闭'    #提示信息
    if len(self.list1)==4:       #最多有4个闹钟
        self.label1['text']='最多有4个闹钟'
        return                   #下句创建Label类对象显示闹钟设定时间字符串
    label=Label(self.tabNo,text='12时30分',font=("仿宋", 20),bg='lightblue')    #初始时间为：12时30分
    label.pack(anchor='w')   #下句创建Label类对象显示闹钟周几工作字符串，初始都是工作日
    label0=Label(self.tabNo,text='周日 周1 周2 周3 周4 周5 周6', font=("仿宋", 12),bg='lightblue')
    label0.pack(anchor='w')
    list0=[label,label0,12,30,0,[1,1,1,1,1,1,1]]        #列表list0格式: [显示时间labelID，  (转下行)
    self.list1.append(list0)     #显示周几闹铃labelID, 时，分，0或1(1闹钟工作)，[闹钟周几工作(1工作)]]
def showMenu(self,event):    #右击任一Label类对象的事件处理函数
```

```python
        if len(self.list1)==0:                              #如无闹钟可编辑，不显示弹出菜单，退出
            return
        labID=event.widget                                  #labID是右击Label类对象ID，可能右击了任何Label类对象
        for i in range(len(self.list1)):                    #i=0、1、2、3，list1[i]是记录第i个闹钟所有数据的列表
            if labID in self.list1[i]:                      #条件成立，表示右击了显示闹钟时间的Label或周几响铃的Label
                self.menubar.post(event.x_root, event.y_root)       #显示弹出菜单
                self.ItemNo=i                               #保存这个列表的元素索引(闹钟编号)到self.ItemNo
    def delAlarm(self):                                     #单击"删除闹钟"菜单项的事件处理函数
        self.list1[self.ItemNo][0].destroy()                #删除该闹钟显示时间的Label类对象
        self.list1[self.ItemNo][1].destroy()                #删除该闹钟显示周几响铃的Label类对象
        del self.list1[self.ItemNo]                          #在列表list中删除记录该闹钟数据的列表元素
    def openAlarm(self):                                    #单击"打开闹钟"菜单项的事件处理函数
        self.list1[self.ItemNo][0]['fg']='red'              #闹钟显示时间的Label对象的字符串变红色
        self.list1[self.ItemNo][4]=1                        #记录该闹钟数据的列表的第4个元素=1，表示该闹钟被打开
    def closeAlarm(self):                                   #单击"关闭闹钟"菜单项的事件处理函数
        self.list1[self.ItemNo][0]['fg']='black'            #闹钟显示时间的Label对象的字符串变黑色
        self.list1[self.ItemNo][4]=0                        #记录该闹钟数据的列表的第4个元素=0，表示该闹钟被关闭
    def editAlarm(self):                                    #单击"编辑闹钟"菜单项，打开模式对话框，选定闹钟时间和周几响铃
        self.f1=Toplevel(self.tabNo)                        #用Toplevel类创建独立主窗体的新窗体，默认为非模式对话框
        self.f1.grab_set()                                  #将创建的非模式对话框变为模式对话框
        self.f1.title('修改闹钟数据')                         #设置窗体标题
        self.f1.geometry('400x300+200+200')
        self.ed1=EditAlarm(self.f1)
        Button(self.f1,text='保存',font=("仿宋",20),command=self.saveData).pack(side='left',padx=80)
        Button(self.f1,text='忽略',font=("仿宋",20),command=self.cancel).pack(side='left')
    def saveData(self):                                    #保存按钮单击事件处理函数
        d=self.ed1.getData()                                #返回列表[设定时，设定分，周几响铃列表]
        self.list1[self.ItemNo][0]['text']=str(d[0])+'时'+str(d[1])+'分'
        self.list1[self.ItemNo][2]=d[0]                     #d[0]为设定时间的时
        self.list1[self.ItemNo][3]=d[1]                     #d[1]为设定时间的分
        self.list1[self.ItemNo][5]=d[2]                     #d[2]周几响铃列表，从周日到周6，1响铃，0不响铃
        if 1 in d[2]:                                        #如果列表项不全为0，在1周中一定某天响铃，否则仅响铃1次
            s=''
            weeks=['周日 ','周1 ','周2 ','周3 ','周4 ','周5 ','周6 ']     #注意顺序，周日在最前边
            for n in range(7):                              #查找1周中哪天响铃
                if d[2][n]==1:
                    s+=weeks[n]
            self.list1[self.ItemNo][1]['text']=s            #用Label显示1周中哪天响铃
```

```
        else:
            self.list1[self.ItemNo][1]['text']='仅响铃1次'
        self.f1.destroy()                    #关闭非模式对话框
    def cancel(self):
        self.f1.destroy()
class EditAlarm():                           #类定义
…                                            #略去代码，见上节同名类定义，并拷贝到这里才能使用
```

16.13　完整主程序

本章时钟程序的主程序在：e16_13_1程序主界面.py中。完整程序如下。

```
from threading import Timer
import time
from tkinter import Tk,Label,Frame,ttk        #要装载tkinter.ttk模块
from 秒表 import StopWatch                      #导入4个自定义模块
from 定时器 import MyTimer
from 世界时钟 import WorldClock
from 闹钟 import AlarmClock
def run():                                      #在子线程中运行的函数
    global isTime
    while isTime:                               #isTime=False，使子线程结束
        root.event_generate('<<myEvent>>')      #发送自定义事件myEvent
        time.sleep(1)                           #睡眠1秒保证每秒发一次事件
def myEventFun(event):                          #自定义事件myEvent事件处理函数
    sec.stopWatchWork()                         #调用秒表类函数，实现秒表功能
    myTimer.timerWork()                         #调用定时器类函数，实现定时器功能
    worldClock.WorldClockWork()                 #调用世界时钟类函数，实现其功能
    alarmClock.alarmClockwork()                 #调用闹钟类函数，实现闹钟功能
def closeRoot():                                #关闭主窗体事件处理函数
    global isTime
    isTime=False                                #使子线程结束后关闭主窗体，避免出错
    root.destroy()                              #关闭主窗体
def showMenu(event):                            #右击任意Label类对象事件处理函数
    alarmClock.showMenu(event)                  #调用闹钟的显示弹出菜单函数
    worldClock.showMenu(event)                  #调用世界时钟的显示弹出菜单函数
root=Tk()                                       #创建主窗口对象
root.title('时钟')                              #设置窗口标题
```

```
root.geometry('450x300+200+200')
root.resizable(width=False,height=False)      #主窗体宽和高都不可变
root.bind("<<myEvent>>",myEventFun)           #将自定义事件和事件处理函数绑定
root.protocol("WM_DELETE_WINDOW",closeRoot)   #绑定关闭主窗体事件的事件处理函数
root.bind_class('Label',"<Button-3>",showMenu)  #为右击任意Label类对象绑定事件处理函数showMenu
isTime=True                                   #在子线程中运行的函数run使用的变量
ttk.Style().configure(".", font=("仿宋", 15)) #所有ttk组件的字符串使用的字体及大小
tabControl = ttk.Notebook(root)               #创建Notebook类对象
tab1 = Frame(tabControl,bg='lightblue')       #增加卡片
tabControl.add(tab1, text='闹钟')             #在Notebook增加闹钟卡片
tab2 = Frame(tabControl,bg='lightyellow')
tabControl.add(tab2, text='时钟')             #在Notebook增加时钟卡片
tab3 = Frame(tabControl,bg='lightgreen')
tabControl.add(tab3, text='定时器')           #在Notebook增加定时器卡片
tab4 = Frame(tabControl,bg='lightgray')
tabControl.pack(expand=1, fill="both")
tabControl.add(tab4, text='秒表')             #在Notebook增加秒表卡片
tabControl.select(tab1)                       #初始选择tab1
sec=StopWatch(tab4)                           #创建StopWatch(秒表)类对象
myTimer=MyTimer(tab3)                         #创建MyTimer(定时器)类对象
worldClock=WorldClock(tab2)                   #创建WorldClock (世界时钟)类对象
alarmClock=AlarmClock(tab1)                   #创建AlarmClock (闹钟)类对象
t=Timer(1,run)                                #创建Timer类对象，启动子线程1秒后，函数run在子线程中运行
t.start()                                     #启动子线程
root.mainloop()
```

16.14 时钟程序的组织结构

　　前边共创建了5个类：StopWatch类在秒表.py文件中，MyTimer类在定时器.py文件中，WorldClock类在世界时钟.py文件中，AlarmClock类和EditAlarm类在闹钟.py文件中。主程序是：e16_13_1程序主界面.py。这5个文件必须放到同一文件夹中，共同组成完整的时钟程序。当用鼠标双击文件名：e16_13_1程序主界面，将打开这个时钟程序，其界面是用ttk.Notebook 组件组成的4个卡片，某时刻只能看到一个卡片，4个卡片分别用来放置秒表、定时器、闹钟和世界时钟的界面。每个窗体都有卡片标签，名称分别是：秒表、定时器、闹钟和世界时钟。单击卡片标签，可看到对应的程序界面。

　　因为时钟程序包括秒表、定时器、世界时钟和闹钟4个相对独立的功能块，如分给4人独立开发，采用这种组织结构，能方便每个人独立开发自己的程序，每人只使用主程序和自己的模块，并不使用其他人编写的模块。多人开发程序这样做是合理的。但是本章时钟程序其实还是

一个小程序，开发结束，还是把5个类和主程序放到一个文件中，更加方便，由于各个类相互独立，也不会增加读程序的难度。对于较小的程序，开发结束，把主程序和各个类放到一个文件中，也是可以的。请读者完成这个工作。

第17章　记事本程序

【学习导入】微软公司的Windows系统中一直有记事本程序。本章的记事本程序参考Win 10的记事本程序，但用Python的Tkinter组件Text实现。Text（文本）组件用于显示和处理多行文本。使用者可以使用键盘输入字符串，包括中文。

17.1　菜单组件Menu

Menu 组件通常用于创建应用程序的各种菜单，前边介绍过弹出菜单(快捷菜单)，这里介绍主菜单。很多应用程序都有主菜单，主菜单在应用程序窗体用户区的顶部，包括若干顶层菜单，例如"文件""编辑""关于"等。单击顶层菜单，弹出下拉菜单，下拉菜单包含若干菜单项，例如单击"文件"顶层菜单，弹出下拉菜单一般包括"打开""保存""另存为"等菜单项，用鼠标单击菜单项，调用单击该菜单项的事件处理函数，完成指定功能。

所有菜单项都可以有快捷键，例如"编辑"顶层菜单的下拉菜单的"剪切"菜单项，其后如有字符串Ctrl+X，就是快捷键，在键盘按住Ctrl键后，再按x键，等同于单击"剪切"菜单项，调用单击"剪切"菜单项的事件处理函数，完成剪切功能。

创建带有下拉菜单的主菜单需要3步，首先创建一个Menu类对象，作为菜单栏，用来放置顶层菜单，并指定其为主窗体的主菜单，主菜单在窗体用户区上方。第2步，创建Menu类对象作为某个顶层菜单(例如顶层菜单：文件)的下拉菜单，为该下拉菜单增加多个菜单项，其属性label是菜单项名称，属性command是菜单项被单击时调用的函数，属性acceletor是快捷键，属性image是菜单项前边的图标。第3步，放置顶层菜单到菜单栏，并指定该顶层菜单名称和下拉菜单。重复第2和第3步，在菜单栏中增加多个顶层菜单，例如：文件、编辑等。也可把菜单项直接放到第一步创建的菜单栏中。例子如下。

```
menubar=Menu(root)                    #创建Menu类对象，作为菜单栏，用来放置顶层菜单
root['menu']=menubar                  #指定menubar为主窗体root的主菜单，root引用主窗体
filemenu=Menu(root,tearoff=0)         #创建Menu类对象作为下拉菜单，tearoff=0去掉下拉菜单上部虚线
filemenu.add_command(label="新建",command=newFile)     #创建"文件"顶层菜单下拉菜单的两个菜单项
filemenu.add_command(label="打开",command=openFile)
menubar.add_cascade(label="文件", menu=filemenu)        #顶层菜单"文件"放到状态栏，下拉菜单是filemenu
menubar.add_command(label="关于",command=about)         #将"关于"菜单项直接放到状态栏上
```

```
filemenu.entryconfig("打开", state='disabled')        #"打开"菜单项字符变灰色，菜单项不能使用
filemenu.entryconfig("打开", state='normal')          #"打开"菜单项字符正常显示，菜单项可用
```

菜单项也可以是radiobutton或checkbutton组件。下例为主菜单增加两个顶层菜单：单选和多选，"单选"顶层菜单的下拉菜单中，有多个radiobutton组件作为菜单项，"多选"顶层菜单的下拉菜单中，有多个checkbutton组件作为菜单项。单击菜单项，在Label组件上显示所做的选择。例子如下。单选按钮和多选按钮组件，参考11.5节有关内容。

```
from tkinter import *
def radioClick():
    list1=["java","c#","python"]
    label['text']="你选了"+list1[v.get()]
def checkClick():
    s="你选了"
    for sv in vs:
        s+=sv.get()
    label['text']=s
root=Tk()
label=Label(root)               #用于显示选择了哪些菜单项
label.pack()
menubar=Menu(root)              #创建Menu类对象，作为菜单栏，用来放置顶层菜单
root['menu']=menubar           #指定menubar为主窗体root的主菜单
menu1=Menu(root,tearoff=0)     #创建Menu类对象作为下拉菜单，tearoff=0去掉下拉菜单上部虚线
menubar.add_cascade(label="单选", menu=menu1)  #顶层菜单"单选"放到菜单栏，其下拉菜单为menu1
v=IntVar()
v.set(0)                       #以下3条语句为"单选"顶层菜单的下拉菜单增加三个菜单项
menu1.add_radiobutton(label="java",variable=v,value=0,command=radioClick)     #参考11.5节有关内容
menu1.add_radiobutton(label="c#",variable=v,value=1,command=radioClick)
menu1.add_radiobutton(label="python",variable=v,value=2,command=radioClick)
menu2 = Menu(root,tearoff=0)                    #创建Menu类对象作为下拉菜单
menubar.add_cascade(label="多选", menu=menu2)  #将顶层菜单"多选"放到容器中，下拉菜单为menu2
vs=[]
for i in ["4", "5", "6"]:                       #循环语句为"多选"顶层菜单的下拉菜单增加三个菜单项
    vs.append(StringVar())
    menu2.add_checkbutton(label=i,variable=vs[-1],onvalue=i,offvalue='',command=checkClick)
root.mainloop()
```

17.2 菜单按钮Menubutton

Menubutton 菜单按钮可放在窗体任意位置，当该按钮被单击时将弹出下拉菜单。在主窗体上部放置Frame组件，然后将多个Menubutton 菜单按钮从左到右放到Frame组件中，作为顶层菜单，就可以创建类似上节用菜单组件Menu创建的主菜单，如果该Frame组件仍有空余空间，可以在空余放置其它组件，例如放置按钮作为菜单项的快捷按钮，放置Label组件显示提示信息等。使用Menubutton 按钮组件例子如下。

```python
from tkinter import *
def call():
    print("python3.x")
root=Tk()
mb=Menubutton(root,text="文件")                              #按钮组件作为"文件"顶层菜单
mb.pack()
filemenu=Menu(mb,tearoff=0)                                  #创建Menu类对象作为按钮组件mb下拉菜单
filemenu.add_checkbutton(label="打开",command=call)         #为下拉菜单增加两个菜单项
filemenu.add_command(label="保存",command=call)
filemenu.add_separator()                                     #增加菜单项之间分割线
filemenu.add_command(label="退出",command=root.destroy)
mb.config(menu=filemenu)                                     #下拉菜单filemenu为按钮组件mb下拉菜单
mainloop()
```

17.3 Scrollbar组件

Scrollbar(滚动条)组件常常被用于实现Text组件、Canvas组件和列表框等显示内容的滚动，使这些组件的一些隐藏的内容被看到。根据方向可分为垂直滚动条和水平滚动条。

Text(文本)组件用于处理多行文本，因此也可以增加滚动条。下边两个例子分别将滚动条放到Text组件内部或外部，看看有什么区别，同时也说明增加滚动条的具体步骤。

第一个例子是滚动条放到Text组件内部，Text组件属性wrap默认值为"char"，表示输入的字符遇到Text组件右边界自动换行。输入多个字符串，效果如图17-1（a），可以看到第一行右侧的字"实"有半个字被滚动条遮挡，这显然不合理。一般情况下，将滚动条放到组件内部，可能会影响该组件的数据显示，所以一般不把滚动条放到组件内部。

```python
from tkinter import *
root=Tk()
root.geometry("200x100")
text=Text(root,font=("Arial",20))       #创建Text组件对象
text.pack(expand=YES, fill=BOTH)        #Text组件占用主窗体的全部空间
```

```
scrolly=Scrollbar(text)                      #注意参数是text，即滚动条在text内
scrolly.pack(side=RIGHT, fill=Y)             #滚动条放到text组件右侧，沿y方向扩展
text.config(yscrollcommand=scrolly.set)      #Text组件内容y方向滚动依靠scrolly滚动条滚动
scrolly.config(command=text.yview)           #滚动条移动调用text.yview方法，移动text内容
mainloop()
```

（a）　　　　　　　　　（b）

图17-1

第二个例子是滚动条放到Text组件外部，效果如图17-1（b），没有上边例子的问题。

```
from tkinter import *
root = Tk()
root.geometry("200x100")
scrolly=Scrollbar(root)                       #创建滚动条，注意参数root，即在主窗体中
scrolly.pack(side=RIGHT,fill=Y)               #滚动条放到主窗体右侧，沿y方向扩展
text=Text(root,font=("Arial",20))             #创建Text组件对象
text.pack(expand=YES, fill=BOTH)              #Text组件占用滚动条外的全部空间
text.config(yscrollcommand=scrolly.set)       #Text组件y方向依靠scrolly滚动条滚动
scrolly.config(command=text.yview)            #滚动条移动调用text.yview方法，移动text内容
mainloop()
```

　　有时处理对象的尺寸大于主窗体的尺寸，例如图形尺寸、处理的文本行数或列数所需尺寸大于主窗体尺寸，那么如何解决这个问题呢？看本节第2例，为Text组件增加了垂直滚动条，就可以在垂直方向增加无限多行，因此可以推论，为Text组件增加水平滚动条，并令属性wrap='none'，即表示遇到窗体右边界不会自动换行，那么一行就可以输入无限多字符。实际上，输入文本的行数和每行字符数都不可能无限大，必定有限值，程序必须根据每行实际字数控制行宽。同样道理也要控制行数。

　　在Win 10的笔记本程序中，有顶级菜单"格式"，其下拉菜单有两个菜单项：自动换行和字体，自动换行菜单项是一个多选按钮，当被选中时，遇到边界自动换行，如不被选中，遇到边界不自动换行，在水平方向增加水平滚动条，可输入无限多字符。下例用text组件实现了Win 10笔记本程序的这个功能，初始多选按钮未选中，表示不自动换行，有水平滚动条，选中多选按钮后，自动换行，水平滚动条消失。实现这些功能的例子如下。

```
from tkinter import *
```

```
def isLineWrap():
    if checkVar.get()==0:                                       #未选中，不自动换行，有水平滚动条
        text["wrap"]='none'                                      #Text组件不自动换行
        scrollx["width"]=15                                      #宽度不为0，滚动条可见
    else:                                                        #选中，自动换行，水平滚动条消失
        text["wrap"]="char"                                      #Text组件自动换行
        scrollx["width"]=0                                       #宽度为0，滚动条消失
root=Tk()
root.geometry("200x100")
root.resizable(width=False,height=False)                         #主窗体宽高不可变
checkVar=IntVar()
menubar=Menu(root)                                               #创建1个菜单容器，也称为菜单栏
root['menu']=menubar                                             #指定menubar为主窗体root的主菜单
fontMenu=Menu(root,tearoff=0)                                    #创建下拉菜单，tearoff=0去掉下拉菜单上部虚线
menubar.add_cascade(label="格式", menu=fontMenu)                  #顶层菜单"格式"放容器中，下拉菜单为fontMenu
fontMenu.add_checkbutton(label="自动换行",variable=checkVar,command=isLineWrap)  #多选按钮菜单项
scrolly=Scrollbar(root)                                          #y方向滚动条
scrolly.pack(side=RIGHT,fill=Y)
scrollx=Scrollbar(root,orient=HORIZONTAL,width=15)               #x方向滚动条，注意属性orient
scrollx.pack(side='bottom',fill='x')
text=Text(root,font=("Arial",20),wrap='none')                   #wrap='none'设置不自动换行
text.pack(expand=YES,fill=BOTH)
text.config(yscrollcommand=scrolly.set,xscrollcommand=scrollx.set)
scrolly.config(command=text.yview)
scrollx.config(command=text.xview)
mainloop()
```

有时需要将增加了滚动条的组件，放到主窗体的不同位置，希望像没有增加滚动条一样，能够整体移动。这时可把组件和滚动条放到Farm组件中，移动该Farm组件，也就是移动增加了滚动条的组件。见下例。

```
from tkinter import *
root = Tk()
root.geometry("200x100")
fr=Frame(root)
fr.pack()
sb = Scrollbar(fr)                          #垂直滚动条组件在Frame类对象中
sb.pack(side=RIGHT,fill=Y)                  #垂直滚动条在右侧，在y方向扩展
```

```
text=Text(fr,width=6,height=4,yscrollcommand=sb.set)        #Text组件Frame类对象中，宽高为定值
text.pack()
sb.config(command=text.yview)                               #设置滚动组件移动调用command指定text.yview()方法
mainloop()
```

17.4 记事本程序主界面和程序框架

　　记事本程序允许使用者输入字符串，包括中文，并将输入内容保存为文件，包括新建文件、打开文件、保存文件、另存为其它名称文件和退出记事本功能，在新建文件、打开文件和退出时，提示保存被修改过的文件；并能对文本进行编辑修改，包括撤消、重做、剪切、复制、粘贴、查找、替换、全选和改变字体功能。界面设置和打印也是记事本程序必有功能，由于条件限制，未实现这两个功能。

　　本节程序首先创建主菜单，主菜单包括4个顶层菜单：文件、编辑、格式、关于。顶层菜单"文件"的下拉菜单包括5个菜单项，即新建、打开、保存、另存为和退出；顶层菜单"编辑"的下拉菜单包括9个菜单项，即撤消、重做、剪切、复制、粘贴、删除、全选、查找、替换；顶层菜单"格式"的下拉菜单包括2个菜单项，即自动换行、字体；以及在菜单栏的菜单项：关于。为每个菜单项，定义单击这个菜单项调用的函数，大部分函数仅包括一条语句：pass，这些函数的具体代码在后边章节逐一实现。主界面程序如下。

```
from tkinter import *
from tkinter.filedialog import *
from tkinter.messagebox import *
import os                       #os是Python标准库的一个模块，提供 Python 程序与操作系统交互的接口函数
def new_file():                 #单击"新建"菜单项调用的函数，创建新文件
    pass
def open_file():                #单击"打开"菜单项调用的函数，打开文件
    pass
def save():                     #单击"保存"菜单项调用的函数，保存文件
    pass
def save_as():                  #单击"另存为"菜单项调用的函数，换名另存
    pass
def exitNotepad():              #关闭主窗体调用的函数，如文本被修改，关闭前要询问是否保存文件
    root.destroy()              #关闭窗体，此处还未包括询问是否保存文件语句
def undo():                     #单击"撤消"菜单项调用的函数，撤消操作
    pass
def redo():                     #单击"重做"菜单项调用的函数，重做已撤消的操作
    pass
def cut():                      #单击"剪切"菜单项调用的函数，剪切选中字符串
```

```
    pass
def copy():                      #单击"复制"菜单项调用的函数，复制选中字符串
    pass
def paste():                     #单击"粘贴"菜单项调用的函数，粘贴字符串
    pass
def select_all():                #单击"全选"菜单项调用的函数，选中所有文本
    pass
def setFont():                   #单击"字体"菜单项调用的函数，设置字体
    pass
def find(h=0):                   #单击"查找"和"替换"菜单项调用的共用函数
    pass                         #实现查找字符串，和替换所查找的字符串
def about():                     #单击"关于"菜单项调用的函数，显示一些信息
    showinfo(title="关于本记事本", message="作者：耿肇英")
def mypopup(event):              #鼠标右击text事件处理函数
    editmenu.tk_popup(event.x_root, event.y_root)    #在右击处显示"编辑"弹出菜单
def textClick(event):            #单击组件text事件处理函数
    pass
def isLineWrap():                #是否自动换行
    if checkVar.get()==0:        #未选中，不自动换行，有水平滚动条
        text["wrap"]='none'
        scrollx["width"]=17
    else:                        #选中，自动换行，水平滚动条消失
        text["wrap"]="char"
        scrollx["width"]=0
def inputKey(event):             #键盘输入事件处理函数
    pass
def canUseMenuItem():            #单击顶级菜单"编辑"，在弹出子菜单前调用该函数
    pass                         #可以根据需要，使一些菜单项可用或不能使用
root=Tk()
root.title("记事本")
root.geometry("640x480+100+50")
root.protocol("WM_DELETE_WINDOW",exitNotepad)        #所有关闭窗体事件，都调用函数exitNotepad
checkVar=IntVar()                                    #菜单项"自动换行"是多选按钮，记录其状态
checkVar.set(1)                                      #初始"自动换行"多选按钮被选中，表示自动换行
menubar=Menu(root)                                   #创建Menu类对象作为菜单栏用来放置顶层菜单
root['menu']=menubar                                 #指定menubar为主窗体root的主菜单
filemenu=Menu(root,tearoff=0)                        #创建Menu类对象作为下拉菜单，tearoff=0去掉下拉菜单上部虚线
menubar.add_cascade(label="文件", menu=filemenu)     #顶层菜单"文件"放到菜单栏，下拉菜单是filemenu
```

```
filemenu.add_command(label="新建",accelerator="Ctrl+N",command=new_file)
filemenu.add_command(label="打开",accelerator="Ctrl+O",command=open_file)
filemenu.add_command(label="保存",accelerator="Ctrl+S",command=save)
filemenu.add_command(label="另存为",accelerator="Ctrl+Shift+S",command=save_as)
filemenu.add_separator()                #增加菜单项之间分割线，为文件顶层菜单的下拉菜单共增加了5个菜单项
filemenu.add_command(label="退出", command=exitNotepad)                #下句postcommand解释见下节
editmenu=Menu(root,tearoff=0,postcommand=canUseMenuItem)        #创建Menu类对象作为下拉菜单
menubar.add_cascade(label="编辑", menu=editmenu)        #顶层菜单"编辑"放到菜单栏，下拉菜单是editmenu
editmenu.add_command(label="撤消",accelerator="Ctrl+Z",command=undo)
editmenu.add_command(label="重做",accelerator="Ctrl+Y",command=redo)
editmenu.add_separator()               #增加菜单项之间分割线，为编辑顶层菜单的下拉菜单共增加9个菜单项
editmenu.add_command(label="剪切",accelerator="Ctrl+X",command=cut)
editmenu.add_command(label="复制",accelerator="Ctrl+C",command=copy)
editmenu.add_command(label="粘贴",accelerator="Ctrl+V",command=paste)
editmenu.add_command(label="删除",accelerator="Del",command=cut)
editmenu.add_command(label="全选",accelerator="Ctrl+A",command=select_all)
editmenu.add_separator()
editmenu.add_command(label="查找",accelerator="Ctrl+F",command=find)
editmenu.add_command(label="替换",accelerator="Ctrl+H",command=lambda:find(h=40))
fontMenu=Menu(root,tearoff=0)              #创建Menu类对象作为下拉菜单，tearoff=0去掉下拉菜单上部虚线
menubar.add_cascade(label="格式", menu=fontMenu)     #顶层菜单"格式"放到菜单栏，下拉菜单是fontMenu
fontMenu.add_checkbutton(label="自动换行",variable=checkVar,command=isLineWrap)
fontMenu.add_command(label="字体",command=setFont)        #为格式顶层菜单下拉菜单共增加2个菜单项
menubar.add_command(label="关于",command=about)          #关于菜单只有一项，直接放到菜单栏menubar
scrolly=Scrollbar(root)                         #y方向滚动条，注意参数root，即在主窗体中
scrolly.pack(side=RIGHT,fill=Y)                 #滚动条放到主窗体右侧，沿y方向扩展
scrollx=Scrollbar(root,orient=HORIZONTAL,width=0)       #x方向滚动条，初始不可见，注意属性orient
scrollx.pack(side='bottom',fill='x')            #滚动条放到主窗体底部，沿x方向扩展
text=Text(root,undo=True,font=("Arial",20))     #创建Text组件对象。为使用undo和redo，属性undo=True
listOffont=[6,5,'#000000']              #记录当前使用的字体名、大小和颜色，修改字体时要用到
text.pack(expand=YES,fill=BOTH)                 #Text组件占用滚动条外的全部空间
text.config(yscrollcommand=scrolly.set,xscrollcommand=scrollx.set)        #Text在x和y方向滚动依靠的滚动条
scrolly.config(command=text.yview)      #y向滚动条移动text文本，调用text.yview方法
scrollx.config(command=text.xview)      #x向滚动条移动text文本，调用text.xview方法
text.bind("<Button-3>",mypopup)         #绑定右击text事件处理函数，显示弹出菜单
text.bind("<Button-1>",textClick)       #绑定单击组件text事件处理函数
text.bind('<Key>',inputKey)             #绑定在text组件用键盘输入字符事件处理函数
root.mainloop()
```

```
#editmenu.add_command(label="查找",image=image1,command=find)    #菜单项如何增加图标
```

17.5 组件Text

Text(文本)组件用于显示和处理多行文本。在 tkinter 的所有组件中，Text 组件显得异常强大和灵活，适用于多种任务。该组件主要目的是显示多行文本，包含纯文本，以及格式化文本，即文本中不同字符串选用不同字体、底色或字符颜色，还可在Text组件中插入图片或其它组件，可显示链接，单击链接打开指定网页，甚至插入带 CSS 格式的 HTML 等。因此，它常常也被用于作为简单的文本编辑器和网页浏览器使用。本章设计的笔记本程序仅处理纯文本，能修改Text组件中输入的所有字符串属性，例如所有字符颜色及字符使用的字体。在Text组件中插入图片或其它组件，显示链接，带 CSS 格式的 HTML 等内容，请参考其它有关书籍或文章。

当用户用键盘在Text组件中输入文本后，需要对文本进行编辑，包括删除、全选等操作，还需要将所输入内容保存，以方便以后继续修改或查看。在上节的主界面程序中，单击顶级菜单的各个菜单项调用的函数，就是为了实现这些功能。本节目的就是使用Text组件的方法和属性，编写单击菜单项调用的函数，从而实现这些功能。

首先实现笔记本的撤消、重做、剪切、复制和粘贴功能。使用Text组件的方法，编写单击菜单项的事件处理函数如下。请将如下函数替换17.4节主界面程序中的同名函数。经实测发现Text组件的剪贴功能和Win 10笔记本程序是兼容的，即Text组件复制内容能粘贴到Win10笔记本，反之亦可。

```
def undo():                                  #单击撤消菜单项调用的函数
    text.edit_undo()                         #为使用undo和redo功能，在创建Text类对象时，属性undo=True
    #text.event_generate("<<Undo>>")         #也可替换为此语句。text是Text类对象
def redo():                                   #单击重做菜单项调用的函数
    text.edit_redo()
    #text.event_generate("<<Redo>>")         #也可替换为此语句
def cut():                                    #单击剪切菜单项调用的函数
    text.event_generate("<<Cut>>")
def copy():                                   #单击复制菜单项调用的函数
    text.event_generate("<<Copy>>")
def paste():                                  #单击粘贴菜单项调用的函数
    text.event_generate("<<Paste>>")
```

如果连续输入"abcdefgh"，当单击"撤消"菜单项，不是字符"h"消失，而是全部输入的字符消失。这显然不符合一般人使用笔记本的习惯。这是因为Text组件会根据内定规则记录每次"完整操作"，两个"完整操作"之间用"分隔符"隔离，当单击"撤消"菜单项，就将保存的一次"完整操作"撤消。Text组件内定规则认为连续输入字符，是一次"完整操作"，因此就会使输入的全部字符被撤消。如希望插入一个字符就算一次"完整操作"，每次"撤消"仅

去掉一个字符，就必须绑定用键盘输入字符事件，每输入一个字符用 edit_separator() 方法人为地插入一个"分隔符"，表示输入一个字符就是一次"完整操作"。其它"完整操作"，仍由Text组件根据内定规则自动保存。为了实现这个功能，有关程序如下。

```
text.bind('<Key>',inputKey)      #绑定在text组件用键盘输入字符事件处理函数
def inputKey(event):             #用键盘输入字符事件处理函数
    text.edit_separator()        #每输入一个字符，增加一个分隔符
```

为实现单击全选、查找和替换等菜单项的事件处理函数，就必须能定位文本中的每个字符。为此在Text组件中，引入索引(index)概念，定位字符的索引是一个字符串，索引格式为："行号.列号"，需要注意的是，行号以从1 开始，列号从 0 开始。例如索引 "1.0"，表示第1行第0列，即第1行第1个字符的索引，也是整个文本的第1个字符的索引，即文本开始位置。还预定义了一些索引值，"end"表示文本结束位置的索引，即文本最后一个字符后边的位置，"行号.end"表示该行结束位置索引，"insert"为当前光标所在位置后边字符的索引，"current"是和鼠标坐标最接近的字符索引。有了索引就可以在指定位置插入或删除字符串，例如。

```
import tkinter as tk
root=tk.Tk()
text=tk.Text(root)
text.pack()
text.insert("insert", "I love ")        #在光标处插入字符串"I love "，初始光标在text组件左上角
text.insert("end", "Python.com!")       #在文本尾部插入字符串"Python.com!"
print(text.get(1.0, 'end'))             #显示所有文本，注意两个索引可以代表一个字符串
#text.delete(1.0, 'end')                #删除所有文本
root.mainloop()
```

"end""insert"和"current"等本质上是预定义的特殊mark(标记)，它们不能够被删除。mark也是索引，但mark所代表的索引值是动态变化的，上述3个预定义mark分别跟踪文本尾部、光标位置和鼠标坐标。因此可以将mark理解为动态索引。mark(标记) 通常是嵌入到 Text 组件文本中的不可见对象，仅有"insert"是跟踪光标，是可见的。也可以自定义多个mark，用来跟踪字符的位置。使用 mark_set() 方法创建mark，其索引值将随增加或删除字符改变。使用mark_unset("here")删除标记"here"。例子如下。

```
import tkinter as tk
root = tk.Tk()
text = tk.Text(root, width = 30, heigh = 3)
text.pack()
text.insert("insert", "I love Python")              #在光标处插入字符串：I love Python
```

```
text.mark_set("here", "1.2")                    #创建名称为"here"的mark，其当前位置是："1.2"
text.insert("here", "插")                        #在'here'之前插入字符，"here"代表的索引后移
print(text.get('1.0','end'))                    #注意，英文字符和汉字都是列值加1
print(text.index("here"))                       #显示"here"代表的索引，为1.3，因前边插入中文"插"
text.delete('1.3')                              #在'here'之后删除或增加字符，"here"代表的索引不变
text.insert("end", "!")
print(text.get('1.0','end'))
print(text.index("here"))                       #显示"here"代表的索引，为1.3
text.delete('1.0')                              #在'here'之前删除字符，"here"代表的索引前移
print(text.get('1.0','end'))
print(text.index("here"))                       #显示"here"代表的索引，为1.2
text.mark_unset("here")                         #删除mark
root.mainloop()
```

有时需要将"end""insert"和"current"等索引值赋值给其他变量，例如将"current"索引赋值给变量start，语句为：start=text.index("current")。

Python的IDLE自带了一个类似笔记本程序的代码编辑器，但功能有所扩展。代码编辑器导入源程序后，可以看到不同关键字有不同颜色。在用Text组件创建的笔记本程序中，使用tag(标签)也可以实现这个功能。tag(标签)是两个索引之间的字符串或某索引后的单个字符，通常用于改变 Text 组件中指定字符串使用的字体名称、字体大小和颜色、字符串是否有下划线、是否是黑体和是否斜体，以及字符的底色和字符的颜色。见下例。

```
import tkinter as tk
root = tk.Tk()
text = tk.Text(root,width=50,height=4)
text.pack()
text.insert("insert", "I love Python.com!")                      #"insert"索引表示在光标处插入字符串
#创建tag(标签)，其名称为"tag1"，代表索引1.7到1.13之间字符串和索引1.15后单个字符
text.tag_add("tag1", "1.7", "1.13", "1.15")
#使"tag1"代表字符串背景为黄色，字符为红色，注意不能使用缩写bg和fg
text.tag_config("tag1", background="yellow", foreground="red")
text.tag_add("tag2", "1.7", "1.13")                              #同一字符串可以被多个Tag(标签)代表
text.tag_config("tag2",font=("Arial",20,'bold italic underline'))   #改变字符串的字体
root.mainloop()
```

运行效果如图17-2所示。请注意，tag(标签)的索引值也是动态的，如在"I love Python.com!"字符串前边增加字符，或增加若干行，"tag2"代表字符串的索引值也会跟着改变，并不会影响"tag2"代表字符串背景色、字符颜色和字体。

图17-2

在Text组件中，有一个预定义的tag（标签），其名称为"sel"，当按下鼠标左键拖动鼠标选择字符串后，被选中的字符串的底色改变颜色，系统就用"sel"代表被选中的内容，"sel"有两个索引值，一个是被选中字符串开始索引，另一个是结束索引。如text是Text类对象，可用list1=text.tag_ranges('sel')得到这两个索引，list1是一个元组，其中list1[0]是开始索引，list1[1]是结束索引。所有tag（标签）都可用该方法得到字符串开始索引和结束索引。在上节主界面程序中，有菜单项"全选"，单击该菜单项，将选择Text组件中所有文本，那么被选中的字符串，可以被剪切、拷贝，用Del键删除。因此该菜单项的事件处理函数定义如下。

```python
def select_all():
    text.tag_add("sel", "1.0", "end")
```

程序运行后，输入字符a，当单击"撤消"菜单项，字符a消失，再单击"撤消"菜单项，将会产生错误提示：nothing to undo，表示没有可撤消的内容。重做菜单项也有类似的问题。为避免出现类似错误提示，当没有可撤消内容时，使菜单项"撤消"变灰不能用；当没有可重做内容时，使菜单项"重做"变灰不能用。Menu类有属性postcommand，当单击顶层菜单，将弹出子菜单，在弹出子菜单前会调用由属性postcommand指定的函数。在这个函数中，可根据是否有可撤消内容或可重做内容，使菜单项"撤消"和"重做"可用，或变灰不能用。可根据是否选中字符串，使菜单项"剪切"和"复制"可用，或变灰不能用。有关代码如下。

```python
editmenu=Menu(root,tearoff=0,postcommand=canUseMenuItem)    #创建Menu类对象作为下拉菜单
menubar.add_cascade(label="编辑", menu=editmenu)              #增加顶层菜单"编辑"，下拉菜单是editmenu
def canUseMenuItem():                                        #单击顶层菜单"编辑"，在弹出子菜单前调用该函数
    if text.tag_ranges('sel'):                              #如已选文本，返回元组(开始索引,结束索引)，为真
        editmenu.entryconfig("剪切",state='normal')          # "剪切"菜单项字符正常显示可用
        editmenu.entryconfig("复制",state='normal')          # "复制"菜单项字符正常显示可用
    else:                                                    #如没有选中文本，返回空元组()，为假
        editmenu.entryconfig("剪切",state='disabled')        # "剪切"菜单项字符变灰不能使用
        editmenu.entryconfig("复制",state='disabled')        # "复制"菜单项字符变灰不能使用
    if text.edit('canundo'):                                #如有撤消内容，返回真
        editmenu.entryconfig("撤消",state='normal')          # "撤消"菜单项字符正常显示可用
    else:
        editmenu.entryconfig("撤消",state='disabled')        # "撤消"菜单项字符变灰不能使用
```

```
if text.edit('canredo'):                              #如有重做内容，返回真
    editmenu.entryconfig("重做",state='normal')       # "重做"菜单项字符正常显示可用
else:
    editmenu.entryconfig("重做",state='disabled')     # "重做"菜单项字符变灰不能使用
```

在16.12节闹钟程序中，使用模式对话框设置闹钟数据，当然也可以使用非模式对话框设置闹钟数据。如使用非模式对话框，必须采取措施，确保不会打开第2个设置闹钟数据非模式对话框，具体方法是，当打开设置闹钟数据非模式对话框后，弹出菜单项字符变灰不能用，关闭该非模式对话框后，菜单项正常显示字符，可用。请读者试一试。

用笔记本打开文件，输入了很多文本，如关闭主窗体、建立新文件或打开另一个文件前，没有将已被修改的文本保存到文件，将使已修改的内容丢失。编写笔记本程序应避免这种情况发生。因此在关闭主窗体、建立新文件或打开另一个文件前，需要判断文本是否被修改，如被修改，就需用对话框提醒是否保存已被修改内容。可用text.edit_modified()判断Text组件中文本是否已被修改，如返回值为0(为假)，表示文本未被改动，返回值为1(为真)，表示已被改动。如已将被修改的文本保存，需调用text.edit_modificd(0)函数，令其返回值为0，表示Text组件内容已被保存。首先修改上节主界面程序中的exitNotepad()函数，是关闭窗体调用的函数。

```
def exitNotepad():
    if text.edit_modified():                          #函数返回1，内容被修改，询问是否保存所做修改
        z=askquestion(title="是否保存",message="是否保存修改后的文件",type='yesnocancel')
        if z=='cancel':                               #取消关闭窗体
            return
        elif z=='yes':                                #保存修改到文件
            save()                                    #将在后边章节定义
    root.destroy()                                    #关闭窗体
```

再修改上节主界面程序中的new_file()函数，该函数创建新的文件。

```
def new_file():
    if text.edit_modified():
        z=askquestion(title="是否保存",message="是否保存修改内容",type='yesnocancel')
        if z=='cancel':                               #取消关闭窗体
            return
        elif z=='yes':                                #保存修改到文件
            save()                                    #将在后边章节定义
    root.title("未命名文件")
    filename = None
    text.delete(1.0, END)                             #删除所有文本
```

```
text.edit_modified(0)                   #令text.edit_modified()返回0，表示文本没有被修改
listOffont=[6,5,'#000000']              #记录当前使用的字体名、大小和颜色，修改字体时要用到
text.config(font=("Arial",20),fg='black')  #恢复初始的字体名、大小和颜色
```

上节主界面程序中的open_file()函数，该函数打开新文件，打开新文件前，也要检查是否需要保存所做修改，如需要，用对话框让使用者选择是保存修改，还是不保存或者忽略此次操作。上节主界面程序中的save()函数，该函数保存当前文件，保存后需要执行语句text.edit_modified(0)，表示文件已经保存后，执行关闭窗体等操作，不需询问是否保存。由于没有讲到文件操作，等讲到文件后再完成这两个函数。

17.6　查找和替换功能

使用Text组件的search和replace方法可实现查找和替换功能。Search方法定义如下。

```
pos=search(pattern,index,stopindex=None,forwards=None,backwards=None,exact=None,\
        regexp=None, nocase=None, count=None)
```

参数pattern是字符串或正则表达式，regexp=None表示pattern是字符串，=True表示pattern是正则表达式；从索引index开始，或查找pattern指定字符串，或查找与正则表达式pattern匹配的字符串，到索引stopindex结束，如该索引为默认值None，当从前向后查找时，到索引'end'结束，从后向前查找时，到索引'1.0'结束；查到字符串，返回被查到字符串首字符索引，未查到返回空字符串。如forwards和backwards都为默认值None，默认从前向后查找，如需改变查找方向，可保持forwards=None不变，令backwards为True(或1)，从后向前查找，为False(或0)从前向后查找，当然，也可保持backwards=None不变，修改forwards为True或False，改变查找方向；exact=None表示默认正则表达式的匹配模式为模糊匹配，=True表示查找与正则表达式pattern完全匹配字符串；nocase 为None，默认查找区分大小写，为True，忽略大小写；令参数count为Tkinter类IntVar对象，用于保存查到字符串长度，这对于pattern是正则表达式时很有用，可得到匹配正则表达式的字符串长度，如pattern是字符串，IntVar就是pattern这个字符串长度。函数的任意一个参数为None，表示可忽略该参数，使用默认值。

replace方法定义如下，将索引 index1 到 index2 之间的内容替换为 chars 参数指定的字符串。如果需要为替换的内容添加 tag，可以在 args 参数指定 tag。

```
replace(index1, index2, chars, *args)
```

如希望在本笔记本程序中查找字符串，可单击"查找"菜单项，打开查找非模式对话框，既不关闭非模式对话框，还能处理主窗体任务，这样当找到所需字符串，不必关闭查找非模式对话框，就可直接去处理在主窗体上被查到的字符串，同样道理，替换对话框也应是非模式对话框。单击"替换"菜单项，打开替换非模式对话框。如图17-3所示，左图是查找对话框，右

图是替换对话框。可以看出，替换对话框仅比查找对话框多出一个替换字符串输入框(Entry组件)和2个替换按钮，因此查找和替换菜单项可共用一个事件处理函数，该函数有一个参数h=0(默认值为0)，参数h=43是替换对话框比查找对话框增加的高度，显然查找对话框h=0，替换对话框h=43。在主程序中，定义了函数find(h=0)，参数h默认值为0。

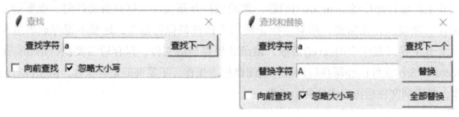

图17-3

在主程序中，生成编辑顶级菜单下拉菜单的查找菜单项和替换菜单项语句如下，两者的参数command都为函数find，单击查找菜单项调用find函数的参数h为默认值0，单击替换菜单项调用find函数的参数h=43。

```
editmenu.add_command(label="查找",accelerator="Ctrl+F",command=find)          #单击查找菜单项调用find函数
editmenu.add_command(label="替换",accelerator="Ctrl+H",command=lambda:find(h=43))
```

打开查找或替换非模式对话框后，不允许再打开另一个查找或替换对话框，因此必须使编辑顶级菜单的查找菜单项和替换菜单项字符变灰，使菜单项不能使用。在关闭查找或替换对话框后，使编辑顶级菜单的查找菜单项和替换菜单项字符正常显示，菜单项变为可用。单击菜单项"查找"和单击菜单项"替换"调用的函数find定义如下。

```
def find(h=0):                                          #单击"查找"或"替换"菜单项调用的函数
    global dialog,start
    editmenu.entryconfig("查找",state='disabled')        # "查找"菜单项字符变灰色不能使用
    editmenu.entryconfig("替换",state='disabled')        # "替换"菜单项字符变灰色不能使用
    start=text.index("insert")                          #初始从当前光标处开始搜索
    dialog=Toplevel(root)                               #生成对话框，默认是非模式对话框
    dialog.title("查找")                                 #对话框标题
    dialog.geometry(f"300x{60+h}+200+250")             #注意如何使窗体高度变化，参见15.5节
    dialog.transient(root)                              #使对话框总是在父窗口前边
    dialog.protocol("WM_DELETE_WINDOW", close_search)  #关闭对话框调用的函数close_search
    Label(dialog,text="查找字符").grid(row=0,column=0,sticky="e")   #提示信息，见上边图形
    v=StringVar()
    e=Entry(dialog,width=20,textvariable=v)            #用来输入查找字符
    e.grid(row=0,column=1,padx=2,pady=2)
    Button(dialog,text="查找下一个",command=lambda:search(v.get(),c.get(),c1.get()))\
```

```
        .grid(row=0, column=2, padx=2, pady=2)                     #查找下一个按钮。c和c1后边定义
    if h==43:                                                      #如h为43是替换对话框
        dialog.title("查找和替换")                                  #修改对话框标题
        Label(dialog,text="替换字符").grid(row=1, column=0,sticky="e")
        v1=StringVar()
        e1=Entry(dialog,width=20,textvariable=v1)
        e1.grid(row=1,column=1,padx=2,pady=2)                      #用来输入替换字符串
        Button(dialog,text="替换",command=lambda:replace(v.get(),v1.get()))\
            .grid(row=1, column=2, sticky="e"+"w", padx=2, pady=2)      #替换按钮
        Button(dialog,text="全部替换",command=lambda:replaceAll(v.get(),v1.get()\
            ,c.get())).grid(row=2, column=2, sticky="e"+"w", padx=2, pady=2)   #全部替换按钮
    c=IntVar()
    c.set(1)              #为1选中，search函数参数nocase为1，查找忽略字母大小写
    Checkbutton(dialog,text="忽略大小写",variable=c).grid(row=2,column=1,sticky='w')      #多选按钮
    c1=IntVar()
    c1.set(0)             #为0不选中，从前向后查找；为1选中，从后向前查找
    Checkbutton(dialog,text="向前查找",variable=c1).grid(row=2,column=0,sticky='e')
```

所有关闭对话框调用的函数close_search定义如下。

```
def close_search():
    global dialog
    text.tag_remove("match","1.0", END)        #除去所有"match"tag(标签)
    editmenu.entryconfig("查找",state='normal')  #"查找"菜单项字符正常显示可用
    editmenu.entryconfig("替换",state='normal')  #"替换"菜单项字符正常显示可用
    dialog.destroy()                           #删除查找对话框
```

　　打开查找对话框后，输入查找字符串，单击查找按钮，按指定方向顺序查找，如找到被查字符串，修改该字符串底色作为标记，停止查找，等待使用者处理。继续单击查找按钮，恢复上次被查到字符串的底色，按原方向继续查找，如又找到被查字符串，修改该字符串底色作为标记，停止查找等待处理，如此重复。如从前向后查找，将一直查到文本尾部，自动再次从前向后查找；如从后向前查找，将一直查到文本头部，自动再次从尾部向前查找。一般将这种方式称为"环绕"，还有一种方式，如从前向后查找，到文本最后，或从后向前查找，到文本第一个字符，用对话框提示，不会自动重新开始查找。请读者改为这种方式。请注意if not pos:语句，如Text组件的search函数完成查找后返回pos，如查到字符串，pos是被查到字符串首字符索引("行.列")，没查到pos为"。空字符串为假，非空字符串为真，因此if not pos:语句为真，表示没有查到字符串。

　　当查到字符串后，创建一个tag，名称是"match"，该tag将被查到字符串底色用黄色标记。如

需对被查到字符串进行操作，例如剪切或拷贝，当鼠标点击text组件，黄色标记消失，使用者需选择被查到字符串，然后再剪切或拷贝。有人可能会问，将匹配字符串用预定义tag的"sel"标记，就能直接剪切或拷贝，不是更简单吗？按此思路试过，无法实现。况且Win10笔记本程序也是用本章笔记本方法实现的。具体原因，不太清楚。

在实际使用中，使用者可能随时修改查找方向，因此每次调用这个查找函数search，必须首先根据不同查找方向，修改结束位置，向后查找，结束位置是'end'；向前查找，结束位置是'1.0'，然后从参数2(变量start)当前位置向前或向后查找。有些情况可能出错，例如当前start='1.0'，在文本开始位置，此时改变查找方向，从向后变为向前查找，修改结束位置为'1.0'，将使开始位置等于结束位置，执行text.search()函数将返回空字符串，将导致在文本中存在被查字符串，却错误提示：未发现该字符串。在下边search()函数定义中的第5条语句(if up==0:)和下一个elif语句，将避免该错误发生。

另外，本查找函数还有一个缺点，当方向转换后，查找字符串不变，第一次单击查找按钮，程序没反应，再次单击查找按钮，才能按指定方向查找。用一个例子说明产生这个缺点的原因，例如查找字符串aba中的a，先从前向后查找到第一个a，a底色变黄，下次查找地址在这个a的后边，b的前边；这时改为向前查找，把这个a黄底色去掉，从a的后边向前查找前边的a，又找到这个a，底色变黄色，虽然这个a底色变化了一次，但从黄色变为黄色，实际看到的是a的底色没变，似乎第一次单击查找按钮，程序没反应。知道产生缺点原因，去掉该缺点也容易，在下边函数定义中第5条语句(if up==0:)和下一个elif语句，增加判断语句，如发生查找方向改变，前后查找同一字符串，那么查找开始位置按改变后的方向移动若干字符，移动字符数等于被查字符串长度。读者可以试一下。

单击对话框中查找按钮，调用的search函数定义如下。该函数从变量start指定的查找开始位置，在Text组件中按照参数up指定方向，查找字符串findStr，是否区分英文字符大小写，取决于参数nocase。

```
def search(findStr,nocase,up):
    global start                              #变量start是查找开始位置
    if len(findStr)==0:                       #如查找字符串为空
        showerror('字符串为空','查找字符串不能为空')    #用对话框提示
        return
    if up==0:                    #up=0，即backwards为0，从前向后查找
        up1='end'                #up1是查找结束位置stopindex应为'end'
        if start=='end':         #如查找开始位置变量start也在文本结束位置
            start='1.0'          #下次从头开始，如不改，开始结束同为'end'，查找返回空字符串
    elif up==1:                  #up=1，backwards为1，从后向前查找
        up1='1.0'                #up1是查找结束位置stopindex应为文本开始位置
        if start=='1.0':         #如查找开始位置变量start在文本开始位置
            start='end'          #下次从结束位置开始查找
    text.tag_remove("match", "1.0", END)      #除去"match"标签，即恢复上次被查字符串底色
```

```
    pos=text.search(findStr,start,stopindex=up1,backwards=up,nocase=nocase)        #返回找到字符串开始索引
    if pos=='1.0' and up==1:        #up(backwards)为1向前查找，'1.0'表示已到终点
        start='end'                 #下次开始位置应为'end'
    if not pos and up==0:           #向后查到尾部无被查字符串，pos=''，后续程序将判定文本无被查字符串
        start='1.0'                 #开始位置变为'1.0'。如文本有被查字符串，后续程序是错判，必须再查找一次
        pos=text.search(findStr,start,stopindex=up1,backwards=up,nocase=nocase)        #第17行见后边解释
    strlist=pos.split('.')          #如pos='2.0'，第2行，第0列，分割为：['2','0']
    if len(strlist)!=2:             #未查到字符串，pos=''，分割后长度不可能为2
        showinfo(title="提醒",message="未发现该字符串")        #如文本中无被查的字符串，到这里pos=''
        return
    left=strlist[0]                 #查到字符串所在行
    right=str(int(strlist[1])+len(findStr))        #查到字符串尾部所在列
    nextPos=left+'.'+right          #从前向后查找下次开始的查找位置
    text.tag_add("match",pos,nextPos)        #增加"match"标签
    if up==0:                       #如向后查找
        start=nextPos
    elif up==1:                     #如向前查找
        start=pos
    text.tag_config("match", background="yellow")        #"match"tag内容底色变为黄色
    text.see(start)                 #如该索引移出窗体，该语句使索引start可见，此处是向上或向下滚动
```

第17条语句：if not pos and up==0:，表示是向后查找，到了文本的尾部没找到字符串，有两种情况可能满足这个条件。第一种，文本中有查找的字符串。pos=''，到尾部没找到字符串，将pos传递给后边程序，将判定为：未发现该字符串，显然不正确。因此必须立刻从文本头部开始查找并标记这个字符串，此时pos一定不是空字符串。第二种，文本中没有查找的字符串，那么立即从文本头部开始查找这个字符串，此时pos一定还是空字符串，将pos传递给后边程序，将正确判定为：未发现该字符串。

有时希望从某位置开始查找，或再一次查看前边已查到的匹配字符串，就需要用鼠标单击Text组件中的文本，将光标移到希望开始查找的位置，然后令记录查找开始位置的全局变量start为光标所在处的索引。下边是鼠标单击Text组件事件处理函数。

```
def textClick(event):               #单击Text组件文本事件的事件处理函数
    global start
    text.tag_remove("match", "1.0", END)        #除去"match"标签
    start= text.index("current")    #得到光标所在索引，不能使用"insert"
```

单击"替换"菜单项，可打开"查找和替换"非模式对话框，可以看到，比"查找"对话框多了一个entry组件，用来输入替换字符串，例如，输入字符串A用来替换Text组件中的字

符串a。还多了标题为"替换"和"全部替换"的两个按钮。单击"全部替换"按钮，将调用replaceAll 函数，将Text组件中所有字符串a全部替换为字符串A 。"替换"按钮必须和"查找"按钮配合一起工作，首先在对话框中输入查找字符串，例如字符串a，再输入替换字符串a的字符串，例如字符串A，单击查找按钮，如在Text组件中找到一个匹配字符串，即字符串a，匹配字符串底色被修改作为标记，再单击替换按钮，则被底色标记的字符串a被替换为字符串A。以下是单击"替换"按钮调用的函数replace定义。

```
def replace(findStr,replaceStr):                    #将字符串replaceStr 替换Text组件中的字符串findStr
    if len(findStr)==0 or len(replaceStr)==0:        #要检查替换和查找字符串是否为空
        showerror('字符串为空','查找和替换字符串都不能为空')
        return
    list1=text.tag_ranges('match')                   #返回列表，list1[0]是tag开始索引，list1[1]是结束索引
    if len(list1)==0:
        return
    text.replace(list1[0],list1[1],replaceStr)
```

单击"全部替换"按钮，将调用replaceAll 函数，将组件Text中所有字符串findStr都替换为replaceStr字符串，是否区分大小写，取决于参数nocase。采用从头向尾查找方向。在查找中，可能在组件Text中根本就没有字符串findStr，也可能查找到文本尾部，已经没有文本，都将返回空字符串，代表查找结束。该函数定义如下。

```
def replaceAll(findStr,replaceStr,nocase):
    if len(findStr)==0 or len(replaceStr)==0:        #检查替换和查找字符串是否为空
        showerror('字符串为空','查找和替换字符串不能为空')
        return
    start='1.0'                                      #从文本第1个字符开始查找
    n=0                                              #记录被替换的字符串数
    while True:
        pos=text.search(findStr,start,stopindex='end',backwards=0,nocase=nocase)
        if not pos:
            showinfo('替换所有字符串','共替换'+str(n)+'个字符串')
            break
        strlist=pos.split('.')                       #pos是搜索到字符第1个字符索引
        left=strlist[0]                              #搜索到字符串所在行号
        right=str(int(strlist[1])+len(findStr))      #搜索到字符串尾部字符所在列号
        nextPos=left+'.'+right                       #搜索到字符串最后一个字符索引
        start=nextPos                               #下次搜索开始索引
        text.replace(pos,nextPos,replaceStr)         #用参数3替换索引从pos到nextPos字符串
```

n+=1

17.7 组件Listbox和Combobox

列表框Listbox形状为矩形框，在矩形框中可有多行字符串，每行字符串被称作一个列表项，新创建的Listbox 组件对象是空的，没有列表项。可用函数 insert(序号,字符串)增加列表项，序号是整数，从 0 开始，如序号为'end'在尾部增加新列表项；属性active表示选中的列表项序号，如允许多选，它是最后一个被选中列表项序号。属性selectmode设定选择列表项的方式，有4值可选，分别为，single：单击列表项被选中，其它列表项不被选中，不能多选。browse：能用鼠标或↑↓键单选，不能多选。multiple：单击不被选中列表项被选中，单击被选中列表项不被选中，不影响其它被选中项，因此能多选。extended：能用鼠标或↑↓键单选，按住Ctrl键能像multiple那样多选，未按下任何键或按下Ctrl 键或Shift 键选中某项，拖动鼠标向下或向上移动，逐一将经过的未选中列表项选中，反向拖动鼠标使被选中列表项重新不被选中，选中某列表项，按住 Shift 键，再选中另一列表项，将选中两列表项之间所有列表项。默认browse。curselection()函数返回一个元组，包含所有被选中列表项的序号，如没有选中任何列表项，返回一个空元组。函数get(first, last=None)返回一个元组，包含序号从参数 first 到 last (包含 first 和 last)的所有序号列表项的字符串，如忽略参数last，表示仅返回 first 参数指定序号的列表项的字符串。可为Listbox组件添加垂直滚动条，滚动条是独立组件，如将滚动条放到Listbox组件内部，Listbox组件要足够宽，避免列表项的字符串被滚动条遮挡；如允许动态增加列表项，为避免列表项的字符串被滚动条遮挡，可将滚动条放到Listbox组件外部，为了使垂直滚动条紧靠Listbox组件右侧，并希望有滚动条的Listbox组件像独立Listbox组件那样，能放置到主窗体任意位置，要把两组件放到Frame组件内部。

例子如下。请注意，创建Listbox 组件对象后，并增加多个列表项，此时并没有列表项被选中。但属性active初始值为0，如此时单击"显示选中项"按钮将显示宋体，而宋体并没有选中，显示是错的，为避免该错误，初始必须用语句lb.select_set('active')令该项选中，也可修改该语句的参数'active'为0，表示第0项被选中，为1表示第1项被选中等。

```
from tkinter import *
root = Tk()
root.geometry("200x130")
fr=Frame(root)
fr.pack()
sb = Scrollbar(fr)
sb.pack(side=RIGHT,fill=Y)
lb=Listbox(fr,yscrollcommand=sb.set,width=8,height=4,selectmode='single')    #width是字符数，height是行数
for s in ["宋体","黑体","楷体","微软雅黑","仿宋","新宋体","Arial"]:
    lb.insert('end',s)
lb.pack(side=LEFT,fill=BOTH)
```

```
sb.config(command=lb.yview)
lb.select_set('active')              #为避免发生错误，初始必须选中某项，也可为lb.select_set(0)
Button(root,text="显示选中项号",command=lambda x=lb: print(x.curselection())).pack()
Button(root,text="显示选中项",command=lambda x=lb: print(x.get('active'))).pack()
mainloop()
```

Combobox(下拉列表框)在tkinter.ttk模块中。该组件有一个文本输入框，其右侧有一个向下箭头，如Combobox组件属性state='readonly'，文本输入框内容为只读。单击右侧的箭头将出现一个列表框，在列表框中可以预先加入多个列表项，如列表项较多，会自动出现滚动条，以便查看未显示的列表项，用鼠标点击列表项，该列表项将出现在文本输入框中，并发出事件<<ComboboxSelected>>，可以为该事件绑定事件处理函数。例子如下。

```
import tkinter
from tkinter import ttk                              #必须导入ttk
def func(event):                                     #<<ComboboxSelected>>事件处理函数
    print(com.get())                                 #显示选择的省名称
    print(cv.get())
    print(com.current())                             #显示选择的省名称序号
win = tkinter.Tk()
win.geometry("200x100+600+100")
cv= tkinter.StringVar()                              #参见11.5节
com=ttk.Combobox(win,textvariable=cv,state='readonly')   #创建Combobox组件对象
com.pack()
com["value"]=("福建","江西","浙江")                    #预置Combobox组件下拉列表
com.current(0)                                       #设置初始值是福建
com.bind("<<ComboboxSelected>>",func)                #绑定事件
win.mainloop()
```

17.8 颜色对话框

有成千上万种颜色，有很多种表示颜色的方法。在程序设计中，一般采用三原色法，即认为能够由红色(R)、绿色(G)和蓝色(B)按照不同比例表示每种颜色，用元组(R,G,B)表示，其中R、G和B取值范围为0到255。也可以用16进制数表示一种颜色。常见的是10进制数，每位数是0到9，逢10进1。生活中也使用其它进制数，例如时间的时和分就是60进制。16进制数每位数是0到9、A、B、C、D、E、F，其中A代表10，…F代表15，逢16进1，2位16进制最大数是FF，转换为十进制数是：F×16+F=15×16+15=255，Python用16进制数表示一种颜色的格式是："#000000"到"#FFFFFF"，最低2为代表蓝色，中间两位代表绿色，最高两位代表红色，Python用16进制数表示白色为"#FFFFFF"，等于10进制数的16777215，就是说可以表示

16777215种颜色，对于人眼来说，这已经足够了。

Tkinter.colorchooser模块包含颜色对话框函数askcolor(color=None,**options)，参数color为打开颜色对话框时的初始颜色；partent为颜色对话框的父窗体，默认为根窗体；title为窗体标题。打开颜色对话框时，除了列出供选择的各种颜色，还有"确定"和"忽略"按钮，选定颜色后，按确定按钮，该函数返回一个元组((R, G, B),color)，RGB值分别是0~255之间的整数，color是十六进制表示的颜色。按取消按钮，返回一个元组(None,None)。如需要使用颜色对话框，必须用语句from tkinter.colorchooser import *导入该模块。颜色对话框例子如下。

```python
from tkinter import *
from tkinter.colorchooser import *
def openColorDlg():
    s1 = askcolor(color='red', title='选择背景色')
    print(s1)
    root.config(bg=s1[1])
root = Tk()
root.geometry('300x200')
Button(root, text='选择背景色', command=openColorDlg).pack()
root.mainloop()
```

17.9　修改字体和缩放

有两种修改字体的方式，一种是修改所有输入文本的字体；另一种是修改所选字符串的字体名称、字体大小和颜色、字符是否有下划线、是否是黑体和是否斜体，以及字符的底色和字符的颜色。如是后者，必须使用tag(标签)，那么就不是纯文本，其中要插入多个tag(标签)。本章笔记本要求输入的是纯文本，希望和其它笔记本的文档兼容，因此不采用第二种方式。其实，Text组件的功能十分强大，除了第二种方式中的功能，还可以插入图形，制作一个类似Window系统的写字板程序也是可能的，有兴趣的读者可以试一试。

修改所有输入文本的字体，首先要打开自定义模式对话框，在对话框中选择字体名称、字体大小和字符颜色。选择字体名称和字体大小可用Listbox或Combobox组件，本程序使用2个Combobox组件，读者有兴趣也可试用Listbox组件。单击按钮，打开颜色对话框选择颜色。根据选定内容，修改Text组件的属性font和fg即可。使用者通常并不是同时修改字体名称、字体大小和字符颜色，可能仅修改一项或两项，在此情况下，必须在打开自定义模式对话框时，将当前笔记本正在使用的字体名称和字体大小作为初值传递给修改字体名称、字体大小的Listbox或Combobox组件，以及字符颜色作为修改颜色对话框的初始选定的颜色，这样使用者在打开对话框后，如仅修改了一项或两项，根据选定内容修改字体名称、字体大小或字符颜色，没有修改的项将保留原值。在主程序创建Text类对象时，字体是"Arial"，大小为20，字符颜色为黑色。用listOffont=[6,5,'#000000']列表记录字体的初始值，其中6为字体"Arial"在Combobox组件下拉列表中序号，5是字体大小值在Combobox组件下拉列表的序号，#000000'是黑色，表示初始字符颜色为黑色。当修改字体时，这些作为初值，修改后将修改值保存到该列表，作为下次修改字体初值。当创建新文件或打开新文件后，要用下边两条语句将text使用字体和列表listOffont恢复为初始值。

```
listOffont=[6,5,'#000000']
text.config(font=("Arial",20),fg='black')
```

修改主界面程序中菜单项"字体"的事件处理函数setFont()如下。

```
def setFont():
    global dlg,listOffont,com,com1
    dlg=Toplevel(root)                                              #默认是非模式对话框
    dlg.title("修改字体")                                           #设置对话框的标题
    dlg.grab_set()                                                  #设置dlg为模式对话框
    com=ttk.Combobox(dlg,state='readonly',width=8)                 #创建Combobox类对象
    com.grid(row=0, column=0)
    com["value"]=("宋体","黑体","楷体","微软雅黑","仿宋","新宋体","Arial")    #预置Com组件下拉列表
    com.current(listOffont[0])                                      #设置初始值字体
    com1=ttk.Combobox(dlg,state='readonly',width=8)               #创建Combobox类对象
    com1.grid(row=0, column=1)
    com1["value"]=("10","12","14","16","18","20","22","24","26","28","36","48","72")    #预置Com组件下拉列表
    com1.current(listOffont[1])                                    #设置初始值字号
    Button(dlg,text='选择字符色',command=openColorDlg).grid(row=0, column=2)
    Button(dlg,text=' 确 定 ',command=ok).grid(row=1, column=0)
    Button(dlg,text=' 忽 略 ',command=cancel).grid(row=1, column=2)
```

"修改字体"对话框中标题为"确定"和"忽略"两个按钮，单击两按钮调用的函数如下。

```
def ok():
    global dlg,listOffont,com,com1
    listOffont[0]=com.current()           #保存选定字体名称序号
    listOffont[1]=com1.current()          #保存选定字体大小序号
    text.config(font=(com.get(),int(com1.get())),fg=listOffont[2])
    dlg.destroy()
def cancel():
    dlg.destroy()
```

单击"选择字符色"按钮调用的函数，将打开颜色对话框。使用颜色对话框必须在程序的

头部，首先要用语句from tkinter.colorchooser import *导入Tkinter.colorchooser模块。

```
def openColorDlg():
    global listOffont
    color=askcolor(color=listOffont[2], title='选择字符颜色')
    if color[1]:                        #如按颜色对话框的确定按钮
        listOffont[2]=color[1]          #保存选定字符颜色
```

　　在Win10记事本中，在顶级菜单"查看"有子菜单项"缩放"，子菜单项"缩放"还有子菜单项：放大、缩小和恢复默认缩放。原以为该程序在自动换行时，进行缩放，Text组件宽度将增加，以保持每行的列数不变，即所谓的所看即所得。但实际上是放大后，Text组件宽度不变，每行的列数将减少，其所谓的放大和缩小，仅仅是使字体变大和变小。因此本程序无查看菜单项，仅有格式顶级菜单，有菜单项：自动换行和字体，单击字体菜单项，可修改文本使用的字体、字体大小和字符颜色。

17.10　用bing搜索选定字符串

　　在Win10笔记本程序中，如果选中一个词，例如人民币，单击"使用bing搜索"菜单项，可用bing搜索引擎查找"人民币"这个词，会将和"人民币"这个词有关的所有网站在浏览器列出。浏览器显示的网址是https://cn.bing.com/search?q=人民币&form=NPCTXT。这实际上是将查找条件传给bing网站，然后将搜索到的所有结果在浏览器上显示。原想用百度搜索引擎，同样是搜索"人民币"，格式太复杂。最后决定用bing搜索引擎。下例，单击"用浏览器查找所选字符串"按钮，在浏览器列出和所选字符串有关的所有网站。完整程序如下。

```
import webbrowser                      #使用浏览器导入的模块
from tkinter import *
def link():                            #单击"用浏览器查找所选字符串"按钮的事件处理函数
    list1=text.tag_ranges('sel')       #得到预定义tags(标签) 'sel'的开始索引和结束索引
    if len(list1)==0:                  #如列表长度为0，没有选择字符串，退出
        return
    s=text.get(list1[0],list1[1])      #开始索引为list1[0]，结束索引为list1[1]的被选中字符串
    s0="https://cn.bing.com/search?q="+s+"&form=NPCTXT"     #拼成网址，查找被选中字符串
    webbrowser.open(s0)                #访问网站
root=Tk()
root.geometry("300x100+100+50")
Button(root,text="用浏览器查找所选字符串",command=link).pack()
text=Text(root)
text.pack(expand=YES,fill=BOTH)
```

root.mainloop()

另外tag还支持事件绑定，用 tag_bind()方法绑定单击tag(标记)事件的事件处理函数，在事件处理函数中打开指定网站。用此法也能完成上例类似工作。例子如下。

```python
import tkinter as tk
import webbrowser                                      #使用浏览器导入的模块
def show_arrow_cursor(event):                          #鼠标移到tag上方事件处理函数
    text.config(cursor = "arrow")                      #鼠标改变形状
def show_xterm_cursor(event):                          #鼠标离开tag上方事件处理函数
    text.config(cursor = "xterm")                      #鼠标恢复形状
def click(event):                                      #鼠标单击tag事件处理函数
    webbrowser.open("https://www.python.org/")         #访问网站

root = tk.Tk()
text = tk.Text(root, width=40, height=5)
text.pack()
text.insert("insert", "I love Python!")                #在光标处插入字符串
text.tag_add("link", "1.7", "1.13")                    #定义名称为"link"的tag
text.tag_config("link",foreground="blue",underline=True)    #字符串背景蓝色加下划线
text.tag_bind("link","<Enter>",show_arrow_cursor)      #绑定鼠标移到tag上方事件
text.tag_bind("link","<Leave>",show_xterm_cursor)      #绑定鼠标离开tag上方事件
text.tag_bind("link", "<Button-1>", click)             #绑定鼠标单击tag事件
root.mainloop()
```

17.11　OS模块

OS是操作系统的英文"operating system"的缩写，OS模块是Python标准库的一个模块，直接导入即可使用。该模块提供 Python 程序与操作系统进行交互的接口函数。当OS模块被导入后，会自动适应不同的操作系统，将根据不同操作系统，提供该操作系统的接口函数。Python程序使用OS模块中提供的接口函数，可以实现跨平台运行，极大增强代码的可移植性。不要使用from os import *导入OS模块，否则会出现类似os.open()覆盖内置函数open()的问题，从而造成预料之外的错误。

在Python编程时，经常要对文件路径、文件和文件夹进行处理，例如从文件路径提取文件名称、新建文件夹、获取文件列表、删除某个文件、获取文件大小、重命名文件、获取文件修改时间、读或写文件等，都需要导入OS模块。OS模块有很多函数，如果需要读写一个文件，请参阅 open()函数；如果需要操作路径，请参阅 os.path 模块。

除了OS模块，类似的还有fileinput模块，可逐个读取多个文件；tempfile 模块，提供创建临时文件和临时文件夹的方法；还有shutil 模块，作为OS模块的补充，提供了对文件和文件夹的复

制、移动、删除等操作，提供了对文件的压缩和解压功能。

这里对这些模块的众多函数不做解释，仅介绍本章记事本程序使用OS模块中的2个函数。open()函数用来打开一个文件，返回一个文件对象，如果文件不存在，将会返回异常IOError。open函数和os.path.basename函数语法格式如下。

```
open(file,mode='r',buffering=None,encoding=None,errors=None,newline=None,closefd=True)
os.path.basename(文件路径)            #函数从文件路径中提取文件名称，包括扩展名
```

open函数有7个参数，其中常用的3个参数是：file，文件路径（相对路径或绝对路径）；模式mode，文件的打开模式(默认为"r"文本只读模式)；encoding，文本模式下的字符编码格式，默认与当前系统有关，使用locale模块的函数locale.getpreferredencoding(False) 可获取当前系统平台的默认编码。参数mode的取值：'r'为只读模式 (默认)，如果文件不存在将抛出异常FileNotFoundError；'w' 为只写模式，如果原文件存在将被删除后重新创建；'x'为创建新文件, 并以'w'模式打开, 如果文件已存在将抛出异常FileExistsError；'a'为添加模式, 如果原文件存在, 新内容将添加到文件末尾。参数mode 模式也可以使用组合格式: "<r/w/x/a>[+]<b/t>"，"r/w/x/a"必须选一个，并且只能选一个，"+"选或不选，"b/t"可选一个或都不选，如果不选，则默认选"t"，'b'为二进制模式，'t'为文本模式 (默认)。参数Mode模式合法组合格式的例子：'r'(只读, 文本)、'w'(只写, 文本)、'a'(只写添加, 文本)、'r+'(读写，文本，不会创建新文件)、'w+'(读写, 文本，将创建并覆盖原文件)、'rb'(只读, 二进制)、'wb'(只写, 二进制)、'a+b'(读写， 添加， 二进制)、'r+b'(读写, 二进制, 不会创建新文件)、'w+b'(读写, 二进制，将创建并覆盖原文件)。

17.12　文件对话框

tkinter.filedialog模块主要包含askdirectory、askopenfile、askopenfiles、asksaveasfile、askopenfilename、askopenfilenames、asksaveasfilename等函数，用于打开目录、打开或保存文件等各种对话框。函数如下。

```
from tkinter.filedialog import *
askdirectory(**options)            #打开目录对话框，返回所选中目录名称
askopenfile(**options)             #打开文件对话框，返回打开的文件对象
askopenfiles(**options)            #打开文件对话框，返回打开文件对象列表，可打开多个文件
#打开文件对话框。如选定文件，按打开按钮返回选定文件的绝对路径和文件名称，接下行
askopenfilename(**options)         #未选定文件，按确定按钮无效。按取消按钮，返回空字符串
asksaveasfilename(mode='w', **options)  #打开保存对话框，其它同askopenfilename
askopenfilenames(**options)        #打开文件对话框，返回打开文件名称列表
asksaveasfile(mode='w', **options) #打开保存对话框，返回保存的文件对象
```

其中参数**options表示有多个数量不定的"关键字参数"(参见9.7节)，参数解释如下。具体

例子见下节。

defaultextension=s：默认文件扩展名s。如用户没有输入文件扩展名，自动添加文件扩展名s

filetypes=[(label1, pattern1), (label2, pattern2), ...]：文件过滤器，例如[("文本文件","*.txt"),（"所有文件"，"*"）]

initialdir：打开对话框后的初始目录

initialfile：打开对话框后的初始文件

parent：对话框所在父窗体，默认为根窗体

title：窗体标题

17.13　存取Text组件文本内容

所谓保存文件，就是把用笔记本程序输入的文本转换为文件保存到硬盘上，关闭计算机，在硬盘保存的文件不会丢失，可以重新打开这个文件，即从硬盘将文件读入计算机运行内存，查看或编辑。文件必须有文件名，其格式为：文件名.扩展名，例如文本文件的扩展名为txt。计算机系统可能只有一个硬盘，也可能有多个硬盘，这些硬盘用C:、D:、E:等符号标记，分别称为C盘、D盘和E盘。硬盘可以保存成千上万个文件，如把所有文件都保存到某个硬盘上，将使计算机使用者查找文件变得十分困难，为克服这个缺点，可在硬盘创建文件夹，并给文件夹起一个有意义的名称，例如文本，又如为保存照片创建文件夹名称为照片。在文件夹中还可再创建子文件夹。为找到某个文件，必须指出文件所在硬盘，例如C:，文件所在文件夹及子文件夹，文件名及扩展名，所有这些称为文件的路径。文件路径又分为绝对路径和相对路径，下边用例子来说明这些概念。在C盘，创建文件夹，名称为：应用程序，在该文件夹中保存文件：笔记本程序.py；在应用程序文件夹再创建文件夹：文本，在该文件夹中保存文件：我的文章.txt。那么，"C:\应用程序\文本\我的文章.txt"，被称为我的文章.txt的绝对路径；当运行笔记本程序，可用我的文章.txt的绝对路径打开该文件；运行的笔记本程序所在文件夹是：应用程序，也可以用我的文章.txt相对于笔记本程序所在文件夹的路径打开文件，格式为："文本\我的文章.txt"。如果我的文章.txt文件被保存在应用程序文件夹，我的文章.txt相对路径格式为："我的文章.txt"。

存取文件包括三个菜单项：打开、保存和另存为。使用路径、文件名和扩展名来定位保存在硬盘的文件，路径可以是绝对路径，也可以是相对路径。使用全局字符串变量filename记录一个文件的路径、文件名和扩展名，初始为空。打开就是根据filename记录的文件路径、文件名和扩展名，打开一个已经保存的文件，单击"打开"菜单项调用open_file()函数定义如下。

```
filename="                                      #在主程序中定义的全局变量
def open_file():
    global filename
    fname=askopenfilename(defaultextension=".txt")     #打开对话框选择文件路径及名称返回
    if fname == "":          #如单击对话框的取消按钮，返回空字符串，取消此次操作
        return               #如选择文件路径及名称后，单击对话框的确定按钮，才能执行下边程序
```

```
    if text.edit_modified():        #要检查组件Text中文本是否被修改，如已修改，用对话框问是否保存
       z=askquestion(title="是否保存", message="是否保存修改内容", type='yesnocancel')
       if z=='cancel':              #按'cancel'按钮，放弃打开文件操作
          return
       elif z=='yes':               #按"yes"按钮保存已修改的文本，按"no"按钮不保存
          save()                    #后边定义的函数
    filename=fname                  #保存选择文件路径及名称
    root.title(""+os.path.basename(filename))       #主窗体标题栏显示路径及文件名
    text.delete(1.0, END)                           #删除组件Text中所有文本
    listOffont=[6,5,'#000000']                      #初始使用的字体名、大小和颜色
    text.config(font=("Arial",20),fg='black')       #设置Text组件使用字体名称和大小，字符颜色
    f=open(filename, 'r', encoding="utf-8")         #以读方式打开文件，f是文件对象
    text.insert(1.0, f.read())                      #将文件所有内容在组件Text中显示
    f.close()                                       #最后必须关闭文件
```

单击"保存"菜单项调用save()函数定义如下。在保存文件前，要检查是否已得到要保存的文件路径和文件名，如未得到，调用函数save_as，选择路径和文件名后保存。否则按照filename记录的文件路径、文件名和扩展名，将所有文本保存到文件。

```
def save():
    global filename
    if filename=="":                                #如还未得到文件的路径和文件名
       save_as()                                    #调用函数save_as，选择路径和文件名后保存
    else:
       f=open(filename, 'w', encoding="utf-8")      #以写方式打开文件，f是文件对象
       msg=text.get(1.0, 'end')                     #得到组件Text中所有文本
       f.write(msg)                                 #将组件Text中所有文本写入文件
       text.edit_modified(0)                        #保存文件后，修改标记置0，表示文本未修改
       f.close()                                    #最后必须关闭文件
```

最后函数是save_as()，将笔记本中的文本用新名称保存，原来的文件不改变，在原位置不动。函数save_as()定义如下。

```
def save_as():
    global filename
    fname=asksaveasfilename(defaultextension=".txt")  #使用对话框选择新文件路径及名称
    if fname=="":                                      #如单击对话框的取消按钮，返回空字符串，取消此次操作
       return
```

```
filename=fname                              #保存选择的新文件路径及名称
root.title(""+os.path.basename(fname))      #主窗体标题栏显示文件名
save()
```

17.14　Python异常处理机制

在编写程序时，程序难免会出现错误。有些是语法错误；有些是程序逻辑问题，即程序运行没有达到所希望的结果；还有些是程序运行时无法控制的错误，如在使用OS模块open函数，也会产生各种读写文件错误。这些错误可能导致操作系统崩溃。

Python解释器可发现语法错误。逻辑问题只能依靠调试来解决。无法控制的错误就要使用Python异常处理机制。所谓异常处理机制，就是在程序运行时出现无法控制的错误，让 Python 解释器执行事先准备好的除错程序，进而尝试恢复程序运行，避免操作系统崩溃。

Python 异常处理机制涉及 try、except、else、finally 这 4 个关键字，同时还提供了可主动使程序引发异常的 raise 语句。Python 异常处理语法格式如下。

```
try:
    程序运行代码，可能出错
except Error1:
    出现异常Error1执行的代码，然后执行finally:后的语句
except Error2:
    出现异常Error2执行的代码，然后执行finally:后的语句。可以有多个except语句，处理多个错误
except Exception:
    对余下的所有异常执行的代码，然后执行finally:后的语句
else:
    没有异常发生要执行的语句，然后执行finally:后的语句
finally:
    不管程序是否出错都一定会执行的语句
```

在上节save函数中，并未对可能产生的读写文件错误进行处理，这是不正确的，如果文件读写时产生 IOError 错误，后面的 f.close() 就不会调用，文件不关闭，一方面会占用大量运行内存，另一方面当我们写文件时，操作系统往往不会立刻把数据写入磁盘，而是放到内存缓存起来，空闲的时候再慢慢写入。只有调用 close() 方法时，操作系统才把没有写入的数据全部写入磁盘。忘记调用close()的后果是数据可能只写了一部分到磁盘，剩下部分数据可能就丢失了。为防止这类错误，必须使用异常处理机制。修改save函数如下。

```
def save():
    global filename
    if filename=="":
```

```
        save_as()
    else:
        try:
            f=open(filename, 'w', encoding="utf-8")
            msg=text.get(1.0, 'end')
            f.write(msg)
            text.edit_modified(0)
        except:
            print("保存文件产生错误")
        finally:
            f.close()
```

17.15　with as语句

上节修改了save函数，用 try except finally 语句来处理异常，从而保证无论是否出错都能用 f.close()语句关闭文件。为了简化程序，Python引入了 with as语句，不必显示写入f.close()，也能保证无论是否出错都能自动关闭文件。可以把with as语句理解为try finally语句。重写save()函数如下。

```
def save():
    global filename
    if filename=='':
        save_as()
    else:
        with open(filename, 'w', encoding="utf-8") as f:
            msg=text.get(1.0, 'end')
            f.write(msg)
            text.edit_modified(0)
```

在17.13节中的open_file函数的最后三条语句如下。

```
f = open(filename, 'r', encoding="utf-8")        #以读方式打开文件，f是文件对象
text.insert(1.0, f.read())                       #将文件所有内容在组件Text中显示
f.close()
```

使用with as语句应该修改为如下语句。

```
with open(filename, 'r', encoding="utf-8") as f:
```

```
text.insert(1.0, f.read())
```

可以用with同时操作多个文件，语句如下。

```
with open("test/test.py", 'r') as f1, open("test/test2.py", 'r') as f2:
    print(f1.read())
    print(f2.read())
```

17.16　实现某些功能的思路

Win10的笔记本程序，在底部还有一个状态栏，显示光标所在位置、缩放比例和所用字符集等信息。用Python实现笔记本，可在主窗体底部增加一个Label组件，作为状态栏，高度为1字符，沿x方向扩展。每当按下键盘的键，来更新所有信息。还可以为笔记本程序在菜单下部增加工具条，方法是在菜单下部增加Frame组件，在Frame组件中，放置多个图形按钮，单击按钮，调用对应的菜单项的事件处理函数，这样一些频繁使用的菜单项，就可用单击工具条中的对应按钮完成相同工作，加快操作速度。

编写程序一般使用代码编辑器，除了前边讲到的用不同颜色区分关键字外，还有一项功能是为每行语句增加或取消行号，要求在拷贝程序时，不能将行号也拷贝到剪贴板。为了增加行号，可在主窗体左侧增加Label组件，在y方向扩展。当单击增加行号菜单项后，在Label上为第1行前增加行号1，第1个回车在第2行前增加2，第3个回车在第3行前增加3，以此类推。存在行号时，当按回车键后，将在尾部增加一行，或插入一行，都在尾部增加一行并增加行号。Text组件的属性spacing1是每一行与上方的空白间隔，默认值为0；属性spacing2是自动换行的各行间的空白间隔，默认值为0；属性spacing3是每一行与下方的空白间隔，默认值为0。可修改这3个属性值，使每行文本和左侧的编号对齐。下边程序给出一种实现方法。

```
import tkinter as tk
root=tk.Tk()
root.geometry("300x80+100+50")
#不用\n，用Label组件属性wraplength也可以指定该组件每行像素数，完成自动换行，需要实验
label=tk.Label(root,text=' 1\n 2\n 3\n 4',width=3,anchor='n',bg='lightgray')
label.pack(side='left',fill='y')
text=tk.Text(root,spacing1=2,spacing2=2,spacing3=2,bg='azure')
text.pack(expand='yes',fill='both')
root.mainloop()
```

运行效果如图17-4所示。

图17-4

在Win10的写字板或Word程序中，实现了所见即所得的功能，这就要根据打印使用的纸张尺寸决定在一张纸(例如A4纸)上的每行列数和行数，这就要求在水平显示到指定字符数，虽然没有输入回车，也要在下行显示；在垂直显示到指定行数，要在下页显示。可在Text组件增加图形，作为两页之间的分割标记。在放大和缩小时，不能影响输入文本的行数和列数，这就要求，放大时采用较大字号的字符，同时根据字号放大倍数，改变Text组件的宽度。缩小尺寸方法类似。对于需要设定上下左右边距，可将Text组件放到Frame组件中，并且底色相同，Text组件距离Frame的上下左右边距为设定值。

第18章　用Canvas实现黑白棋

【学习导入】黑白棋是19世纪末英国人发明的，又叫翻转棋（Reversi）、奥赛罗棋（Othello）、苹果棋或正反棋（Anti reversi）。游戏通过相互翻转对方的棋子，最后以棋盘上谁的棋子多来判断胜负。它的游戏规则简单，因此上手很容易，但是它的变化又非常复杂。黑白棋在西方和日本很流行。本章黑白棋游戏用python tkinter的Canvas实现，采用人机对弈方式。本章将介绍用来绘制图形的Canvas组件，后续章节将进一步介绍图形图像有关知识。

18.1　黑白棋游戏规则

首先介绍黑白棋游戏规则。棋盘是由8行8列方格组成。棋子必须放在棋盘方格中，而不是像围棋那样，放在棋盘交叉点上。黑白棋有黑白两色棋子。游戏开始，在棋盘正中有两白两黑四个棋子交叉放置。黑棋总是先落子。每次放本方新棋子到无棋子方格中，要求放新棋子后，必须有对方棋子被替换，即放新棋子后，在横、竖、斜八个方向，至少在一个方向方格中有本方旧棋子，在新旧两方棋子之间的对方棋子全部被替换为本方棋子。如果一方有合法落子方格，就必须落子，不得弃权。棋盘已满或双方都没有合法落子方格时，棋局结束，棋子多的一方获胜。在棋盘还没有下满时，如一方的棋子数为0，则棋局结束，有棋子一方获胜。两位玩家轮流下棋，如黑方没有符合规则的落子方格，在这种情况下，白方继续落子，直到黑方有落子的方格后，恢复两玩家轮流落子。如白方没有符合规则的落子方格，处理方法相同。游戏结束的条件如下。

①整个棋盘满了，将导致双方都无法继续放棋子。

②某方棋子数为0，将导致双方都无法按规则继续放棋子。

③双方轮流放棋子导致某种棋子布局，使双方都不能按规则继续放棋子。

这三种情况都以棋盘上棋子多的一方获胜。判断游戏是否结束，可用"是否双方都无法按规则继续放棋子"作为判据。本程序采用此判据。

程序运行效果如图18-1所示。左图是初始状态。玩家先手，在6行4列处放黑子，两黑子之间白子被替换为黑子；然后计算机在6行3列处放白子(有+号)，见中图，有+号白子和另一白子之间的所有带*号白子，是同一位置黑子被替换后的白子。下一步轮到玩家放黑子，有#号方格是计算机放白子后，玩家可以放黑子的位置。右图游戏以玩家胜结束。

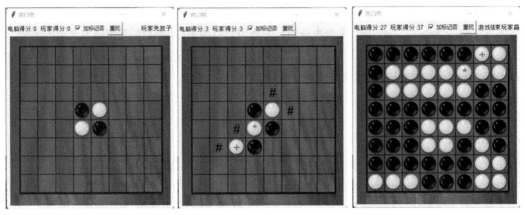

图18-1

18.2 tkinter组件Canvas

tkinter有Canvas画布组件，组件也是类，可在Canvas类对象上绘制直线、椭圆(圆)、矩形等各种几何图形，可用来显示图片、文字，可在Canvas类对象上放置组件(如Button)等。使用这些功能，能够创建图形编辑器，或实现各种自定义的小部件。

首先必须创建Canvas类对象，然后用Canvas类的create_xxx() 方法在Canvas类对象上绘制各种图形，xxx是图形类型，可以是line(线段)、rectangle(矩形)、text(文本)、oval(椭圆或圆)、polygon(多边形)、arc(弧、弦或扇形)、window(在Canvas类对象上放置组件，例如Label)、image(从png等类型文件导入的PhotoImage类对象)、bitmap(从XBM格式文件导入的BitmapImage类对象)。其中弦、扇形、椭圆、圆、多边形和矩形是封闭图形，封闭图形内部可以填充某种颜色，那么其内部也是封闭图形的一部分；也可以不填充，封闭图形不填充颜色，封闭图形将只有外轮廓线，内部为空，其内部不是封闭图形的一部分，封闭图形内部不填充，也可以认为填充色为透明色。封闭图形的属性outline (外轮廓线)和属性fill(填充颜色)可设置为不同颜色，如属性outline或属性fill为空字符串(默认值)，表示为透明色，即不填充任何颜色。

图形用直角坐标系定位，坐标系原点在Canvas组件左上角，x轴向右为正方向，y轴向下为正方向，单位为像素，为整数。画线方法的前4个参数(或用4个参数组成元组或列表)是线起点和终点坐标。创建矩形、椭圆形(圆形)、弧(弦或扇形)方法都是用矩形定位，前4个参数(或用4个参数组成元组或列表)是矩形左上角和右下角坐标。create_oval()方法是用指定矩形画内切圆或椭圆。create_arc()方法是从指定矩形的内切圆或椭圆中，取出弧、弦或扇形，取出方法是以内切圆或椭圆中心为起点的沿x轴方向射线，逆时针旋转由参数extent指定的角度(默认90度)，所得内切圆或椭圆的弧；形状取决于参数style，="arc"为弧，仅包括从圆或椭圆取出的弧线；="chord"为弦，包括弧和弧的两个端点的连线；="pieslice"为扇形(默认值)，包括弧和弧的两个端点到圆或椭圆中心的连线。创建image、bitmap、window和文本方法，用前2个参数来定位，以定位image图像为例，参数anchor可以是"center"(默认值)、"ne"、"se"、"sw"、"nw"、"n"、"s"、"w"和"e"，前2个参数分别是图像中心点，图像右上、右下、左下和左上角坐标，图像上边界、下边界、左边界和右边界中心点坐标。e、w、s和n代表东西南北，上北下南，左西右东。参数anchor最常用的参数值是"center"和"nw"，表示前2个参数分别是图像中心点的坐标(默认值)和图像左上角的坐标。方法create_polygon()创建多边形，第1个参数是列表，记录多边形所有顶点的坐标，也可将所有顶点的坐标直接作为方法的最前边的参数。例子如下。

```python
import tkinter as tk
root = tk.Tk()
c=tk.Canvas(root,width=400,height=120)                    #创建Canvas类对象c
c.pack()
line1=c.create_line(100,0,0,100,fill="blue")              #从(100,0)点到(0,100)点画蓝色线
line2=c.create_line(0,0,100,100,fill="red",dash=(4,4))    #从(0,0)点到(100,100)点画红色虚线
rect1=c.create_rectangle(50,25,150,75,fill="blue")        #画矩形左上角坐标(50,25)右下角(150,75)
c.create_oval(140,20,260,80,fill="pink")                  #画矩形内切椭圆，矩形左上角坐标(140,20)右下角(140,20)
c.create_text(200,50,text="Python")                       #显示字符串，默认字符串中心点坐标为(200,50)
c.create_polygon(240,20,340,20,290,90,outline='yellow',width=10,fill='blue')   #前6个参数为三角形3顶点坐标
c.create_arc(10,10,100,100,extent=230,style='chord')      #从前4参数指定正方形的内切圆取弦
c.create_arc(60,10,150,100)                               #extent默认为90，style默认为'pieslice'，图形包括弧和半径
c.create_arc(155,10,245,100,extent=230,style='arc')       #style='arc'表示图形仅包括弧
c.coords(rect1,50,50,150,100)                             #将rect1移到左上角坐标(50,50)右下角坐标(150,100)矩形处
c.itemconfig(rect1,fill="red")                            #修改rect1属性fill
c.delete(line2)                                           #删除line2
but=tk.Button(c,text="删除全部",command=(lambda x="all":c.delete(x)))  #注意参数1是c
c.create_window(200,105,window=but)                       #在Canvas中放置Button组件
root.mainloop()
```

可用create_image方法在Canvas对象上显示png等类型图像。黑白棋需要一个棋盘，棋盘应充满主窗体，在棋盘上可放置黑子和白子。下边例子首先增加棋盘背景，增加了3个按钮，标题分别为：增棋子、移棋子和删棋子。程序运行后，出现空棋盘。单击"加棋子"按钮，增加一个黑棋子和一个白棋子。每单击一次"移棋子"按钮移棋子，两个棋子右移。单击"删棋子"按钮，删除两个棋子。

```python
import tkinter as tk
def add():                                                #事件函数，增加一个白棋子和一个黑棋子，有相同的tag
    c.create_image(85,85, image=pw,tag="a1")
    c.create_image(45,45, image=pb,tag="a1")
def move():                                               #事件函数，移动两个棋子
    c.move("a1",40, 0)                                    #所有tag="a1"的棋子的x坐标增加40
def dele():                                               #事件函数，删除所有tag="a1"的棋子
```

```
        c.delete("a1")
root = tk.Tk()
root.title('增加移动删除棋子')
root.geometry("373x373+200+20")
root.resizable(width=False,height=False)
c=tk.Canvas(root,width=373, height=373,background="white")    #创建Canvas对象
c.pack(side=tk.LEFT,anchor=tk.NW)                             #放置Canvas对象在root窗体左上角。tk.NW也可为'nw'
p=tk.PhotoImage(file='黑白棋棋盘.png')
pw=tk.PhotoImage(file='围棋白棋子.png')                         #棋子图像必须是png格式，背景必须透明
pb=tk.PhotoImage(file='围棋黑棋子.png')
c.create_image(0,0, image=p,anchor='nw')                      #放置棋盘图像对象，其左上角在Canvas对象左上角
tk.Button(c,text='加棋子',command=add).place(x=10,y=300,width=60,height=30)
tk.Button(c,text='移棋子',command=move).place(x=100,y=300,width=60,height=30)
tk.Button(c,text='删棋子',command=dele).place(x=200,y=300,width=60,height=30)
root.mainloop()
```

从上边例子可以看出，棋子在棋盘的上方，即后画的图形将覆盖前边所画图形。但这种覆盖关系是可以改变的。可用lift()方法将某图形移到所有图形最上边，用lower()方法将某图形移到所有图形最下边。

用create_xxx() 方法在Canvas对象上创建的对象，例如，矩形、image和text等，这里将它们统称为：图形对象。图形对象除了用变量引用，还可以用tag代表。预定义了两个tag，"all"代表所有图形对象，"current"代表鼠标下方的图形对象。变量只能引用一个对象，用tag可以代表多个图形对象，如需要移动或删除多个图形，用变量只能一个个地移动或删除，如多个图形对象都有相同的tag，用一条语句就可以同时移动或删除多个图形对象。在黑白棋中，有时需要为玩家增加标记，例如用#提示玩家下一步允许放子的多个位置，如使用字符作为标记，并令它们都有相同tag，那么删除这些标记只需一条语句。还可以用tag和图形ID绑定事件，见下例。

```
import tkinter as tk
def leftClick(event):
    color1=cv.itemcget('a','fill')           #得到tag为'a'的组件填充色
    #color2=cv.itemcget(rect1,'fill')         #得到rect1引用的组件填充色
    if color1=="blue":                        #color1是用字符串表示的颜色
        cv.itemconfig('a', fill='green')      #注意参数1是tag
    else:
        cv.itemconfig(rect1, fill='blue')     #参数1是rect1引用的组件
root = tk.Tk()
cv=tk.Canvas(root, width=120,height=60)
cv.pack()
```

```
rect1=cv.create_rectangle(10,10,110,50,fill="blue",tag="a")
cv.tag_bind('a','<Button-1>',leftClick)              #绑定鼠标左击tag为'a'组件的事件处理函数
#cv.tag_bind(rect1,'<Button-1>',leftClick)           #绑定鼠标左击rect1引用组件的事件处理函数
root.mainloop()
```

18.3 实现黑白棋思路

　　本黑白棋游戏用python tkinter的Canvas组件实现，首先创建Canvas类对象cv，棋盘和棋子都是用cv.create_image方法在Canvas类对象cv上创建的图像，棋盘每个方格上的棋子都有一个唯一的tag="p"+str(行数)+str(列数)，注意自定义tag的字符串名称中不能全是数字，必须要有字母，这是因为系统使用数字字符串区分不同图形。棋盘是由8行8列方格组成，棋子放在方格中间。每个方格有3种互斥状态：有黑子、有白子或无棋子。用8行8列2维列表记录棋盘64个方格状态，作为棋盘状态映像。重玩时用cv.delete("all")删除所有棋子、棋盘和标记，然后重新创建棋盘，并增加初始2白2黑棋子。要替换棋子，首先要删除指定行数和列数的对方棋子，然后放置本方棋子，由于棋盘每个方格上的棋子都有一个唯一的tag，用cv.delete(tag)可方便删除指定行数和列数的棋子。使用图像作为棋子，看起来比较美观。也可以使用cv.create_oval()方法画一个圆，白子填充白色，黑子填充黑色，替换棋子时，只需改变填充色。同样棋盘也可不使用图像，用画线函数在Canvas类对象cv上画出棋盘。18.1节中图的红色标记+是计算机放置的白子，在有红色标记+的白子和另一白子之间，被红色*标记所有白子是替换同一方格黑子得到的。标记#是计算机放置白子后，玩家可以放置黑子的方格。所有这些标记都是用create_text()方法创建的字符，标记+、*和#都要有相同的tag，每次玩家放黑子或计算机放白子后，都必须删除旧标记，生成新标记，由于所有标记的tag相同，用一条语句就可将所有标记删除。

　　黑白棋游戏采用人机对弈方式，玩家先手放黑子，然后电脑放白子。首先介绍玩家如何在棋盘方块上放黑子。玩家用鼠标点击棋盘某方块，表示要在该方块上放黑子，调用鼠标单击事件处理函数。该函数必须根据得到的鼠标单击处坐标，将其转换为棋盘方块的行数和列数，如单击处不在棋盘方格中，转换后的行列数将不在0～7范围内。然后检查在该行列处是否允许放一个黑子，允许放黑子的3个必要条件是：行列数在棋盘上，即行列数都在0~7范围内；该行列处无子；放了黑子后，该黑子在8个方向上，至少在一个方向有黑子，并且在这两个黑子之间有白子。如不满足3个条件中任意一个，不做任何工作。如3个条件都满足，在该行列方格放黑子，将新放置的黑子和其它黑子之间的白子替换为黑子；替换后，显示当前玩家黑子数和计算机白子数。删除所有标记。最后检查游戏是否结束，检查方法是，先检查计算机是否有放白子的方格，如有，令计算机放白子，如没有方格允许计算机放白子，检查玩家是否有放黑子的方格，如没有方格允许放黑子，游戏结束，否则显示"电脑无子可放"，玩家继续放黑子。

　　玩家放置黑子后，就轮到计算机放置白子。可能有多个方块允许放置白子，计算机首先必须找到所有允许放置白子的方块，从这些方块中，找到最可能使计算机获胜的方块，放置白子。放白子过程和放黑子基本相同，不同之处是放置白子，替换两白棋子之间的黑子。因此玩家放黑子，计算机放白子，有许多代码是相似的，这些相似代码可用函数进行封装，参数的实参值不同，使函数既可以是玩家放黑子，也可以是计算机放白子。因此必须增加一个变量，记

录当前是玩家放黑子，还是计算机放白子。

当玩家用鼠标点击棋盘某方块，调用鼠标单击事件处理函数放置黑子后，轮到计算机放白子，如在鼠标单击事件处理函数中，立刻使用计算机放白子程序放置白子，视觉效果是，玩家和计算机的棋子同时出现，不像是两者在对弈。即使在两段代码之间增加延迟，也不能解决问题。因为只有在退出鼠标单击事件函数后，系统才会对改动后的界面重新显示。如增加按钮，在玩家放棋子后，单击按钮启动计算机放棋子，也可使棋子前后出现，但显然不如由计算机自动实现棋子先后出现更加合理。首先想到是在鼠标单击事件函数最后，发一个自定义事件，启动该自定义事件函数，延迟若干时间后，再执行计算机放白子操作。但是实验结果达不到使双方棋子前后出现的效果。最后方法是建立一个新线程，在此线程中每0.2秒查询一次是否该计算机放子，如是，延迟0.2秒发一个自定义事件，启动该自定义事件函数，执行计算机放子操作，达到使双方棋子前后出现的效果，即每次单击鼠标，先增加一个黑子，延迟一段时间，出现白子。

下边例子说明实现使棋类游戏双方棋子前后出现的方法，单击Canvas类对象，将出现一个黑色的小圆，延迟一段时间，才会自动出现一个白色小圆。完整程序如下。

```python
from threading import Timer              #使用多线程导入的模块
import time                             #使用延时函数导入的模块
import tkinter as tk
def mouseClick(event):                  #鼠标左键单击，画一个黑色小圆
    global turn,m
    if turn=='player':                  #如是轮到玩家放黑子
        w.create_oval(m+10,10,m+40,40,fill='black')   #画黑色实心圆
        turn="computer"                 #下次轮到计算机放白子
def computerPlay(event):                #自定义事件函数
    global turn,m
    if turn=='computer':                #如是轮到计算机放白子
        turn='n'            #避免computerPlay运行时，发自定义事件，再次调用函数computerPlay
        w.create_oval(m+10,50,m+40,80,fill='white')   #画白色实心圆
        m+=40                           #下次画圆的x坐标
        time.sleep(0.5)                 #延时0.5秒
        turn="player"                   #下次轮到玩家放黑子
def count():                #该函数完成每秒查看是否轮到计算机放白子功能，将运行在子线程中
    global turn
    while True:
        if turn == 'computer':          #如轮到计算机放白子
            root.event_generate('<<makeComputerPlay>>')   #发自定义消息启动计算机放白子程序
        time.sleep(0.5)
root = tk.Tk()
```

```
root.title('使棋类游戏双方棋子前后出现')
root.geometry("300x300+200+20")
w=tk.Canvas(root,width=200,height=200,background = "pink")    #建立Canvas对象
w.pack()
turn="player"                                                 #首先玩家放棋子
m=0                                                           #放棋子x坐标值
w.bind("<Button-1>",mouseClick)                              #绑定鼠标单击Canvas类对象事件函数
root.bind("<<makeComputerPlay>>",computerPlay)              #将自定义事件和事件函数绑定
timer=Timer(1, count)                                        #执行timer.start()语句后，1秒后调用count函数在子线程运行
timer.start()                                               #启动子线程
root.mainloop()
```

18.4　游戏初始界面和程序框架

本节主要任务是创建18.1节图18-1那样的界面，初始化所有变量，给出游戏程序的基本框架。虽然定义了游戏程序中所有函数，但很多函数仅有一条pass语句，并不包括黑白棋有关的代码，未实现的函数将在后续章节给出完整代码。

游戏程序运行的基本流程是：玩家在鼠标单击处放黑子，延迟若干时间，电脑放白子。为了实现玩家在鼠标单击处放黑子，为Canvas类对象cv绑定鼠标单击事件，定义该事件的事件处理函数mouseClick(event)，在该函数中完成玩家放黑子工作。PCplay函数完成PC放白子工作。玩家放黑子后，不能立即调用PCplay函数放白子，否则，视觉效果就是黑子和白子同时出现在屏幕，不像玩家和PC在对弈，参见18.3节的有关论述。为此创建自定义事件makePCplay，设置放白子函数PCplay为该自定义事件的事件处理函数。创建子线程，定义在子线程中运行的函数isPCwork()，该函数中while语句是死循环，每隔0.2秒检查是否轮到计算机放白子，如果轮到计算机放白子，延迟0.2秒产生事件makePCplay，该事件调用PCplay()，完成PC放白子工作，使黑子先出现，白子后出现。

本节实现了单击重玩按钮调用的函数playAgain()，实现了函数putPiece()、New8X8list()和isPCwork()。playAgain()函数完成游戏初始化工作，在该函数中定义了所有全局变量。8行8列2维列表list_8X8用来记录棋盘64个方格3种互斥状态：有黑子、有白子或无棋子。变量turn记录当前放棋子者，初始值是"player"，玩家先放棋子，轮到计算机落子为"PC"。

putPiece()函数将一个指定颜色的棋子放到棋盘row行col列处，并将该棋子状态保存到2维列表list8X8，其最后的参数p为图像ID。注意create_image方法参数1和2是Canvas坐标系的坐标，单位为像素，默认中心对齐。而row,col是棋盘方格在棋盘上的行列号，因此必须将行列号转变为Canvas坐标系的坐标。转换的公式为：棋子图像中心在Canvas坐标系的坐标等于((24+20+row*40),(25+20+col*40))，其中窗体左边界距棋盘左边界为24，窗体用户区上边界距棋盘上边界为25，棋盘单元格宽和高都是40，一半为20。放置的棋子都有自己唯一的tag，其值为：tag="p"+str(行数)+str(列数)，以方便在替换对方棋子时，删除指定行数和列数对方的棋子。

函数New8X8list()必须运行在删除所有棋子和棋盘并重新创建棋盘后，此时主界面显示空棋

盘，即无黑子也无白子。该函数首先创建新8行8列2维空列表，所有项值都是'none'。然后4次调用函数putPiece()放入初始的2白2黑棋子，返回8行8列2维新列表。完整主界面程序如下。

```python
from threading import Timer          #使用多线程引用的模块
import time                          #使用延时函数引用的模块
import tkinter as tk
import random                        #生成随机数的模块
import copy                          #使用deepcopy函数备份2维列表必须引用copy模块
def putPiece(list8X8,row,col,color,p):    #在棋盘指定row行col列处放置color颜色棋子(图片ID为p)
    list8X8[row][col]=color          #将棋盘row行col列方格上棋子颜色保存到2维列表中
    cv.create_image((44+row*40),(45+col*40),image=p,tag=("p"+str(row)+str(col)))    #在棋盘上放子
def New8X8list():                    #创建棋盘初始界面，并返回记录棋盘各个方块状态的2维列表
    list0=[]                         #创建新8行8列2维空列表
    for i in range(8):               #设置2维列表所有项为'none'，表示无棋子
        list0.append(['none']*8)     #['none']*8=['none','none','none','none','none','none','none']
    putPiece(list0,3,3,'black',pb)   #在棋盘3行3列方格处放黑棋子，该方块放黑子状态保存到列表
    putPiece(list0,3,4,'white',pw)   #在棋盘3行4列方格处放白棋子，该方块放白子状态保存到列表
    putPiece(list0,4,3,'white',pw)
    putPiece(list0,4,4,'black',pb)
    return list0                     #返回记录棋盘各个方块状态的列表
def isPos(list8X8,color,row,col):    #棋盘row行col列方块是否能放参数color指定颜色棋子
    pass
def isOnBoard(row,col):              #row,col为行列号，是否在0—7之间
    pass
def getValidPos(list8X8,color):      #返回列表，记录可放参数color指定颜色棋子所有方块行列号
    pass
def getScore(list8X8):              #获取棋盘上黑白双方的棋子数，即得分
    pass
def flipPiece(list8X8,color,row,col,p):    #将color颜色棋子按规则放到row行col列
    pass
def isOnCorner(x,y):                #x行y列方块是否在角上
    pass
def PCputPiecePos(list8X8,PCcolor):    #找到并返回计算机放白子最优方块行列号(row,col)
    pass
def showGameEnd(list8X8):           #显示游戏结束信息
    pass
def showScoe(list8X8):              #显示分数
    pass
```

```python
def mouseClick(event):                          #玩家单击cv(棋盘)的事件处理函数，放黑子
    pass
def makePlayerMark():                           #返回下次玩家可放棋子所有方块，并为这些方块做标记
    pass
def PCplay(event):                              #收到自定义事件，调用本函数响应，计算机放白子
    pass
def isPCwork():                                 #该函数每0.2秒查看是否轮到计算机放白子，将运行在子线程
    global turn
    while True:
        if turn=='PC':                          #如轮到计算机放白子
            time.sleep(0.2)                     #延迟0.2秒放白子
            root.event_generate('<<makePCplay>>')   #发消息启动计算机放白子程序
        time.sleep(0.2)
def playAgain():                                #游戏初始化程序
    global turn,gameOver,playerColor,PCcolor,list_8X8,timer
    cv.delete("all")                            #删除所有棋子，包括棋盘，后边必须重新创建棋盘
    cv.delete("A")                              #删除所有提醒标记
    cv.create_image(0,0,image=pp,anchor=tk.NW)  #在cv上放棋盘图像，左上角对齐
    turn='player'                               #记录当前放棋子者，玩家先放棋子
    gameOver=False                              #游戏是否结束变量，初始不结束
    playerColor='black'                         #玩家使用黑子
    PCcolor='white'                             #计算机使用白子
    label['text']='玩家先放子'
    label1['text']='电脑得分:0'
    label2['text']='玩家得分:0'
    list_8X8=New8X8list()                       #建8*8列表记录棋盘状态,初始值为"none",再放2白2黑棋子
    timer=Timer(1,isPCwork)                     #timer.start()启动线程1秒后,调用isPCwork()在子线程运行
    timer.start()                               #启动子线程
root = tk.Tk()                                  #创建主窗体
root.title('黑白棋')                            #窗体标题
root.geometry("378x410+200+20")
root.resizable(width=False,height=False)
frm=tk.Frame(root)
frm.pack(fill=tk.BOTH)
label1=tk.Label(frm,font=("Arial",10))          #用来显示电脑得分，注意参数1为frm
label1.pack(side='left')                        #从左向右放置组件
label2=tk.Label(frm,font=("Arial",10))          #用来显示玩家得分
label2.pack(side='left',padx=3)
```

```
v=tk.IntVar()
c1=tk.Checkbutton(frm,variable=v,text="加标记否") #创建多选按钮
c1.pack(side='left')
v.set(1)                                    #Checkbutton被设置为选中，将为玩家提示可放棋子位置
button=tk.Button(frm,text="重玩", command=playAgain)
button.pack(side='left',padx=2)
label=tk.Label(frm,font=("Arial",10))       #用来显示提示信息
label.pack(side='right')
cv=tk.Canvas(root,width=372,height=373,background="white")  #创建Canvas对象
cv.pack(side=tk.LEFT,anchor=tk.NW,padx=6)    #放置Canvas对象，在root窗体左上角对齐
cv.bind("<Button-1>",mouseClick)            #绑定鼠标左键单击事件的事件处理函数
root.bind("<<makePCplay>>",PCplay)          #绑定自定义事件makePCplay的事件处理函数
pp = tk.PhotoImage(file='黑白棋棋盘.png')     #围棋棋盘图像，宽和高为372×373像素
pw = tk.PhotoImage(file='围棋白棋子.png')     #棋子图像必须是png格式，背景必须透明
pb = tk.PhotoImage(file='围棋黑棋子.png')
playAgain()                                 #游戏初始化
root.mainloop()
```

请看上边程序的倒数第4行的注释：棋子图像必须是png格式，背景必须透明。那么"背景必须透明"是什么意思呢？在黑白棋程序中，棋子图片为正方形，除了圆形棋子图像外，其余部分称为背景(底色)。如直接将棋子图片放到棋盘上，不但能看到棋子，还能看到棋子外的背景。但从18.1节的程序运行效果图中可以看到，只看到棋子，看不到棋子外的背景。这是因为在使用棋子图片前，已将棋子背景(底色)变为完全透明。只有png格式图像才能将图片背景变为透明。网上有将背景变透明的程序，只要把图像上传到该网页，去掉背景后下载，就可以得到去背景后的图像。本书19.6节，也用pillow库编写了一个去背景的程序，将来可以看到，学习第19章后，设计这样的程序并不困难。

18.5 玩家放黑子有关程序

玩家用鼠标单击棋盘某方块，表示要在该方块上放黑子，将调用鼠标单击cv事件处理函数mouseClick(event)，event.x,event.y是鼠标单击处坐标，必须将其转换为棋盘方块的行列号。然后调用函数flipPiece，在指定行列处放黑子，并按规则替换白子。如flipPiece函数返回值为假，说明放黑子失败，没有在该处放黑子，退出mouseClick函数，允许玩家再次用鼠标单击棋盘放黑子。否则放黑子成功，mouseClick函数执行后边语句，显示黑子数和白子数，删除所有标记，最后检查游戏是否结束。mouseClick函数如下。

```
def mouseClick(event):                      #玩家单击cv的事件处理函数，放黑子
    global gameOver,turn
```

```
if turn=='player' and gameOver==False:    #如轮到玩家放黑子并且游戏未结束
    x,y=(event.x),(event.y)                    #将鼠标坐标转换为棋盘方块的行列号
    col=int((x-24)/40)                         #24为窗体左边界距棋盘左边界距离，40为方格长和宽
    row=int((y-25)/40)                         #25为窗体用户区上边界距棋盘上边界距离
    if flipPiece(list_8X8,playerColor,col,row,pb)==False:    #如不能在(col,row)处放黑子，函数返回假
        return                                 #未做任何工作,允许玩家再次用鼠标单击放黑子，提示不变
    label['text']=""                           #到此成功放黑子并按规则替换白子，删除前边提示信息
    showScoe(list_8X8)                         #显示当前棋盘上黑子数和白子数
    cv.delete("A")                             #玩家已放子，可去掉上次玩家可放子标记和pc放子标记
    if getValidPos(list_8X8,PCcolor)!=[]:      #如函数返回PC可放白子方块的行列号列表不为空
        turn = 'PC'                            #说明PC有子可放，轮到计算机放白子，游戏一定未结束
        return
    if getValidPos(list_8X8,playerColor)==[]:    #到此PC无子可放，如返回空列表，说明玩家也无子可放
        showGameEnd(list_8X8)                  #则游戏结束，显示游戏结束信息
    else:                                      #到此，电脑无子可放，玩家有子可放
        label['text']="电脑无子可放"             #提示玩家放子
        makePlayerMark()                       #为下次玩家可放黑子所有方块加标记#
```

函数flipPiece()将指定颜色棋子放到row行col列方块，并按规则替换对方棋子，可能成功，也可能失败。首先调用函数isValidPos()，该函数返回假，说明无法按规则放棋子到指定方块，退出flipPiece()函数并返回假。函数isValidPos()返回真，将返回一个列表，该列表记录要翻转的所有对方棋子行列号。到此步函数flipPiece()可放指定颜色棋子到棋盘指定行列号方块，并利用函数isValidPos()返回的列表，翻转对方棋子。如是计算机放白子，还要为计算机白棋增加放子标记，+为计算机放的白子，带*白子是由同一位置黑子翻转得到的白子。这些标记，都有相同的tag，以方便删除这些标记。函数flipPiece()定义如下。

```
def flipPiece(list8X8,color,row,col,p):        #将指定颜色棋子放到row行col列，并替换对方棋子
    flipList=isValidPos(list8X8,color,row,col)    #返回列表，该列表记录要翻转的所有对方棋子行列号
    if flipList==False:                        #如果返回假，说明无法按规则放棋子到指定方块
        return False                           #不做任何工作退出，返回假
    putPiece(list8X8,row,col,color,p)  #到此说明可放棋子，放指定颜色棋子到指定行列处，并更新list8X8
    for x,y in flipList:                       #逐一从列表取出替换对方棋子的行列号x,y
        cv.delete("p"+str(x)+str(y))           #删除对方棋子
        putPiece(list8X8,x,y,color,p)          #放己方棋子，同时更新list8X8列表
    if color==PCcolor:            #如是计算机放白子，为计算机白棋增加放子标记，+为计算机放的白子
        cv.create_text((44+row*40),(45+col*40),text="+",fill="red",tag="A",font=("Arial",20))
        for x,y in flipList:        #带*白子是替换同一方格黑子得到的白子，注意tag都是"A"
            cv.create_text((44+x*40),(45+y*40),text="*",fill="red",tag="A",font=("Arial",20))
```

return True　　　　　　　　#退出返回真

　　函数isValidPos(list8X8,color,row,col)判断在棋盘row行col列方格是否能放color颜色棋子。在方格放棋子的条件是：首先，row和col>=0且<8，用isOnBoard(x,y)判断；其次，row行col列方格无子，即语句list8X8[row][col]=='none'成立；最后，放本方新棋子后，在8个方向，至少有一个方向有本方旧棋子，并且在本方新旧棋子之间能替换对方棋子。如满足三条件，函数isValidMove返回列表，记录放置本方棋子后，所有需要替换对方棋子行列号；如三条件不满足，返回假。函数isValidPos()可用于白子和黑子。请注意，该函数仅仅是使用列表list8X8，判断能否将棋子放到棋盘指定行列处，并未放棋子到棋盘，也未修改列表list8X8。函数定义如下。

```
def isValidPos(list8X8,color,row,col):                      #row行col列方格是否能放color颜色棋子
    if not isOnBoard(row,col) or list8X8[row][col]!='none':  #row和col<0或>7或row行col列方格有棋子
        return False            #row行col列方格不能放color颜色棋子，返回假退出
    list8X8[row][col]=color     #临时将color放到列表，才能根据列表判断能否替换对方棋子
    if color=='black':          #color为本方棋子颜色，如为黑色
        othercolor='white'      #对方为白色
    else:
        othercolor='black'      #否则对方为黑色
    flipList=[]                 #逐一检查8方向方格，计算行列公式为：row=row+dx,col=col+dy
    for dx,dy in [[0,1],[1,1],[1,0],[1,-1],[0,-1],[-1,-1],[-1,0],[-1,1]]:        #逐一检测8方向能否替换对方棋子
        x,y=row,col             #此处x,y为放本方棋子处的行列号
        x+=dx                   #行列号分别加dx及dy。如dx=0，dy=1，则从x,y处向右逐一检测
        y+=dy                   #为读懂程序，可假想为向右检测，此处(x,y)为放本方棋子后第1子
        if isOnBoard(x,y) and list8X8[x][y]==othercolor:  #条件不满足，退出本次for循环，查下一方向
            x+=dx               #满足条件说明行列号在0—7范围，在本方棋子后第1子是对方棋子
            y+=dy               #行列号分别加dx及dy，检查放本方棋子后第2子
            if not isOnBoard(x,y):  #如x行y列不在棋盘上，因未出现本方棋子，无法翻转对方棋子
                continue        #退出本次循环,查下一方向。下句从放本方棋子后第2子行列号开始
            while list8X8[x][y]==othercolor:  #查x行y列处是本方棋子，循环结束
                x+=dx           #是对方棋子，循环继续，行列号分别加dx及dy，检查下一子
                y+=dy           #只有出现本方棋子，表示能翻转对方棋子，退出while循环
                if not isOnBoard(x,y):  #如出界，因未出现本方棋子，退出while循环
                    break       #到下句已退出while循环，可能是出界退出或碰到本方棋子退出
            if not isOnBoard(x,y):  #出界退出棋子排列为:OXXXXX，O是本方，X是对方，无法翻转X
                continue        #退出本次for循环，查下一方向
            if list8X8[x][y]==color:  #如是己方棋子，说明此方向排列为：OXXXXO，可以翻转X
                while True:     #循环把终点O前到起点O后所有行列号保存到列表flipList
                    x-=dx       #初始是终点O行列号，分别减dx和dy，是终点O前第一个X
```

y-=dy	#第2次循环，是终点O前2个X，第3次循环，是前3个X…
if x==row and y==col:	#如回到了放指定颜色棋子的行列号，则结束
break	#退出while循环
flipList.append([x, y])	#将需要翻转的棋子行列号保存到flipList
list8X8[row][col] = 'none'	#将前面临时放上的棋子去掉，即还原棋盘
if len(flipList)==0:	#如列表为空，没有要翻转的对方棋子，返回假
return False	
return flipList	#返回flipList，为记录需要翻转棋子行列号的列表

玩家放置黑子还用到如下函数。这些函数依靠注释，都比较容易理解。请注意许多函数既可用于放白子，也可用于放黑子。这些函数的定义如下。

def isOnBoard(row,col):	#参数row,col为行列号，判断row行col列是否出界
return row>=0 and row<8 and col>=0 and col<8	#返回真，在棋盘界内，返回假不在界内
def getValidPos(list8X8,color):	#返回列表，记录参数color颜色棋子所有可落子方块的行列号
validPos=[]	#validPos将记录参数color颜色棋子所有可落子方块的行列号
for x in range(8):	#x,y是行列号
for y in range(8):	
if isValidPos(list8X8,color,x,y)!=False:	#如能在x行y列放参数color颜色棋子
validPos.append([x,y])	#将该行列号保存到列表
return validPos	
def makePlayerMark():	#为玩家所有可放黑子方块加标记#，返回记录这些方块行列号列表
possiblePos=getValidPos(list_8X8, playerColor)	#得到玩家所有可放黑子的方块行列号保存到列表
if possiblePos!=[] and v.get()==1:	#如玩家有方块可放黑子及复选框"加标记记否"选中
for x, y in possiblePos:	#为玩家所有可放黑子的方块加标记#
cv.create_text((44+x*40),(45+y*40), text="#",tag="A",font=("Arial",20))	
return possiblePos	#返回记录玩家下次所有可放黑子方块行列号的列表
def getScore(list8X8):	#获取棋盘上黑白双方的棋子数，即得分
bScore=0	#黑子数
wScore=0	#白子数
for row in range(8):	
for col in range(8):	
if list8X8[row][col]=='black':	
bScore+=1	
if list8X8[row][col]=='white':	
wScore+=1	
return {'black':bScore,'white':wScore }	#返回字典
def showGameEnd(list8X8):	#宣布游戏结束，显示输赢

```
    gameOver=True                              #表示游戏结束
    score=getScore(list8X8)                    #得到双方分数，注意返回字典
    if score[PCcolor]>score[playerColor]:      #score[PCcolor]为计算机得分
        label['text']="游戏结束玩家输"
    elif score[PCcolor]<score[playerColor]:    #score[playerColor]为玩家得分
        label['text']="游戏结束玩家赢"
    else:
        label['text']="游戏结束平局"
def showScoe(list8X8):                          #显示分数
    score=getScore(list8X8)                     #得到双方分数，注意返回字典
    label1['text']="电脑得分:"+str(score[PCcolor])      #score[PCcolor]为计算机得分
    label2['text']="玩家得分:"+str(score[playerColor])  #score[playerColor]为玩家得分
```

18.6   deepcopy()深拷贝函数的使用

为了说明使用deepcopy()函数的必要性，首先要复习一些类的概念。在10.1节讲到在Python中一切都是类的对象，例如字符串'abc'是str类对象，整数2是int类对象，列表[]是list类对象等。只能通过变量引用访问对象，即变量和对象地址ID绑定，变量通过ID访问对象，简称为变量引用对象。变量之间赋值，传递的是地址ID，一般称为引用传递。

在第7.4节讲到备份列表，例如备份列表a=[1,2]，令b=a不能实现备份目的，变量之间赋值，传递的是地址ID，令b=a只是使b和a引用同一列表，为a[0]或b[0]赋新值，都是修改同一列表的同一元素，达不到备份目的。备份列表a，需用b=a[:]或b=a.copy()。这里a和b是两个不同列表，但两个列表的元素都是1、2，a[0]和b[0]都引用int类对象1，a[1]和b[1]都引用int类对象2。由于整型数1和2都是不可变数据类型(见9.5节)，令a[1]=4，不是修改a[1]引用的int类对象2的值为4，而是创建新int类对象4，用a[1]引用新int类对象4，而b[1]仍引用int类对象2，即修改列表a[1]元素值并不会影响列表b[1]元素值。b=a[:]或b=a.copy()称为浅拷贝，只能用于所有元素都是不可变数据类型的列表备份。列表浅拷贝备份例子如下。

```
>>> a=[1,2]
>>> b=a[:]                                        #列表b是列表a的备份
>>> b                                             #列表b和列表a元素值相同
[1, 2]
>>> f"a的地址:{id(a)},b的地址:{id(b)}"              #变量a和b的ID不同，引用不同列表
'a的地址:2317202906688,b的地址:2317167447040'       #说明它们是list类不同对象
>>> f"a[1]={a[1]},地址:{id(a[1])},b[1]={b[1]},地址:{id(b[1])}"   #变量a[1]和b[1]都引用int类对象2
'a[1]=2,地址:140729049077440,b[1]=2,地址:140729049077440'
>>> a[1]=4                                        #a[1]引用创建的新int类对象4，不再引用int类对象2
>>> f"a[1]={a[1]},地址:{id(a[1])},b[1]={b[1]},地址:{id(b[1])}"   #b[1]仍将引用int类对象2
```

'a[1]=4,地址:140729049077504,b[1]=2,地址:140729049077440'　　　　　#修改列表a的元素，不影响列表b元素

　　如列表所有元素都是不可变数据类型，该列表可用浅拷贝方法备份列表。如列表元素有可变数据类型，例如列表元素包括列表、字典、自定义类对象或其它模块导入的类对象等，使用浅拷贝方法备份列表不能实现备份目的。例子如下。

```
>>> a=[[1,2],3]                                    #列表a的a[0]项是列表，是可变数据类型
>>> b=a[:]                                         #上例已证明，列表a和b是列表类不同对象
>>> f"a[0]={a[0]},地址:{id(a[0])},b[0]={b[0]},地址:{id(b[0])}"  #a[0]和b[0]都引用列表[1,2]
'a[0]=[1, 2],地址:2606997016640,b[0]=[1, 2],地址:2606997016640'
>>> a[0][0]=4                                      #a[0]和b[0]都引用列表[1,2]，令a[0][0]=4，那么b[0][0]的值为4
>>> f"列表a:{a}和列表b:{b}数据相同"                   #说明修改列表a的数据，影响列表b
'列表a:[[4, 2], 3]和列表b:[[4, 2], 3]数据相同'
```

　　为了解决上述问题，必须使用deepcopy函数备份，该函数也称为深拷贝函数。使用函数deepcopy()必须首先导入 copy模块。函数deepcopy(a)将返回列表a的备份，不但列表a和返回列表是列表类的不同对象，两个列表中对应的元素，例如[[1,2],3]中的[1,2]，都是列表类的不同对象。对于列表中对应的元素是字典、自定义类对象或其它模块导入的类对象，也做类似处理。对于列表元素为不可变数据类型，深拷贝的处理方法和本节第1个例子的切片方法相同。例子如下。

```
>>> import copy                                    #使用函数deepcopy()必须导入 copy模块
>>> a=[[1,2],3]
>>> b=copy.deepcopy(a)                             #使用函数deepcopy(a)备份列表a到列表b
>>> f"a的地址:{id(a)},b的地址:{id(b)}"               #列表a和b地址不同，是列表类不同对象
'a的地址:2318811574848,b的地址:2318780347072'
>>> f"a[0]={a[0]},地址:{id(a[0])},b[0]={b[0]},地址:{id(b[0])}"       #a[0]和b[0]引用不同列表
'a[0]=[1, 2],地址:2318811556672,b[0]=[1, 2],地址:2318780347648'
>>> b[0][0]=4                                      #a[0]和b[0]引用不同列表，令b[0][0]=4，不影响a[0][0]的值
>>> f"列表a:{a}和列表b:{b}数据不同"                   #说明修改列表b的数据，不影响列表a
'列表a:[[1, 2], 3]和列表b:[[4, 2], 3]数据不同'
>>> f"a[1]={a[1]},地址:{id(a[1])},b[1]={b[1]},地址:{id(b[1])}"     #不可变数据类型元素处理方法和第1例相同
'a[1]=3,地址:140723288266464,b[1]=3,地址:140723288266464'
>>> b[1]=5
>>> f"a[1]={a[1]},地址:{id(a[1])},b[1]={b[1]},地址:{id(b[1])}"
'a[1]=3,地址:140723288266464,b[1]=5,地址:140723288266528'
```

　　在黑白棋游戏程序中，当玩家放黑子到棋盘方格后，轮到计算机放白子。有多个棋盘方块

允许计算机放白子，那么计算机要在哪个方块上放白子呢？当然是放白子后，替换黑子最多的那个方块，是计算机放白子的最优解。本黑白棋游戏程序中的计算机获得最优解采用的方法是：穷举法，即在每个允许计算机放白子的方块上，都放一个白子，最终在替换黑子最多的那个方块上放白子。显然不能直接在棋盘上做实验。黑白棋游戏棋盘有8行8列共64个方格，用8X8二维列表记录每个方格的状态，作为棋盘的映像。也不能直接操作这个8X8二维列表，必须用这个列表的副本做实验，在列表副本上放白子，计算出翻转黑子个数后，丢弃这个列表副本，再创建新列表副本继续实验，直到找到最优解。所谓二维列表，就是列表元素也是一个列表，即列表元素是可变数据类型，创建2维列表副本必须使用函数deepcopy()。请读者想一想，如何备份元组。

备份字典，由于在字典中键必须是不可变数据类型，如字符串、数字或元组，字典键值对中的值必须也是不可变数据类型，字典才可使用copy()函数备份。如果字典的键值对中的值是可变数据类型，必须导入模块copy，用该模块的函数deepcopy()备份字典。

18.7 计算机放白子有关程序

计算机在棋盘方格放白子和玩家放黑子使用的一些函数是相同的，这些相同函数本节就不列出了，可参考18.5节有关内容，本节只介绍计算机放白子特有的三个函数。为了使双方所放棋子看起来前后出现，好像是两人在下棋，在玩家放黑子后，令turn='PC'，在子线程中检测到turn=='PC'，延迟0.2秒发出自定义事件makePCplay，调用自定义事件处理函数PCplay(event)，完成计算机放白子工作。

函数PCplay(event)在判断确实轮到计算机放白子并且游戏未结束后，令turn='n'，保证在子线程检测不到turn=='PC'，因此在计算机放白子期间，不会发出makePCplay自定义事件，导致再次调用自定义事件处理函数PCplay。在玩家单击方块调用mouseClick函数，并成功放黑子后，已用函数getValidPos检测到确实有方块允许计算机放白子后，才令turn='PC'，表示轮到计算机放白子，因此在函数PCplay中不必考虑计算机无方块放白子这种情况。计算机只需从所有允许放白子的方块中，用函数PCputPiecePos(list_8X8, PCcolor)找到并返回最优放白子方块行列号(row,col)。函数flipPiece(list_8X8,PCcolor,row,col,pw)在最优行列号方块放白子，替换这个白子和其它白子之间的黑子。然后显示双方得分。如玩家有方块放黑子，为这些方块做标记，并令turn='player'，表示将轮到玩家放黑子，退出函数PCplay。如玩家没有方块放黑子，计算机也没有方块放白子，游戏结束。如玩家没有方块放黑子，但计算机有方块放白子，将显示提示信息：玩家无子可放，令turn='PC'，表示将轮到计算机放白子，在子线程检测到turn=='PC'，发makePCplay自定义事件启动PCplay函数放白子。PCplay(event)定义如下。

```
def PCplay(event):                        #收到自定义事件，调用本函数，计算机放白子
    global gameOver,turn
    if turn=='PC' and gameOver==False:    #如轮到计算机放白子，且游戏没有结束
        turn='n'                          #在运行函数PCplay时，不允许再发事件makePCplay，再次调用PCplay
        row,col=PCputPiecePos(list_8X8, PCcolor)  #得到放白子最优方块行列号
```

```
flipPiece(list_8X8,PCcolor,row,col,pw)          #在最优方块放白子，翻转黑子
showScoe(list_8X8)                              #到此处计算机已放子，显示分数
if makePlayerMark()!=[]:                         #为玩家所有可放黑子的方块加标记，返回记录这些方块行列号列表
    turn='player'                               #如返回列表不为空，表示玩家有方块放黑子，轮到玩家放黑子
    return                                       #退出函数PCplay()
if getValidPos(list_8X8,PCcolor)==[]:           #到此玩家无方块放黑子，如计算机也无方块放白子
    showGameEnd(list_8X8)                       #游戏结束
else:                                            #玩家无方块放黑子，因计算机有方块放白子，继续放白子
    label['text']="玩家无子可放"                  #显示提示信息
    turn = 'PC'                                 #令turn=='PC'时，允许再发事件makePCplay
```

函数PCputPiecePos(list8X8,PCcolor) 找到并返回计算机放白子最优方块行列号(row,col)。本程序最优方块判据是：在计算机所有可按规则放白子方格中，认为棋盘四角的方格是最优方格，因其不会被翻转，如有可能，选择在4角方格放白子，用isOnCorner(x,y)函数判断x行y列方格是否是四角的方格，如果是四角的方格，返回真。否则，对每个允许放白子的方格，都要计算在该方格放白子的得分，即棋盘上白子总数，分值越高则在该方格放白子越有利。应选得分最多的方格放白子。

用getValidPos(list8X8,PCcolor)函数获取计算机所有可放白子的行列号，并保存到列表possiblePos。打乱possiblePos列表中元素顺序，使计算机放白子顺序无规律可循。然后检查possiblePos中是否有方格在棋盘角上，如有作为最优解返回。否则计算在possiblePos列表中哪个方格放白子的得分最高，作为最优解返回。PCputPiecePos函数定义如下。

```
def PCputPiecePos(list8X8,PCcolor):              #找到并返回放白子后计算机得分最高的方块行列号
    possiblePos=getValidPos(list8X8,PCcolor)    #返回计算机所有可放白子方块行列号列表
    random.shuffle(possiblePos)                 #打乱列表中元素顺序，使计算机放白子顺序无规律可循
    for x,y in possiblePos:                      #检查所有可放白子方块中是否有方块在角上
        if isOnCorner(x, y):                     #如有，优先放白子，因为角上白子不会被再次翻转
            return [x, y]                         #将棋盘角上方块行列号作为最优解返回
    bestScore=-1                                #用来记录总得分最高值
    for x,y in possiblePos:                      #计算每一可放白子位置得分，得分最高位置为最优解
        list2=copy.deepcopy(list8X8)            #list2是list8X8的副本，在副本list2放白子计算得分
        flipList=isValidPos(list2,PCcolor,x,y)  #得到在x行y列方格放白子后所有翻转黑子位置
        list2[x][y]=PCcolor                     #在副本列表list2放白子
        for x1,y1 in flipList:                   #在副本列表list2替换对方黑子
            list2[x1][y1]=PCcolor
        score=getScore(list2)[PCcolor]          #计算放白子，并替换黑子后的计算机得分
        if score>bestScore:                      #如本次放白子得分>前边最高得分
            bestPos=[x,y]                       #记录本次放白子方块行列号为最优解
```

```
        bestScore=score                         #本次得分为最高得分
return bestPos                                  #返回最优解
```

函数isOnCorner(x,y)定义如下。

```
def isOnCorner(x,y):                            #x行y列方块是否在角上
    return(x==0 and y==0) or (x==7 and y==0) or (x==0 and y==7) or (x==7 and y==7)
```

18.8　黑白棋游戏程序完整程序

　　将18.5和18.7节中定义的函数，替换18.4节游戏主窗体中的同名函数，就是完整的黑白棋游戏程序。

第19章 画图程序

【学习导入】画图程序是微软Windows系统预装软件。画图程序是一个位图编辑器。用户可以绘制自己图形，也可打开多种格式图形或图像文件，进行编辑修改。在编辑完成后，可以用bmp、jpg、png等格式保存。本章画图程序用python tkinter的Canvas和pillow库完成，实现了微软Windows10系统画图程序的基本功能。

19.1 画图程序实现的功能及思路

本画图程序功能包括：能用拖动鼠标方法，画矩形、线和椭圆(圆)，能选择图形外轮廓线粗细和颜色，选择封闭图形填充颜色。可选中部分图像，用鼠标直接拖动选中图像到指定位置，也可以复制、剪贴所选中图像，再粘贴后拖到指定位置。能打开多种格式图像文件，在编辑完成后，无论打开时是何种格式图像文件，都可以用bmp、jpg、png等格式保存。在画图程序中，有三种情况需要对图像放大或缩小。第一种，对图片放大、缩小、旋转和翻转。在画图前，缩放功能可设定所画图片的宽和高，这些变化会保留在最终生成的位图文件中。将小图形放大会使曲线不光滑有锯齿。不建议将小图形放大后保存，这可能使位图失真。在设计小图形(例如图标)时，尺寸太小，不易画图，建议设定画图尺寸大于最终图片尺寸，画图完成后，缩小尺寸保存。第二种，图形不变，为了画更多图形，增加画布的面积，类似于为了画更多人物，换一张更大的纸。第三种，仅仅为方便查看，将图片放大或缩小，例如，查看一个较大图像，超出主窗体界面，为了查看完整图像，只能缩小图像，但不会改变原图尺寸。又如，小图形(例如图标)时，尺寸太小，看不太清楚，先放大图形查看。在这三种情况下，都需要为Canvas增加滚动条，通过滚动条，可以查看比主窗体尺寸大的图形和图像。

要实现以上功能，仅使用tkinter的Canvas是无法完成的。例如Canvas仅可以将所画图形保存为postscript类型文件，这是一种页面描述语言，主要用于高质量打印，Python并没有提供打开该类型文件的方法，无法实现所要求的读写图像文件功能。Canvas也没有提供复制、剪贴和粘贴功能。实现这些功能，就需要使用Python图像函数库pillow(PIL)，安装Python后，并未安装该库，必须用pip安装这个库。PIL(Python Image Library)是Python第三方图像处理库，由于其强大的功能和简单易用特点以及众多的使用人数，几乎被认为是Python官方图像处理库。PIL可以做很多和图像处理相关的工作，如创建缩略图、转换图像格式、图像旋转、改变图像尺寸和复制、剪贴和粘贴等功能。仅使用PIL库实现上边所述的一些功能将会十分困难，例如图形在窗体显示，又如用拖动鼠标方法，画矩形、线和椭圆(圆)，拖动所选中的图形。用PIL保存的位图完成拖动画图形或移动图形十分麻烦。因此必须同时使用Canvas组件和PIL库，用PIL读写图形文件，所画图形最终要记录到PIL格式的位图中，用PIL实现复制、剪贴和粘贴功能。而用拖动鼠标方法，画矩形、线和椭圆(圆)，拖动所选中图形都用Canvas实现。具体方法见后边章节。

19.2 PIL图像处理库安装

要使用Python图像处理库pillow(PIL)，必须用pip安装这个库。为了确保能够使用pip安装各种Python库，首先安装Python。然后通过win(Start)+R快捷方式打开运行窗体，如图19-1（a）所示，输入cmd，单击确定按钮，打开"命令提示符窗体"，如图19-1（b）所示。在"命令提示符窗体"运行命令：python --version，应能在"命令提示符窗体"获得你所安装的Python版本号，例如：Python 3.8.2。说明安装Python能正常运行。然后检查是否可以从"命令提示符窗体"运行pip。在"命令提示符窗体"运行命令：python -m pip --version。如"命令提示符窗体"出现类似信息：pip 20.2.1 from 后边是pip文件所保存的位置，说明已安装了pip，版本为：20.2.1。一般情况，安装Python3.4以后版本，将自动安装pip。

（a）   （b）

图19-1

要安装Python3.X使用的图形和图像处理库pillow，使用命令：python -m pip install pillow。出现类似信息(版本号8.1.2可能不同)，说明安装成功。

Installing collected packages: pillow

Successfully installed pillow-8.1.2

19.3 图形文件类型及透明颜色

画家用颜料创作的作品，可称为模拟图像，计算机无法直接处理模拟图像，计算机要处理图像，必须首先将模拟图像数字化，数字化后的图像称为数字图像。数字化原理是，在水平和垂直方向将模拟图像分割为很多小点，称为像素，组成像素点阵，数字图像记录了像素点阵中每个像素的颜色，数字图像可用2维列表记录。只要分割后的像素足够小，人眼所看到的数字图像和模拟图像基本无差别。显示器就是使用数字图像的例子，如显示器分辨率为640×480，就是说，在水平方向有640个像素，在垂直方向有480个像素。如像素仅为黑白两色，可用2进制数1位记录，如为灰度，一般用1字节记录，1字节为8位2进制数，如为彩色，用1字节仅能记录

256种颜色，计算机常用3基色原理模拟真彩色，将红、绿和蓝色作为3基色，简写为RGB，每种基色都用1字节记录，一种颜色占用3字节，每个字节的红、绿和蓝色取值不同，可组成各种颜色。实践证明，3基色原理很好地还原了模拟图像。实际使用中，有时希望颜色是透明的。例如黑白棋程序，棋子图片为正方形，除了圆形棋子图像外，其余部分称为背景(底色)。如直接将棋子图片放到棋盘上，不但能看到棋子，还能看到棋子外的背景，为了不看到背景，棋子背景(底色)必须是透明的。因此在RGB基础上，增加1字节表示透明度，简写为RGBA，A=0表示该像素点颜色完全透明，A=255表示完全不透明，中间值表示不完全透明。在PIL中用mode表示颜色模式，模式"1"表示像素只有黑和白两种颜色；模式"L"占用1字节，0=黑，255=白，其余数字表示不同灰度；"RGB"表示3*8字节真彩色，"RGBA"表示4*8字节，可表示透明度的真彩色等。用Image类convert函数可对图片模式进行转换。

如将上述数字图像中，每点的颜色值直接保存为文件，称为位图文件，文件扩展名为bmp。为了提高图像的清晰度，必须将图像分割为更多像素，这将导致位图文件过大。例如在手机中，一张照片像素数都会超过500万，采用RGB模式，1像素占3字节，1024字节为1K，1024K为1M(兆)，那么一张照片占用字节数为(500万 × 3 ÷ 1024) ÷ 1024=14.3M，对于手机来说一张照片占用字节数太多了。为了减少字节数，常采用压缩方法减少字节数，最常见的是jpg有损压缩格式，是静态图像压缩的一种标准，文件扩展名为.jpg或.jpeg。为了使用透明色，可以使用png压缩格式，png是一种采用无损压缩算法的图像格式，文件扩展名为png。这3种格式文件是最常用的，还有其它格式图像文件，这里就不介绍了。

19.4 Image、ImageTk和ImageDraw类

本章画图程序用到PIL库的Image、ImageTk和ImageDraw类，因此在程序头部必须用语句导入这些类：from PIL import Image,ImageTk,ImageDraw。其中Image 是PIL库的核心类，该类中有很多方法，例如open、save、new等。使用这些方法可以创建Image类对象，用位图格式记录各种图形和图像。用open方法可打开多种类型图像文件，并创建image类对象记录文件中的图像，该对象的宽高和文件中图像的宽高相同，能打开的比较常见的图形文件类型是bmp、png、jpg、GIF和xbm等。用new方法可以创建仅有背景(底色)的Image类对象，并可以指定图像模式(mode)，常见模式有"RGB"和"RGBA"，还可以指定图像宽和高(像素为单位，整数)，指定背景颜色(底色)等。无论打开哪种类型图像文件，都可将图像保存为其它类型图像文件。Image类对象中的图像采用直角坐标系，坐标原点在图像左上角，向右为x轴正方向，向下为y轴正方向，单位为像素。例子如下。

```
from PIL import Image
image=Image.open("p.png")      #打开图像文件返回Image类对象，其宽高和图像宽高相同
image.save("p.jpg")            #根据参数的文件扩展名，保存为jpg文件
image.show()                   #使用所在操作系统默认的显示图像程序显示打开的图像
```

使用ImageDraw类，可在Image对象上绘制多种图形。请注意，在画封闭图形时，用属性fill

可以设置封闭图形的填充色，如不设置属性fill，即属性fill采用默认值，为不填充(填充透明色)，令fill=''不能将填充色设置为透明色，将出错。下例介绍绘制图形的步骤。

```
from PIL import Image,ImageDraw                    #下句创建空Image类对象，可在该对象上画图
image=Image.new("RGB",(400, 300),'white')         #模式为RGB，宽高为400×300，背景为白色
draw=ImageDraw.Draw(image)                         #将用draw在image上画图
draw.line([220, 20, 280, 80], fill='red',width=3)  #画线,参数1是线起点和终点，线红色，线宽=3
draw.ellipse((100,100, 200, 200), fill='red',outline='green')  #画参数1指定矩形内切圆，填充红色，线绿色
image.show()                                       #上句去掉fill='red'，为不填充(填充透明色)
```

除了画线和画椭圆(圆)，还有画矩形draw.rectangle、画弧(圆的一部分)draw.arc、画图像draw.bitmap、画弦(弧起终点有连线)draw.chord、画扇形(弧起终点到圆心有连线)draw.pieslice、画点draw. point、画多边形draw. polygon、写字符串draw. text。

本章画图程序用image类crop和paste方法实现剪贴板的复制、剪切和粘贴功能。如im1是Image类对象，引用某图像，im1.crop(box=None)，将从im1用box指定矩形区域复制图像作为Image类对象返回，box是四元组(x1, y1, x2, y2)，x1, y1和x2, y2是矩形左上角和右下角坐标，无参数将复制原图。因此使用crop函数可实现剪贴板复制功能。

使用paste方法，im1.paste(im, box=None, mask=None)，im是被粘贴图像(Image类对象)，paste方法将im粘贴到im1引用的图像上由box指定位置，如box为四元组，box定义的矩形宽和高必须和被粘贴im图片相同，否则会报错。如box为四元组，im也可以是颜色，例如(0, 0, 255)、'#0000FF'或'blue'，会将box指定区域填入由im指定的颜色。如box为(x,y)，会将im粘贴到im1，im左上角在im1引用图像坐标(x,y)处，如不使用box参数，相当于box为(0,0)。如果模式不匹配，例如im为RGB，im1为RGBA，im将被转换为im1的模式。如不考虑消除底色(背景色)，可忽略参数mask。

下例首先创建Image类RGB模式对象bg_img，背景色(底色)为蓝色。再创建Image类RGB模式对象img1，背景色为绿色，然后在img1上画一个填充色为红色的圆，最后将img1粘贴到bg_img。请注意img1的背景色(绿色)也被粘贴到bg_img。

```
from PIL import Image, ImageDraw
bg_img=Image.new("RGB",(256,256),(0,0,255))    #模式为RGB，宽高都为256，背景色为蓝色
img1=Image.new('RGB',(100,100),(0,255,0))      #模式为RGB，宽高都为100，背景色为绿色
draw=ImageDraw.Draw(img1)                       #将用draw在img1上画图
draw.ellipse((20,20,70,70),fill=(255,0,0))      #在img1上画红色圆
bg_img.paste(img1,(20,20))                       #将img1粘贴到bg_img
bg_img.show()
```

粘贴后，在bg_img上看到img1的红色圆和背景。如果希望在bg_img上仅看到img1的红色圆，不希望在bg_img上看到img1背景，可使用RGBA模式，将img1背景变为透明。见下例，将img1改为RGBA模式，注意img1背景色是(0,255,0,0)，完全透明。在img1上画圆占用的所有像素也是

RGBA模式，只是A=255，完全不透明。函数paste粘贴img1到bg_img，参数mask=img1，用来标记被粘贴的图像img1哪个像素是透明的，哪个像素是不透明的，像素值是RGBA模式，那些A=0的像素是透明的，该点被粘贴到bg_img，显示bg_img背景色(蓝色)，而那些A=255的像素是不透明的，将会覆盖bg_img对应像素点背景色(蓝色)。运行后将只看到红色的圆，看不到img1的背景色(绿色)。

```
from PIL import Image, ImageDraw
bg_img=Image.new("RGB",(256,256),(0,0,255))          #RGB模式，背景色为不透明蓝色
img1=Image.new('RGBA',(100,100),(0,255,0,0))          #RGBA模式，A=0，底色透明绿色
draw=ImageDraw.Draw(img1)                             #将用draw在img1上画图
draw.ellipse((20,20,70,70),fill=(255,0,0))            #在img1上画圆，fill由RGB自动转换为RGBA，A=255
bg_img.paste(img1,(20,20),img1)                       #参数3 img1用作mask，如某点透明度A=0，该点不被粘贴
bg_img.show()
```

　　当需要粘贴RGB模式图片到另一RGB模式图片上，例如将棋子图片粘贴到棋盘图片上，棋子图片形状一般是矩形，除了圆形棋子图像外，其余部分称为背景(底色)，如背景是白色，粘贴完成后，当然希望在棋盘上只看到棋子，不希望看到棋盘被棋子图片背景遮挡。上面程序提供了完成这个工作的思路，首先将棋子图片保存为png文件，然后将棋子图片背景的像素点设为透明，即令其A=0，这个工作一般称为去底色或去背景。有许多线上或线下的去底色程序可用，用Python编写一个去白色底色的程序不难，后面将介绍实现的步骤。最后用类似bg_img.paste(img1,(20,20),img1)语句实现粘贴去底色功能。

　　函数paste的mask参数是一个Image类对象，其作用就是标记被粘贴的图像哪个像素是透明的，哪个像素是不透明的，每个像素使用0或1就可表示，因此mask图像模式可以是'1'、'L'或者'RGBA'。下例用图像模式'1'构建了一个mask，也实现了被粘贴的图像的底色不被显示，将看到在黑背景上有一个红色的圆，看不到绿色。

```
from PIL import Image, ImageDraw
img=Image.new("RGB",(150,150))                        #默认背景色(底色)为黑色即(0,0,0)
img1=Image.new('RGB',(100,100),(0,255,0))             #模式也为RGB，背景色(底色)为绿色
draw=ImageDraw.Draw(img1)                             #将用draw在img1上画图
draw.ellipse((20,20,70,70),fill=(255,0,0))            #在img1上画红色圆
img_mask=Image.new('1',(100,100))                     #'1'模式，和img1同宽高，默认填充色为黑色即0
draw=ImageDraw.Draw(img_mask)                         #将用draw在img_mask上画图
draw.ellipse((20,20,70,70),fill='white')             #在img_mask上画圆，填充色为白色即1
img.paste(img1,(30,30),img_mask)                      #将img粘贴到img上
img.show()
```

19.5　在主窗体用Canvas显示PIL图形

如果编写处理图形和图像应用程序，一般希望将图形和图像的显示和处理两部分集合在同一程序中。本节介绍用python tkinter canvas显示PIL Image类图形图像的方法。该方法的要点是用Canvas类create_image方法创建的图像对象，用来显示PIL的Image类对象中的图像。因此Canvas对象、create_image方法创建的图像对象和PIL的Image类对象的宽和高必须相同。本章画图程序也是采用这个方法，由于所画的图形保存在PIL的Image类对象中，就可以将所画图形保存为指定类型文件，也可打开所保存的文件，继续编辑图形。可以使用Image类实现复制、剪贴和粘贴功能。希望拖动鼠标画矩形、线和椭圆(圆)时，先将图形画在Canvas上，用鼠标按下拖动改变图形大小和形状，当鼠标抬起表示图形画完，删除Canvas图形，用同样参数在PIL的Image类对象中画同样图形，或者说，将图形保存到PIL的Image类对象中。采用这种方法，可以实现类似Window系统中的画图程序。例子如下。请注意在任何情况下，程序中的变量img必须是全局变量。这是因为由于一些原因，例如程序最小化后最大化，操作系统要重新显示应用程序界面，操作系统并不会保存应用程序中的图像，而是调用应用程序的相关函数完成重画图像工作。如果img不是全局变量，例如在子程序定义的局部变量img，退出子程序，局部变量img就不存在了，其引用的图像将被垃圾回收器回收，将无法重画图像。

```
import tkinter as tk
from PIL import Image,ImageTk,ImageDraw
root = tk.Tk()
root.title("在主窗体用Canvas显示PIL图形")
root.geometry('400x300')                            #注意窗体宽和高为400×300
image1=Image.new("RGB",(400, 300),'white')          #创建Image类对象，宽和高也为400×300
draw=ImageDraw.Draw(image1)                          #将使用draw在image1上画图
draw.line([220,20,280,80],fill='red',width=3)        #画线，参数1是线起点和终点，线红色，线宽=3
draw.ellipse((100,100,200,200),fill='red',outline='green')  #在image1上画矩形内切圆，填充红色，线绿色
img=ImageTk.PhotoImage(image=image1)                #将Image1转换为能被Canvas显示图像img
cv=tk.Canvas(root,width=400, height=300,bg='white') #注意cv宽高为400×300，和image1底色相同
cv.pack(anchor='nw')                                #cv左上角在主窗体左上角
mainImage=cv.create_image(0,0,anchor='nw')          #将用mainImage显示img图像
cv.itemconfig(mainImage,image=img)                  #令mainImage属性image=img显示img
root.mainloop()
```

19.6　使图像白底色透明程序

黑白棋游戏程序，要将棋子放到棋盘上。棋子图片形状一般是矩形，除了圆形棋子图像外，其余部分称为背景(底色)，背景可选白色。将棋子放到棋盘上，当然希望在棋盘上只看到棋子，不希望看到棋盘被棋子图片背景遮挡。这时就需要把棋子图片背景变为透明。使用本程序

前，需要用画图应用程序，例如Win10的画图，将图像的背景变为白色。运行本节程序，打开已将背景变为白色的图像文件，点击"使白底色透明"按钮去白底色，因该图像背景色变为透明，这时该图像的背景变为主窗体的背景色，即紫罗兰色(violet)，单击"保存文件"按钮，保存为png格式文件即可。

如im是Image类对象，tuple=im.getpixel(x,y), 返回(x,y)点像素值，如图像为RGB或RGBA模式，则返回一个元组。如图像为RGBA模式，tuple[0]为该点红色值，tuple[1]为该点绿色值…，tuple[3]为该点透明度，im.putpixel(x,y)=(0,0,0,0)可以修改(x,y)点像素值。

执行语句im=Image.open(图像文件路径) 打开图像文件，im是Image类对象，im以2维列表方式记录图像所有像素点的颜色值。因此可使用2维列表行和列的两个循环语句，用im.getpixel(x,y)取出像素值，如是白色，用语句Im.putpixel(x,y)=(255,255,255,0)修改该点颜色为完全透明。循环完成，就会将白色的像素点变为透明。但是im毕竟不是真正的2维列表，方法getpixel()和putpixel()取出并修改像素值的速度有些慢。im.load()方法将返回一个真正的2维列表，用循环语句直接操作这个2维列表，速度将快得多。本节程序采用直接操作2维列表方法。

显示器分辨率为1024×768，1024是指屏幕水平方向的像素点数，768是指屏幕垂直方向的点数。显示器还有一个指标是像素点距，像素点距越小，图像越清晰。程序设计显示图像，仅控制像素点的颜色，不考虑像素点距，因此用像素点数作为坐标值，也作为图像的宽和高的长度值。例如分辨率为1024×768的显示器，那么其宽为1024像素点，高为768像素点。显示器像素点可以认为是一个768行1024列的点阵。因此图像的高(768)为像素点阵的行数，图像的宽(1024)为像素点阵的列数。在下边程序的setBgTransparent函数中，对于y和x的双循环有些费解，有了以上说明，可能更容易读懂代码。

在判断是否是白色时，并不是判断是否等于255，而是判断是否大于230，这时考虑和白色相近的灰色也应设置为透明。实验发现，(230,230,230)确实是灰色，这个判据是成立的。但如希望将任何颜色底色变为透明，如何找到其相近颜色就不太容易了。有文章发表观点，认为用RGB显示的颜色，当RGB三个分量的某个分量发生很小改变，可能使颜色发生很大改变。该文章说明使用LAB方法能比较方便地表示颜色的近似程度，LAB方法是基于人类眼睛对于颜色的感知，L表示亮度，A表示红绿色差，B表示蓝黄色差。因此本程序仅完成了将白色底色变为透明，未实现将任何指定颜色底色变为透明。

在很多去底色程序中，能够根据景物的边界自动发现背景。实现方法可能是找到所有景物图形的边界，使用边界来区分背景和图形。Imang类im.filter(ImageFilter.CONTOUR(或FIND_EDGES))方法将返回Image类对象，这个对象所引用的图形只有各个图形边界。对于像圆或矩形这样的图形，该方法能给出较清晰的边界；对于图像，效果就比较一般了，如希望用此方法实现人物抠图，可能不理想。有兴趣可以试试用此方法实现图形背景的自动查找。微软Word程序实现方法是，将不同边界的区域标记为不同颜色，由使用者选择哪些区域的颜色透明，哪些区域颜色不透明。本节使白色背景(底色)变为透明完整程序如下。

```
from PIL import Image,ImageTk
import tkinter as tk
import tkinter.filedialog
```

```python
def open_file():
    global img,img1,file_path
    file_path=tkinter.filedialog.askopenfilename(title=u'选择文件',\
                 filetypes=[('png 或 jpg 文件','*.png *.jpg'),('所有文件','*')])
    if file_path=='':
        return
    img=Image.open(file_path)                    #应该使用with as语句
    label['text']='所选文件：'+file_path
    img1=ImageTk.PhotoImage(image=img)           #返回canvas能显示的图像
    canvas.itemconfig('myImage',image=img1)      #这里'myImage'是tag(标签)
def setBgTransparent():
    global img,img1
    img=img.convert("RGBA")                      #转换为"RGBA"模式
    pixdata=img.load()                           #pixdata是2维列表，记录height行width列像素点阵颜色值
    for y in range(img.size[1]):                 #img.size是元组(width,height)，size[0]为宽，img.size[1]为高
        for x in range(img.size[0]):
            if pixdata[x,y][0]>230 and pixdata[x,y][1]>230 and pixdata[x,y][2]>230 and pixdata[x,y][3]>230:
                pixdata[x, y]=(255, 255, 255, 0)
    img1=ImageTk.PhotoImage(image=img)           #转换为canvas能显示的图像
    canvas.itemconfig('myImage',image=img1)
def save_file():
    global img,file_path
    fname=tkinter.filedialog.asksaveasfilename(title=u'保存文件',defaultextension='png',\
                 filetypes=[("png文件", ".png")])
    if fname=='':
        return
    img.save(str(fname))                         #应该使用with as语句
root = tk.Tk()
root.geometry('640x480+100+100')
root.title('使白底色透明')
frm=tk.Frame(root)
frm.pack(fill=tk.BOTH)
tk.Button(frm,text="选择文件", command=open_file).pack(side='left')
tk.Button(frm,text="使白底色透明", command=setBgTransparent).pack(side='left')
tk.Button(frm,text="保存文件", command=save_file).pack(side='left')
label=tk.Label(frm,font=("Arial",10),fg='red',text='首先选择文件')
label.pack(side='left')
canvas=tk.Canvas(root,bg='violet')
```

```
canvas.pack(fill=tk.BOTH, expand=tk.Y)
canvas.create_image(0,0,tag='myImage',anchor='nw') #(0,0)是左上角坐标，即'nw'
root.mainloop()
```

19.7　为canvas加滚动条

当要显示的图像比较大，就需要用较大的Canvas显示，如Canvas尺寸超过主窗体尺寸，就需要为Canvas增加滚动条。这和笔记本的滚动条有些区别，在笔记本程序中，是文本最后一行或最右列超出主窗体边界，必须增加滚动条。因此两者增加滚动条方法也有些不同。下边例子介绍了为Canvas增加滚动条的方法。初始主窗体尺寸为200×100，图像尺寸为400×300，因为图像尺寸大于主窗体尺寸，必须增加滚动条。当将主窗体最大化，滚动条颜色变浅，不起作用。本例还增加了鼠标滚轮滚动图像功能，仅滚动鼠标滚轮，图像上下移动，保持按下Shift键，同时滚动鼠标滚轮，图像左右移动。

```
import tkinter as tk
def Wheel_y(event):                                    #鼠标滚轮事件处理函数
    a= int(-(event.delta)/60)                          #event.delta是鼠标滚轮转动增量
    cv.yview_scroll(a,'units')                          #Canvas滚动指定值
def Wheel_x(event):                                    #Shift键按下鼠标滚轮事件处理函数
    a= int(-(event.delta)/60)
    cv.xview_scroll(a,'units')
root=tk.Tk()
root.geometry("200x100")                               #注意主窗体尺寸是200×100
scrolly=tk.Scrollbar(root)                             #垂直方向滚动条
scrolly.pack(side='right',fill='y')
scrollx=tk.Scrollbar(root,orient='horizontal')         #水平方向滚动条，注意属性orient
scrollx.pack(side='bottom',fill='x')
cv=tk.Canvas(root,width=400,height=300,bg='white')     #创建Canvas类对象尺寸是400×300
cv.pack(anchor='nw')
cv.config(yscrollcommand=scrolly.set,xscrollcommand=scrollx.set)     #和Text组件增加滚动条方法相同
cv.config(scrollregion=(0,0,400,300))                  #需设置滚动范围，和Text组件不同
scrolly.config(command=cv.yview)                       #本条和下条和Text组件相同
scrollx.config(command=cv.xview)
img1=tk.PhotoImage(file='p.png')                       #导入图片的尺寸是：400×300
cv.create_image(0,0,image=img1,anchor='nw')            #显示这个图像
cv.bind("<MouseWheel>",Wheel_y)                        #绑定鼠标滚轮事件
cv.bind("<Shift-MouseWheel>",Wheel_x)                  #绑定Shift键按下鼠标滚轮事件
root.mainloop()
```

19.8　画图程序主界面和框架

本节创建画图程序主界面，并呈现画图程序需要完成的功能。包括图像文件的读写功能，用"文件"顶层菜单实现，"文件"下拉菜单包括：新建、打开、保存、另存为和退出。图像编辑功能，用"编辑"顶层菜单实现，"编辑"下拉菜单包括：缩放图形、缩放画布、左旋90度、右旋90度、左旋180度、垂直翻转和水平翻转，后5个菜单项实现旋转和翻转图片，单击后5个菜单项，都调用函数rotate(s)，请注意，如何用lambda表达式为参数s传递实参。放大和缩小图像查看功能，用"查看"顶层菜单实现，"查看"下拉菜单包括：放大查看、缩小查看和恢复原尺寸。为了充分利用主菜单右侧的空间，用菜单按钮实现顶层菜单。首先在主窗体顶部放置一个Frame组件，然后将3个菜单按钮放到Frame组件中，组件Frame右侧空余部分放置其它组件，是一些按钮。在Win10的画图程序中，这些按钮都是具有Win10风格的平面图形按钮，后边将介绍实现Win10风格平面图形按钮的方法。这里使用标题为文字的传统的按钮。这些按钮包括：复制、剪切和粘贴，这3个按钮用来实现剪贴板功能。还包括按钮：线宽、线颜色、填充色，用来修改画线宽度和颜色，也是封闭图形的外轮廓线宽度和颜色，以及修改封闭图形的填充色。最后是一组5个单选按钮，它们是互斥的，就是5个单选按钮只能选一个，初始单选按钮"选择"被选中；单击单选按钮，该单选按钮将被选中，将产生一个事件，所有单选按钮共用同一个事件处理函数vary()；选中不同单选按钮，要做不同工作，工作不同，允许使用的菜单和按钮也不同，在这个事件处理函数中，要根据选定工作，使一些菜单项和按钮可用，一些不能用。单选按钮线、矩形和圆，用来选择画哪种图形，本画图程序只能画这3种图形，读者可以增加更多的图形。选中单选按钮"选择"，允许拖动画选择框，用来复制或剪切选择框中的图像，然后粘贴该图像到指定位置。选中单选按钮"查看"，就只能使用"查看"的3个菜单项。拖动画各种图形，拖动画选择复制和剪切区域的选择框，都要用鼠标完成。在鼠标按下、鼠标按下移动、鼠标移动和鼠标抬起都需做不同工作。因此为这些鼠标事件绑定事件处理函数。还需要创建Canvas类对象，作为画布用来显示所画的图形，并按照19.7节的方法，为Canvas类对象增加滚动条。要为各菜单项、各按钮和各事件定义事件处理函数，大部分函数仅有一条pass语句，后边将为它们增加语句，会看到这些变量和函数的用途。要调用reSet()函数完成初始化工作。初始化工作包括创建仅有白底色的Image类对象，用来保存所画的所有图形的位图。还需要用create_image方法在Canvas上创建图像对象用来显示Image类对象保存的位图。还要为一些变量赋初值。画图程序界面和框架代码如下。

```
import tkinter as tk
from tkinter.filedialog import *              #使用文件对话框必须导入的模块
from tkinter.colorchooser import *            #使用颜色对话框必须导入的模块
from tkinter.messagebox import *              #用信息对话框实现帮助功能需导入的模块
from tkinter.simpledialog import *            #使用输入整数、浮点数和字符串对话框需导入的模块
from PIL import Image,ImageTk,ImageDraw        #使用PIL库需导入的模块
def new_file():                               #单击"文件"下拉菜单的"新建"菜单项调用的函数
    reSet()
```

```python
def open_file():                                    #单击"文件"下拉菜单的"打开"菜单项调用的函数
    pass

def save():                                         #单击"文件"下拉菜单的"保存"菜单项调用的函数
    pass

def save_as():                                      #单击"文件"下拉菜单的"另存为"菜单项调用的函数
    pass

def exit():                                         #单击"文件"下拉菜单的"退出"菜单项调用的函数
    root.destroy()                                  #关闭窗体。函数不完整，后续章节会为其增加语句

def crop():                                         #单击标题为"剪切"按钮调用的函数
    pass

def copy():                                         #单击标题为"复制"按钮调用的函数
    pass

def delSandS2():                                    #删除选择框(其tags='S')和框内图形(其tags='S2')
    pass

def paste(x=10,y=10):                               #单击标题为"粘贴"按钮调用的函数
    pass

def StartMove(event):                               #鼠标左键按下事件的事件处理函数
    pass

def OnMotion(event):                                #鼠标左键保持按下移动事件的事件处理函数
    pass

def StopMove(event):                                #鼠标左键抬起事件的事件处理函数
    pass

def changeCursor(event):                            #鼠标移动事件的事件处理函数，改变鼠标光标形状
    pass

def vary():                                         #单击同组的任意单选按钮调用同一函数
    global state                                    #='drawSelRec'画选择框，='moveSelRec'拖动图形
    if var.get()=='sel':                            #如选中标题为"选择"单选按钮，画选择框
        if clipboard.width==0 or clipboard.height==0:   #如剪贴板中图形宽或高为0
            but3.config(state="disabled")           # "粘贴"按钮不能用
        else:                                       #否则
            but3.config(state="normal")             # "粘贴"按钮能用
        eButton.config(state="normal")              #标题为"编辑"主菜单按钮可用
        cButton.config(state="disabled")            #标题为"查看"主菜单按钮不能用
        restore()                                   #因要对图形编辑，恢复查看缩放图形为实际尺寸
    elif var.get()=='view':                         #如选中标题为"查看"单选按钮
        eButton.config(state="disabled")            #标题为"编辑"主菜单按钮不能用
        cButton.config(state="normal")              #标题为"查看"主菜单按钮可用
        but1.config(state="disabled")               #标题为"复制""剪切"和"粘贴"按钮不能使用
```

```
        but2.config(state="disabled")
        but3.config(state="disabled")
        delSandS2()                        #删除选择框(其tags='S')和框内图形(其tags='S2')
    else:                                  #如选中线、矩形或圆三个单选按钮中一个，画图形
        delSandS2()                        #删除选择框(其tags='S')和框内图形(其tags='S2')
        state='drawSelRec'                 #剪贴板状态为：'drawSelRec'，允许画选择框
        but1.config(state="disabled")      #因无选择框，标题为"复制"和"剪切"的按钮不能用
        but2.config(state="disabled")
        if clipboard.width==0 or clipboard.height==0:        #如剪贴板中图形宽或高为0
            but3.config(state="disabled")  # "粘贴"按钮不能用
        else:                              #否则
            but3.config(state="normal")    # "粘贴"按钮能用
        eButton.config(state="normal")     #标题为"编辑"主菜单按钮可用
        cButton.config(state="disabled")   #标题为"查看"主菜单按钮不能用
        restore()                          #因要对图形编辑，恢复图像为实际尺寸
def setLineWidth ():                       #单击"线宽"按钮调用的函数，设置线或封闭图形外轮廓线宽度
    pass
def setOutline():                          #单击"线颜色"按钮调用的函数，设置线和封闭图形外轮廓线颜色
    pass
def setFill():                             #单击"填充色"按钮调用的函数，设置封闭图形中填充色
    pass
def setImageSize():                        #单击"缩放图片"菜单项调用的函数，重置图片的宽和高
    pass
def rotate(s):                             #单击旋转和翻转图片5个菜单项都调用该函数，注意参数s
    pass
def setCanvasSize():                       #单击"缩放画布"菜单项调用的函数，重置画布的宽和高，其中图形不变
    pass
def sizeUpToSee():                         #单击"放大查看"菜单项调用的函数，放大尺寸查看
    pass
def sizeDownToSee():                       #单击"缩小查看"菜单项调用的函数，缩小尺寸查看
    pass
def restore():                             #单击"恢复原尺寸"菜单项调用的函数，恢复图形原尺寸
    pass
def sizeUpDownToSee(rateNo): # "查看"顶级菜单的3个菜单项共用的函数
    pass
def setSize():                             #输入图片新宽度，根据图片宽高比，计算得到新高度
    pass                                   #返回新的图片宽和高
def reSet():                               #初始化函数
```

```
global img,image1,lineWidth,myOutline,myFill,selImage,state,rateNo,clipboard
image1=Image.new("RGB",(400, 300),'white')       #和cv宽、高和背景色必须相同，用来记录所画图形
img=ImageTk.PhotoImage(image=image1)             #将image1转换为Canvas类对象cv能显示图像
cv.config(width=image1.width,height=image1.height)          #cv和image1的宽高相同
cv.create_image(0,0,image=img,anchor='nw',tag='mainImage')   #在cv上显示image1(图空为白色)
lineWidth=3                                       #初始画线或外轮廓线宽度
myOutline='#000000'                               #初始画线或外轮廓线颜色
myFill='#ffffff'        #初始封闭图形填充色。下句selImage记录复制所得图形，clipboard为剪贴板中图像
clipboard=selImage=Image.new("RGB",(0,0),'white')        #初始宽高为0，粘贴时判断宽高为0，不允许粘贴
state='drawSelRec'         #初始无选择框，'drawSelRec'表示画选择框。'moveSelRec'表示拖动图形
rateNo=3                    #rateList列表项号，3表示不放大，0放大0.125倍，4放大2倍
var.set('sel')             #设置标题为"选择"的单选按钮被选中
eButton.config(state="normal")                    #初始标题为"编辑"主菜单按钮可用
cButton.config(state="disabled")                  #初始标题为"查看"主菜单按钮不能用
root = tk.Tk()
root.title("画图")
#root.state('zoomed')                             #初始主窗体最大化,初始设置最大化，滚动条有问题
root.geometry("800x480+100+50")
frame=tk.Frame(root)
frame.pack(side='top',fill='x')
fButton=tk.Menubutton(frame,text='文件')          #创建标题为"文件"的菜单按钮
fButton.pack(side='left')
fileMenu=tk.Menu(fButton,tearoff=0)                        #创建"文件"菜单按钮下拉菜单
fileMenu.add_command(label="新建",command=new_file)        #为"文件"下拉菜单增加菜单项
fileMenu.add_command(label="打开",command=open_file)
fileMenu.add_command(label="保存",command=save)
fileMenu.add_command(label="另存为",command=save_as)
fileMenu.add_separator()                                    #菜单项分割线
fileMenu.add_command(label="退出",command=exit)
fButton.config(menu=fileMenu)                     # "文件"菜单的下拉菜单是fileMenu
eButton=tk.Menubutton(frame,text='编辑')          #创建标题为"编辑"的菜单按钮
eButton.pack(side='left')
editMenu=tk.Menu(eButton,tearoff=0)                        #创建"编辑"菜单按钮下拉菜单
editMenu.add_command(label="缩放图片",command=setImageSize)  #为"编辑"下拉菜单增加菜单项
editMenu.add_command(label="缩放画布",command=setCanvasSize)  #以下5个菜单项都调用rotate()
editMenu.add_command(label="左旋90度",command=lambda:rotate(Image.ROTATE_90))
editMenu.add_command(label="右旋90度",command=lambda:rotate(Image.ROTATE_270))
editMenu.add_command(label="左旋180度",command=lambda:rotate(Image.ROTATE_180))
```

```
editMenu.add_command(label="垂直翻转",command=lambda:rotate(Image.FLIP_TOP_BOTTOM))
editMenu.add_command(label="水平翻转",command=lambda:rotate(Image.FLIP_LEFT_RIGHT))
eButton.config(menu=editMenu)#“编辑”菜单的下拉菜单是editMenu
cButton=tk.Menubutton(frame,text='查看',state="disabled")              #创建标题为“查看”的菜单按钮
cButton.pack(side='left')
checkMenu=tk.Menu(cButton,tearoff=0)                          #创建“查看”按钮的下拉菜单
checkMenu.add_command(label="放大查看",command=sizeUpToSee)        #为“查看”下拉菜单增加菜单项
checkMenu.add_command(label="缩小查看",command=sizeDownToSee)
checkMenu.add_command(label="恢复原尺寸",command=restore)
cButton.config(menu=checkMenu)          #“查看”菜单的下拉菜单是checkMenu
but1=tk.Button(frame,command=copy,text='复制',state="disabled",relief='flat')        #创建“复制”按钮
but1.pack(side="left")
but2=tk.Button(frame,command=crop,text='剪切',state="disabled",relief='flat')        #创建“剪切”按钮
but2.pack(side="left")
but3=tk.Button(frame,command=paste,text='粘贴',state="disabled",relief='flat')        #创建“粘贴”按钮
but3.pack(side="left")
tk.Button(frame,command=setLineWidth,text='线宽',relief='flat').pack(side="left")    #创建“线宽”按钮
tk.Button(frame,command=setOutline,text='线颜色',relief='flat').pack(side="left")    #创建“线颜色”按钮
tk.Button(frame,command=setFill,text='填充色',relief='flat').pack(side="left")      #创建“填充色”按钮
var=tk.StringVar()      #以下5个单选按钮一组，只能选一个，有共同单击事件函数，注意value值不同
tk.Radiobutton(frame,text='查看',variable=var,value='view',command=vary).pack(side="left")
tk.Radiobutton(frame,text='选择',variable=var,value='sel',command=vary).pack(side="left")
tk.Radiobutton(frame,text='线',variable=var,value='line',command=vary).pack(side="left")
tk.Radiobutton(frame,text='矩形',variable=var,value='rectangle',command=vary).pack(side="left")
tk.Radiobutton(frame,text='圆',variable=var,value='oval',command=vary).pack(side="left")
scrolly=tk.Scrollbar(root)                      #y方向滚动条
scrolly.pack(side='right',fill='y')              #滚动条放到主窗体右侧，沿y方向扩展
scrollx=tk.Scrollbar(root,orient='horizontal')    #x方向滚动条，注意属性orient
scrollx.pack(side='bottom',fill='x')              #滚动条放到主窗体底部，沿x方向扩展
cv=tk.Canvas(root,width=400, height=300,bg='white') #创建Canvas类对象，作为所画图形的画布
cv.pack(anchor='nw')
cv.config(yscrollcommand=scrolly.set,xscrollcommand=scrollx.set)          #cv组件x,y方向依靠滚动条滚动
cv.config(scrollregion=(0,0,400,300))              #保证滚动范围正好是图片的宽高
scrolly.config(command=cv.yview)                  #滚动条移动调用cv.yview方法，移动所画图形
scrollx.config(command=cv.xview)
reSet()                                          #初始化函数
rateList=[0.125,0.25,0.5,1,2,3,4,5,6,7,8]          #列表记录缩放图片的倍数，方便观察图形
cv.bind("<ButtonPress-1>",StartMove)              #绑定鼠标左键按下事件
```

cv.bind("<ButtonRelease−1>",StopMove)	#绑定鼠标左键抬起事件
cv.bind("<B1−Motion>", OnMotion)	#绑定鼠标左键保持按下移动事件
cv.bind("<Motion>",changeCursor)	#绑定鼠标移动事件
root.mainloop()	

运行画图程序主界面如图19-2，可以看到有垂直和水平滚动条的主窗体，以及在主窗体中的Canvas类对象cv，用来显示所画的图形。在主菜单中，有3个顶级菜单：文件、编辑和查看，单击顶级菜单，可弹出下拉菜单，显示顶级菜单的下拉菜单中的菜单项。在主菜单的右侧，有6个按钮，标题分别为：复制、剪切、粘贴、线宽、线颜色和填充色。还有5个单选按钮为一组，仅允许一个单选按钮被选中，标题分别是：查看、选择、线、矩形和圆，初始"选择"单选按钮被选中，单击单选按钮，可以改变被选中的单选按钮；选中的单选按钮不同，允许使用的顶级菜单和按钮也不同。由于定义的大部分函数仅有一条pass语句，单击大部分菜单项、按钮都没有实现其功能。

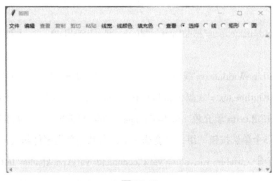

图19-2

19.9 修改线颜色和填充色

在reSet函数中，定义两个全局变量：myOutline='#000000'和myFill='#ffffff'，分别记录所选择的颜色值，myOutline是画线或画封闭图形外轮廓线的颜色，初始值是黑色；myFill是画封闭图形填充的颜色，初始值是白色。

在Image类对象上画线时，令其属性fill=myOutline，画圆或矩形时，令其属性fill=myFill和outline=myOutline。这样在Image类对象上就能按照变量myOutline和myFill指定颜色画线、圆和矩形。如需要修改填充色，可单击"填充色"按钮，将调用单击该按钮的事件处理函数setFill()，在该事件处理函数中，将打开颜色对话框，请注意，对话框参数color=myFill，是为颜色对话框设定打开对话框后初始选定的颜色，其后可选择所想要的颜色。如点击的是"确定"按钮，返回值是一个二元组 (triple, color)，是选定的颜色的两种不同表示法，其中 triple 是一个用 (R, G, B)表示的颜色，第二个是用 16 进制表示的颜色。如果点击的是"取消"按钮，返回值是(None, None)。将颜色对话框返回值赋值给变量color，如color[1]为None，None的布尔值是假，表示忽略此次操作，如果color[1]为颜色值，为真，令变量myFill=color[1]，即修改了填充色。如需要修改线颜色，可单击"线颜色"按钮，将调用单击该按钮的事件处理函数setOutline ()，操作过程和修改填充色基本相同。下边是setFill()和setOutline()定义。

```
def setFill():                                    #设置填充色
    global myFill
    color=askcolor(color=myFill,title='选择填充颜色')    #颜色对话框初始颜色是myFill
    if color[1]:                                  #如按颜色对话框的确定按钮
        myFill=color[1]                           #保存选定填充色
def setOutline():                                 #设置外轮廓线颜色
    global myOutline
    color=askcolor(color=myOutline,title='选择外轮廓线颜色')
    if color[1]:                                  #如按颜色对话框的确定按钮
        myOutline=color[1]                        #保存选定外轮廓线颜色
```

用以上函数替换19.8节的画图程序界面中的同名函数，看一下运行后效果。

但在Win10画图程序中，初始为不填充(填充透明色)。用Canvas类或PIL库的画图方法画封闭图形，如不设置属性fill，采用默认值，填充色为透明色。Canvas类画图方法如令fill=''，即为空字符串，填充色也为透明色。但PIL库的画图方法令fill=''，将报错。因此可令myFill=''为初值，用Canvas类画图方法画封闭图形时，令fill=myFill使填充色为透明色。用PIL库的画图方法画封闭图形时，如发现myFill=''，不设置属性fill，采用默认值，使填充色为透明色。上面函数setFill()未实现将填充色设置为透明色功能，请读者实现该功能，例如，将"填充色"按钮改为"填充色"菜单按钮，有两个菜单项，一个是"不填充"，单击该菜单项，令myFill=''，另一个是"填充色"，单击该菜单项，调用上边setFill()函数。

19.10 用simpledialog对话框修改线宽

用语句from tkinter.simpledialog import *可导入3个函数：askinteger，askfloat，askstring，调用3个函数，将打开用来输入整型数、浮点数和字符串的3个简单输入对话框，输入完成后，单击OK按钮，将分别返回输入的整型数、浮点数或字符串。单击cancel按钮，返回None。输入非法数据，会有对话框进行提示。注意，askfloat可以接收一个整数，返回的是此整数对应的float；函数askstring将把输入的内容自动转换为字符串。其中参数title是窗体标题，参数prompt是提示文本信息，参数initialvalue是初始值，参数minvalue是允许输入的最小值，参数maxvalue是允许输入的最大值。字符串大小是按照字符串大小比较规则进行的。

在reSet函数中，定义全局变量：lineWidth=3，记录画线或画封闭图形外轮廓线的宽度，初始值为3，请记住是3个像素宽。在Image类对象上画线、画圆或矩形时，令它们的属性width=lineWidth，这样在Image类对象上画线，其线宽由变量lineWidth指定，画圆和矩形，其外轮廓线宽度也由变量lineWidth指定。如需要修改线宽，可单击"线宽"按钮，将调用单击该按钮的事件处理函数setWidth()，在该事件处理函数中，将打开一个输入整型数的askinteger对话

框，单击OK按钮，将返回整型数赋值给变量lineWidth；单击cancel按钮，不做处理退出。函数
setLineWidth()定义如下。

```
def setLineWidth():                    #设置画线或画封闭图形外轮廓线宽度
    global linewidth
    s1="设置图形线宽"
    s2="请输入新的线宽"
    w=askinteger(title=s1,prompt=s2,initialvalue=lineWidth,minvalue=1,maxvalue=10)
    if w!=None:
        lineWidth=w
```

19.11 修改图片尺寸

在Win10的画图程序中，具有修改画布尺寸、修改图片尺寸、旋转翻转图片三个功能。修改
画布尺寸，即保持所画图形不变，仅改变画布的大小。对于后两个功能，如果不存在选择框，
是修改所画整个图片的尺寸，旋转翻转所画整个图片；如果存在选择框，是修改选择框所选图
片的尺寸，旋转翻转选择框所选图片。

本画图程序也实现了这三个功能，即编写了单击"缩放图片"和"缩放画布"菜单项的事
件处理函数，其余5个菜单项：左旋90度、右旋90度、左旋180度、垂直翻转和水平翻转，共用
同一个单击事件处理函数。但不考虑选择框的影响，即存在选择框时，先删除选择框，然后再
修改画布尺寸、修改所画整个图片的尺寸、旋转翻转所画整个图片。如希望在存在选择框时，
能修改选择框所选图片的尺寸，旋转翻转选择框所选图片，可参见19.15节最后一段，在那里介
绍了实现这两个功能的思路。

本节实现修改图片和画布尺寸的功能，即修改图片与画布的宽和高。当开始用画图程序画
各种图形，首先要做的工作就是选定所画图片尺寸。尺寸选大了，最终可以缩小图片，图像质
量不会降低。但初始尺寸选小了，放大图片尺寸，会使曲线出现锯齿，图像质量会降低。Win10
画图程序，可按像素或按比例修改图片和画布尺寸，修改时可保持或不保持图片或画布宽高
比。完成这些工作，需要自定义一个较复杂的对话框，实现没有什么难度，但代码较多。这里
设计画图程序的目的，是使读者掌握实现的方法，要尽量减少代码，方便阅读。因此，仅打开
askinteger对话框，要求输入一个表示图片新宽度的整型数，即像素数，根据原图片宽高比，计
算出图片新高度，即只实现了按像素修改宽和高，宽高比不变。读者可参考Win10画图程序，实
现修改图片和画布尺寸的完整功能。

首先定义setSize()函数，在单击"缩放图片"和"缩放画布"菜单项的事件处理函数中，要
调用这个函数。该函数根据输入的图片新宽度（像素数），保持图片宽高比，计算图片的新高
度，重置Canvas类对象cv的宽和高，返回图片的新的宽度和高度。setSize()定义如下。

```
def setSize():
    w0=image1.width                    #旧的图片宽度
```

```
s1="重置图片的宽和高"
s2="请输入图片新宽度，保持图片宽高比，新高度计算得到"
w=askinteger(title=s1,prompt=s2,initialvalue=w0,minvalue=10,maxvalue=1000)
if w==w0 or w==None:                        #如果输入的新宽度等于旧宽度，或单击取消按钮
    return None                             #返回None
h=int(image1.height*(w/w0))                 #按新旧宽度比得到高度。浮点数取整：int(浮点数)
cv.config(width=w,height=h)                 #首先修改Canvas对象cv的宽和高
cv.config(scrollregion=(0,0,w,h))           #设置滚动范围，如比主窗体宽高大，滚动条能使用
return[w,h]
```

缩放图形使用Image类的函数resize(新宽,新高)，该函数返回缩放后的图片，这将使图片尺寸和图片中的图形或图像都被放大或缩小。单击菜单项"缩放图片"的事件处理函数是setImageSize()，该函数定义如下。

```
def setImageSize():                         #重置图片的宽和高
    global img,image1
    whList=setSize()                        #得到图片的(新宽,新高)=(whList[0],whList[1])
    if whList==None:
        return
    delSandS2()                             #删除选择框和框内图形，参见19.15节
    image1=image1.resize((whList[0],whList[1]))  #修改图片为新尺寸，参数是图片宽和高
    img=ImageTk.PhotoImage(image=image1)    #转换为Canvas能显示的图像
    cv.itemconfig('mainImage',image=img)    #在cv上显示缩放后的图片
```

这里用到Image类resize方法，该方法返回缩放后的图片(Image类对象)，定义如下。

```
resize(size, resample=BICUBIC, box=None, reducing_gap=None)
```

参数size是元组(width,height)，为图片缩放后的宽和高。参数resample是缩放图片时采用的插值方法，例如一个圆被放大，必须在未放大圆边界线两个像素点之间增加若干像素点，称为插值，才能增加圆的尺寸，当然希望图形放大后尽量保持圆的形状，边界线看起来连续，使用不同插值方法，其插值效果和速度会有区别。该函数提供若干插值方法，包括最近邻居插值法（Image.NEAREST）、盒子插值法（Image.BOX）、双线性插值法（Image.BILINEAR）、双三次插值法（Image.BICUBIC）、兰索斯(人名)插值法（Image.LANCZOS）等。默认插值法为Image.BICUBIC。如果图像的模式为'1'或'P'，默认为Image.NEAREST。当缩放图形后产生锯齿，没必要在弄懂各种插值法的工作原理后，去选择一种插值法，可以通过实验各种插值方法，以实际效果和速度决定使用哪种插值法。实验时，参数resample值不必使用Image.NEAREST等值，可以设定为0、1、2等整数值即可。

所谓缩放画布，就是图形不变，为了画更多图形，增加画布的面积，类似于为了画更多人物，换一张更大的纸。Win10画图程序用鼠标拖动画布边界的小方块，达到改变画布尺寸的目的。在20.10节用拖动图形边界，实现了修改图形尺寸功能，读者可参考这些代码，在本画图程序实现用鼠标拖动画布边界小方块，修改画布尺寸。和修改图片尺寸同样理由，本画图程序也是仅让使用者输入画布的新的宽度，按新旧宽度比例计算新的高度。单击菜单项"缩放画布"的事件处理函数是setCanvasSize()，该函数定义如下。

```python
def setCanvasSize():                                    #重置画布的宽和高，其中图形不变
    global img,image1
    whList=setSize()
    if whList==None:
        return
    delSandS2()                                         #删除选择框和框内图形，参见19.15节
    image2=Image.new("RGB",(whList[0],whList[1]),'white')   #image2宽高为重置的新宽和高
    image2.paste(image1,(0,0,image1.width,image1.height))   #将不变的图形拷贝到image2
    image1=image2
    img=ImageTk.PhotoImage(image=image1)
    cv.itemconfig('mainImage',image=img)                #在cv上显示所画的图形
```

19.12 旋转和翻转图片

Win 10画图程序的旋转和翻转图片功能包括：向右旋转90度、向左旋转90度、旋转180度、垂直翻转和左右翻转。使用Image类transpose(method)方法可完成这些功能，参数method=Image.FLIP_LEFT_RIGHT、Image.FLIP_TOP_BOTTOM，分别是左右镜像翻转、上下镜像翻转；method=Image.ROTATE_90、Image.ROTATE_180或Image.ROTATE_270，分别是图片逆时针旋转90度、180度或270度，旋转270度也可以看作反向旋转90度。

本程序"编辑"下拉菜单包括菜单项：缩放图形、缩放画布、左旋90度、右旋90度、左旋180度、垂直翻转和水平翻转。单击后5个菜单项，都调用函数rotate(s)，单击不同菜单项，其形参等于不同的实参，完成不同功能。请查看19.8节编辑顶级菜单下拉菜单的左旋90度等菜单项，是如何用lambda表达式将实参传递给形参s的。rotate函数定义如下。

```python
def rotate(s):                                          #单击后5个菜单项，都调用该函数
    global img,image1
    delSandS2()                                         #删除选择框和框内图形，参见19.15节
    image1=image1.transpose(s)                          #实参不同，实现的功能不同
    img=ImageTk.PhotoImage(image=image1)                #注意，img必须是全局变量
    cv.itemconfig('mainImage',image=img)
```

如希望将图片旋转任意角度，可用Image类rotate(angle,filter=NEAREST,expand=0)函数。该函数以图片中心点为旋转中心，旋转参数1给定角度angle，angle为正，逆时针方向旋转，返回Image类对象，其矩形外边界是旋转后的图片的外接矩形。如旋转度数为90、180或270，返回Image类对象和旋转后的图片的矩形外边界重合。如旋转度数为其它值，两者的矩形边界不会重合，Image类对象中，非旋转后图片的区域，用黑色补齐。filter参数是采用的插值方法，可选NEAREST、BILINEAR或BICUBIC，一般采用默认值。Expand参数，如果为true，表示输出图像宽高足够大，确保能装载旋转后的图像。如果为false或者缺省，则输出图像与输入图像宽高相同。

19.13 拖动鼠标画图形

Win 10画图程序拖动鼠标画各种图形是该程序最重要的功能，本画图程序也要实现该功能。本画图程序所画图形最终都保存到Image类对象image1中，image1保存的图形模式是位图。不准备用鼠标直接拖动image1中位图来画图，这将使程序变得十分复杂。而是在Canvas类对象cv上先创建图形，拖动这个图形到不同位置，同时改变该图形的形状，在鼠标左键抬起时，再按照cv上所画图形的位置、颜色等信息，在image1中重画这些图形，然后删除在Canvas类对象cv上创建图形，这样做可极大简化程序。

线可用两点定位，矩形、椭圆(圆)和各种多边形都可以用矩形定位，矩形的左上角和右下角坐标可确定一个矩形。当鼠标左键按下后，将鼠标单击处作为矩形的一个顶点坐标保持不变，并创建一个很小的图形。当鼠标保持按下并移动，矩形的一个顶点坐标保持不变，鼠标移动处作为矩形的另一个顶点坐标，用Canvas类方法coords移动图形到新位置，并改变图形形状。当鼠标左键抬起，画图结束，再按照cv上拖动所画图形的最终位置、颜色等信息，在image1中重画这些图形，然后删除在Canvas对象cv中拖动鼠标所画图形。本画图程序仅实现了用拖动鼠标画线、画矩形和画椭圆(圆)功能，读者可增加画其它图形功能。

因此必须为鼠标左键按下、鼠标保持按下移动和鼠标左键抬起事件绑定事件处理函数。在19.8节画图程序界面和框架中，这些事件已被绑定。在这里重新列出，cv是Canvas类对象。

```
cv.bind("<ButtonPress-1>",StartMove)          #绑定鼠标左键按下事件
cv.bind("<ButtonRelease-1>",StopMove)         #绑定鼠标左键抬起事件
cv.bind("<B1-Motion>", OnMotion)              #绑定鼠标保持按下移动事件
```

下面是这3个事件处理函数。除了拖动鼠标画线、画矩形和画椭圆(圆)外，还用拖动鼠标画剪贴板的复制和剪切所需选择框等其它工作，具体做哪种工作，决定于被选中的单选按钮，即if var.get()=='sel':等语句，选择不同单选按钮，做不同工作。在画布Canvas类对象上，用拖动鼠标所画图形，其属性tag都为'L'，因此可移动、删除tag为'L'的所有图形。在第一个函数中，画了一个很小的图形，在第二个函数中，鼠标左键按下移动时，用coords函数将tag为'L'的所有图形移到新位置，并改变图形的形状。在画图形时，有时意外地点击一下鼠标，并不是真要画一个图形，但会在Canvas对象上画出一个点，为避免这种情况发生，在第三个函数中，要检查所画图

形的尺寸，如果尺寸太小，则忽略这次所画的图形。否则，将在Canvas对象上所画图形删除，在Image类对象中保存所画图形，并把Image类对象在Canvas对象上重新显示，此时在Canvas对象上将重新看到此次拖动鼠标所画图形，其大小、形状和被删除图形完全相同，视觉效果是，抬起鼠标，所画图形大小、形状没有任何变化。请注意，在拖动画线和画封闭图形时，线的宽度和颜色，封闭图形外轮廓线的宽度和颜色以及填充色都采用默认值。只有在鼠标抬起后，在记录所画图形Image类对象image1上画线和画封闭图形时，才采用设定值。因此在鼠标抬起后，前后两个图形不完全相同。解决的方法是，拖动画图形时，这些属性也采用设定值。另外，拖动鼠标画封闭图形，也未考虑不填充(填充透明色)这种情况，如希望画封闭图形不填充(填充透明色)，请查看19.9节第2段的说明。请读者按以上要求修改。

```
def StartMove(event):                                    #鼠标左键按下事件处理函数
    global first_x,first_y,selectRec,state,img
    first_x,first_y=event.x,event.y                      #保存矩形的一个顶点坐标，保持不变
    if var.get()=='sel':                                 #根据所选单选按钮，决定鼠标单击所做工作
        pass                                             #其它工作被忽略，在19.15节将看到这些代码
    elif var.get()=='line':                              #如是画线，画一段很短的线，tag为'L'
        cv.create_line(event.x,event.y,event.x+2,event.y+2,tags=('L'))
    elif var.get()=='rectangle':                         #如是画矩形，画一个很小矩形，tag为'L'
        cv.create_rectangle(event.x,event.y,event.x+2,event.y+2,tags=('L'))
    elif var.get()=='oval':                              #如是画椭圆，画一个很小的圆，tag为'L'
        cv.create_oval(event.x,event.y,event.x+2,event.y+2,tags=('L'))

def OnMotion(event):                                     #鼠标保持按下移动事件处理函数
    global first_x,first_y,selectRec
    if var.get()=='sel':
        pass                                             #其它工作被忽略，在19.15节将看到这些代码
    else:                                                #如是画线、画矩形或画椭圆(圆)
        cv.coords('L',first_x,first_y,event.x,event.y)   #移动图形到新位置并改变图形形状

def StopMove(event):                                     #鼠标左键抬起事件处理函数
    global first_x,first_y,selectRec,state,img,draw
    if var.get()=='sel':
        pass                                             #其它工作被忽略，在19.15节将看到这些代码
    else:                                                #如是画线、画矩形或画圆
        cv.delete('L')                                   #删除在Canvas对象上所画图形
        if ((abs(event.x−first_x)+abs(event.y−first_y))>6):    #忽略太小的图
            draw=ImageDraw.Draw(image1)
            if var.get()=='line':                        #在Image对象image1上画线
                draw.line((first_x,first_y,event.x,event.y),fill=myOutline,width=lineWidth)
            elif var.get()=='rectangle':                 #画矩形。如不需填充，不设置属性fill
```

draw.rectangle((first_x,first_y,event.x,event.y), fill=myFill,outline=myOutline,width=lineWidth)

elif var.get()=='oval':　　　　　　　　　　　　#画椭圆(圆)。如不需填充，不设置属性fill

　　draw.ellipse((first_x,first_y,event.x,event.y), fill=myFill,outline=myOutline,width=lineWidth)

img=ImageTk.PhotoImage(image=image1)　　　　#转换为Canvas能显示的图形

cv.itemconfig('mainImage',image=img)　　　　#在Canvas对象cv上显示图形

用以上函数替换19.8节画图程序界面和框架中的同名函数，拖动鼠标画三种图形。

Win10画图程序中，当鼠标抬起，并不立刻将图形保存到Image的对象中，而是用虚线框框住所画图形，此时还可以改变图形尺寸，拖动图形到其它位置，只有当单击图形外一点，才会将图形保存到Image的对象中。这和从剪贴板粘贴图形到指定位置功能类似，使用类似方法，也能实现这个功能。

19.14　拖动鼠标画多边形或图像

Win 10画图程序工具栏中有多个图形按钮，见图19-3（a）。单击选中某按钮，就能用拖动鼠标方法在窗体工作区，画图形按钮上的图形。图19-3（a）有三类图形，一些是能用Canvas类的create_xxx()方法创建的图形；另一些是全部由线段组成的各种形状封闭图形，例如五角形，简称多边形；还有一些是包括其它曲线的图形，如图19-3（a）中的最后3个图形，简称曲线图形。本节介绍用Python实现用拖动鼠标方法画图19-3（a）中后两种图形的方法，多边形采用一种方法，曲线图形采用另一种方法。

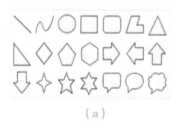

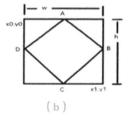

（a）　　　　　　　　　　　　（b）

图19-3

首先介绍拖动鼠标画多边形。定义一个矩形，左上角坐标为(x0,y0)，右下角坐标为(x1,y1)，矩形宽w=x1-x0，矩形高h=y1-y0。如果所画的多边形的所有顶点都在这个矩形内部或在矩形的边线上，那么多边形所有顶点坐标可以用(x0,y0)和(x1,y1)表示。图19-3（b）表示一个菱形在矩形中，以菱形为例说明实现方法。菱形顶点坐标A=(x0+0.5w,y0+0*h)；B点坐标=(x0+1*w,y0+0.5h)；C点坐标=(x0+0.5w,y0+1*h)；D点坐标=(x0+0*w,y0+0.5*h)。当拖动鼠标画菱形时，鼠标左键按下时的坐标为矩形左上角坐标(x0,y0)保持不变，鼠标按下移动时的坐标为右下角坐标(x1,y1)，随着鼠标移动，坐标(x1,y1)点变化，计算菱形4点坐标，就能画出不同大小和形状的菱形。请注意，由于w和h可为正数或负数，使(x1,y1)点在任何位置上述公式都正确，例如在x1<x0和y1>y0，(x1,y1)点在(x0,y0)左侧，A点x坐标为x0+0.5*w，其中w<0。可以看出矩形中所有点坐标都可用公式(x,y)=(x0+m*w,y0+n*h)计算得到，m和n取值范围为0~1。可把计算多边形不同

顶点坐标的m和n保存到列表中，例如记录画菱形4个点m和n列表为：a=[[0.5,0],[1,0.5],[0.5,1],[0,0.5]]。列表长度为多边形的顶点数，不同图形有不同的列表值，即列表定义了某种形状多边形，这个列表要预先完成。可用字典组成多边形图形库，格式为：{图形名：该图形列表，…}。

可定义一个拖动鼠标画各种多边形的方法drawPolygon(x0,y0,x1,y1,aList)，其参数(x0,y0)是矩形左上角坐标，参数(x1,y1)是矩形右下角坐标，选择不同列表aList，就能拖动鼠标画出各种形状多边形。该函数定义如下。

```python
def drawPolygon(x,y,x1,y1,aList):          #(x,y)是矩形左上角坐标，(x1,y1)是右下角坐标
    w,h=x1-x,y1-y
    points=[]
    for m,n in aList:
        points.append([x+m*w,y+n*h])
    cv.create_polygon(points, outline="green",fill="yellow",tags=('L'))
```

拖动鼠标画菱形完整例子如下。

```python
import tkinter as tk
def drawPolygon(x,y,x1,y1):
    w,h=x1-x,y1-y
    points=[]
    for m,n in a:
        points.append([x+m*w,y+n*h])
    cv.create_polygon(points, outline = "green", fill = "yellow",tags=('L'))
def StartMove(event):
    global first_x,first_y
    first_x,first_y = event.x,event.y
def StopMove(event):
    global first_x,first_x
    cv.delete('L')
    drawPolygon(first_x,first_y,event.x,event.y)
    cv.dtag('L','L')
def OnMotion(event):
    global first_x,first_x
    cv.delete('L')
    drawPolygon(first_x,first_y,event.x,event.y)
root = tk.Tk()
root.geometry('300x100')
cv = tk.Canvas(root, height=100, width=300,bg='silver')
```

```
cv.pack()
a=[[0.5,0],[1,0.5],[0.5,1],[0,0.5]]
cv.bind("<ButtonPress-1>",StartMove)                    #绑定鼠标左键按下事件
cv.bind("<ButtonRelease-1>",StopMove)                   #绑定鼠标左键抬起事件
cv.bind("<B1-Motion>", OnMotion)                        #绑定鼠标左键按下移动鼠标事件
root.mainloop()
```

图19-3（a）最后一个图形类似一片云，这里称为云图，无法用上边方法完成拖动鼠标画云图。可以把这图形看作图像，用拖动图像来画这个云图。拖动图像画图的思路是，首先用画图工具画一个尺寸较大的云图，称为云图原图，这样保证在用鼠标拖动云图使其尺寸不断变化时，总是将云图原图缩小，较小图形缩小倍数大，较大图形缩小倍数小，因为总是缩小图形，不会出现将小图形放大时出现锯齿的失真。将云图原图保存为RGBA模式的png文件，使其底色透明，这样在显示云图时才能无背景。鼠标按下处坐标(x0,y0)为矩形左上角坐标，保持不变，作为云图中心点坐标，放置很小的云图。鼠标按下移动到(x1,y1)点，为矩形右下角坐标，删除显示的旧云图，计算该矩形的宽w和高h，用Image类resize(w,h)方法缩放云图原图，将新云图以(x0,y0)为中心重新显示。移动鼠标，图像中心不变，改变图像宽和高，即缩放图形。抬起鼠标，画图结束，将选定位置和尺寸的云图保存到Image类对象。以下是拖动画云图的完整程序。

```
import tkinter as tk
from PIL import Image,ImageTk
def StartMove(event):                                   #鼠标左键按下事件处理函数
    global first_x,first_y,img
    first_x,first_y=event.x,event.y
    img2=img1.resize((2,2))                             #将云图宽和高都变为2像素的小云图
    img=ImageTk.PhotoImage(image=img2)                  #转换为Canvas能显示的图形
    cv.create_image(first_x,first_y,image=img,tags=('L'))  #默认以(first_x,first_y)为中心显示图像
def OnMotion(event):                                    #鼠标左键被按下并移动事件处理函数
    global first_x,first_y,img
    cv.delete('L')                                      #删除上次移动显示的图像
    if abs(first_x-event.x)>0 and abs(first_y-event.y)>0:  #鼠标移动，避免宽和高出现为0
        w,h=abs(first_x-event.x),abs(first_y-event.y)   #得到矩形宽和高
        img2=img1.resize((w,h))                         #缩放图像
        img=ImageTk.PhotoImage(image=img2)              #转换为Canvas能显示的图形
        cv.create_image(first_x,first_y,image=img,tags=('L'))  #重新显示缩放后云图
def StopMove(event):                                    #鼠标左键抬起事件处理函数
    global first_x,first_y,img0
    cv.delete('L')                                      #删除Canvas类对象上显示的图像
    if abs(first_x-event.x)>0 and abs(first_y-event.y)>0:  #避免宽和高出现为0
```

```
    w,h=abs(first_x-event.x),abs(first_y-event.y)          #得到矩形宽和高
    img2=img1.resize((w,h))                                #缩放图像。下句将img2粘贴到image1
    image1.paste(img2,(first_x-int(w/2),first_y-int(h/2))) #参数2为当前图像左上角的坐标
    img0 = ImageTk.PhotoImage(image=image1)                #将image1转换为canvas能显示的格式
    cv.itemconfig('mainImage',image=img0)                  #在Canvas类对象上显示image1图像
root = tk.Tk()
root.geometry('400x300')
cv=tk.Canvas(root,width=400, height=300,bg='white')        #和image1同宽高，底色相同
cv.pack(anchor='nw')
img1=Image.open('白云1.png')                               #导入背景透明白云图片
image1=Image.new("RGBA",(400, 300),'white')                #记录所画图形，必须为RGBA模式，和主窗体同宽高
img0=ImageTk.PhotoImage(image=image1)
cv.create_image(0,0,image=img0,anchor='nw',tag='mainImage') #用来显示Image类对象
cv.bind("<ButtonPress-1>",StartMove)                       #绑定鼠标左键按下事件
cv.bind("<ButtonRelease-1>",StopMove)                      #绑定鼠标左键抬起事件
cv.bind("<B1-Motion>", OnMotion)                           #绑定鼠标左键被按下时移动鼠标事件
root.mainloop()
```

19.15 剪贴板功能

实现剪贴板功能，即用虚线矩形选择框选定复制或剪切区域，实现复制、剪切和粘贴功能。这个虚线矩形选择框，在后边都被简称为"选择框"。如需画选择框，首先选中窗体上部单选按钮"选择"，然后用拖动鼠标方法画选择框，抬起鼠标，画选择框结束。只要选择框存在，复制和剪切按钮可用，允许以下四种操作。第一，之前没有单击选择框内拖动选择框和图形，鼠标单击选择框外部，已画选择框消失，可在单击处拖动鼠标画新选择框，再次选定复制或剪切区域。第二，用鼠标单击选择框内部，并保持鼠标按下移动，将拖选择框及框内图形移动。请注意，拖动的意义，是用选择框选定图像，从显示的图像中被拖走，移到其它位置。抬起鼠标后，只要不用鼠标单击选择框外部，可多次用鼠标单击选择框内部，并保持鼠标按下移动，拖动选择框及框内图形移动。在拖动图像后，单击选择框外部，选择框内图形在原位置保留，选择框消失。可在单击处拖动鼠标画新选择框，再次选定复制或剪切区域。第三，如选择框存在，复制和剪切按钮可用，单击复制或剪切按钮将选择框内图形保存到剪贴板。单击剪切按钮，还使选择框和框内图形消失，由于选择框不存在，复制和剪切按钮为灰色不能用。剪贴板中有图形，粘贴按钮才可用。单击粘贴按钮，剪贴板中的图形被显示到窗体左上角，并被选择框包围，可拖选择框和框内图形到指定位置，单击选择框外部，粘贴结束，选择框内图形在原位置保留，选择框消失。可在单击处拖动鼠标画新选择框，再次选定复制或剪切区域。第四，使单选按钮"选择"不被选中，结束剪贴板功能，删除选择框。请注意，在任何情况下，删除选择框，如选择框和框内图像已被拖动，根据拖动图像的意义，应仅去掉被拖动图像外的选择框，被拖动的图形在原位置不动。

　　和剪切板有关的函数有多个，逻辑关系比较复杂，为了更容易地读懂程序，有一个建议，不要割裂剪切板各个函数之间的关系，企图通过逐一完全读懂所有函数后，达到理解剪切板所有函数的目的。而应该按照实现剪贴板各个功能调用函数顺序，在每一步调用某函数时，只读懂和该步有关语句，在检查剪贴板所有功能后，也就读懂了所有函数。例如，单击"选择"单选按钮，要查看单击单选按钮处理函数有关部分；然后用拖动鼠标方法画选择框，顺序调用鼠标按下、鼠标按下移动和鼠标抬起三个函数，只查看和画选择框有关语句。鼠标抬起，画选择框完成，如上边所讲，此时允许四种操作，可逐一检查每种操作调用的不同函数，查看为完成该功能的语句，最终读懂所有函数。

　　要实现以上剪贴板功能，必须同时使用Canvas类和PIL库。所画的所有图形被保存到PIL库Image类对象image1中，而显示图像image1则由Canvas类对象cv完成。由于image1和cv有相同的宽和高，image1保存的图形和cv显示的图形，两者的坐标、图形形状和颜色等都完全相同。拖动鼠标画选择框，选择框被画在cv上。复制图形，则是按照选择框确定的复制区域，从image1中取出图形selImage保存到剪贴板clipboard中。粘贴剪贴板中的图形，必须用Canvas类create_image方法为图形clipboard创建一个图像对象，用tag="S2'代表这个图像；创建选择框围住"S2"，用tag='S'代表选择框，两者还有一个共同的tag='S1'，代表选择框和框内图像。然后将选择框和框内图像放到cv左上角。这时可以拖动这个用tags='S1'代表的选择框和框内图像到指定位置。单击选择框外某点，结束粘贴，按照当前选择框所在位置，将图形clipboard粘贴到image1上由选择框指定位置，然后被粘贴图形后的image1在cv上重新显示，删除用tags='S1'代表的选择框和框内图形，在cv上将看到包括粘贴后图形的所有图形。由此可以看出，复制或剪切得到的图像并没有放入系统剪切板，而是用变量clipboard保存，因此本画图程序复制或剪切得到的图形，无法粘贴到其它画图程序。这是一个缺点。

　　从以上分析还可以看到，剪贴板功能有两种状态，用变量state记录，状态1，state为'drawSelRec'，表示可用拖动鼠标方法画选择框，选定复制或剪贴区域。state的初始状态为'drawSelRec'。状态2，变量state为'moveSelRec'，表示正在拖动选择框和该框内图形。有两种情况使state变为'moveSelRec'，其一是用拖动鼠标方法画选择框后，鼠标立即单击选择框内部，准备拖动选择框和该框内图形，剪切在image1上由选择框指定坐标的图形到selImage，原选择框内图形变为selImage，state变为' moveSelRec '。其二是单击粘贴按钮，如剪贴板clipboard中有图形，将clipboard图形用选择框围住，在主窗体cv左上角显示，state变为'moveSelRec'。两种情况都创建了选择框和框内图形在cv显示，可拖动选择框和框内图形到指定位置。单击选择框外的点，表示拖动图形结束，将选择框内图形S2粘贴到记录所有已画图形的Image类对象image1上由选择框指定位置，变量state重新变为'drawSelRec'，表示不再需要拖动图形，可以做其它剪贴板工作。

　　在下边函数中，用到cv.bbox('S')和cv.coords('S')语句，其中'S'是cv中矩形选择框的tag。如该选择框不存在，cv.bbox('S')返回None，cv.coords('S')返回空列表[]。如用如下语句创建了选择框：cv.create_rectangle(2,2,39,39,tags=('S'))，则cv.bbox('S')返回元组(1,1,40,40)，函数cv.coords('S')返回列表[2.0,2.0,39.0,39.0]。有些函数对参数数据类型有要求，必须根据参数所需数据类型选择不同函数，例如PIL库Image.paste(selImage,(x1,y1))函数中的x1,y1必须是整数。见下例。

```
import tkinter as tk
root = tk.Tk()
cv=tk.Canvas(root,width=400, height=300,bg='white')
cv.pack()
print(cv.bbox('S'))                    #因tag代表的对象不存在，显示None
print(cv.coords('S'))                  #因tag代表的对象不存在，显示空列表[]
cv.create_rectangle(2,2,39,39,tags=('S'))
print(cv.bbox('S'))                    #显示(1,1,40,40)，元组元素为整数
print(cv.coords('S'))                  #显示[2.0,2.0,39.0,39.0]，列表元素为浮点数
root.mainloop()
```

　　复制、剪切和粘贴按钮的事件处理函数如下。"查看"单选按钮被选中时，复制、剪切和粘贴按钮都变灰不能用。"选择"单选按钮被选中，并且选择框存在，复制和剪切按钮可用。"查看"单选按钮不被选中，同时剪贴板clipboard中有图像，粘贴按钮可用。单击复制按钮将调用copy函数，选择框内图像(selImage)被放到剪切板clipboard后，粘贴按钮可用。请注意，当鼠标抬起，画选择框结束后，image1选择框区域图形已被复制到selImage。

```
def copy():                            #单击"复制"按钮调用该函数
    global selImage,clipboard          #当鼠标抬起画选择框结束selImage已被赋值
    but3.config(state="normal")        # "粘贴"按钮可用，复制和剪切按钮保持可用
    clipboard=selImage                 #选中数据(selImage)被放到剪切板clipboard
```

　　单击剪切按钮将调用crop函数，同copy函数一样，也要将选中图像(selImage)放到剪切板clipboard中，同时还需将白底色粘贴到image1被剪切处，即清除剪切处的图形，在cv上重新显示，删除选择框和该框内图像，粘贴按钮可用，复制和剪切按钮变灰不能用，由于选择框不存在，state变为'drawSelRec'，允许重新画选择框。

```
def crop():                            # "剪切"按钮的事件处理函数
    global selImage,img,state,clipboard
    but1.config(state="disabled")      #矩形选择框将被删除，复制按钮不能用
    but2.config(state="disabled")      #矩形选择框将被删除，剪切按钮不能用
    but3.config(state="normal")        #粘贴按钮可用
    clipboard=selImage                 #选中数据(selImage)被放到剪切板(clipboard)
    image1.paste('white',cv.bbox('S')) #置image1上选择框指定区域为白底色，清除该处的图形
    img=ImageTk.PhotoImage(image=image1) #清除了图形的image1转换为Canvas能显示图形
    cv.itemconfig('mainImage',image=img) #在cv显示清除了图形的image1，img必须是全局变量
    cv.delete('S')                     #删除选择框(其tag='S')
    cv.delete('S2')                    #删除选择框内图形(其tags='S2')
```

```
        state='drawSelRec'                      #选择框被删除，变为画矩形选择框状态
```

　　函数delSandS2()用来删除选择框(其tag='S')和框内图形(其tag='S2')。当删除在cv上的选择框和该框内图形前，如state=='moveSelRec'，表示选择框和框内图形已被拖动，必须先将框内图形粘贴到image1中由选择框选定区域并显示。

```
def delSandS2():
    global img                          #下句，如在cv上的选择框和框内图形已被拖动
    if state=='moveSelRec':             #必须将选择框内图像粘贴到image1后，再删除'S'和'S2'
        x1,y1,x2,y2=cv.bbox('S2')       #得到将选择框内图像粘贴到image1上的坐标(x1,y1)
        image1.paste(selImage,(x1,y1))  #粘贴选择框内图像selImage到image1
        img=ImageTk.PhotoImage(image=image1)        #image1转换为Canvas能显示的图形
        cv.itemconfig('mainImage',image=img)        #在cv上显示image1
    cv.delete('S')                      #删除选择框 'S'
    cv.delete('S2')                     #删除选择框内图形'S2'
```

　　单击粘贴按钮将调用paste函数。如clipboard中无图像，退出。如clipboard中有图像，因在cv上只允许有一个选择框，必须先用函数delSandS2()删除当前已存在的选择框和该框内图像。然后用Canvas类方法create_image为剪贴板中图像clipboard创建一个图像对象用选择框围住，在cv左上角显示，并令选择框内图像selImage=clipboard。可将cv左上角粘贴图形拖动其它位置。在鼠标按下事件处理函数StartMove中，单击选择框外任意点，拖动图形结束，会将图形selImage粘贴到保存所画所有图形的Image类对象image1上由选择框指定位置。

```
def paste(x=10,y=10):                   #单击"粘贴"按钮调用的函数，(x,y)是cv某点坐标
    global img,img1,state,clipboard,selImage
    if clipboard.width==0 or clipboard.height==0:   #如剪贴板内图形宽或高为0，即剪贴板无图像
        return                          #不粘贴，退出函数
    delSandS2()                         #删除已存在tag='S'选择框和tag='S2'框内图形
    but1.config(state="normal")         #粘贴后，选择框存在，复制、剪切按钮能用
    but2.config(state="normal")         #下三条语句创建在cv显示的用选择框围住粘贴图形
    img1=ImageTk.PhotoImage(image=clipboard)        #转换剪切板图形为Canvas能显示的图形
    cv.create_image(x,y,image=img1,anchor="nw",tags=('S1','S2'))     #在cv上显示img1
    cv.create_rectangle(x,y,x+clipboard.width,y+clipboard.height,tags=('S','S1'),dash=(3,5))     #创建选择框
    selImage=clipboard                  #当前被选择框围住的图形是剪切板中的图形
    state='moveSelRec'                  #进入拖动图像状态
    var.set('sel')                      #为拖动粘贴图形，单选按钮"选择"必须选中
```

　　鼠标左键按下、鼠标左键按下移动和鼠标左键抬起函数定义如下。从以上分析可知，剪贴

板功能和拖动画图形都需响应鼠标左键按下、鼠标左键抬起和鼠标左键按下移动3个事件，也就是说，这3个事件处理函数要完成剪贴板所需工作，还要完成拖动画图形工作，具体做哪种工作，取决于选中哪个单选按钮。请注意，在鼠标抬起画选择框结束时，选择框内用来复制和剪切的图像selImage已被赋值，即只要选择框存在，用来复制和剪切的图像selImage已被赋值。

```
def StartMove(event):                      #鼠标左键按下事件处理函数
  global first_x,first_y,state,img,selImage,img1
  first_x,first_y=event.x,event.y
  if var.get()=='sel':                     #如选中"选择"单选按钮，鼠标做剪贴板工作，不是拖动画图
    if cv.bbox('S')==None:                 #程序刚运行或删除选择框后，选择框不存在，cv.bbox('S')返回None
      x1,y1,x2,y2=(0,0,0,0)                #选择框左上角和右下角坐标都为(0,0)，鼠标单击何处，都在选择框外
    else:                                  #如选择框存在
      x1,y1,x2,y2=cv.bbox('S')            #x1,y1,x2,y2是选择框左上角和右下角坐标
    if state=='drawSelRec':                #如在画选择框状态。下句，如单击点不在选择框内
      if event.x<min(x1,x2) or event.x>max(x1,x2) or event.y<min(y1,y2) or event.y>max(y1,y2):
        cv.delete('S')                     #删除旧选择框，准备画新选择框
        selImage=Image.new("RGB",(0,0),'white')        #选择框内图形，宽高都为0，不能粘贴
      else:                                #如单击选择框内，为拖动图形做准备，注意：image1在选择框内图形被移走
        image1.paste('white',cv.bbox('S'))  #置image1上选择框区域内为白底色，清除该处的图形
        img=ImageTk.PhotoImage(image=image1)           #该image1转换为Canvas能显示图形
        cv.itemconfig('mainImage',image=img)           #在cv显示该image1，img必须是全局变量
        img1=ImageTk.PhotoImage(image=selImage)        #鼠标抬起selImage已赋值，使其能被cv显示
        cv.create_image(x1,y1,image=img1,anchor="nw",tags=('S1','S2'))  #在cv上显示img1
        cv.create_rectangle(x1,y1,x1+selImage.width,y1+selImage.height,tags=('S','S1'),dash=(3,5))
        state='moveSelRec'                 #变为拖动图像状态。上句，为在cv显示的选中图形selImage加选择框
    else:                                  #如在拖动图像状态。下句不能用cv.coords('S')，否则image1.paste(selImage,(x1,y1))报错
      x1,y1,x2,y2=cv.bbox('S2')           #下句如单击选择框外，将选中图像selImage粘贴到image1
      if event.x<min(x1,x2) or event.x>max(x1,x2) or event.y<min(y1,y2) or event.y>max(y1,y2):
        image1.paste(selImage,(x1,y1))    #粘贴选中图像selImage到image1
        img=ImageTk.PhotoImage(image=image1)           #image1转换为Canvas能显示的图形
        cv.itemconfig('mainImage',image=img)           #在cv上显示img
        cv.delete('S')                     #删除选择框
        cv.delete('S2')                    #删除选择框内图形
        but1.config(state="disabled")      #矩形选择框被删除，复制按钮不能用
        but2.config(state="disabled")      #矩形选择框被删除，剪切按钮不能用
        selImage=Image.new("RGB",(0,0),'white')        #选择框内图形，宽高都为0，不能粘贴
        state='drawSelRec'                 #变为画选择框状态
  elif var.get()=='line':                  #如是画线。以下是画线、画矩形和画椭圆圆语句，和剪贴板语句无关，没列出
```

```
    …                                              #请读者将前边有关语句拷贝到此处
def OnMotion(event):                               #鼠标左键按下移动事件处理函数
    global first_x,first_y
    if var.get()=='sel':                           #如"选择"单选按钮被选中，实现剪贴板功能
        if state=='drawSelRec':                    #如是画选择框，选择框左上角不变，右下角随鼠标移动
            cv.delete('S')    #删除上次鼠标移动所画选择框。下句左上角坐标不变，鼠标当前坐标为右下角坐标
            cv.create_rectangle(first_x,first_y,event.x,event.y,tags=('S','S1'),dash=(3,5))    #在新位置画选择框
        else:                                      #如是拖动图形状态
            cv.itemconfig('S',state="hidden")      #隐藏选择框S，避免影响拖动
            cv.move('S1',event.x-first_x,event.y-first_y)    #移动选择框和框内图形到新位置
            first_x,first_y = event.x,event.y
    else:                                          #如是画线、画矩形或画圆，移动所画图形
        cv.coords('L',first_x,first_y,event.x,event.y)
def StopMove(event):                               #鼠标左键抬起事件处理函数
    global first_x,first_y,state,img,draw,selImage,img1
    if var.get()=='sel':                           #如"选择"单选按钮被选中，实现剪贴板功能
        if state=='drawSelRec':                    #如是画选择框状态
            cv.delete('S')                         #删除旧选择框,下句在鼠标新位置创建新选择框
            cv.create_rectangle(first_x,first_y,event.x,event.y,tags=('S','S1'),dash=(3,5))
            if ((abs(event.x-first_x)+abs(event.y-first_y))<6):    #如选择框太小
                cv.delete('S')        #可能鼠标左键随意按下并保持移动，创建了选择框，删除该选择框
                but1.config(state="disabled")      #复制和剪切按钮不能用
                but2.config(state="disabled")
            else:                                  #否则画选择框完成，允许复制或剪切
                but1.config(state="normal")
                but2.config(state="normal")
                selImage=image1.crop(box=cv.bbox('S'))        #复制image1选择框区域图形到selImage
        else:                                      #是拖动选择框和框内图形后，抬起鼠标
            cv.itemconfig('S',state="normal")      #拖动暂停，拖动图形时选择框被隐藏，鼠标抬起显示选择框
            but1.config(state="normal")                       #存在选择框，复制和剪切按钮可用
            but2.config(state="normal")
    else:                      #如是画线。以下是画线、画矩形和画椭圆语句，和剪贴板语句无关，没列出
        …                                          #请读者将有关语句拷贝到此处
```

当存在选择框，鼠标移到选择框上方，鼠标变为通用表示移动光标形状，表示可拖动该选择框和框内图形，离开选择框，恢复鼠标图形为箭头。

```
def changeCursor(event):                    #鼠标移动事件处理函数，改变鼠标光标形状
```

```
if len(cv.coords('S'))!=0:              #如存在选择框
  x1,y1,x2,y2=cv.coords('S')            #下句鼠标在选择框内
  if event.x>min(x1,x2) and event.x<max(x1,x2) and event.y>min(y1,y2) and event.y<max(y1,y2):
    cv.config(cursor="fleur")           #设置光标为通用的表示移动的光标
  else:                                 #否则
    cv.config(cursor="")                #恢复默认光标形状
```

在19.11节，单击"缩放图片"菜单项调用的函数setImageSize()，重置整个图片的宽和高。单击"缩放画布"菜单项调用的函数setCanvasSize()，重置画布的宽和高。在19.12节，实现旋转和翻转整个图片的5个菜单项，事件处理函数都是函数rotate()。本画图程序，因不对选择框所选定区域的图像，重置尺寸或旋转翻转，在上述三个函数中，需先调用delSandS2()函数删除选择框和框内图形，再完成对整个图片重置尺寸或旋转翻转。

如希望像Win10画图程序，当存在选择框时，对选择框所选定区域的图像重置尺寸或旋转翻转，那么在setImageSize()和rotate()函数中，首先要判断是否存在选择框，如不存在选择框，重置整个图片的宽和高，或旋转翻转整个图片。如存在选择框，要先判断state的值，是'drawSelRec'，表示在选择框内无图像，必须从保存所画所有图形的image1中，剪切由选择框指定区域的图像，赋值给selImage，用Canvas类create_image方法在选择框内，为图形selImage创建图像对象，其tag为'S1'和'S2'，'S2'可代表这个图像。如state是'moveSelRec'，表示在选择框内已有图形S2，S2(selImage)已保存了从所画所有图形的image1中剪切了由选择框指定区域的图像。然后删除选择框，对S2(selImage)重置尺寸或旋转翻转后，在cv上显示图形s2，并创建选择框围住图形s2。再令state='moveSelRec'，允许拖动选择框和框内图形。请读者按此思路修改19.11节setImageSize()函数和19.12节的rotate()函数。

19.16　放大和缩小图形后查看

有时所画图形很大，虽然用滚动条能看到图形的不同部分，如希望不用滚动条在窗体看到全部图形，只能缩小图像查看。有时图形很小，看不到图形的细节，希望放大图形查看。无论放大或缩小，都不影响图形的实际尺寸。本画图程序实现了放大或缩小图形查看功能。单击缩小查看菜单项一次，依次缩小原图尺寸的：0.5、0.25、0.125，单击放大查看菜单项一次，放大依次为：2、3…7、8。单击恢复原尺寸菜单项，图片恢复实际尺寸。

当单选按钮"查看"被选中，查看菜单可用，单击查看菜单的"放大查看""缩小查看"或"恢复原尺寸"菜单项，就可完成对图片缩放和恢复原尺寸功能。定义列表记录缩放比例：rateList=[0.125,0.25,0.5,1,2,3,4,5,6,7,8]。得到缩放图形的方法是，用实际尺寸图形的宽(w)和高(h)，分别乘以列表中的缩放值，得到缩放后图形的宽(w1)和高(h1)，使用语句：image0=image1.resize((w1,h1))，得到缩放后的图形，每次得到的缩放后的图形image0，都是对实际尺寸图形image1进行缩放。这样做的好处是误差不会积累。实现缩放的函数如下。其中全局变量rateNo为rateList列表索引号，索引号为3表示不放大，索引号为0放大0.125倍，项号为4放大2倍等，变量rateNo初始值为3。

```
def sizeUpToSee():                              #单击"放大查看"菜单项调用的函数，放大尺寸查看
    global rateNo
    rateNo+=1
    if rateNo>8:
        rateNo=8
        return
    sizeUpDownToSee(rateNo)
def sizeDownToSee():                            #单击"缩小查看"菜单项调用的函数，缩小尺寸查看
    global rateNo
    rateNo-=1
    if rateNo<0:
        rateNo=0
        return
    sizeUpDownToSee(rateNo)
def restore():                                  #单击"恢复原尺寸"菜单项调用的函数，恢复图形原尺寸
    global rateNo
    sizeUpDownToSee(3)
    rateNo=3
def sizeUpDownToSee(rateNo):                    #缩小和放大的共用函数
    global img,image1
    r=rateList[rateNo]                          #得到缩放值
    w=int(image1.width*r)                       #计算图片缩放后的宽和高
    h=int(image1.height*r)
    cv.config(width=w,height=h)                 #设置Canvas对象cv的宽高和缩放图片宽高相同
    cv.config(scrollregion=(0,0,w,h))           #设置滚动范围，如比主窗体宽高大，滚动条能使用
    image0=image1.resize((w,h))                 #缩放图片
    img=ImageTk.PhotoImage(image=image0)        #注意，img必须是全局变量
    cv.itemconfig('mainImage',image=img)        #显示缩放后图形
```

19.17　文件读写

　　使用PIL库Image类的save方法可以将 Image类对象中的图像保存为bmp、png、jpg 等类型文件；用Image类的open方法可打开多种类型图像文件，转换为位图保存到Image类对象。这是图像文件的基本操作。如图像被修改，在创建新文件、打开另一个文件或关闭程序时，都要提示使用者是否保存所做修改。那么必须创建一个变量，例如：isChange，如其为0，表示图像未被修改，如其为1，表示已被修改。当程序运行后、创建新文件或打开另一个文件后，变量isChange应为0，Image类对象(本画图程序是image1)保存的图像被修改，isChange=1。在本画图程序中，共有7处修改了Image类对象保存的图像，第一处，在StopMove函数中，鼠标抬起，将在Canvas对

象cv上所画图形，在保存所有图形的Image类对象image1上重画一次；第二处，在crop函数中，将保存所有图形的Image类对象image1中剪切图形位置处置为底色(白色)；第三处，在StartMove函数中，在拖动图像状态、单击选择框外，将选中图像selImage粘贴到image1；第四处，在函数delSandS2中，如state=='moveSelRec'，也将选择框中图像粘贴到image1。其余三处分别执行菜单项命令是：缩放图片、缩放画布和旋转翻转图片。在这七处，应令isChange=1。

文件菜单的菜单项有：新建、打开、保存、另存为和退出。读者可参考笔记本程序的有关章节，实现单击文件下拉菜单的各个菜单项调用的函数。

19.18   Win 10风格工具栏

Win10和WinXP程序工具栏有很大不同，工具栏中没有传统按钮等组件，而是由很多图形代替按钮的功能，称为图形按钮，参见19.14节的图19-3（a），这是Win10画图程序用来选择画图类型的工具栏，这些图形按钮是互斥的，只能选择其中一个。当鼠标移到图形按钮上方，图形按钮背景改变颜色，鼠标离开该图形按钮，恢复原来的颜色；单击图形按钮将选中该图形，图形按钮背景变为另一种颜色表示被选中，并保持这种颜色，表示该按钮被选中，直到选中其它图形按钮。

本节介绍用Python实现Win10风格工具栏的方法。基本思路是创建2个Canvas对象cv和cv1，cv用来画图，cv1作为图形按钮工具栏。用语句cv1.create_bitmap使用xbm格式图像文件生成多个图形，作为图形按钮，所有图形按钮组成工具栏，每个图形都有若干tag(标签)，为tag(标签)绑定鼠标单击事件处理函数，单击不同图形按钮，用事件函数完成指定工作。用Canvas类方法create_bitmap创建图形对象，该图形对象有属性background和activebackground，第一个属性是背景色，当该图像选中或未被选中时，图像背景色能被改变，第二个属性是当鼠标移到图像上方时的背景色。而用Canvas类方法create_image创建的图形对象，没有这两个属性，因此本节用create_bitmap方法实现图形按钮。

create_bitmap方法使用xbm格式文件生成图形。因此首先要有xbm格式文件。Image类的open方法能打开xbm格式文件，但其save方法不能将其它格式文件保存为xbm格式文件。将其它格式文件转换为xbm文件方法如下：用Win10画图程序画一个图形，例如矩形、直线或椭圆等，其外边界宽和高各为30像素，图形的背景色和作为工具栏的cv1的背景色相同，然后保存为jpg文件。打开网页https://convertio.co/zh/jpg-xbm/。在网页上选择并上传要转换的jpg文件后，点击转换，完成后下载即可得到xbm文件。

本节例子，用cv1创建的工具栏有4个图形作为图形按钮，前三个图形分别是：直线、矩形和椭圆(圆)，每个图形有两个tag分别是：('G','line')、('G','rectangle')和('G','oval')，单击三个图形中的一个，选中该按钮表示画哪种图形。第四个图形是使用Python自带的 xbm图形文件生成，其tag是'stop'，单击该图形按钮，前三个图形都不被选中。如每个图形有不同的tag，例如4个图形按钮的tag分别是：'line'、'rectangle'、'oval'和'stop'，可以为每个tag绑定一个事件处理函数，完成不同的工作。但是画图程序可能画很多种图形，为每个图形按钮都绑定不同事件处理函数，显然不合理。可以为所有图形增加一个相同tag，让所有图形按钮这个tag都绑定同一事件处理函数，例如本例，直线、矩形和椭圆(圆)共有tag是'G'，为'G'绑定事件处理函数chooseButton，在该函数中首先用Canvas类find_closest(x,y)方法找到被单击图形按钮ID，在用Canvas类的gettags(ID)方法找到该图形按钮所有tag，从第2个tag的名称，就知道单击了哪个图形按钮，应该画那种图形。

Canvas类方法find_closest(x,y)，返回一个元组，包括画布上靠近坐标(x,y)点的所有图形对象ID，其中最接近或被点击的画布对象ID是元组的第0项。Canvas的gettags(item)方法，参数可以是ID或tag，该函数返回一个元组，元组包括和item相关联的所有tag，本例仅用的gettags(ID)方法，将返回元组包括该ID画布对象所有tag，元组记录顺序按照创建顺序，例如tag=('G','line')，那么元组第0项tag是'G'，第1项tag是'line'。

下边是使用Canvas类create_bitmap方法创建的图形对象作为图形按钮的例子。创建3个xbm文件，其图形是直线、矩形和圆，分别代表所画的图形，最后一个内置xbm文件，表示停止画图。当鼠标移到图形上方，背景色改变，单击该图形，背景色改变并保持，表示允许用拖动鼠标方法在Canvas对象cv上画该图形。单击停止图形，所有图形都不被选中，表示停止画图。例子完整程序如下。

```python
import tkinter as tk
def StartMove(event):                               #鼠标按下事件处理函数，开始画图形
    global first_x,first_y
    if useTag=='stop':
        return
    first_x,first_y = event.x,event.y
    if useTag=='line':
        cv.create_line(event.x,event.y,event.x+2,event.y+2,tags=('L'))
    elif useTag=='rectangle':
        cv.create_rectangle(event.x,event.y,event.x+2,event.y+2,tags=('L'))
    elif useTag=='oval':
        cv.create_oval(event.x,event.y,event.x+2,event.y+2,tags=('L'))
def StopMove(event):                                #鼠标抬起事件处理函数
    global first_x,first_y
    if useTag=='stop':
        return
    cv.coords('L',first_x,first_y,event.x,event.y)
    if ((abs(event.x-first_x)+abs(event.y-first_y))<6):   #避免在窗体点一下，出一个点
        cv.delete('L')
    else:
        cv.dtag('L','L')          #删除参数1(ID或tag)指定的cv上的所有Canvas对象中的由参数2指定的tag
def OnMotion(event):              #鼠标移动并保持按下事件处理函数
    global first_x,first_y
    if useTag=='stop':
        return
```

```
        cv.coords('L',first_x,first_y,event.x,event.y)
def cleanAllGround(event):                                      #单击停止画图形的事件处理函数
    global useTag
    cv1.itemconfig('G', background='#CCFFFF')                   #tag='G'图形背景色为底色，即都不被选中
    useTag='stop'                                               #停止画图标志为Stop
def chooseButton(event):                                        #单击线、矩形和圆的事件处理函数
    global useTag
    allID=cv1.find_closest(event.x,event.y)                     #返回元组，包括和单击处相邻所有图形ID
    if len(allID) > 0:                      #列表长度为0，没有相邻图形，如不为0，被单击图形ID为allID[0]
        allTag=cv1.gettags(allID[0])
        useTag=allTag[1]                                        #第2个tag可能是'line'或'rectangle'或'oval'
        cv1.itemconfig('G', background='#CCFFFF')               #3个图形都不被选中，背景色为底色
        cv1.itemconfigure(allID[0],background='#00CCFF')        #图形被选中，背景为较深蓝色
root = tk.Tk()
root.geometry('300x300')                                        #注意下句底色bg='#CCFFFF'，和选中图形底色不同
cv1=tk.Canvas(root, height=40, width=300,bg='#CCFFFF')         #cv1是画工具栏Canvas对象
cv1.pack()                                                      #以下4条语句在cv1上创建4个图形按钮
cv1.create_bitmap(20,20,bitmap="@line.xbm",activebackground='lightskyblue',tag=('G','line'))
cv1.create_bitmap(60,20,bitmap="@rec.xbm",activebackground='lightskyblue',tag=('G','rectangle'))
cv1.create_bitmap(100,20,bitmap="@oval.xbm",activebackground='lightskyblue',tag=('G','oval'))
cv1.create_bitmap(140,20,bitmap="error",activebackground='lightskyblue',tag='stop')          #使用系统自带图形
useTag='stop'                                                   #程序根据此变量值，决定画哪种图形
cv=tk.Canvas(root,height=250,width=300,bg='#7FFFFE')          #cv是画图的Canvas类对象
cv.pack()
cv1.tag_bind("stop",'<Button-1>',cleanAllGround)               #绑定单击tag="stop"图形事件处理函数
cv1.tag_bind('G','<Button-1>',chooseButton)                    #绑定单击tag="G"图形事件处理函数
cv.bind("<ButtonPress-1>",StartMove)                           #绑定鼠标左键按下事件
cv.bind("<ButtonRelease-1>",StopMove)                          #绑定鼠标左键抬起事件
cv.bind("<B1-Motion>", OnMotion)                               #绑定鼠标左键被按下时移动鼠标事件
root.mainloop()
```

19.19　实现撤消和重做的思路

　　撤消和重做是很多应用程序的重要功能，该功能给程序使用者改正错误的机会。所谓撤消就是撤消使用者多个已完成的工作，重做就是恢复多个已完成的撤消。实现撤消和重做常用的方法是使用双堆栈，一个作为撤消堆栈，一个作为重做堆栈。堆栈可以想象为一个圆形饼干桶，将直径略小于饼干桶内径的饼干放入饼干桶，只能先取出后放入的饼干，才能逐一取出所有饼干。例如数字堆栈，按顺序放入1、2、3，只能按3、2、1顺序取出，即所谓的后进先出。

堆栈可用使用Python的列表实现，入堆栈用列表append() 函数在列表尾部增加元素，用列表无参数pop() 函数得到列表尾部元素，然后删除尾部元素，即弹出最后入堆栈元素。用列表实现堆栈，其长度不能无限大，要规定堆栈最大长度，当堆栈元素数已经等于最大值，如还需继续增加新元素，必须先删除最先入堆栈的元素。当已经从堆栈中弹出所有元素，堆栈为空，不允许继续从堆栈中弹出元素。如规定撤消和重做堆栈最大长度为m，最大只能撤消和重做m次，当撤消(或重做)堆栈为空，撤消(或重做)按钮变灰，不能使用。

本画图程序，每次所画图形都要保存到Image类对象image1中，这将修改image1。在19.17节说明在程序中共有7处修改了image1。如果每次image1被修改，都将被修改前的image1入撤消堆栈，那么如果逐一弹出每个image1，可回到画图初始状态。本画图程序将被修改的image1保存到撤消和重做堆栈中，用来实现撤消和重做功能。

用下面的表格来说明实现撤消和重做的具体步骤。画线、画矩形和画圆都是画图的一个动作，可以撤消，也可以重做。每次在image1增加图形并显示，用g加序号记录增加图形后的image1。初始图形，显示g0(无图形)，撤消和重做堆栈都为空，撤消和重做按钮都为灰色不能用；第一次修改(修改1)，首先将当前显示的g0(无图形)入撤消堆栈，然后在g0(无图形) 上画线，记为g1(有线)后显示g1，重做堆栈为空；第二次修改(修改2)，首先将当前显示的g1(有线)入撤消堆栈，然后在g1(有线)上画矩形，记为g2(有线和矩形)后显示g2，重做堆栈为空。到此撤消堆栈中的图形为：g0,g1。

动作	显示	撤消栈	重做栈
初始图形	g0	空	空
修改 1	g1	g0	空
修改2	g2	g0,g1	空
撤消修改2	g1	g0	g2
撤消修改1	g0	空	g2,g1
重做修改1	g1	g0	g2
重做修改2	g2	g0,g1	空

单击撤消按钮，撤消修改2，即撤消所画的矩形，当前显示的g2(有线和矩形)要入重做堆栈，g1(有线)从撤消堆栈弹出显示；再次单击撤消按钮，撤消修改1，即撤消所画的线，当前显示的g1(有线)入重做堆栈，g0(无图形)从撤消堆栈弹出显示，撤消堆栈为空，撤消按钮变灰不能使用。到此重做堆栈中的元素为：g2,g1。

单击重做按钮，重做修改1，当前显示g0(无图形)入撤消堆栈，g1(有线)从重做堆栈弹出显示。再次单击重做按钮，重做修改2，当前显示g1(有线)入撤消堆栈，g2(有线和矩形)从重做堆栈弹出显示，重做堆栈为空，重做按钮变灰不能使用。撤消堆栈元素为：g0,g1。

由实验可以看到，执行重做修改2后，不再修改图形，任意单击撤消或重做按钮，只要两堆栈不为空，都能正确完成撤消和重做功能。

那么当重做堆栈不为空时，即在执行撤消修改2、撤消修改1或重做修改1后，修改当时正在显示的图形，是否还可以继续使用重做堆栈中图形，实现重做功能呢？答案是不能实现，下边将说明不能实现的原因。

在上边表格中，初始屏幕显示无图形，记为g0(无图形)；在当前显示的g0上画线，记为g1(有线)并显示；然后在当前显示的g1上画矩形，记为g2(有线和矩形)并显示。画图顺序为g0、g1、g2。然后撤消g2，再撤消g1，使重做堆栈中有图形：g2,g1。这里要解决的问题是，单击重做按钮，从重做堆栈弹出g1操作，除了能用于实现画图顺序为g0、g1、g2的重做功能，是否还能用于实现其它画图顺序中的重做功能。答案是不能。例如，在上边表格的撤消修改1，重做堆栈图形为g2,g1，撤消堆栈为空，屏幕显示g0(无图形)。如单击重做按钮，g0入撤消堆栈，重做堆栈弹出g1在屏幕显示，屏幕在显示g0(无图形)后显示g1(有线)，说明在画图顺序为g0、g1、g2时，该重做操作是正确的。但是，在撤消修改1，如将g0入撤消堆栈后，在g0(无图形)上画圆记为g3，当前屏幕显示g3(有圆)，此时画图顺序已被修改。单击重做按钮，g3入撤消堆栈，重做堆栈弹出g1在屏幕显示，屏幕在显示g3(有圆)后显示g1(有线)，显然不正确。

一般来讲，操作某画图顺序中的图形，使重做堆栈有图形，重做堆栈中这些图形，仅能用于实现该画图顺序的重做功能。图形被修改，导致画图顺序被改变，此时单击重做按钮，使用原重做堆栈中图形，实现重做功能，可能会导致错误结果。因此修改图形后，原重做堆栈中的图形变为无用数据，必须清空重做堆栈，使重做按钮变灰，不能使用。清空重做堆栈后，将使撤消堆栈中的图形和当前显示图形，形成新的画图顺序。Win10画图程序也采用这种处理方法。由此可以得到修改、撤消和重做应该做的工作。

（1）修改：将正在显示图像入撤消堆栈，修改正在显示图像后显示。清空重做堆栈。如超过撤消堆栈允许长度，删除最先入堆栈图像，将使被删除元素代表的图像不能被恢复。

（2）撤消：正在显示的图像放到重做堆栈，从撤消堆栈弹出图像显示。两堆栈长度必须相等，当连续撤消，直到撤消堆栈为空，保证当前正在显示的图像都能入重做堆栈。

（3）重做：当前正在显示的图像放到撤消栈，从重做堆栈弹出图像显示。

请读者完成本画图程序的撤消和重做功能，可参考22.10节例子。有一点需要注意，不能直接将image1入堆栈，如作为堆栈的列为aL，将image1入堆栈，就是令aL[-1] =image1，赋值语句是引用传递，将使aL[-1]和image1引用同一个Image类对象，就是说修改image1，将导致列表aL[-1]引用的对象也被修改，这是不允许的。必须复制一个和image1完全相同的新对象image01，即令image01=image1.copy()，将image01入堆栈，aL[-1]和image1将引用不同对象，修改image1，将不会影响到aL[-1]。出堆栈用列表的pop()方法，即令image1=aL.pop()，image1将引用栈中的Image类对象。

19.20　其它没有实现的功能

Win 10画图程序的一些功能，本画图程序没有实现，例如水平和垂直方向的标尺、修改封闭图形内部填充颜色、颜色选取器、橡皮擦、图形上的文字、画任意形状的线或平滑曲线等，还有用鼠标拖动画各种图形后，图形将被选择框围住，可复制、剪切、拖动这个图形。另外，在拖动画线和画封闭图形时，线的宽度和颜色，封闭图形外轮廓线的宽度和颜色以及填充色都采用默认值，只有在鼠标抬起后，在记录所画图形Image类对象image1上画线和画封闭图形时，才采用设定值。可以像Win10画图那样，修改为在两处画图都采用设定值。还有就是没有考虑填充色为透明色这种情况。19.14的图19-3（a）中第2个小图是画曲线，这里的曲线应是贝塞尔曲线。一条二维的贝塞尔曲线由四个点定义：起点、终点和两个控制点。首先拖动鼠标画一条线段，线段起点和终点保持不变，作为贝塞尔曲线起点和终点；然后在所画线段外用鼠标点击两次得到两控制点位置，或者鼠标点击线段，鼠标保持按下移动拉伸线段得到所需曲线形状后，抬起鼠标位置作为一个控制点，用同样方法得到另一个控制点位置。最后用这4点画最终贝塞尔曲线。另外，本程序的复制和剪切的图像，未放到系统的剪切板，无法将本程序复制和剪切的图像粘贴到其它位图编辑器。这些未实现功能，有些实现比较容易，例如，颜色选取器、橡皮擦、图形上的文字、画任意形状的线等。有些实现比较困难，例如修改封闭图形内部填充颜色，首先要判断图形的边界。有兴趣的读者可以试一试。

第20章 画矢量图程序

【学习导入】处理图形有两种常用模式，位图模式和矢量模式。前一章的画图程序，就是一种典型的位图模式。本章介绍图形的矢量模式。矢量图是根据数学公式计算得到图形在屏幕上的所有点坐标，计算机语句根据这些屏幕坐标，在屏幕上用函数画出图形。矢量模式最重要的优点是放大图形不会使图形失真，而位图图形放大后会出现锯齿。有很多应用程序是采用矢量模式，例如Adobe illustrator、coreldraw等。本章用Python的tkinter Canvas类和pillow库实现一个画矢量图程序，用来绘制计算机程序流程图。在设计过程中，理解矢量图原理及实现方法。

20.1 画程序流程图程序功能

计算机程序流程图又称程序框图，在程序框图中有若干标准框，包括起始框、终止框、执行框、判断框，在标准框中有描述程序所做工作的文本，用带箭头线段和折线连接这些标准框，说明程序工作顺序，设计程序框图的目的是描述程序运行具体步骤和逻辑关系，帮助程序员读懂程序。在设计程序框图时，经常要移动标准框、修改标准框尺寸、修改标准框中的文本和移动连接标准框的连线等工作，用位图模式实现这些功能比较困难，需要的代码较多。而采用矢量模式，标准框、文本和线都是使用Canvas类方法创建的图形类对象，实现上述功能要容易得多，而代码较少。

画程序流程图程序运行效果见图20-1。在程序主窗体上部，有起始终止框、执行框、判断框和线的图形供选择，选择某图形，用拖动鼠标方法在用户区画选中图形，确定图形初始尺寸和位置，用拖动鼠标方法画线连接各个程序框。当已放置的图形位置和尺寸不符合要求，用鼠标单击图形选中图形，可将图形拖到指定位置，修改图形尺寸等属性。可将所画图形保存为文件，以后可重新打开继续修改。保存图形为文件的方法是，保存创建图形函数所需参数值。打开文件的方法是，将函数参数重新取出，在用户区用函数重画所有图形。还可将所画图形转变为jpg或png等格式保存，转换方法就是使用在Canvas类对象上创建图形函数所用相同参数值，用PIL库ImageDraw类方法，在PIL库Image类对象上重画图形，用Image类的save方法将所画图形保存为所需要的图形格式文件。但是将位图文件重新转变为矢量图形文件是十分困难的，因此重新打开位图文件后，无法用矢量方式修改。如果仅希望打印所画矢量图形，可用Canvas类postscript方法将矢量图形保存为PostScript格式文件。PostScript(PS)是主要用于电子产业和桌面出版领域的一种页面描述语言和编程语言，是Adobe公司开发的一种与设备无关的打印机程序语言，用来驱动数字印刷机和显示，可用于高质量打印。但是Python没有提供打开PostScript格式文件的方法。

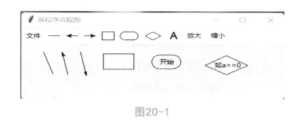

图20-1

20.2　函数find_overlapping和标签"all"和"current"

用Canvas类create_xxx()方法，可在Canvas类对象上，创建多个图形或图像对象，简称图形。
除了用变量(ID)引用一个图形，还可用tag(标签)代表一个或多个图形，Canvas类预定义了两个
tag："all"和"current"。"all"代表所有图形，例如delete('all') 会删除在Canvas类对象上所有图形。
如已在Canvas类对象上生成多个图形，"current"代表鼠标光标下的图形，如果光标下有多个图形
重叠，"current"仅代表多个重叠图形中最上层的那个图形。

下边是使用tag(标签)"current"的例子。该例在主窗体上创建Canvas类对象cv，在cv上创建3个
矩形，矩形1填充色为红色，自定义tags='R'；矩形2填充色为蓝色，自定义tags='B'；蓝矩形左侧
部分图形覆盖了红矩形右侧部分图形，矩形3填充色完全透明，其左侧部分图形覆盖了蓝矩形右
侧部分图形。为cv绑定鼠标右击事件处理函数rClick、绑定鼠标左击事件处理函数lClick和绑定鼠
标移动事件处理函数mouseMove。例子代码如下。

```
import tkinter as tk
def rClick(event):              #鼠标右击事件处理函数
    cv.delete('current')        #右击多个重叠图形，仅删除最上层图形，右击矩形透明背景，不能删除该矩形
def mouseMove (event):          #鼠标移动事件处理函数
    idList=cv.find_withtag('current')   #元组idList记录鼠标下的图形ID，不包括被覆盖图形
    if len(idList)>0:           #移到红蓝矩形重叠处，显示 (2,)，2为蓝矩形ID
        print(idList ,end=',')  #如移到蓝和透明矩形重合处，显示 (2,)，2为蓝矩形ID
def lClick(event):              #鼠标左键单击事件处理函数。下句列表记录参数指定矩形下所有图形ID
    allID=cv.find_overlapping(event.x,event.y,event.x+4,event.y+4)      #包括被覆盖图形，见后边的解释
    if len(allID)>0:            #大于0表示find_overlapping函数参数指定矩形下有图形
        print(allID)            #列表记录和小矩形相交图形ID，包括被上层图形覆盖图形
        list1=cv.gettags(allID[0])  #allID[0]是最下层图形ID，list1记录了该ID对象所有tag
        print(list1)            #单击红蓝矩形不重叠部分显示自定义tag和'current'，单击重叠部分仅显示('R',)
root=tk.Tk()
cv=tk.Canvas(root,width=300,height=200)
cv.pack()       #以下3句创建红、蓝、透明背景的3个矩形，ID值顺序为1,2,3。先画的图形将覆盖后画图形
```

```
cv.create_rectangle(50,20,150,90,fill='red',tags='R')        #有颜色背景是矩形一部分。右击该背景删除该矩形
cv.create_rectangle(100,50,200,150,fill='blue',tags='B')       #下句默认fill='',表示填充色透明
cv.create_rectangle(180,50,280,150)      #透明背景不是矩形一部分，右击透明背景不能删除该矩形
cv.bind("<Motion>",mouseMove)       #绑定鼠标移动事件
cv.bind('<Button-1>',lClick)        #绑定鼠标左击事件
cv.bind('<Button-3>',rClick)        #绑定鼠标右击事件
root.mainloop()
```

　　在鼠标右击事件处理函数中，用语句cv.delete(' current ')删除被右击的图形，右击多个重叠图形，仅删除最上层图形，例如右击本例蓝色矩形和红色矩形重叠部分，仅删除蓝色矩形。矩形背景(填充色)为某颜色，不透明，有颜色的背景是矩形一部分，右击背景不透明矩形的背景，删除该矩形。封闭图形默认属性fill=""，将使背景透明，因此第3个矩形的背景透明，透明背景不是矩形一部分，鼠标只能右击矩形的四个边界线才能删除矩形。右击蓝色矩形和透明矩形重叠背景，虽然透明矩形覆盖蓝色矩形，但是只能删除蓝色矩形。

　　在鼠标移动事件处理函数中，如移到背景为红色和蓝色矩形重叠处，显示元组(2,)，2是蓝色矩形ID，这是因为在鼠标下方是蓝色矩形。如移到背景为蓝色和透明色矩形重合背景处，同样显示元组(2,)，2是蓝色矩形ID，这是因为矩形3的背景(填充色)透明，透明背景不是矩形3的组成部分，所以在鼠标下方仍是蓝色矩形。如希望矩形背景看起来透明，又希望鼠标单击背景能删除矩形，可令矩形背景色为矩形所在Canvas对象的背景色。

　　鼠标左击事件处理函数中使用了函数find_overlapping，在本例中使用该函数语句如下。

```
allID=cv.find_overlapping(event.x,event.y,event.x+4,event.y+4)
```

　　该函数参数定义一个矩形，返回一个元组赋值给allID，该元组记录了和参数定义的矩形相交的所有图形ID，包括所有重叠图形ID，allID[0]是最下层的图形，allID[1]是紧邻最下层的上一层图形，…，图形allID[-1]是最上层的图形。如函数参数定义的矩形边长很短，例如本例为4个像素点，那么上边语句可认为返回鼠标所在位置下所有图形ID。如有透明背景闭合图形，函数定义的矩形和透明背景有公共部分不能认为相交，即透明背景图形ID不会出现在返回列表中。当鼠标移到红色矩形上方和蓝色矩形不相交部分后单击，allID=(1,)，allID[0]=1是红色矩形的ID，语句list1=cv.gettags(allID[0])得到红色矩形的所有tag，即列表list1=('R', 'current')，记录了红色矩形的所有tag，其中'R'是自定义的tag，"current"是鼠标光标下的图形tag，即红色矩形在鼠标光标下。当鼠标移到红色矩形和蓝色矩形相交部分后单击，allID=(1,2)，allID[0]=1是红色矩形的ID，allID[1]=2是蓝色矩形的ID，执行语句list1=cv.gettags(allID[0])，列表list1=('R',)，列表list1中没有"current"，是因为此时鼠标光标下是蓝色矩形，即"current"代表蓝色矩形。读者可单击三个矩形和其它矩形不重叠部分，以及重叠部分，看一看显示的ID和tag。

20.3　组合图形

　　Canvas类提供画线、画矩形和画椭圆等多个基本图形的方法。有时需要用多个基本图形组成一个组合图形，例如本章的画流程图程序中有一个开始结束框，由两条线段和两个半圆组成，可用画线和画弧方法画两条线和两个半圆完成。既然是组合图形，当组合图形移动时，所有图形必须同时移动，同时被删除，像用拖动鼠标画基本图形那样，也可以拖动鼠标画组合图形。也就是说组合图形看起来要像一个基本图形。

　　和画基本图形函数类似，画组合图形函数参数是其外接矩形左上角坐标$(x1,y1)$和右下角的坐标$(x2,y2)$。例如画开始结束框函数，该图形包括画两条线段和画两个半圆的语句，画线的起点和终点，画半圆的外切矩形左上角和右下角坐标，都必须用$(x1,y1)$和$(x2,y2)$计算得到。开始结束框如图20-2，半圆半径$r=(y2-y1)/2$。上边线段的起始点为$(x1+r,y1)$,结束点为$(x2-r,y1)$。左半圆的外接矩形左上角坐标为$(x1,y1)$，右下角坐标为$(x1+2r,y2)$,半圆开始角度为90度，结束角度为270度。另外，右半圆和下边线坐标可用类似方法求出。当希望拖动鼠标画开始结束框时，要保持外接矩形左上角坐标$(x1,y1)$不变，每次鼠标移动后，先删除鼠标移动前所画开始结束框，将鼠标移动后坐标作为矩形右下角坐标$(x2,y2)$，重画开始结束框，完成拖动鼠标画开始结束框。

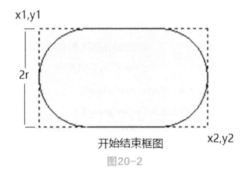

開始结束框图

图20-2

　　组合图形要同时完成移动、被删除等动作，最方便的方法是，组合图形内所有图形都有相同tag(标签)。必须确保这tag(标签)是唯一的，否则操作这个组合图形，就会操作其它无关的有相同tag(标签)的图形。在cv上创建图形返回ID是唯一的，它是一个整数。因此，在创建组合图形时，可以用组合图形中任意图形ID作为tag(标签)的序号，例如tag(标签)为"t"+str(ID)，那么这个tag一定是唯一的，令组合图形内所有图形都有这个tag(标签)。

　　完成画组合图形后，可能需拖动组合图形到另一位置、删除组合图形和修改组合图形的参数。必须先用鼠标点击组合图形，得到该组合图形中各个图形共有的标签tag，才能完成这些工作。开始结束框是由线段和半圆组成的，其内部并不是Canvas类的图形，也就是说，单击组合图形内部，Canvas类不认为单击了组合框，也就不会返回任何ID或tag。只有准确单击4条线才会返回线的ID，通过线ID得到共同的tag，这不符合使用习惯。因此在画开始结束框之前，要先画一个矩形，使该矩形不会覆盖其后所画图形，其左上角坐标为$(x1,y1)$，右下角坐标为 $(x2,y2)$，即图20-2中的虚线图形，为了使矩形不被看到，如令矩形fill=""为透明色，但透明颜色背景不是矩形的一部分，单击透明色背景，不会返回任何ID，因此必须设置背景为某种颜色，单击有颜色背景才能返回该矩形ID，通过矩形ID得到共同的tag，为了使矩形不被看到，设置矩形属性fill和

outline都为组合图形所在cv的底色。这个矩形的另一个用处是记录坐标(x1,y1)和(x2,y2)，在修改组合图形尺寸时需要这两个坐标。

　　本章画矢量图程序，首先用拖动鼠标画各种图形，使用临时tag(标签)'L'，使拖动画图变得简单。画图形完成后，可能需要移动、删除或修改图形尺寸，这些工作需使用基本图形ID或组合图形唯一共用tag(标签)来完成。为此增加一个参数t，根据t为1还是0，决定生成组合框的哪种tag(标签)。另外，除了画流程图要调用endBox函数在Canvas类对象cv上画开始结束框，在工具条生成开始结束框图形按钮时，也需调用endBox函数在Canvas类对象cv1上画开始结束框，因此endBox函数有参数cv。画开始结束框函数定义如下。

```
def endBox(x1,y1,x2,y2,cv,t=1):              #画开始结束框函数，下句的cv_bg是该图形所在Canvas对象背景色
    aID=cv.create_rectangle(x1,y1,x2,y2,outline=cv_bg,tags='L',fill=cv_bg)   #记录组合框外接矩形坐标
    h=abs(y2-y1)                                        #矩形的高，也是两侧半圆直径
    r=int(h/2)                                          #两侧半圆半径
    a1,a2=90,270                                        #度数，决定取圆的哪个半圆
    if x2<x1:
        h,r=-h,-r
        a1,a2=270,90
    cv.create_line(x1+r,y1,x2-r,y1,tags='L')           #开始结束框上侧直线，该框内所有图形都有相同tag='L'
    cv.create_line(x1+r,y2,x2-r,y2,tags='L')           #开始框的下侧直线
    cv.create_arc(x1,y1,x1+h,y2,start=a1,extent=180,style='arc',tags='L')    #左半圆
    cv.create_arc(x2-h,y1,x2,y2,start=a2,extent=180,style='arc',tags='L')    #右半圆
    if t==1:                                            #为1表示要使用临时tag='L'拖动鼠标画组合图形
        return aID                                      #画图结束，要用返回的aID，为组合框内所有图形增加唯一共用tag
    else:                                               #表示要修改已画组合框尺寸，需要创建唯一共用tag操作框内图形
        tag="end"+str(aID)                              #aID是唯一的，多个开始结束框，有不同tag。"end"表示是开始结束框
        cv.addtag_withtag(tag,'L')                      #某时刻只有一个图形使用临时tag='L'，为tag='L'图形增加新标签为tag
        cv.dtag('L','L')                                #删除所有为'L'的tag(标签)
        return tag                                      #返回开始结束框中所有图形唯一共用tag(标签)
```

　　上边endBox函数将作为本章画矢量图程序中的一个函数。下边将利用endBox函数，用鼠标拖动画这个开始结束框。完整程序如下。

```
import tkinter as tk
def endBox(x1,y1,x2,y2,cv,t=1):              #画开始和结束框的组合图函数
    …                                        #将上边endBox函数体拷贝到此处
def StartMove(event):                        #鼠标左键按下事件处理函数
    global first_x,first_y
    first_x,first_y=event.x,event.y
```

```
def StopMove(event):                                          #鼠标左键抬起事件处理函数
    global first_x,first_y
    cv.delete('L')
    endBox(first_x,first_y,event.x,event.y,cv,0)
def OnMotion(event):                                          #鼠标左键按下并移动事件处理函数
    global first_x,first_y
    cv.delete('L')
    endBox(first_x,first_y,event.x,event.y,cv)
root=tk.Tk()
root.geometry('400x400')
cv_bg='whitesmoke'
cv=tk.Canvas(root, height=400, width=400,bg='whitesmoke')
cv.pack()
cv.bind("<ButtonPress-1>",StartMove)                          #绑定鼠标左键按下事件
cv.bind("<ButtonRelease-1>",StopMove)                         #绑定鼠标左键抬起事件
cv.bind("<B1-Motion>", OnMotion)                              #绑定鼠标左键被按下时移动鼠标事件
root.mainloop()
```

　　生成菱形方法可参见19.14节。和开始结束框函数同样的理由，本函数也必须首先创建菱形的外接矩形，其填充色和外轮廓线都为cv底色，用来记录其左上角和右下角坐标。然后画内部透明菱形，使菱形内部不是菱形组成部分。当单击菱形内部，实际上是单击菱形的外接矩形，从而得到菱形外接矩形ID，进而得到菱形的外接矩形左上角和右下角坐标。原打算用cv.create_polygon函数创建菱形，希望令参数fill=' '，使菱形内部透明，不知何故，fill=' '不能使菱形内部透明。为此改为用画线函数创建菱形。生成菱形框函数定义如下。

```
def drawPolygon(x,y,x1,y1,t=1):                               #画菱形框函数
    aID=cv.create_rectangle(x,y,x1,y1,outline=cv_bg,tags=('L'),fill=cv_bg)   #记录菱形框外接矩形坐标
    w,h=x1-x,y1-y                                             #矩形的宽和高
    points=[]
    for m,n in [[0.5,0],[1,0.5],[0.5,1],[0,0.5]]:
        points.append([x+m*w,y+n*h])
    #cv.create_polygon(points,outline="black",fill='',tags='L')   #fill=''不能使填充色透明
    for k in range(3):                                        #循环语句画线创建菱形
        cv.create_line(points[k],points[k+1],tags=('L'))
    cv.create_line(points[0],points[len(points)-1],tags=('L'))
    if t==1:                                                  #参见endBox函数的t的说明
        return aID
    else:
```

tag="rho"+str(aID)	#aID是唯一的，多个菱形框，有不同tag。"rho"表示是菱形框
cv.addtag_withtag(tag,'L')	#如所有组合框，类似开始结束框"end"和菱形框"rho"字符长度相同
cv.dtag('L','L')	#那么，组合框类型=tag[0:3]
return tag	#因此，在StartMove()函数中，用此法很容易得到组合框类型

drawPolygon函数将作为本章画矢量图程序中的一个函数。请读者参考上边例子，利用drawPolygon函数，编写用鼠标拖动画菱形的程序。

20.4　实现Win 10风格工具条第2种方法

在19.18节，用xbm文件实现了Win 10风格图形按钮。本节给出实现图形按钮另一种思路。该思路仍使用Canvas类对象cv1作为工具栏。在cv1上画圆、矩形和线等图形，作为图形按钮的图形，参见19.14节左图。创建两个图像，分别用来覆盖圆、矩形和线等图形。一个图像透明，透过图像可看到圆、矩形和线等图形和cv1背景色，表示这些按钮未选中；另一个图像半透明，能看到该图形，但其上方被半透明浅绿色正方形覆盖，表示该按钮被选中。实现单击图形按钮事件的方法是，为覆盖按钮图形的图像增加tag(标签)，为标签绑定鼠标单击事件处理函数。

实现图形按钮语句如下，这不是完整程序，只是为了说明问题。首先在窗体顶部创建Canvas类对象cv1作为工具栏，背景为白色。然后创建两个30×30图像，半透明浅绿色图像img和透明图像img1。用cv1.create_line方法在cv1上画线，作为按钮的图形，然后用方法cv1.create_image创建图像覆盖按钮图形(线)，注意属性image=img1，img1完全透明，透过img1能看到cv1白色背景，表示按钮未被选中，属性activeimage=img，img为半透明浅绿色图像，当鼠标移到图形按钮上方，背景变为浅绿色。如按钮被选中，可令覆盖图形的图像属性image=img，使按钮背景变为浅绿色。注意该图像有两个tag(标签)，其中tag为'G'用来控制所有图形按钮行为，例如使所有图形按钮都不被选中，可令所有标签为'G'的图像的属性image=img1，透过img1能看到cv1白色背景，表示未选中。为tag(标签) 'G'的图像绑定鼠标单击事件的事件处理函数：chooseButton()，当有tag(标签) 'G'的图像被鼠标单击，将调用chooseButton()函数。由于是单击了组成图形按钮的图像，所以函数chooseButton()也可称为单击图形按钮的事件处理函数。如果不希望导入PIL，也可把两个透明图形保存为png格式文件，然后导入这两个png格式文件，效果相同。如果按钮下部是图像，可用方法cv1.create_image创建下部图形。完整程序见下节。

from PIL import Image,ImageTk	#导入PIL库
cv1=tk.Canvas(root,height=30,bg='white')	#cv1作为工具栏，背景白色
cv1.pack(side='top',fill='x')	#在顶部沿x方向扩展充满窗体
image1=Image.new("RGBA",(30, 30),'#00ffff40')	#宽高为30半透明浅绿色图像
image2=Image.new("RGBA",(30, 30),'#ff000000')	#宽高为30完全透明图像
img = ImageTk.PhotoImage(image=image1)	#转换为Canvas可显示图像
img1 = ImageTk.PhotoImage(image=image2)	
cv1.create_line(45,16,65,16,width=2)	#先画线。下句创建透明图像覆盖线，因此能看到线。有2个tag

cv1.create_image(55,16,image=img1,activeimage=img,tag=('G','lineN'))　　#注意activeimage=img

cv1.itemconfigure('lineN',image=img)　　　　　　　#如被点击图形被选中，背景色为较深蓝色

cv1.tag_bind('G','<Button-1>',chooseButton)　　　#绑定单击tag为'G'的图像的单击事件处理函数

　　单击工具条图形按钮的事件处理函数chooseButton(event)如下。单击图形按钮，将选中该图形按钮，并令ImageType等于第2个tag(标签)值，记录拖动鼠标要画的图形。

```
def chooseButton(event):                 #单击图形按钮事件处理函数，单击图形按钮，该按钮被选中
    global ImageType,isDraw              #ImageType记录拖动鼠标画图形的类型。isDraw表示是否画图
    allID=cv1.find_withtag('current')    #列表allID记录被单击处鼠标下方的图像ID
    if len(allID)>0:       #列表长度为0，没有图形按钮被选中，如不为0，选中图形按钮上方图像ID为allID[0]
        cv1.itemconfig('G',image=img1)   #所有图形按钮不被选中，img1完全透明，将看到工具栏底色
        allTag=cv1.gettags(allID[0])     #元组allTag记录选中图像所有tag，allTag[0]是标签'G'
        ImageType=allTag[1]              #allTag[1]可能是'lineN'、'lineL'、'lineR'、'rectangle'或'oval'等
        cv1.itemconfigure(allID[0],image=img) #被点击图形被选中，看到选中图形上方被覆盖半透明浅绿色
        isDraw=True                      #表示进入拖动画图形状态
```

　　该方法的优点是不需从外部导入图形，实现也比较简单。缺点是当图形被选中时，其上方半透明图像会使下方被选中图形颜色失真。调整半透明图像的颜色或透明度，可使颜色失真减小，例如下方图形为黑色，半透明颜色为浅灰色，或者更透明些。在Win 11的画图程序中，选中图像为背景透明的正方形，使被选中图形在正方形内，也就解决了颜色失真问题。解决颜色失真，也可用方法create_image创建图形按钮，为该函数参数image和activeimage准备两张除底色不同外，其余完全相同图片。不建议使用这种方法，因用两张图片，显然不如使用一张xbm图片，用create_bitmap方法创建图形按钮更合理。

20.5　程序主界面和框架

　　程序主界面和框架呈现画矢量图程序需要实现的功能。创建Canvas类对象cv和cv1，cv1作为工具栏，cv用来画矢量图。用"文件"顶级菜单，实现将所画图形保存为文件及打开文件等功能，其下拉菜单包括：新建、打开、保存、另存为、导出位图和退出。菜单按钮右侧的7个按钮，按钮上方是6图形和1字符A，它们是互斥的，就是同时只能有一个按钮被选中；选中某图形按钮，表示拖动鼠标画所选图形，选中标题为"A"按钮，创建cv上的text显示文本；画图完成，所有按钮重新变为不被选中。还有放大和缩小两个按钮，可放大和缩小所有图形。拖动鼠标画图形框或线，以及创建cv上的text显示文本，是一类工作；除此之外，点击所画图形选中该图形，拖动或删除选中图形，修改选中图形尺寸等，是另一类工作。这两类工作都要用鼠标完成，因此必须为cv的鼠标按下、鼠标按下移动、鼠标抬起和鼠标移动事件绑定事件处理函数。为了在这些事件处理函数中区分两类不同工作，增加一个全局变量isDraw，为True表示可拖动鼠标画图形框或线的工作，为False表示做其它工作。初始isDraw=False，工具条有7个互斥按钮，

单击任一个按钮，都调用chooseButton()函数，选中该按钮，令isDraw=True，表示开始拖动鼠标画选中图形等工作；画图完成，在鼠标抬起事件处理函数StopMove中，令isDraw=False，表示可用鼠标做其它工作，同时使工具条中被选中按钮变为不被选中。还为Canvas对象cv绑定鼠标右击事件，该事件处理函数是showMenu(event)，当右击Canvas对象cv，将调用函数showMenu弹出菜单，弹出菜单有两个菜单项：编辑和移到顶部。最终设计，只有右击cv上的text才会弹出菜单，单击编辑菜单项，将会使Entry组件entry在鼠标右击处正常显示，通过entry可以输入或修改被单击的cv上的text显示的文本。最后要为各菜单项、各按钮和各事件，定义事件处理函数。还应该为cv增加水平和垂直滚动条，请读者参考前边画图程序，增加两个滚动条。画矢量图程序主界面如下。

```python
import tkinter as tk
import shelve                          #导入shelve模块，用于保存文件
from tkinter.simpledialog import *
from PIL import Image,ImageTk,ImageDraw
def new_file():                        #单击"文件"下拉菜单的"新建"菜单项调用的函数
    pass
def open_file():                       #单击"文件"下拉菜单的"打开"菜单项调用的函数
    pass
def save():                            #单击"文件"下拉菜单的"保存"菜单项调用的函数
    pass
def save_as():                         #单击"文件"下拉菜单的"另存为"菜单项调用的函数
    pass
def saveBit():                         #单击"文件"下拉菜单的"导出位图"菜单项调用的函数
    pass
def exit():                            #单击"文件"下拉菜单的"退出"菜单项调用的函数
    pass
def chooseButton(event):               #单击工具条7个互斥按钮事件处理函数，单击选中按钮
    …                                  #函数定义见20.4节，此处不再列出
def endBox(x1,y1,x2,y2,cv,t=1):        #画"开始结束框"函数
    …                                  #函数定义见20.3节，此处不再列出
def drawPolygon(x,y,x1,y1,t=1):        #画"菱形框"函数
    …                                  #函数定义见20.3节，此处不再列出
def StartMove(event):                  #鼠标左键按下事件处理函数
    pass
def StopMove(event):                   #鼠标左键抬起事件处理函数
    pass
def OnMotion(event):                   #鼠标左键按下移动事件处理函数
    pass
```

```
def sizeUpToSee():                      #单击标题为"放大"按钮的事件处理函数
    pass
def sizeDownToSee():                    #单击标题为"缩小"按钮的事件处理函数
    pass
def changeCursor (event):               #鼠标移动事件处理函数，根据鼠标下的图形，修改鼠标光标形状
    pass
def delGraph(event):                    #按下Del键事件处理函数，删除选中图形
    pass
def showMenu(event):                    #右击事件处理函数，将弹出菜单
    menubar.post(event.x_root,event.y_root) #在单击处弹出菜单
def edit():                             #弹出菜单的"编辑"菜单项的事件处理函数
    pass
def riseTop():                          #弹出菜单的"移到顶部"菜单项的事件处理函数
    pass
root=tk.Tk()
root.title("画程序流程图")
root.geometry("800x640+400+50")
cv_bg='whitesmoke'                      #Canvas对象cv的背景色
isDraw=False                            #表示初始不允许拖动鼠标画图
cv1=tk.Canvas(root,height=30,bg='white') #cv1作为工具条
cv1.pack(side='top',fill='x')           #cv1在顶部，沿x方向扩展，下句是标题为"文件"菜单按钮
fBut=tk.Menubutton(cv1,text='文件',bg='white',relief='flat',activebackground='paleturquoise')
cv1.create_window(20,16,window=fBut)            #将菜单按钮放到cv1中
fileMenu=tk.Menu(fBut,tearoff=0)                #为"文件"菜单按钮增加下拉菜单
fileMenu.add_command(label="新建",command=new_file) #为下拉菜单增加菜单项
fileMenu.add_command(label="打开",command=open_file)
fileMenu.add_command(label="保存",command=save)
fileMenu.add_command(label="另存为",command=save_as)
fileMenu.add_command(label="导出位图",command=saveBit)
fileMenu.add_separator()                        #增加分割线
fileMenu.add_command(label="退出",command=exit)
fBut.config(menu=fileMenu)                      #为文件菜单按钮指定下拉菜单
image1=Image.new("RGBA",(30, 30),'#00ffff40')   #半透明浅绿色图像，用来生成工具条图形按钮
image2=Image.new("RGBA",(30, 30),'#ff000000')   #完全透明图像，用来生成工具条图形按钮
img = ImageTk.PhotoImage(image=image1)          #转换为Canvas类可显示图形
img1 = ImageTk.PhotoImage(image=image2)
cv1.create_line(45,16,65,16)                    #无箭头线按钮
cv1.create_image(55,16,image=img1,activeimage=img,tag=('G','lineN'))   #透明图形在无箭头线上方
```

```
cv1.create_line(75,16,95,16,arrow="first")                                          #左箭头线按钮
cv1.create_image(85,16,image=img1,activeimage=img,tag=('G','lineL'))
cv1.create_line(105,16,125,16,arrow="last")                                         #右箭头线按钮
cv1.create_image(115,16,image=img1,activeimage=img,tag=('G','lineR'))
cv1.create_rectangle(135,8,155,24)                                                  #矩形按钮
cv1.create_image(145,16,image=img1,activeimage=img,tag=('G','rec'))
endBox(165,8,195,24,cv1)                                                            #在工具条画开始结束框
cv1.dtag('L','L')                                                                   #去掉tag(标签)"L"
cv1.create_image(180,16,image=img1,activeimage=img,tag=('G','endBox'))              # "开始结束框" 按钮
cv1.create_polygon(207,16,220,8,233,16,220,24,outline="black",fill='white')         #在工具条画菱形框
cv1.create_image(220,16,image=img1,activeimage=img,tag=('G','rhomb'))               # "菱形框" 按钮
cv1.create_text(255,16,text="A",font=("Arial",16))                                  #标题为 "A" 按钮
cv1.create_image(255,16,image=img1,activeimage=img,tag=('G','str'))
butSizeUp=tk.Button(cv1,text='放大',bg='white',relief='flat',command=sizeUpToSee)
cv1.create_window(290,16,window=butSizeUp)                                          #在工具条增加放大按钮
butSizeDown=tk.Button(cv1,text='缩小',bg='white',relief='flat',command=sizeDownToSee)
cv1.create_window(330,16,window=butSizeDown)                                        #在工具条增加缩小按钮
cv=tk.Canvas(root,bg=cv_bg)                                                         #画流程图的Canvas对象
cv.pack(fill=tk.BOTH,expand=tk.Y)                                                   #cv充满主窗体余下空间
entry=tk.Entry(cv,width=30)                              #用来输入或修改cv上的text显示的文本
entry.insert(0,'请输入文本，输入/换行')                   #字符/最后将转换为换行符/n。下句将entry作为cv窗口组件
tID=cv.create_window(100,100,window=entry,state="hidden",anchor='nw')              #entry窗口组件初始隐藏
menubar=tk.Menu(cv,tearoff=0)                                                       #右击弹出菜单
menubar.add_command(label="编辑",command=edit)                                     #右击弹出菜单的两个菜单项
menubar.add_command(label="移到顶部", command=riseTop)          #以下为cv的事件绑定事件处理函数
cv1.tag_bind('G','<Button-1>',chooseButton)                     #单击cv1上tag为'G'的图形事件
cv.bind("<ButtonPress-1>",StartMove)                                                #鼠标左键按下事件
cv.bind("<ButtonRelease-1>",StopMove)                                              #鼠标左键抬起事件
cv.bind("<B1-Motion>", OnMotion)                                                    #鼠标左键按下移动事件
cv.bind("<Motion>", changeCursor)                                                   #鼠标移动事件
cv.bind("<Button-3>",showMenu)                                                      #鼠标右击事件
root.bind("<Delete>",delGraph)                                                      #按下键盘Del键事件
root.mainloop()
```

20.6　拖动画图形及编辑文本对象

　　单击工具条中的图形按钮，使其被选中，用全局变量ImageType记录被选中按钮所代表的图形类型，并令全局变量isDraw=True，表示可以开始在cv上创建所选图形。很多工作要用鼠标完

成，本程序把需要用鼠标完成的工作分为两类：创建图形、非创建图形，用变量isDraw来区分，为false是非创建图形，为True是创建图形。图形类型包括：无箭头线、左箭头线、右箭头线、矩形、开始结束框、菱形和文本。本节只讨论创建图形代码。所谓创建图形，就是用Canvas类create_xxx()方法，在Canvas类对象cv上绘制用xxx 指定的图形，例如线段 line、文本 text 等，该描述也可简化为在cv上创建某图形，例如，在cv上创建text，这个text被称为cv上的text。创建图形必须响应鼠标按下、鼠标按下移动、鼠标抬起事件，要为这三个事件绑定事件处理函数。三个事件处理函数定义如下。

　　鼠标按下，调用鼠标按下事件处理函数。在鼠标按下之前，可能刚在cv上创建了text，或者右击了在cv上已存在的text，用全局变量textID引用这个text，使其它函数能够修改或得到这个text显示的文本。这两种情况，都会使Entry组件正常显示，用其输入或修改cv上的text显示的文本。鼠标左键在cv上方按下，Entry组件失去焦点，表示输入文本工作结束。因此在判断isDraw真假之前，首先检查Entry状态，当查到Entry组件正常显示，必须结束用Entry输入或修改文本工作，并隐藏Entry组件，然后才能做其它工作。如isDraw为真，就可以开始在cv上创建所选图形。除了cv上的text，其它图形都用拖动鼠标方法创建。无论创建哪种图形，都使用tag(标签)'L'代表这些图形，这样就不必记住每个图形的ID，将简化程序设计。tag(标签)'L'是一个临时tag，只有创建图形时使用，创建图结束，要将标签'L'从完成的图形中删除。

```
def StartMove(event):                    #鼠标在cv上按下事件处理函数
  global first_x,first_y,clickID,tagUnderMouse,ImageType,textID,isDraw
  first_x,first_y=event.x,event.y        #拖动画图形的外接矩形的左上角坐标first_x,first_y保持不变
  if cv.itemcget(tID,'state')=="normal": #如entry组件可见，某个cv上的text正用entry输入文本
    s=entry.get()                        #单击cv，entry失去焦点，表示输入文本结束，得到输入文本
    s=s.replace('/','\n')                #从entry得到输入的字符串赋值给s，将字符s中'/'替换为'\n'
    if len(s)==0:        #如用户未输入任何字符。下句textID在本函数最后一条语句定义，引用cv上的text
      cv.itemconfig(textID,text="请输入文本，输入/换行")   #cv上的text显示提示字符串
    else:                                #如用户输入了字符串
      cv.itemconfig(textID,text=s)       #cv上的text显示输入的字符串
    cv.itemconfig(tID,state="hidden")    #单击cv，entry失去焦点，表示输入文本结束，隐藏entry
  if not(isDraw):                        #如不是创建图形
    pass                                 #非创建图形语句，本节不讨论这些语句
    return                               #以下是创建图形语句
  elif ImageType=='lineN':              #如选中tag为'lineN'的工具条中图形按钮，画无箭头线
    cv.create_line(event.x,event.y,event.x+2,event.y+2,tags=('L'))          #画一条很短的无箭头线
  elif ImageType=='lineL':                                  #如画左箭头线
    cv.create_line(event.x,event.y,event.x+2,event.y+2,tags=('L'),arrow="first")
  elif ImageType=='lineR':                                  #如画右箭头线
    cv.create_line(event.x,event.y,event.x+2,event.y+2,tags=('L'),arrow="last")
  elif ImageType=='rec':                                    #如画矩形
```

```
        cv.create_rectangle(event.x,event.y,event.x+2,event.y+2,tags=('L'),fill=cv_bg)
    elif ImageType=='str':                                     #如在cv上创建text对象。下边变量entry和tID见上节倒数第12,14行
        cv.itemconfig(tID,state="normal")      #entry对象tID可见，用来为cv上的text输入字符串
        cv.coords(tID,event.x,event.y)          #entry对象tID移到按下鼠标处
        entry.delete(0, END)                         #删除上次在Entry组件(用变量entry引用)输入的文本
        entry.insert(0,'请输入文本，输入/换行')              #显示提示信息。下句在cv上创建text，被textID引用
        textID=cv.create_text(event.x,event.y,text='',anchor="nw")           #等待使用者用entry输入文本
def OnMotion(event):                                           #鼠标按下移动事件处理函数
    global first_x,first_y,clickID,tagUnderMouse,ImageType,isDraw
    if not(isDraw):                                            #如不是创建图形
        pass                                                  #本节不讨论非创建图形语句
        return                                                #以下是创建图形语句
    if ImageType=='endBox':                                   #如画开始结束框
        cv.delete('L')                                        #删除上次拖动鼠标所画开始结束框
        endBox(first_x,first_y,event.x,event.y,cv)            #拖动鼠标画新的开始结束框
    elif ImageType=='rhomb':                                  #如画菱形框
        cv.delete('L')
        drawPolygon(first_x,first_y,event.x,event.y)
    elif ImageType=='str':                                    #如在cv上创建text对象
        return                                                #不做任何工作退出
    else:                                                     #拖动画其它图形
        cv.coords('L',first_x,first_y,event.x,event.y)
def StopMove(event):                                          #鼠标抬起事件处理函数
    global first_x,first_y,clickID,tagUnderMouse,ImageType,isDraw
    if not(isDraw):                                           #本节不讨论非创建图形语句，退出
        return                                                #以下是创建图形语句
    isBig=1                        #流程图的标准框不能太小，isBig=0太小，所画图将被舍弃，=1足够大
    if (abs(event.x−first_x)+abs(event.y−first_y))<10:        #流程框宽+高<10，无法放入文本，也不容易调整尺寸
        isBig=0
    if ImageType=='endBox':                                   #如是画开始结束框
        cv.delete('L')                                        #删除上次拖动鼠标所画开始结束框
        if isBig:                                             #如尺寸足够大。下句令参数t=0，为其增加框内所有图形共有tag(标签)
            endBox(first_x,first_y,event.x,event.y,cv,t=0)    #创建开始结束框，参见20.3节
    elif ImageType=='rhomb':                                  #如是画菱形框
        cv.delete('L')
        if isBig:
            drawPolygon(first_x,first_y,event.x,event.y,t=0)  #注意参数t=0用途，参见20.3节
    elif ImageType=='str':                                    #如在cv上创建text
```

```
    pass                                              #不做任何工作
  else:                                               #拖动画其它图形
    cv.coords('L',first_x,first_y,event.x,event.y)    #将拖动所画图形移到指定位置
      if isBig==0:                                     #避免在窗体点一下，出一个点
        cv.delete('L')
  cv.dtag('L','L')                                    #拖动画图结束，删除所有tag(标签)'L'
  cv1.itemconfig('G',image=img1)                      #画图结束，工具条图形按钮都不被选中
  isDraw=False                                        #退出创建图形，进入非创建图形
```

首先介绍拖动画组合框。有两个组合框，即开始结束框和菱形框，用外接矩形左上角和右下角坐标定位。为拖动画组合框，当鼠标左键按下后，用变量(first_x,first_y)记录鼠标单击处坐标，作为矩形左上角坐标保持不变。当鼠标按下移动，删除上次拖动鼠标所画组合框，矩形左上角顶点坐标保持不变，鼠标移动处坐标作为矩形右下角坐标，画新组合框。每次鼠标左键按下移动，都重复上述动作。随着鼠标按下移动，可以看到组合框大小和形状不断变化。直到鼠标抬起，删除上次鼠标按下移动所画组合框，矩形左上角坐标继续保持不变，鼠标抬起处坐标作为矩形的右下角坐标，用参数t=0的画组合框函数画最终组合框，参数t=0，将为组合框内所有图形增加相同tag(标签)，代表框内所有图形。

线可用起始点和结束点坐标定位，因此在拖动画线时，要将线起始点坐标保持不变，鼠标按下移动、鼠标抬起处坐标作为线结束点坐标。

拖动画线、画矩形和拖动画组合框有些不同，在鼠标左键按下后，在鼠标单击处创建一个很短的线段，或边长很短的矩形，在鼠标按下移动和鼠标抬起时，不是删除旧图形，画新图形，而是用Canvas类方法coords移动旧图形到新位置，其参数(x1,y1)是保持不变的线起始点或矩形左上角顶点坐标，参数(x2,y2)是鼠标移动和鼠标抬起处坐标。

现在介绍如何在鼠标左键按下处，创建一个cv上的text。在cv上创建text，用Entry组件为cv上的text输入文本，因此在20.5节程序主界面和框架中有如下语句。

```
entry=tk.Entry(cv,width=30)                   #Entry组件用来输入或修改cv上的text显示的文本
entry.insert(0,'请输入文本，输入/换行')         #Entry初始显示的提示信息。下句将entry作为cv窗口组件
tID=cv.create_window(100,100,window=entry,state="hidden",anchor='nw')   #entry窗口组件初始隐藏
```

这些语句在cv上放置一个隐藏的Entry组件，使用者初始看不到该组件，Entry组件初始有提示信息：请输入文本，输入/换行，提醒使用者，文本如需换行，输入/，后边程序将用换行符\n替换字符/，使cv上的text显示的文本换行。这是因为直接在Entry组件中输入换行符\n，Entry组件把换行符看作普通字符\和n，当Entry组件将普通字符\和n传递给cv上的text，cv上的text收到的是普通字符\和n，不会换行，而显示\n。当需要输入文本时，Entry组件不再隐藏，正常显示，使用者先删除Entry组件中提示信息，输入文本。当不再需要输入文本时，再一次隐藏自己。

如需在cv上创建text对象，首先选中工具条中标题为A的按钮，使ImageType='str'，isDraw=True，然后在cv上需要创建text位置按下鼠标，将调用鼠标按下事件处理函数StartMove，

该函数首先执行if cv.itemcget(tID,'state')=="normal":语句，判断tID(即Entry组件)是否正常显示，如Entry组件被隐藏，条件不成立，再执行if not(isDraw):语句也不成立，最终只有在函数StartMove的倒数第6行语句elif ImageType=='str':条件成立，执行该if语句自己代码块，使被隐藏的Entry组件显示，允许使用者输入字符串，将Entry组件移到按下鼠标位置，删除上次在Entry组件输入的文本，输入提示信息：请输入文本，输入/换行，最后在cv上创建text，被变量textID引用。文本不需要改变形状，也就不需要拖动鼠标画文本，创建cv上的text的全部语句都在鼠标按下事件处理函数中，在鼠标按下移动和鼠标抬起两事件处理函数中不做任何工作。使用者这时按下鼠标移动不会执行任何语句，只有抬起鼠标后，单击Entry组件，输入文本。输入完成后，只要再一次单击cv上空白处，将再次调用鼠标按下事件处理函数StartMove，执行if cv.itemcget(tID,'state')=="normal":语句，判断tID(即Entry组件)是否正常显示，这时Entry组件正常显示，条件成立，执行该if语句自己代码块。从Entry组件得到输入的字符串，将字符'/'替换为'\n'，如用户未输入任何字符，在cv上的text显示提示信息：请输入文本，输入/换行，如用户输入了字符，在cv上的text显示用户在Entry组件输入的文本内容。最后再次隐藏Entry组件。请读者注意，这个if cv.itemcget(tID,'state')=="normal":语句是在if not(isDraw):语句之前，也就是说在任何情况下，只要Entry组件正常显示，当单击cv上空白处，都会执行这些语句，结束在cv上的text输入或修改文本的工作。

在cv上创建一个text对象后，可能需要修改该text中的文本，可右击该text对象，将出现一个弹出菜单，弹出菜单有菜单项：编辑、移到顶部。实际上文本的许多属性可能需要修改，例如，文本字体名称、字体大小、字体颜色等，都可以作为菜单项。单击编辑菜单项，隐藏的Entry组件显示在鼠标右击处，cv上的text的文本显示在Entry组件上，供使用者修改。修改完成后，鼠标单击cv上空白处，保存所做的修改。实现这些功能，首先绑定鼠标右击事件：cv.bind("<Button-3>",showMenu)。函数showMenu定义如下。

```
def showMenu(event):                              #右击事件处理函数，将弹出菜单
    global textID                                 #全局变量，textID引用cv上的text
    allID=cv.find_withtag('current')              #返回列表记录鼠标下方最上层图形的ID
    if len(allID)>0:                              #列表长度>0，表示鼠标右击处有图形
        textID=allID[0]                           #textID引用cv上的text,将传递给菜单项
        list1=cv.gettags(textID)                  #得到textID引用cv上的text中所有tag
        if len(list1)==1 and cv.type(textID)=="text":   #元组长度为1，元组应是('current')，且类型为文本对象
            cv.coords(tID,event.x,event.y)        #先将隐藏的Entry组件移到单击处
            menubar.post(event.x_root,event.y_root)   #弹出菜单
```

弹出菜单的编辑菜单项的事件处理函数如下。修改完成后，鼠标单击cv上空白处，将调用鼠标单击事件处理函数StartMove，采用和创建新cv上的text相同处理方法，将Entry组件中文本传递给cv上的text显示，Entry组件隐藏。

```
def edit():
    global textID                                 #在弹出菜单获得的textID，引用cv上的text
```

```
cv.itemconfig(tID,state="normal")          #使Entry组件正常显示
s=cv.itemcget(textID,'text')               #得到当前cv上的text显示的文本
s=s.replace('\n','/')                      #将换行符'\n'换为'/'
entry.delete(0,'end')                      #删除Entry组件显示文本
entry.insert(0,s)                          #令Entry组件显示cv上的text显示的文本，供修改
```

　　在程序流程图中，大部分文本要放到流程图的标准框中。如先创建文本，后创建标准框，由于在同一位置，后创建文本框将覆盖前边创建的文本，即在标准框中看不到文本。为了能够在标准框中看到文本，必须把显示文本的cv上的text升到顶层，使其不被其它图形覆盖。弹出菜单的菜单项'移到顶部'的事件处理函数如下。

```
def riseTop():                             #将文本升到顶层
    global textID                          # textID引用被右击的cv上的text
    cv.tag_raise(textID)
```

　　将本节的所有函数替换20.5节程序主界面中的同名函数，运行后，可在Canvas类对象cv上拖动鼠标画工具栏中选定的图形，或在cv上创建text对象。

20.7　修改鼠标光标形状

　　Win 10默认鼠标的光标形状是一个斜箭头。有时需要修改鼠标的光标形状，例如当允许拖动图形时，光标形状变为2个垂直相交的空心双向箭头。Python预定义了若干鼠标光标图形。下例将把主窗体中鼠标的光标形状修改为2个垂直相交的空心双向箭头。

```
import tkinter as tk
root=tk.Tk()
root.configure(cursor="fleur")   #修改root主窗体鼠标的光标形状为2个垂直相交的空心双向箭头
root.mainloop()
```

　　下例将常用鼠标光标形状的名称保存到列表。循环创建若干Label组件对象，将Label组件的属性curso和text都设置为鼠标光标形状的名称，Label组件将显示鼠标光标形状的名称，当鼠标移到Label组件上方时，将变为该名称所代表的鼠标光标形状。例子如下。

```
import tkinter as tk
root=tk.Tk()                    #下句列表保存了常用鼠标光标形状的名称
cursorList=['arrow','xterm','watch','hand2','question_arrow','sb_h_double_arrow',
                    'sb_v_double_arrow','fleur','crosshair','based_arrow_down','based_arrow_up',
                    'boat','bogosity','top_left_corner','top_right_corner','bottom_left_corner',
```

```
                                'bottom_right_corner','top_side','bottom_side','top_tee','bottom_tee',

                                'box_spiral','center_ptr','circle','clock','coffee_mug','cross',

                                'cross_reverse','diamond_cross','dot','dotbox','double_arrow',

                                'top_left_arrow','draft_small','draft_large','left_ptr','right_ptr',

                                'draped_box','exchange','gobbler','gumby','hand1','heart','icon','iron_cross',

                                'left_side','right_side','left_tee','right_tee','leftbutton','middlebutton',

                                'rightbutton','ll_angle','lr_angle','man','mouse','pencil','pirate','plus',

                                'rtl_logo','sailboat','sb_left_arrow','sb_right_arrow','sb_up_arrow',

                                'sb_down_arrow','shuttle','sizing','spider','spraycan','star','target',

                                'tcross','trek','ul_angle','umbrella','ur_angle','X_cursor']
for i in range(len(cursorList)):   #创建多个Labe类对象
    s=cursorList[i]                #请注意Labe类属性cursor是鼠标移到Labe类对象上方时鼠标光标形状
    tk.Label(root,text=s,cursor=s).grid(row=i//5,column=i%5)
root.mainloop()
```

　　有时在上面所列光标中，没有找到所需的鼠标光标，还可以使用Win 10操作系统自带的鼠标光标图形，在C:\Windows\Cursors文件夹中，有Win 10操作系统鼠标所使用的所有光标图形文件，可以将需要使用的光标图形文件复制到运行程序所在文件夹中，例如，该文件夹中，size1_rl.cur文件是一个垂直双向箭头图形。下例设置Canvas类对象cv中使用这个图形文件作为鼠标的光标。

```
import tkinter as tk
root=tk.Tk()
cv=tk.Canvas(root)
cv.pack()
cv.config(cursor="@size4_il.cur")          #size4_il.cur文件必须和本程序在同一文件夹中
root.mainloop()
```

20.8　根据鼠标下方选中标记改变光标形状

　　在20.6节曾经讲过，本章画程序流程图程序中的大部分工作用鼠标完成，把需要用鼠标完成的工作分为两类：拖动画图形和非拖动画图形，用变量isDraw加以区分。在20.6节实现了用鼠标拖动画图形工作。从本节开始，实现用鼠标完成非拖动画图形工作。

　　在cv上拖动鼠标画多个不同图形后，可能需要拖动图形到不同位置，删除图形，或修改图形的一些属性，例如图形的宽和高。要完成这些工作，首先必须先选中图形，为图形增加"选中标记"，表示该图形被选中。移动鼠标，当移到未选中图形上方，鼠标光标形状变为2个垂直相交的空心双向箭头，提示单击该图形可为该图形增加选中标记。线的选中标记是：在线两端各增加一个红色小矩形。封闭图形的选中标记是：为封闭图形增加外接红色虚线矩形，并在红色虚线矩形4个角及4条边中点各增加一个红色小矩形，共计8个红色小矩形。cv上text的选中标记是：在其显示的文本的左上角增加一个红色小矩形。

如图形被选中，增加了选中标记，用键盘的DEL键可删除选中图形。移动鼠标到被选中图形上方，鼠标光标形状变为2个垂直相交的空心双向箭头，提示可拖动该图形到指定位置。鼠标移到选中标记的不同位置的红色小矩形，有不同光标，当鼠标移到线段选中标记的两个红色小矩形上方，光标变为垂直双箭头，拖动线段起始(或结束)处红色小矩形，线段起始(或结束)点位置改变。显示文本的cv上的text不需改变形状，鼠标移到其上方任意位置，鼠标光标形状总是2个垂直相交的空心双向箭头，提示可拖动其到指定位置。

鼠标移到封闭图形选中标记红色虚线矩形上下边界红色小矩形上方，光标变为垂直双箭头，按下鼠标上下拖动上(或下)边界，改变图形的高；鼠标移到封闭图形选中标记红色虚线矩形左右边界红色小矩形上方，光标变为水平双箭头，按下鼠标左右拖动左(或右)边界，改变图形的宽；鼠标移到封闭图形选中标记红色虚线矩形四个角的红色小矩形上方，光标变为倾斜双箭头，按下鼠标拖动图形某个角，同时改变图形的宽和高。

上述这些功能大部分用鼠标完成，因此完成这些功能的语句分布在鼠标按下、鼠标按下移动和鼠标抬起三个事件处理函数中，使理解程序变得困难。为分散阅读程序难度，把不同图形的选中标记样式以及鼠标移到选中标记的不同位置、显示的光标形状，独立出来，用一个可直接运行的小程序实现。但是所使用的函数名称和功能都和本章画程序流程图程序中同名函数完全一致，可用这些函数替换20.5节程序主界面和框架中的同名函数。

本节这个可直接运行的小程序，创建了一个线段、矩形和文本，立即为它们增加了选中标记。将鼠标移动事件绑定函数changeCursor为事件处理函数，当鼠标移动时，该函数会根据鼠标下方图形的tag(标签)改变鼠标光标形状，提示使用者应做哪些工作。完整程序如下。

```python
import tkinter as tk                    #下句4个参数是封闭图形外接矩形的左上角和右下角坐标
def makeSelBox(x1,y1,x2,y2):            #为封闭图形增加选中标记。下句创建选中标记的外接红色虚线矩形
    cv.create_rectangle(x1,y1,x2,y2,tags=('sel','outRec'),dash=(4,4),outline='red',fill='')
    x3,y3=int((x1+x2)/2),int((y1+y2)/2)   #x3(y3)是外接红色虚线矩形上下(左右)边中点x(y)坐标
    #在外接红色虚线矩形4角和4条边中点增加8个红色小矩形。top,bottom,left,right缩写为t,b,l,r
    cv.create_rectangle(x1-6,y1-6,x1,y1,tags=('sel','tl'),fill='red')          #'tl'=左上角红小矩形
    cv.create_rectangle(x2,y2,x2+6,y2+6,tags=('sel','rb'),fill='red')          #'rb'=右下角红小矩形
    cv.create_rectangle(x1-6,y2,x1,y2+6,tags=('sel','bl'),fill='red')          #'bl'=左下角红小矩形
    cv.create_rectangle(x2,y1-6,x2+6,y1,tags=('sel','tr'),fill='red')          #'tr'=右上角红小矩形
    cv.create_rectangle(x3,y1-6,x3+6,y1,tags=('sel','t'),fill='red')           #'t'= 上边线红小矩形
    cv.create_rectangle(x2,y3,x2+6,y3+6,tags=('sel','r'),fill='red')           #'r'= 右边线红小矩形
    cv.create_rectangle(x3,y2,x3+6,y2+6,tags=('sel','b'),fill='red')           #'b'= 下边线红小矩形
    cv.create_rectangle(x1-6,y3,x1,y3+6,tags=('sel','l'),fill='red')           #'l'= 左边线红小矩形
def makeSelRec(x1,y1,x2,y2):                   #为线增加选中标记，在线开始点和结束点放置两个红色小矩形
    cv.create_rectangle(x1,y1,x1+6,y1+6,tags=('sel','f'),fill='red')           #'f'=线起始点红小矩形
    cv.create_rectangle(x2-6,y2-6,x2,y2,tags=('sel','s'),fill='red')           #'s'=线结束点红小矩形
```

```
def changeCursor (event):                              #根据鼠标下方图形的tag(标签)改变鼠标光标形状
    global tagUnderMouse                               #下句的'current'为鼠标下方最上层图形的tag(标签)
    IDs=cv.find_withtag('current')                     #得到鼠标下方最上层图形ID，注意所有选中标记图形在最上层
    if len(IDs)==0:                                     #如鼠标下方没有图形
        cv.config(cursor="")                           #恢复默认鼠标光标(斜箭头)
        tagUnderMouse='mouseOff'                        #表示鼠标不在任何图形上方
        return                                          #以下为鼠标下方有图形执行的语句
    list1=cv.gettags(IDs[0])                            #IDs[0]为最上层图形ID，得到该ID图形所有tag列表
    if len(list1)==3:                                   #鼠标移到选中标记红色小矩形上方，其有3个tag，类似('sel','f','current')
        tagUnderMouse=list1[1]                          #用变量引用代表鼠标光标形状的第2个tag
        if tagUnderMouse=='f' or tagUnderMouse=='s':    #如果鼠标下方最上层图形tag为'f'或's'
            cv.config(cursor="@size4_il.cur")           #鼠标光标变为可拖动线两端移动的垂直双向箭头
        elif tagUnderMouse=='tl' or tagUnderMouse=='rb': #为'tl'或'rb'，左上或右下角红小矩形
            cv.config(cursor="@size2_il.cur")           #鼠标光标变为左偏双箭头
        elif tagUnderMouse=='tr' or tagUnderMouse=='bl': #为'tr'或'bl'，右上或左下角红小矩形
            cv.config(cursor="@size1_il.cur")           #鼠标光标变为右偏双箭头
        elif tagUnderMouse=='t' or tagUnderMouse=='b':  #'t'或'b'，上边或下边线中点红小矩形
            cv.config(cursor="@size4_il.cur")           #鼠标光标变为垂直双箭头
        elif tagUnderMouse=='l' or tagUnderMouse=='r':  #'l'或'r'，左边或右边线中点红小矩形
            cv.config(cursor="@size3_il.cur")           #光标变为水平双箭头
        elif tagUnderMouse=='outRec':                   #鼠标下方是红虚线矩形，认为鼠标下方无图形
            cv.config(cursor="")                        #恢复默认鼠标光标(斜箭头)
            tagUnderMouse='mouseOff'                     #表示鼠标下方无图形
    else:                                               #鼠标移到有或无选中标记的cv上的text，或所画图形上方，图形tag(标签)个数!=3
        cv.config(cursor="fleur")                       #改变鼠标光标为2个垂直相交空心双向箭头
        tagUnderMouse='mouseOn'                         #表示鼠标在所画图形或cv上的text上方
root=tk.Tk()
root.geometry("280x120+400+50")
cv_bg='whitesmoke'
cv=tk.Canvas(root,bg=cv_bg)
cv.pack(fill=tk.BOTH,expand=tk.Y)
cv.create_line(30,10,30,100)                            #在cv上画一条线
makeSelRec(30,10,30,100)                                #为线增加选中标记
cv.create_rectangle(100,20,200,100,fill=cv_bg)          #画矩形，注意有背景色，背景是矩形一部分
makeSelBox(100,20,200,100)                              #为矩形增加选中标记
cv.create_text(230,50,text='字符串',anchor="nw")         #cv上的text，显示文本为：字符串
cv.create_rectangle((230-6),(50-3),230,(50+3),tags='sel',fill='red')   #为其增加选中标记
cv.bind("<Motion>", changeCursor)                       #绑定鼠标移动事件
```

root.mainloop()

函数makeSelRec(x1,y1,x2,y2)为线增加选中标记，参数是线的起始点和结束点坐标。线的选中标记是在线的起始端和结束端各放置一个红色小矩形，表示该线段已被选中，起始端小矩形的tag(标签)为('sel','f')，f是first首字母，结束端小矩形的tag(标签)为('sel','s')，s是second首字母，共同tag(标签)'sel'可使两个红色小矩形完成相同工作，例如删除这个线的选中标记，拖动选中标记到指定位置。线被选中后，鼠标移到这两个红色小矩形上方，鼠标光标形状变为垂直双箭头，提示使用者用鼠标拖动某个红色小矩形可以改变线的长度以及和x轴夹角。注意本程序未实现拖动和删除线段功能。

函数makeSelBox(x1,y1,x2,y2)为封闭图形增加选中标记，参数是封闭图形的外接矩形左上角和右下角坐标。封闭图形选中标记包括9个图形，第1个是封闭图形的红色虚线外接矩形，其余是8个红色小矩形，在红色虚线外接矩形的4条边的中点和4个角。这9个选中标记图形有一个相同的tag(标签)'sel'，以方便操作所有标记图形，例如删除这些选中标记。红色虚线外接矩形的另一tag(标签)为'outRec'，通过标签'outRec'，可很容易得到封闭图形的外接矩形左上角和右下角的坐标，红色虚线外接矩形fill=''，使其背景透明，透明背景不是红色虚线外接矩形的一部分。前边讲到，封闭图形(组合框和矩形)的fill为cv_bg，即cv的背景色，那么封闭图形的背景也是封闭图形的组成部分。因此鼠标移到红色虚线外接矩形背景上方，标签'current'代表的图形不是红色虚线外接矩形，而是下面背景不透明的封闭图形(组合框或矩形)。将一个矩形上(top)下(bottom)左(left)右(right)4个边用英文简写t、b、l和r表示，矩形的4个角用英文简写tl、rb、bl和tr表示。把这8个简写英文字符串分别作为红色虚线外接矩形的4个边的中点和4个角上8个红色小矩形tag(标签)。选中后，鼠标移到某个红色小矩形上方，将根据下方红色小矩形tag(标签)，改变鼠标光标为对应形状，提示使用者按照鼠标指定拖动方向，拖动下方红色小矩形改变封闭图形的宽或高。注意本程序未实现拖动和删除封闭图形功能。

鼠标移动，触发鼠标移动事件，用事件处理函数changeCursor响应该事件。该函数将根据鼠标下方图形的tag(标签)，改变鼠标光标形状，提醒使用者如何操作，同时用全局变量tagUnderMouse引用这个tag(标签)。函数首先检查鼠标下方是否有图形，如鼠标下方无图形，将恢复默认鼠标光标(斜箭头)，令全局变量tagUnderMouse='mouseOff'。如鼠标下方有图形，并且图形tag(标签)个数为3，鼠标下方可能是除cv上的text外的图形选中标记，这些图形tag(标签)格式都类似，例如为('sel','r','current')，其中第2个'r'表示鼠标下方是红色虚线外接矩形右边线中点的红色小矩形，鼠标光标形状变为水平双箭头，表示鼠标可按下向左或右移动，来改变封闭图形宽度，需令全局变量tagUnderMouse='r'。本函数首先令全局变量tagUnderMouse引用图形的第2个tag(标签)，然后逐一检查全局变量tagUnderMouse是否等于'f'、's'、'tl'、'rb'、…、'outRec'，如等于其中的一个，但不是'outRec'，要根据变量tagUnderMouse修改光标形状，如是'outRec'，鼠标下方是红色虚线矩形选中标记，认为鼠标下方无图形，令变量tagUnderMouse='mouseOff'，恢复默认鼠标光标(斜箭头)。如图形tag(标签)个数不为3，鼠标下方图形可能是所画的线、矩形、组合框、选中和不被选中的cv上的text，则令tagUnderMouse='mouseOn'，光标为"fleur"，即2个垂直相交的空心双向箭头。注意，函数changeCursor可用于选中和未选中图形。

20.9 增加、删除选中标记及删除选中图形

上节例子预先创建了线、矩形和cv上的text后，立即为它们增加了选中标记。而在画程序流程图程序中，是先拖动鼠标画各种图形。画了这些图形后，当鼠标移到图形上方，鼠标光标形状变为2个垂直相交的空心双向箭头，提示单击该图形可选中该图形，当单击该图形后，将为该图形增加选中标记。仅允许一个图形被选中。在cv无图形处单击，将删除所有选中图形标记。这些工作是在鼠标按下事件处理函数StartMove中实现的。

鼠标要单击某图形选中该图形，首先要移动鼠标到该图形上方，鼠标移动事件调用鼠标移动事件处理函数，即调用上节定义的函数changeCursor，该函数设置了全局变量tagUnderMouse的值，如果该变量的值是'mouseOn'，表示鼠标下方是线、封闭图形或cv上的text,单击该图形后，可为该图形增加选中标记；如果是'mouseOff'，表示鼠标下方没有任何图形，此时鼠标单击cv，将删除图形的所有选中标记。

当变量tagUnderMouse等于'mouseOn'，说明鼠标下方是线、封闭图形或cv上的text，可为该图形增加选中标记。之前可能已有图形被选中，因只允许选中一个图形，所以先删除其它图形的选中标记。不同图形的选中标记不同，因此必须知道在鼠标下方图形需要增加哪种选中标记。语句allID=cv.find_withtag('current')返回元组，allID[0]是鼠标下方最上层图形ID，即鼠标下方要增加选中标记的图形ID。list1=cv.gettags(allID[0])得到这个ID的所有tag(标签)。根据元组list1项数，可区分组合图形和其它图形。因组合框由多个图形组成，allID[0]是组合图形中的外接矩形，其填充色和外轮廓线颜色为cv背景色，因此该矩形不能被看到，参见20.3节。该矩形有一个自定义tag(标签)和"current"，因此列表list1项数为2；非组合图形没有自定义tag，列表list1项数为1。如是组合图形，还要区分是起始结束框，还是菱形判断框，可根据组合框所有图形共用tag前3个字符是"rho"，还是"end"加以区分。如是其它图形，用语句cv.type(clickID)判断是哪种类型的图形。最后，还要得到标记的坐标，可用语句x1,y1,x2,y2=cv.coords(allID[0])，得到封闭图形选中标记的红色虚线外接矩形的左上角和右下角坐标，或得到线的起始和结束点标记的坐标，cv上的text左上角标记坐标可以用语句x1,y1=cv.coords(clickID)得到。事件处理函数StartMove定义如下。

```
def StartMove(event):
    global first_x,first_y,clickID,tagUnderMouse,ImageType,textID,isDraw      #clickID是全局变量
    first_x,first_y=event.x,event.y
    if cv.itemcget(tID,'state')=="normal":
        …                                      #此处语句处理cv上的text，在20.6已做了介绍，这里略去
    if not(isDraw):                            #如不是拖动画图形，检查鼠标下方是否有线、组合图形等图形
        allID=cv.find_withtag('current')       #元组allID是鼠标点击处下方最上层所有图形ID
        if tagUnderMouse=='mouseOn':           #如鼠标下方是线、封闭图形或cv上的text,可增加选中标记
            clickID=-1                         #clickID是选中图形ID或tag, =-1表示没有选中图形
            if len(allID)>0:                   #如鼠标下方有图形，可能是组合图形或其它图形
                cv.delete('sel')               #之前可能已有图形被选中，删除图形的所有选中标记
                clickID=allID[0]               #得到这个图形ID, 如是基本图形，保持不变
```

```
    list1=cv.gettags(clickID)          #返回列表，记录clickID引用图形的所有tag(标签)
    if len(list1)==2:                  #如列表项数=2是组合框，因其有一个tag和"current"
      x1,y1,x2,y2=cv.coords(clickID)        #取出组合框外接矩形左上角和右下角的坐标
      makeSelBox(x1,y1,x2,y2)          #为被点击开始结束框或菱形框加选中标记
      ImageType='endBox'              #假设为开始结束框
      if(list1[0][0:3])=="rho":       #如组合框所有图形共用tag前3个字符是"rho"
        ImageType='rhomb'           #那么该组合框是菱形框。参见20.3节的有关解释
      clickID=list1[0]               #clickID为开始结束框或菱形框所有图形共用的tag
      return
    else:                            #cv上的text、线和矩形没有自定义tag，只有"current",因此len(list1)=1
      ImageType=cv.type(clickID)     #图形类型可能是cv上的text、线或矩形
      if ImageType=="text":          #cv上的text选中标记是左上角红色小矩形
        x1,y1=cv.coords(clickID)    #得到文本对象的左上角坐标，下句加选中标记
        cv.create_rectangle(x1-6,y1-3,x1,y1+3,tags='sel',fill='red')
        return                      #以下图形类型是线或矩形
      x1,y1,x2,y2=cv.coords(clickID) #线起点、终点或外接矩形左上和右下角坐标
      if ImageType=="line":          #如是线
        makeSelRec(x1,y1,x2,y2)     #为被点击的线加选中标记
        arrow=cv.itemcget(clickID,'arrow')
        if arrow=="first":          #左箭头线
          ImageType='lineL'
        elif arrow=="last":         #右箭头线
          ImageType='lineR'
        else:
          ImageType='lineN'         #无箭头线
      else:                          #到此处，图形一定是矩形
        makeSelBox(x1,y1,x2,y2)     #为被点击的矩形加选中标记
        ImageType="rect"
      return
  if tagUnderMouse=='mouseOff':      #在空白处点击，删除选中标记
    cv.delete('sel')                 #删除所有图形的选中标记
  return                             #以下是拖动鼠标画图形语句
elif ImageType=='lineN':             #如选中tag为'lineN'的工具条中图形按钮，画无箭头线
  cv.create_line(event.x,event.y,event.x+2,event.y+2,tags=('L'))
  …                                  #以下是拖动鼠标画图形程序，略去
```

　　如选中图形是组合图形，全局变量clickID为组合图形中所有图形共用的tag(标签)，如选中图形不是组合图形，是cv上的text、线或矩形，全局变量clickID是这些图形ID，因此用语句

cv.delete(clickID)既可以删除组合图形，也可以删除线、矩形等图形。本画矢量图程序用键盘 Del键删除选中图形。root.bind("<Delete>",delGraph)语句指定按下Del键事件的事件处理函数为 delGraph，函数delGraph定义如下。

```
def delGraph(event):              #cv.find_withtag('sel')返回列表，包括tag为'sel'的所有图形ID
    if(cv.find_withtag('sel')):    #如元组为空，选中标记不存在退出，否则删除选中图形和选中标记
        cv.delete(clickID)         #删除选中图形
        cv.delete('sel')           #删除选中标记
```

在20.6节已经将该节所有函数替换20.5节程序主界面中的同名函数，实现了拖动鼠标画图形 的功能，称为20.6节程序。本节为StartMove函数增加了为图形增加选中标记等功能，这部分语句 必须添加到20.6节程序的StartMove函数中；还必须用本节定义的函数delGraph替换20.6节程序中 同名函数；切记要把上节例子中的changeCursor函数替换20.6节程序中同名函数，把其余2个函数 复制到20.6节程序中，才能实现用鼠标增加、删除选中标记及删除选中图形功能。

20.10 拖动图形和拖动图形边界改变图形尺寸

用Canvas类move(item,dx,dy)方法可以移动图形，其中参数item是被移动图形的ID或tag(标 签)，参数dx,dy是移动增量。上节最后谈到，如选中图形是组合图形，全局变量clickID为组合 图形中所有图形共用的tag(标签)，如选中图形不是组合图形，是cv上的text、线或矩形，全局变 量clickID是这些图形ID。因此令item=clickID可移动图形，令item='sel'可移动选中标记。必须在 鼠标按下移动事件处理函数OnMotion(event)中，用move方法实现用鼠标拖动图形到指定位置的 工作。

函数OnMotion还需要完成另一个任务。当鼠标移到选中标记中的红色小矩形上方，在鼠标 移动事件处理函数changeCursor中，会将鼠标光标形状改为双箭头，根据该红色小矩形的tag(标 签)，光标的双箭头指向不同方向。例如，鼠标移到选中标记红色虚线外接矩形左上角的红色小 矩形(tag为'tl')上方，光标的双箭头和x轴夹角为135度。使用者为了改变图形尺寸，按照鼠标光标 双箭头方向，将鼠标按下并拖动该红色小矩形。鼠标按下移动事件处理函数OnMotion要对拖动 红色小矩形做出反应，删除上次鼠标移动所画图形和选中标记，根据鼠标移动新坐标，重画图 形和选中标记。请注意，cv上的text的选中标记虽然是红色小矩形，但鼠标移到该红色小矩形上 方，其tagUnderMouse='mouseOn'，参见20.8节的函数：changeCursor()，在函数OnMotion中，只能 被拖动，不会被改变尺寸。函数OnMotion定义如下。

```
def OnMotion(event):
    global first_x,first_y,clickID,tagUnderMouse,ImageType,isDraw
    if not(isDraw):                                   #如不是拖动画图
        if  tagUnderMouse=='mouseOn' and clickID!=-1:  #确保拖动的是所画图形，并且clickID存在
            cv.move(clickID,event.x-first_x,event.y-first_y)    #移动所画图形；组合框、线、矩形或cv上的text
```

```
        cv.move('sel',event.x-first_x,event.y-first_y)          #移动所画图形的选中标记
        first_x,first_y=event.x,event.y                         #保存当前鼠标位置坐标，下次移动计算增量
        return

    if tagUnderMouse=='mouseOff':                               #鼠标下方无图形，退出
        return                                                  #以下是拖动图形边界改变图形尺寸语句
    if tagUnderMouse=='f' or tagUnderMouse=='s':                #标签为'f'或's'，鼠标下方是线的选中标记
        x1,y1,a1,a2=cv.coords('f')                              #从线始端选中标记(正方形)得到线开始坐标(x1,y1)
        a3,a4,x2,y2=cv.coords('s')                              #从线末端选中标记(正方形)得到线结束坐标(x2,y2)
    else:                                                       #除cv上的text无法改变尺寸，其余都是封闭图形
        x1,y1,x2,y2=cv.coords('outRec')                         #封闭图形选中标记的标签'outRec'图形是外接矩形
    cv.delete('sel')                                            #删除上次鼠标移动所画图形和选中标记
    cv.delete(clickID)                                          #根据鼠标移动新坐标，重画选中标记和图形
    if tagUnderMouse=='tl':                                     #如是拖动外接矩形的左上角，只改变左上角坐标，右下角坐标不变
        drag4edge4cornerOfrec(event.x,event.y,x2,y2)           #重画选中标记和图形，注意x2,y2是移动前的值
    elif tagUnderMouse=='rb':                                   #如是拖动外接矩形的右下角，只改变右下角坐标，左上角坐标不变
        drag4edge4cornerOfrec(x1,y1,event.x,event.y)           #重画选中标记和图形，注意x1,y1是移动前的值
    elif tagUnderMouse=='bl':                                   #如是拖动外接矩形的左下角，只改变左下角坐标，右上角坐标不变
        drag4edge4cornerOfrec(event.x,y1,x2,event.y)
    elif tagUnderMouse=='tr':                                   #如是拖动外接矩形的右上角，只改变右上角坐标，左下角坐标不变
        drag4edge4cornerOfrec(x1,event.y,event.x,y2)
    elif tagUnderMouse=='t':                                    #如是拖动外接矩形的上边线，只改变上边线y坐标，其余坐标不变
        drag4edge4cornerOfrec(x1,event.y,x2,y2)
    elif tagUnderMouse=='b':                                    #如是拖动外接矩形的下边线，只改变下边线y坐标，其余坐标不变
        drag4edge4cornerOfrec(x1,y1,x2,event.y)
    elif tagUnderMouse=='l':                                    #如是拖动外接矩形的左边线，只改变左边线x坐标，其余坐标不变
        drag4edge4cornerOfrec(event.x,y1,x2,y2)
    elif tagUnderMouse=='r':                                    #如是拖动外接矩形的右边线，只改变右边线x坐标，其余坐标不变
        drag4edge4cornerOfrec(x1,y1,event.x,y2)
    elif tagUnderMouse=='f':                                    #如是拖动线起始端，线起始端坐标改变，线结束端坐标不变
        drag2endOfline(event.x,event.y,x2,y2)
    elif tagUnderMouse=='s':                                    #如是拖动线结束端，线结束端坐标改变，线起始端坐标不变
        drag2endOfline(x1,y1,event.x,event.y)
    return                                                      #以下是拖动画图语句
if ImageType=='endBox':
    …                                                          #拖动画图语句，前边已经做了解释，这里略去
```

　　drag4edge4cornerOfrec(a1,b1,a2,b2)函数定义如下。该函数用来画封闭图形，参数是封闭图形外接矩形的左上角和右下角的坐标。本程序所涉及封闭图形有3种：ImageType值为'rect'，用

Canvas类create_rectangle方法创建；ImageType值为'endBox'，调用自定义函数endBox创建开始结束框；ImageType值为'rhomb'，调用自定义函数drawPolygon创建菱形框。

```
def drag4edge4cornerOfrec(a1,b1,a2,b2):
    global clickID,ImageType
    if ImageType=='rect':
        clickID=cv.create_rectangle(a1,b1,a2,b2,fill=cv_bg)
    if ImageType=='endBox':
        clickID=endBox(a1,b1,a2,b2,cv,t=0)
    if ImageType=='rhomb':
        clickID=drawPolygon(a1,b1,a2,b2,t=0)
    makeSelBox(a1,b1,a2,b2)                                    #重画选中标记
```

drag2endOfline(a1,b1,a2,b2)函数定义如下。该函数用来画三种线，参数是线起始点和结束点坐标。

```
def drag2endOfline(a1,b1,a2,b2):
    global clickID,ImageType
    if ImageType=='lineN':                                    #画无箭头的线
        clickID=cv.create_line(a1,b1,a2,b2)
    elif ImageType=='lineL':                                  #画线在起始端有箭头
        clickID=cv.create_line(a1,b1,a2,b2,arrow="first")
    elif ImageType=='lineR':                                  #画线在结束端有箭头
        clickID=cv.create_line(a1,b1,a2,b2,arrow="last")
makeSelRec(a1,b1,a2,b2)                                       #重画选中标记
```

在20.9节修改程序的基础上，继续修改程序。本节为OnMotion函数增加了用鼠标拖动选中图形，以及拖动选中标记中的红色小矩形改变图形尺寸功能，这部分语句必须添加到20.9节程序的OnMotion函数中，还必须把本节定义的drag4edge4cornerOfrec和drag2endOfline函数复制到20.9节程序中，最终实现用鼠标拖动选中图形，以及拖动选中标记中的红色小矩形改变图形尺寸功能。

20.11　放大和缩小矢量图形

用Canvas类的方法scale(item,xOrigin,yOrigin,xScale,yScale)缩放图形，参数item是图形ID或tag(例如'all')。xScale和yScale 是缩放比例，是整数或浮点数，=1不缩放，>1放大，<1缩小。xOrigin 和 yOrigin 英文字面意思是x轴和y轴原点，实际上如图形某点坐标(x,y)=(xOrigin,yOrigin)，那么(x,y)被scale方法缩放后，坐标保持不变，仍是(xOrigin,yOrigin)；如果

图形某点坐标(x,y)不等于(xOrigin, yOrigin)，那么(x,y)点坐标被方法scale缩放后坐标：(x1,y1)=((x−xOrigin)*xScale+xOrigin,(y−yOrigin)*yScale+yOrigin)。该方法无法缩放 Canvas类对象上的Text对象宽和高，但其左上角到(xOrigin,yOrigin)的距离被缩放。

　　下例验证了某点调用方法scale后的坐标计算公式。首先创建两个完全重合的矩形，矩形左上角和右下角坐标都是(50,50,100,100)，矩形rt1边线颜色是蓝色，矩形rt是红色，红色边线将覆盖蓝色边线。执行cv.scale(rt,50,50,2,2) 语句，即令 (xOrigin,yOrigin)为矩形的左上角坐标(50,50)，将矩形rt在x和y方向各放大2倍。然后执行print(cv.coords(rt))语句，可看到显示结果和计算结果完全一致。完整代码如下。

```
import tkinter as tk
root=tk.Tk()
cv=tk.Canvas(root)
cv.pack()
rt1=cv.create_rectangle(50,50,100,100,outline='blue')      #两图形重合，边线颜色不同
rt= cv.create_rectangle(50,50,100,100,outline='red')       #后边图形覆盖前边图形
cv.scale(rt,50,50,2,2)                                       #将矩形rt放大两倍
print(cv.coords(rt))                                         #显示矩形rt左上角和右下角坐标
root.mainloop()
```

　　本画矢量图程序的放大和缩小按钮事件处理函数都仅有一条语句。(xOrigin,yOrigin)参数为(0,0)，即(0,0)点在缩放中保持不变，相当于左上角对齐，是较常用的用法。

```
def sizeUpToSee():
    cv.scale('all',0,0,2,2)
def sizeDownToSee():
    cv.scale('all',0,0,0.5,0.5)
```

　　在20.10节修改程序的基础上，继续修改程序。将sizeUpToSee和sizeDownToSee函数替换20.10节程序中同名函数，实现图形缩放功能。

　　实际上，程序流程图可能需要被打印，这时需要根据打印纸的型号或尺寸，调整Canvas的尺寸和程序流程图的布局，以及适当放大或缩小整个矢量图的尺寸，使流程图能按照要求被打印。程序流程图还可能放到书稿、论文或PPT中，同样也需要做上述调整。这里就不做进一步的讨论了。

20.12　用shelve将数据保存为可读写文件

　　shelve是Python语言将python各类型数据保存为本地硬盘文件的一种方案。操作一个shelve文件就像操作一个字典。shelve只有一个open函数，可以打开指定的shelve文件，返回一个shelf对

象。shelve的open函数定义如下。

open(filename, flag='c', writeback=False)

filename是包括路径的文件名，可以是相对路径，也可以是绝对路径。flag 参数表示如何打开shelve文件，flag='r' 表示以只读模式打开已存在的shelve文件；flag='w'表示以读写模式打开已存在的shelve文件；flag='c'表示以读写模式打开已存在的shelve文件，如果shelve文件不存在，创建新shelve文件；flag='n'表示总是创建一个新的、空shelve文件。由于shelve文件不支持多个应用程序，在同一时间对同一个shelve文件进行写操作。因此如只需进行读操作，最好修改参数flag='r'， 令shelve文件以只读方式打开。writeback=False参数后边介绍。下边程序将一个列表保存为shelve文件。

```
import shelve                            #使用shelve必须导入shelve模块
intList=[1,2,3,4,5,6,7,8]                #列表
d=shelve.open('myData','c')              #以读写模式打开shelve文件myData，文件不存在则创建新文件
try:
  d['aList']=intList                     #'aList'是键，必须为字符串，intList列表是键对应的值
finally:                                 #其后语句任何情况下，一定被执行，确保文件能被关闭
  d.close()
```

一般使用with as语句打开文件，完成同样功能，但语句较少。重写上例代码如下。

```
import shelve
intList=[1,2,3,4,5,6,7]
with shelve.open('myData','c') as d:
  d['aList']=intList
```

读上例创建的shelve文件程序如下。

```
import shelve
with shelve.open('myData', 'r') as d:    #以只读模式打开shelve
  intList=d['aList']                     #导出列表
print(intList)                           #显示列表
```

创建的shelve文件中可以有多个键值对，见下例，看起来就像在操作字典。

```
# 保存数据
import shelve
with shelve.open('student') as db:
  db['name'] = 'Tom'
```

```
  db['age'] = 19
  db['hobby'] = ['篮球', '看电影', '弹吉他']
  db['other_info'] = {'sno': 1, 'addr': 'xxxx'}
# 读取数据
import shelve
with shelve.open('student') as db:
  for key,value in db.items():
    print(key, ': ', value)
```

运行结果如下。

```
name : Tom
age : 19
hobby : ['篮球', '看电影', '弹吉他']
other_info : {'sno': 1, 'addr': 'xxxx'}
```

　　shelve的open函数还有一个参数writeback，默认值为False。本节第一个例子创建了一个整型列表：intList=[1,2,3,4,5,6,7,8]，并将该列表保存为shelve文件。如希望为shelve文件中的列表增加整数9，下边程序不能完成这个工作。程序如下。如用第3条语句替换第2条语句，参数writeback由默认值False修改为True，就能在列表成功增加9。

```
import shelve
with shelve.open('myData') as d:                              #读写模式打开
#with shelve.open('myData',writeback=True) as d:              #如用该语句替换第2条语句，就能增加9
  d['aList'].append(9)                                        #为shelve文件中的列表增加整型数9
with shelve.open('myData','r') as d:                          #再次打开shelve文件
  print(d['aList'])                                           #显示列表，看到列表没有被修改
```

20.13　用shelve存取矢量图

　　本章所有在Canvas类对象上画的矢量图形，都是用Canvas类的画线、画矩形、画椭圆圆(圆)等画图方法完成的。保存矢量图形为文件的基本思路是，保存画图函数的参数值到文件。使用从文件读出的画图方法参数值，调用画图方法重画图形。

　　但问题是跟踪每一个画图方法的参数值不太现实，况且画图后，可能还会修改图形的属性。实际上用Canvas类画图方法画某种图形，本质上是创建了这种图形类的对象，Canvas类画图方法的参数值就是图形类对象的属性值。因此保存画图方法参数值，并不需要跟踪每一个画图方法的参数值，而是从最终创建的图形类对象中得到其属性值并保存。打开文件后，用文件保存的图形类属性值作为Canvas类画图方法的参数值，在Canvas类对象上用Canvas类画图方法重画

所有图形。

通过两个例子说明存取矢量图形的详细步骤。第一个例子保存矢量图形，即将在Canvas类对象cv上显示的图形和图像保存为文件。首先在Canvas对象上创建了一个椭圆、一条线段和一个小猫图像，希望将它们保存为文件。在主窗体增加标题为"保存"按钮，单击该按钮，将调用事件处理函数saveImage，该函数首先创建列表data，列表每个元素都是字典，该字典有3个键值对，"type"为图形类型，"coords"为图形位置坐标，"config"为其它参数。将Canvas对象上的椭圆、线段和小猫图像的对象类型(例如类型"oval"是椭圆或圆)、坐标和其它参数(例如"fill""tags""image"和"anchor"等)组成有3个键值对的字典作为列表元素保存到列表data，然后用shelve将列表data保存为文件。该例完整代码如下。

```python
import tkinter as tk
import shelve
def saveImage():                              #保存cv上所有图形类对象属性，属性对应画图方法参数
    data=[]      #列表元素是字典，有3个键值对："type"为图形类型,"coords"为图形位置坐标,"config"为其它参数
    for itemID in cv.find_all():              #得到cv上所有图形和图像类对象的ID
        if cv.type(itemID)=="image":          #如是图像对象，创建一个有3个键值对的字典作为列表元素
            data.append({"type":cv.type(itemID),"coords":cv.coords(itemID),  #前两个键值对
                "config": {"image":cv.itemcget(itemID,"image"),              #第3个键值对，"config"是键，值是字典
                "anchor":cv.itemcget(itemID,"anchor"),
                "tags":cv.itemcget(itemID,"tags")}})
        else:                                 #为画线或画圆参数，创建一个有3个键值对的字典作为列表元素
            data.append({"type": cv.type(itemID),          #第1个键值对，"type":图形类型
                "coords": cv.coords(itemID),               #第2个键值对，"coords":图形所在位置坐标
                "config": {           #第3个键值对，"config":字典，该字典元素格式为其它参数名:参数值
                "fill": cv.itemcget(itemID,"fill"),
                "tags": cv.itemcget(itemID,"tags"),
                "dash": cv.itemcget(itemID,"dash")}})
    with shelve.open('myData') as f:
        f['cvData']=data                                   # 保存列表为shelve文件
root = tk.Tk()
root.geometry('400x350')
cv = tk.Canvas(root, width=400, height=300,bg='white')              #实际上Canvas类对象cv属性也可能需保存
cv.pack()
filepath = "myData"
cv.create_line(10,120,90,210,fill = "green",tags=('L'),dash=(3,5))  #画线
cv.create_oval(10,10,100,100,fill = "red",tags=('L'))              #画圆
p=tk.PhotoImage(file="cat.gif")                                    #支持png和gif格式，不支持jpg格式
cv.create_image(100, 10, anchor="nw", image=p,tags=('L'))          #显示小猫图像
```

```
but1=tk.Button(root,command=saveImage,text='保存')            #创建保存按钮
but1.pack(side="left")
root.mainloop()
```

　　第二个例子将上例保存的文件打开，重新显示椭圆、线段和小猫图像。在主窗体增加标题为"打开"的按钮，单击该按钮，将调用事件处理函数loadImage，取出用shelve保存的文件，从shelve文件得到记录图形对象属性列表。根据列表保存的图形或图像类型，调用Canvas类创建这种图形或图像方法，该方法将列表中的属性作为画图形方法使用的参数，包括坐标参数和其它参数，在空Canvas类对象上重画图形或图像。该例完整代码如下。

```
import tkinter as tk
import shelve
def loadImage():                                        #从shelve文件得到画图方法参数，重画图形
    with shelve.open('myData') as f:
        data=f.get('cvData')                            #列表data记录所有重画图形方法的参数
    for item in data:
        if item["type"] == "oval":                      #根据type的种类而调用Canvas的不同方法
            cv.create_oval(*item["coords"], **item["config"])    #画椭圆(圆)。参见9.7节
        elif item["type"] == "image":
            cv.create_image(*item["coords"], **item["config"])   #显示小猫图像
        elif item["type"] == "line":
            cv.create_line(*item["coords"], **item["config"])    #画线
root = tk.Tk()
root.geometry('400x350')
cv = tk.Canvas(root, width=400, height=300,bg='white')
cv.pack()
filepath = "myData"
p=tk.PhotoImage(file="cat.gif")                         #调用loadImage重新显示图像，该语句必须存在
but2=tk.Button(root,command=loadImage,text='打开')
but2.pack(side="left")
root.mainloop()
```

　　在用shelve存取矢量图时，有几点需要注意。首先，画图形方法的第1个参数是图形所在位置的坐标，画线是线起始点和结束点坐标，画封闭图形是外接矩形的左上角和右下角的坐标，两者格式都是(x1,y1,x2,y2)，图像image、bitmap和cv上的text默认是中心点的坐标(x1,y1)，而画多边形方法create_polygon，是一个记录多边形顶点坐标的元组，元素数不定。在loadImage函数中创建图像或图形第一个参数必须使用*item，*item表示参数是一个元组，元组的元素是位置参数值，元组元素个数随需要而定，用来解决参数个数不定的问题。用Canvas方法创建图形或图

像，除了位置参数外，每个方法都还有其它参数，例如画椭圆(圆)共有22个参数，这些参数都是在Canvas类对象中创建的图形对象的属性，它们都有默认值。在实际的画图应用中，并不会修改全部的参数(属性)，一般仅会修改部分参数(属性)，其它参数(属性)采用默认值，例如上例画线方法被修改的参数(属性)是dash、fill和tags。在用create_xxx方法创建图形时，会为某些参数重新赋值，实际是修改该图形类对象的属性，还可能使用Canvas类的其它方法修改一些属性，所有被修改的参数(属性)都必须被保存，采用默认值的参数(属性)不用保存。不同应用中，使用的其它参数个数可能不同。如这个图形使用的其它参数个数不定，就必须使用**item，**item表示参数是一个字典、字典元素还是字典，即所谓的关键字参数，键是参数名称，值是参数的实参值，字典元素个数随需要而定，参见loadImage函数中的**item。

第二点，画矢量图形的先后次序是十分重要的，它决定了图形之间的覆盖关系，如果两个图形有相交部分，后画的图形将覆盖先画的图形。canvas为了记录这种覆盖关系，用一个列表记录画图顺序。find_all方法按照列表的顺序返回所有图形图像的ID。重画矢量图，必须按照列表顺序依次重画各个图形图像，才能正确建立原图的覆盖关系。

第三点，在saveImage函数中，为列表data增加显示图像方法参数，以及增加创建线和圆方法参数，分别在两个if语句中完成。之所以不放到一个if语句中，是因为椭圆和线段没有参数"image"和"anchor"，如画三图形使用同一if语句，当为列表data增加椭圆或线段数据时，使用itemcget得到"image"和"anchor"值将报错；小猫image图像没有属性"fill"和"dash"，使用itemcget得到"fill"和"dash"值也将报错。这说明两个不同图形，希望共用一个if语句为列表data增加函数参数，一方创建图形使用某参数，另一方可能不使用这个参数，但必须有这个参数。其实canvas只有8个创建图形图像方法，如用8个if(elif)语句，每条语句仅为一种类型图形或图像在列表增加参数，也就不用考虑这个问题了。

第四点，画同一图形，可能使用参数不同，例如画线，可以无箭头，也可以在线起始端有箭头，或在结束端有箭头，或两端有箭头。画无箭头线时，不使用参数arrow，为了照顾有箭头的线，必须记录参数arrow，那么记录画无箭头线arrow参数值，必定是默认值不带箭头，并不会影响保存画无箭头线的参数。换句话说，实际调用Canvas类create_xxx()方法在Canvas类对象上绘制各种图形时，某个参数并没使用，则取默认值。

最后，运行这两个程序，小猫图像文件"cat.gif"必须和运行程序在同一文件夹中。当调用loadImage函数重新显示小猫图像，p=tk.PhotoImage(file="cat.gif")语句必须存在。这是因为在shelve文件中保存image参数格式是：image=p，p仅是图像的引用(ID)，并不是小猫的图像。当用loadImage重新显示小猫图像，令参数image=p，实际上是将小猫图像的引用(ID)传递给参数image，因此必须首先使p引用小猫图像。同样原因，如用PIL库Image类open方法打开图像文件，返回Image类对象，p=ImageTk.PhotoImage(返回的Image类对象) 语句也必须存在。如用PIL库Image类open方法打开图像文件，可用shelve将Image类对象保存为本地硬盘文件，参见22.14节有关内容。当重画图像时，先将用shelve保存的Image类对象取出，然后再次令p=ImageTk.PhotoImage(Image类对象)。这样本节第2个程序就不需要从文件"cat.gif"导入图像了。

20.14 实现画矢量图程序的文件功能

画矢量图程序除了要有保存文件的基本功能，还应包括：如果图形被修改，在关闭程序、建立和打开新文件时，要提示使用者是否保存被修改的文件；允许使用者用文件对话框选择文件路径和名称。这些在笔记本程序中都做了详细介绍，因此在画矢量图程序中，只实现了将矢量图形保存为文件的基本功能，其它功能由读者自己完成。

在将矢量图形保存为文件时，只需将Canvas类的arc、line、rectangle和oval等基本图形类对象所使用的属性保存到文件即可，这些属性就是用Canvas类方法创建图形时所使用的参数，它们有对应关系。这里并不需要组合图形概念，因组合图形也是由这些基本图形组成。本画矢量图程序仅使用了4种基本图形，在这里列出这4种图形名称和该图形使用的参数：line(线)，使用参数tags和arrow；rectangle(矩形)，使用参数tags、outline和fill；arc(弧)，使用参数tags、start、extent和style；cv上的text，使用参数text和anchor。文件菜单的新建、打开、保存和退出菜单项的事件处理函数如下。函数功能不完整，请读者使函数功能完整。实现方法请参见上一节。

```
def new_file():              #如图形已被修改，建立新文件前，应增加语句提示使用者：图形已修改，是否保存？
    global tID               #在主程序已创建Entry组件entry用来输入或修改cv上的text显示的文本
    cv.delete('all')         #删除cv上所有对象，包括tID引用的对象：初始创建的entry窗口组件
    tID=cv.create_window(100,100,window=entry,state="hidden",anchor='nw')       #要重建entry窗口组件
def open_file():             #需要打开文件对话框选择文件路径及名称语句
    new_file()               #删除Canvas对象上图形，再打开文件。要提醒使用者保存已修改的文件
    with shelve.open('vectorGraph') as f:
        data=f.get('cvData')
    for item in data:        #重画打开文件中的图形
        if item["type"]=="line":
            cv.create_line(*item["coords"],**item["config"])
        elif item["type"]=="rectangle":
            cv.create_rectangle(*item["coords"],**item["config"])
        elif item["type"]=="arc":
            cv.create_arc(*item["coords"],**item["config"])
        elif item["type"]=="text":
            cv.create_text(*item["coords"],**item["config"])
def save():                  #应有变量记录文件名及路径，如文件无名，打开文件对话框选择文件路径及名称
    cv.delete('sel')         #删除选中框，选中框不需要保存
    data = []
    for aID in cv.find_all():    #得到canvas上所有图形和图像类对象的ID
        if cv.type(aID)=="line":
            data.append({"type": cv.type(aID),"coords": cv.coords(aID),
                        "config":{"arrow":cv.itemcget(aID,"arrow"),
```

```
                    "tags":cv.itemcget(aID,"tags")}])
    elif cv.type(aID)=="rectangle":
        data.append({"type": cv.type(aID),"coords": cv.coords(aID),
            "config":{"outline":cv.itemcget(aID,"outline"),
                    "fill":cv.itemcget(aID,"fill"),
                    "tags":cv.itemcget(aID,"tags")}])
    elif cv.type(aID)=="arc":
        data.append({"type": cv.type(aID),"coords": cv.coords(aID),
            "config":{"start":cv.itemcget(aID,"start"),
                    "extent":cv.itemcget(aID,"extent"),
                    "style":cv.itemcget(aID,"style"),
                    "tags":cv.itemcget(aID,"tags")}])
    elif cv.type(aID)=="text":
        data.append({"type": cv.type(aID),"coords": cv.coords(aID),
            "config":{"text":cv.itemcget(aID,"text"),
                    "anchor":cv.itemcget(aID,"anchor")}])
with shelve.open('vectorGraph') as f:
    f['cvData']=data                            #保存列表
def save_as():                                  #读者完成
    pass
def saveBit():                                  #见下节
    pass
def exit():
    root.destroy()                              #关闭窗体，要提醒使用者保存已修改的文件
```

在20.11节修改程序的基础上，继续修改程序。将本节函数替换20.11节程序中同名函数，实现文件功能。这是最终程序，没实现的功能，请读者完成。

20.15 将矢量图保存为位图格式文件

在第19章设计的画图程序中，拖动鼠标画图形，本质上就是将矢量图保存为位图格式。拖动鼠标画图形，被拖动的图形就是这里的矢量图，是用Canvas类的创建图形方法创建的图形，是图形类对象。当鼠标抬起，结束画图，用PIL库的画图函数，使用鼠标抬起时Canvas类创建图形方法的参数，在PIL库的Image类对象上，重画图形，然后删除用Canvas类的创建图形方法创建的图形。用Image类的save方法可将图形保存为指定的位图格式文件。

在画矢量图程序中的函数saveBit()，是将已画的多个矢量图形，一次性全部在PIL库的Image类对象上，重画图形。然后用Image类的save方法将这个Image类对象保存为指定的格式文件。因此，首先得到用Canvas类方法创建图形时所使用的参数，然后用这些参数，在PIL库的Image类对

象上，重画图形。两者的画图函数还是有些区别的，例如画线函数，PIL画线函数不能画带箭头的线，为画箭头，可先画不带箭头线，在线的端点画两条短线代表箭头。有兴趣的读者可以自己完成导出位图菜单项事件处理函数。

20.16　一些没有实现的功能

在cv上创建text用来显示文本。已经实现了右击某个cv上的text，出现弹出菜单，弹出菜单有菜单项：编辑、移到顶部。单击"编辑"菜单项，可修改cv上的text显示的文本；单击"移到顶部"菜单项，把显示文本的cv上的text升到顶层。

在实际使用中，某个cv上的text除了需要修改文本，可能还需要修改文本字体名称、字体大小、字体颜色等，因此可创建一个对话框，单击"编辑"菜单项，打开这个对话框，修改这些属性，打开这个对话框前，要将cv上的text原属性值传递给对话框作为初值。

在实际使用中，大部分cv上的text，其使用的文本字体名称、字体大小、字体颜色等，都是相同的，因此必须定义变量，记录这些属性值，并允许修改cv上的text这些共用的属性值。可在工具条增加按钮，单击按钮打开对话框，修改这些属性。

对于通过右击cv上的text，出现弹出菜单，再单击"移到顶部"菜单项，才能把cv上的text移到顶部。如有多个cv上的text需移到顶部，要多次重复以上动作。比较麻烦，也没有必要。可改为在工具条增加按钮，单击按钮，逐一将所有cv上的text都移到顶部。

第21章　截屏程序

【学习导入】本章截屏程序仿Win 10截屏程序，使用PIL库的ImageGrab.grab函数，可截取显示器全屏或选定区域的图像，并将图像保存为指定格式的图像文件。

21.1　PIL库ImageGrab.grab函数

可用ImageGrab.grab函数截取当前屏幕的图像，然后保存到Image 类对象返回。当前版本支持微软Window系统和苹果macOS系统，Window系统返回图像为RGB格式，macOS系统返回图像为RGBA格式。函数定义为：ImageGrab.grab(bbox=None)，参数bbox是截屏矩形区域的左上角和右下角的坐标，如没有参数，截屏区域为整个屏幕。在Window操作系统中Python的shell窗体中运行如下语句。

```
>>> from PIL import Image,ImageGrab        #使用截屏函数必须从PIL模块导入Image,ImageGrab类
>>> im=ImageGrab.grab()                    #截全屏返回Image对象，本机无缩放显示器分辨率为1920×1080
>>> im.size                                #置Window系统缩放比为任何值，得到im宽高都为1920×1080
(1920, 1080)                               #这说明该函数无参数是按无缩放显示器分辨率截屏
>>> im.mode                                #无缩放显示器分辨率和缩放概念见下节
'RGB'
>>> im.show()
>>> im0=ImageGrab.grab((300,100,1400,600))  #对屏幕选定区域截屏
>>> im0.show()
>>> im0.size
(1100, 500)
>>> im0.mode
'RGB'
```

21.2　实现截屏程序的思路

截屏程序主要功能有三个：第一个功能是定位截屏，在屏幕上拖动鼠标画矩形作为截屏区域，将矩形截屏区域内的数字图像取出保存。第二个功能是截全屏，将整个屏幕的数字图像取

出保存。第三个功能是将截屏后的数字图像保存为指定格式的文件。第三个功能最容易实现，用ImageGrab.grab方法截屏后，将返回一个包含所有截屏数字图像的Image类对象，用Image类方法save可将该数字图像保存为指定格式文件。实现前两个功能，要用到计算机显示器的一些概念。这些概念仅在Window系统得到验证，不知是否适合其它系统。还有一点需要注意，这里涉及宽度、高度和坐标值等，都是像素数。

电脑LED(发光二极管)显示器是由m行n列发光单元(也称像素点)组成的矩阵，每个发光单元(像素点)由发红光、绿光和蓝光的3个LED组成。根据三基色原理，分别控制3个LED发光强度，每像素点都可发出各种颜色的光。彩色图片可沿水平和垂直方向分割为多个不同颜色的像素点，图片像素点颜色可用显示器的像素点显示，由于显示器像素矩阵点距很小，可在显示器上清晰地显示彩色图片。

显示器在水平和垂直方向上的发光单元数，是物理特性，是计算机显示器重要的性能指标，本书称为：无缩放显示器分辨率，例如分辨率为1920×1080，表示显示器在水平方向有1920个发光单元(像素点)，在垂直方向有1080个发光单元(像素点)。分辨率越高，点距越小，图像越清晰。可用直角坐标系来定位显示器屏幕每个像素点位置，坐标原点在屏幕左上角，x轴向右为正方向，y轴向下为正方向，坐标系单位为像素，x坐标是距离y轴像素数，y坐标是距离x轴像素数。使用无缩放显示器分辨率的直角坐标系，本书称为"无缩放坐标系"。

在显示器上显示文字，实际上是显示一张有文字图形的图片，可将图片数字化组成颜色点阵。如用高分辨率显示器显示文字，由于显示器像素点距过小，会使显示的文字尺寸太小，不适合阅读。因此提出"缩放"概念，目的是放大屏幕上显示的文字。打开Window操作系统设置程序，单击"系统"，再单击"屏幕"，先调整"显示器分辨率"，本机无缩放显示器分辨率为1920×1080，因此调整"显示器分辨率"为1920×1080(推荐)。然后修改"缩放"比为150%，将使显示器分辨率降低，等于无缩放显示器分辨率除以1.5，可理解为只使用了部分像素点，即分辨率从1920×1080降低为1280×720，点距是原点距1.5倍，导致文字尺寸是原尺寸的1.5倍。本书称这种分辨率为缩放后分辨率，表示缩放后，显示器在水平和垂直方向上的像素数，显示器的宽度和高度各为多少像素。使用缩放后分辨率的直角坐标系称为"缩放坐标系"。在Window系统运行的应用程序，是用缩放坐标系定位窗体、组件、文字和图像位置。可用下边程序验证修改"缩放"比将改变显示器"缩放后分辨率"结论。在Window操作系统设置程序中，修改"显示器分辨率"为1920×1080(推荐)，然后分别将显示器"缩放"比修改为100%、150%，分别运行下边程序。当设置"缩放"比为100%，使显示器分辨率无缩放，将看到文字尺寸较小，程序运行后，在shell窗体显示1920 1080，由于无缩放，这是无缩放显示器分辨率。当设置"缩放"比为150%，将看到文字尺寸较大，程序运行后，在shell窗体显示1280 720，这是将缩放比设置为150%的缩放后分辨率。请注意，root.winfo_screenwidth()和root.winfo_screenheight()是缩放后的屏幕宽度(像素数)和缩放后的屏幕高度(像素数)。

```
import tkinter as tk
root=tk.Tk()
ws=root.winfo_screenwidth()      #缩放后的屏幕宽度(像素数)，下句是缩放后的屏幕高度(像素数)
hs=root.winfo_screenheight()     #本机无缩放显示器分辨率是1920×1080，如修改缩放比为150%
```

```
print(ws,hs)                    #显示：1280 720，缩放后屏幕宽为1280像素、屏幕高为720像素
root.mainloop()
```

在无缩放显示器分辨率是1920×1080的无缩放坐标系中，显示器屏幕在x轴最右侧像素点的x坐标值为1920像素，即屏幕宽为1920个像素。在缩放比为150%的缩放坐标系中，屏幕上同一个像素点，即在x轴最右侧像素点，其x坐标值为1280像素，即屏幕宽为1280个像素。令K为无缩放和缩放后显示器分辨率的宽度比，可得到公式：无缩放坐标系坐标=缩放后坐标系坐标*k。当显示器"缩放"比为175%，k=1.75；150%，k=1.5；125%，k=1.25；100%，k=1。

定位截屏，需要在屏幕上画一个矩形，作为截屏的区域。但无法直接在屏幕上画图，只能在窗体的Canvas类对象上画图。为了画矩形选择截屏区域，必须创建一个窗体，并在窗体创建一个Canvas类对象cv，充满用户区，用来在cv上画矩形作为截屏区域。去掉这个窗体的标题栏，设置窗体和cv为半透明、窗体和屏幕有相同的宽和高、窗体左上角在屏幕左上角，该窗体将覆盖在整个屏幕上方，会看到屏幕上方似乎有一层雾，但仍然能看到雾下方屏幕上的图像。拖动鼠标在cv上画一个矩形，选择在屏幕上需要截屏的区域，设置所画矩形的属性fill和outline都为透明色，将看到所画矩形内部的雾消失，能清晰地看到矩形区域内的图像，将这个矩形区域内数字图像取出，将是无雾的清晰图像。在鼠标抬起后结束画矩形，选定截屏区域，调用ImageGrab.grab(bbox)方法截屏，请注意，参数bbox要求是无缩放坐标系矩形左上角和右下角坐标，而所画矩形左上角和右下角坐标是缩放坐标系坐标，因此必须用公式完成转换：无缩放坐标系坐标=缩放坐标系坐标*k。将该函数返回图像赋值给Image类对象保存，同时关闭透明窗体。结束定位截屏。

坐标转换所需k值为：无缩放屏幕宽(像素数)/缩放后屏幕宽(像素数)。在21.1节讲到，im=ImageGrab.grab(bbox=None)语句，将使用"无缩放显示器分辨率"截取当前屏幕图像，并保存到Image 类对象返回赋值给im，参数bbox是截屏矩形区域的左上角和右下角的"无缩放坐标系"的坐标，如没有参数，截屏区域为整个屏幕。如果令该截屏函数无参数，那么，im.size元组就记录了"无缩放显示器分辨率"屏幕的宽度和高度(像素数)。在本节例子中的语句ws=root.winfo_screenwidth()，这个ws是缩放后屏幕的宽度。因此k=im.size[0]/ws。

由于使用Windows系统的用户，可能根据自己的使用习惯，会选择不同的缩放比。用此公式可在Window系统运行的程序中，预先计算得到k值。有了这个k值，就可以用公式：无缩放坐标系坐标=缩放坐标系坐标*k，将缩放坐标系坐标转换为无缩放坐标系坐标，确保正确截屏。在截屏程序运行期间，修改缩放比，必须关闭截屏程序，再重新运行，截屏才不会出错，或者增加一个按钮，单击按钮，重新计算k值。

截全屏功能没有这个问题，ImageGrab.grab()方法自动使用无缩放坐标截全屏。但是还有其它问题，请看后边有关论述。

21.3　程序初始界面和程序框架

截屏程序主窗体上部有工具条，在工具条上有4个按钮，标题分别是：定位截屏、截全屏、保存图像和帮助。这是本程序需要实现的4个功能，单击按钮，将调用单击按钮的事件处理函

数，完成相应工作。在截屏前，要关闭或最小化不希望被截屏的程序。单击"定位截屏"按钮，首先将程序自己最小化，然后在屏幕上，拖动鼠标画矩形作为截屏的区域，将矩形内的数字图像取出保存。单击"截全屏"按钮，首先将程序自己最小化，然后将屏幕显示的数字图像全部取出保存。单击"保存图像"按钮，将截屏后的数字图像保存为指定格式的文件。已经实现了帮助按钮的点击事件处理函数。单击帮助按钮，打开一个消息框，在消息框中有提示信息，说明版权信息，简单介绍了截屏程序的使用方法以及注意事项。程序初始界面和程序框架如下。

```python
import tkinter as tk
from PIL import ImageGrab,Image,ImageTk
import tkinter.filedialog,tkinter.messagebox
import time
def screenGrab():                #单击定位截屏按钮调用的函数
    pass
def grabAllScreen():             #单击截全屏按钮调用的函数
    pass
def saveImage():                 #单击保存图像按钮调用的函数
    pass
def Help():                      #单击帮助按钮调用的函数
    s='本程序自动计算缩放后坐标转换为无缩放坐标的k值。程序运行期间，\n'+\
    '如用设置程序修改屏幕的缩放比，必须关闭本程序再运行，否则截图出错，\n'+\
    '单击"定位截屏"按钮，整个屏幕似被雾遮住，鼠标点击要截屏区域左上角后，\n'+\
    '拖动鼠标画矩形，矩形内雾被去掉，抬起鼠标，截图显示到主窗体，雾全部消失，'+\
    '\n保存文件必须填写文件名和图像扩展名。截全屏后显示图像为原图的0.87，'+\
    '\n但保存的文件尺寸未改变。                 保留所有版权'
    tkinter.messagebox.showinfo(title="帮助",message=s)        #打开一个消息框
root=tk.Tk()
root.geometry('500x500+50+50')        #注意，屏幕的宽度是水平方向像素数，高度是垂直方向像素数
im=ImageGrab.grab()                   #im引用记录全屏图像的Image类对象，im宽高为无缩放屏幕宽高
ws=root.winfo_screenwidth()           #ws为屏幕缩放后的宽度(像素数)。下句首先计算得到显示器缩放比
scaling=im.size[0]/ws                 #显示器缩放比=无缩放屏幕宽度(像素数)/缩放后屏幕宽度(像素数)
p=None                                #引用截屏后返回的Image类对象
frm=tk.Frame(root)
frm.pack(fill=tk.BOTH)
tk.Button(frm,text="定位截屏",command=screenGrab).pack(side='left')    #4个按钮
tk.Button(frm,text="截全屏",command=grabAllScreen).pack(side='left')
tk.Button(frm,text="保存图像",command=saveImage).pack(side='left')
tk.Button(frm,text="帮助",command=Help).pack(side='left')
```

```
cvM = tk.Canvas(root,bg='lightgray')          #主窗体中canvac对象，用来显示截图
cvM.pack(fill=tk.BOTH, expand=tk.Y)

root.mainloop()
```

21.4 无标题栏的透明窗体

本节将用一个例子说明创建无标题栏的透明窗体的具体步骤。首先创建窗体root，然后将窗体设置透明度为0.6，近似半透明。请注意，设置后不仅将窗体设置为半透明，窗体上的其它组件也都变为半透明，包括其后创建的Canvas类对象cv，以及其后在cv上所画图形，就像在屏幕上方有一层雾。在画矩形前，将窗体使用的灰色设置为完全透明，最后在cv上画矩形，其填充色(fill)和外轮廓线颜色(outline)都为窗体透明灰色，将使矩形内部那部分窗体变为完全透明，在该位置能看到清晰屏幕图像，将这部分图像截屏，将得到清晰的图像。第11条语句使窗体没有标题栏，将使窗体完全覆盖了屏幕。这时将无法关闭程序，为了关闭程序，可在屏幕不影响截屏的位置增加一个按钮，单击按钮关闭程序。

```
import tkinter as tk
def closeRoot():
    root.destroy()                                    #关闭窗体
root = tk.Tk()
root.geometry('300x200+50+50')
ws,hs=root.winfo_screenwidth(),root.winfo_screenheight()      #屏幕缩放后长和宽(像素数)
s=str(ws)+'x'+str(hs)+'+0+0'                         #设置窗体长和宽等于屏幕长和宽，将覆盖屏幕
root.geometry(s)                                      #使对话框充满屏幕
root.wm_attributes("-alpha", 0.6)                    #设置窗体透明度(0.0~1.0)
root.wm_attributes("-topmost",True)                  #设置窗体置顶
#root.wm_attributes("-toolwindow",True)              #设置标题栏没有放大和缩小按钮
root.overrideredirect(-1)                            #去除窗体标题栏
transColor='gray'
root.wm_attributes('-transparentcolor',transColor)   #设置灰色为透明颜色
cv=tk.Canvas(root,bg='lightblue')                    #在窗体增加Canvas实例，用来画透明矩形
cv.pack(fill=tk.BOTH, expand=tk.Y)
cv.create_rectangle(50,50,150,150,fill=transColor,outline=transColor)   #画透明矩形
cv.bind("<Delete>",closeRoot)                        #此条语句无法关闭窗体
tk.Button(cv,text="关闭窗体", command=closeRoot).pack(side='right')
root.mainloop()
```

21.5 实现定位截屏功能

定位截屏功能，就是将屏幕上选定区域的图像取出保存为Image类对象。定位截屏功能需要用3个步骤完成。第一步，首先单击定位截屏按钮，调用事件处理函数screenGrab()，该函数首先将主程序最小化，以免主窗体影响截屏。然后用Toplevel类创建的对话框，并在窗体创建一个Canvas类对象cv，用来画矩形选择截屏区域，这个对话框没有标题栏，其宽高和屏幕宽高相同，窗体半透明，效果就是在屏幕上方好像覆盖了一层雾。为了用拖动鼠标在cv上画内部透明的矩形，为窗体设定一个透明的灰色，为拖动画矩形，为鼠标按下、鼠标按下移动和鼠标抬起事件绑定事件处理函数。由于没有标题栏，也就没有关闭窗体按钮，将无法关闭对话框。为此在不影响截屏区域增加一个按钮，单击按钮关闭窗体。总之第一步是为在屏幕画矩形选定截屏区域做好准备。函数screenGrab()定义如下。

```
def screenGrab():
    global f1,cv,transColor          #在Toplevel窗体和主窗体可以互相使用对方的变量和方法
    root.state('icon')               #主窗体最小化(icon)。正常显示(normal)，最大化(zoomed)。或用root.iconify('icon')
    f1 = tk.Toplevel(root)           #用Toplevel类创建独立主窗体的新窗体，非模式窗体
    f1.wm_attributes("-alpha", 0.6)  #设置窗体透明度(0.0~1.0)
    f1.overrideredirect(True)        #设置窗体无标题栏
    ws = f1.winfo_screenwidth()      #屏幕的缩放后宽度(像素数)
    hs = f1.winfo_screenheight()     #屏幕缩放后的高度
    s=str(ws)+'x'+str(hs)+'+0+0'     #对话框左上角在屏幕左上角(坐标系原点)，和屏幕宽高相同
    f1.geometry(s)                   #使对话框充满屏幕，整个屏幕似乎被雾遮住
    transColor = 'gray'
    f1.wm_attributes('-transparentcolor', transColor)          #设置窗体灰色为透明颜色
    cv = tk.Canvas(f1)                                         #在f1窗体增加Canvas对象，用来画透明矩形
    cv.pack(fill=tk.BOTH, expand=tk.Y)                         #使Canvas对象自动充满窗体f1
    tk.Button(cv,text="关闭", command=closeDialog).pack(side='right')  #该按钮将出现在屏幕右侧中间位置
    cv.bind("<ButtonPress-1>",StartMove)      #绑定鼠标左键按下事件，为在f1窗体拖动鼠标画矩形做准备
    cv.bind("<ButtonRelease-1>",StopMove)     #绑定鼠标左键抬起事件
    cv.bind("<B1-Motion>", OnMotion)          #绑定鼠标左键按下移动事件
def closeDialog():                            #关闭按钮事件处理函数
    f1.destroy()                              #关闭f1对话框
    root.state('normal')                      #使主窗体正常显示
```

第二步，用拖动鼠标方法，在cv上画内部透明的矩形，选定截屏区域。拖动画图已经多次讨论过，这里不做详细介绍。鼠标按下和鼠标按下移动数据处理函数定义如下。特别注意StartMove函数中的创建矩形语句，其填充色(fill)和外轮廓线的颜色(outline)都为透明灰色，将使矩形内部那部分窗体变为完全透明，在该位置能看到清晰屏幕图像，将这部分图像截屏，将得

到清晰的图像。

```
def StartMove(event):                              #鼠标左键按下事件处理函数
    global first_x,first_y,cv
    first_x,first_y = event.x,event.y              #拖动鼠标画矩形，其左上角坐标必须记住，保持不变
    cv.create_rectangle(first_x,first_y,event.x+1,event.y+1,fill=transColor, outline=transColor,tags=('L'))
def OnMotion(event):                               #鼠标左键按下移动事件处理函数
    global first_x,first_y,cv
    cv.coords('L',first_x,first_y,event.x,event.y)  #移动透明矩形到新位置，左上角坐标不变，右下角为新位置
```

第三步，鼠标抬起，截取所选择屏幕区域图像。请注意，所画矩形坐标是以Canvas对象cvM左上角为原点，也就是无标题栏的f1对话框的左上角。f1对话框的左上角在屏幕左上角，是无缩放坐标系的原点。那么所画矩形坐标*k，就转换为截屏所需的无缩放坐标系坐标。另外拖动画矩形，鼠标按下的点为矩形一个角的坐标，保持不变，并不能保证这个点是矩形左上角。而截屏函数ImageGrab.grab()参数要求矩形截屏区域的左上角和右下角的坐标。语句x,y,x1,y1=cv.coords('L')将保证坐标(x,y)和(x1,y1)是矩形左上角和右下角的坐标。鼠标抬起事件处理函数如下。

```
def StopMove(event):                               #鼠标抬起事件处理函数，将截取所选择屏幕区域图像
    global first_x,first_y,cv,f1,img,p
    if abs(first_x−event.x)<10 or abs(first_y−event.y)<10:  #如截取的图像太小无意义，可能是误操作
        cv.delete('L')                             #删除这个误操作所画矩形
        return                    #拖动画矩形不能保证不动点是矩形左上角，下句将得到矩形左上角和右下角坐标
    x,y,x1,y1=cv.coords('L')          #请注意，f1对话框左上角坐标为(0,0)，和无缩放坐标系原点重合
    x,y,x1,y1=scaling*x,scaling*y,scaling*x1,scaling*y1    #将缩放后坐标系坐标转换为无缩放坐标系坐标
    p=ImageGrab.grab((x,y,x1,y1))                  #截取屏幕透明矩形内图像
    img = ImageTk.PhotoImage(image=p)              #将image1转换为canvas能显示的格式
    cvM.delete('P')                        #删除上一个截取图像。img必须是全局变量，不能丢失
    cvM.create_image(0,0,image=img,tags=('P'),anchor=('nw'))    #将img在主窗体显示
    f1.destroy()                                   #关闭f1对话框
    root.state('normal')                           #使主窗体正常显示
```

21.6 实现截全屏功能

单击"截全屏"按钮，将调用事件处理函数grabAllScreen()，首先使主窗体最小化，然后调用ImageGrab.grab()方法，会自动使用无缩放坐标截全屏。虽然已经使主窗体最小化，但在截屏图像中仍有主窗体，这是不允许的。这是因为窗体最小化需要时间，因此延迟0.25秒再截全屏，主窗体就不再出现在截屏图像中。由于截全屏，主窗体不能显示全部截屏图像，可以增加窗体滚动条，也可缩小截屏图像。本程序采用缩小截屏图像。grabAllScreen函数定义如下。

```
def grabAllScreen():          #截全屏按钮事件处理函数
    global img,p
    root.state('icon')        #如不延迟直接截屏，主窗体最小化未完成，主窗体将被截到
    time.sleep(0.25)          #如延迟0.25秒主窗体仍被截到，可将延迟时间变长
    p=ImageGrab.grab()        #截全屏
    ws,hs=p.size
    p1=p.resize((ws*57//100,hs*57//100))        #为显示所截全屏图像将其缩小0.57，保存图像尺寸未变
    img = ImageTk.PhotoImage(image=p1)          #将image1转换为canvas能显示的格式
    cvM.delete('P')                             #删除上一个截取图像
    cvM.create_image(0,0,image=img,tags=('P'),anchor=('nw'))        #img必须是全局变量
    root.state('normal')                        #使主窗体正常显示
```

21.7 保存所截图像

Image类save()方法的参数是包括文件路径和扩展名的文件名，将所截屏图像保存为文件扩展名指定格式的文件，如不能将图像转换为文件扩展名指定的图像格式，将产生异常。单击保存图像按钮的事件处理函数定义如下。

```
def saveImage():              #单击保存图像按钮的事件处理函数，保存截屏所得图像
    if p:                     #p是所截图像，初始p=None，下句打开对话框，选择保存包括路径和扩展名的文件名
        fname=tkinter.filedialog.asksaveasfilename(title=u'保存文件',defaultextension='.png')
        try:                  #如果上句没有输入文件扩展名，将采用默认扩展名：png
            p.save(str(fname))        #如不能将图像转换为文件扩展名指定的图像格式，将产生异常
        except:
            s="保存失败！"
            tkinter.messagebox.showinfo(title="提示",message=s)
    else:
        s="请先截屏，再保存文件"
        tkinter.messagebox.showinfo(title="提示",message=s)
```

第22章　录屏生成动图程序

【学习导入】开发游戏或动画后，为宣传游戏或动画，有时会把游戏或动画精彩片段，转换为gif格式动图发到网页上。本文介绍用Python PIL库ImageGrab.grab()函数连续截屏，即所谓录屏，将多个截屏图像转换为gif格式动图文件的方法。本章用到的显示器分辨率和缩放概念参见21.2节。有关PIL库的ImageGrab.grab()函数参见21.1节。

22.1　Spinbox和Scale组件

本录屏程序需要输入3个有规律的整数变量值或浮点数变量值，常用的方法是使用Entry 组件输入。但Entry 组件仅允许输入一行文本。如需要用来输入整数或浮点数，需将字符串转换成整数或浮点数，必须编写语句检查是否能进行转换，比较麻烦。如使用组件Spinbox和Scale来输入这些有规律的数，通过设置必要的属性，不必编写检查语句，能够自动保证输入正确。本节介绍这两个组件。

Spinbox组件由一个Entry组件和右侧两个标题为上下箭头的小按钮组成，用户可以用键盘在Entry组件直接输入数据，或通过单击两个箭头按钮，按预先设定规则改变在Entry组件显示的内容。用两个箭头按钮修改数据值可定义数值的上限(属性from_)和下限(属性to)，以及显示的两个数值之间间隔(属性increment)，默认值是1。如令属性state="readonly"，则不允许用键盘输入，只能通过单击两个箭头按钮改变显示的内容。这在输入一些有规律数据时，可以不用检查输入是否正确。当单击两个箭头按钮，可用属性command指定单击箭头按钮事件处理函数。有时需要输入数个固定的不规律整数、浮点数或字符串，可用不规律整数、浮点数或字符串建立列表，赋值给属性values，单击两个箭头按钮，可顺序显示列表各个元素。如果已经为values赋值，属性from_、to和increment就不再起作用了。属性wrap=True表示允许循环显示，即显示最小值，再单击下箭头按钮，则会显示最大值。下边是使用组件Spinbox的例子。

```python
import tkinter as tk
def f():
    print(v.get())
def f2():
    print(v1.get())
root = tk.Tk()
```

```
root.geometry('200x100')
v=tk.IntVar()                    #输入的数据为整数
v.set(5)
v1=tk.StringVar()                #输入的数据为字符串
v2=tk.DoubleVar()
v2.set(5.0)                      #输入的数据为浮点数
tk.Spinbox(root,from_=0,to=10,textvariable=v,command=f,state="readonly",wrap=True,increment=2).pack()
tk.Spinbox(root,values=("三","四","五"),textvariable=v1,command=f2,state="readonly").pack()
tk.Spinbox(root,from_=1.0,to=6.0,textvariable=v2,state="readonly",increment=0.5).pack()
v3=tk.IntVar()
tk.Spinbox(root,values=(1,5,9),textvariable=v3,state="readonly",wrap=True).pack()
root.mainloop()
```

Scale(刻度)组件也可以用来输入一些有规律的数。该组件通过拖动滑块来选择一定范围内的整数或浮点数，无法用键盘输入数据。可以设置该组件的最小值(属性from_)、最大值(属性to)以及分辨率(resolution)。默认为垂直显示，修改属性orient='horizontal'可改为水平显示。例子如下。

```
import tkinter as tk
def show():
    print(s1.get())
    print(s2.get())
root=tk.Tk()
s1=tk.Scale(root,from_=0,to=42)                              #显示整数
s1.pack()
s2=tk.Scale(root,from_=0,to=10,orient='horizontal',resolution=0.5)    #显示浮点数
s2.pack()
s2.set(5)
tk.Button(root,text="获取位置",command=show).pack()
root.mainloop()
```

22.2 gif格式动图概念

动画、视频、电影、电视和gif格式动图的原理都是基于人眼的视觉暂留特性。所谓"视觉暂留"，是指人眼看到一幅图片后，在0.34秒内不会消失。摄像机是可连续匀速地拍摄多张图片的照相机。摄像机可将人物或物体的移动，以每秒24张速度匀速地拍摄多张静止图片，然后以每秒24张速度匀速地播放静止图片，利用人眼视觉暂留特性，就能看到人物或物体移动的逼真效果，这就是视频、电影和电视的原理。当然也可以手绘或计算机生成多张人物或物体的移动图片，然后匀速地播放图片，产生人物或物体移动的效果，就是所谓的动画及动图。一般把播

放的每一张静止图片称为一帧，每秒播放的帧数用英文缩写fps表示，也称播放频率，其倒数是播放周期。

gif是英文名称Graphics Interchange Format的缩写，可译为图形交换格式。gif是一种公用的图像文件格式标准。gif文件可以是静态图像，也可以增加动画效果，因此也称动图，实现方法是将多幅图像保存到一起，并将每幅图像以相同时间间隔逐一显示到屏幕上，形成简单动画。可以使用查看图像文件的软件来播放动图。

PIL库支持gif格式，可以将多个图像保存为gif格式文件，也可以将gif格式文件打开，查看gif格式文件保存的多个图像，可把每帧图像分别保存。首先编写一个程序，说明用PIL创建gif格式文件的步骤。本例创建的动图是一个从左向右移动的红色圆。创建10个宽100、高40的Image对象，在不同位置画红色圆，每创建1个对象，该对象的圆到x轴原点坐标增加10，y坐标不变。将10个Image对象保存到列表imgs。用imgs[0].save()语句将列表中的Image对象保存为gif格式文件，参数1是包括路径和扩展名的gif文件名称，本程序文件是相对路径，即本程序所在的文件夹。参数2是save_all=True，表示转换列表所有Image对象到gif格式文件中，参数3是append_images=imgs，是保存Image类对象的列表名称，参数4是一帧图像显示的时间(周期)，参数5是loop表示重复显示的次数，从首图开始逐一显示动图所有图像算一次，为0表示显示无数次。双击myGif.gif文件，打开系统默认图片显示程序，可以看到从左向右移动的红色圆。完整程序如下。

```
from PIL import Image,ImageDraw
def createNewImg(x,y):                              #(x,y)是红色圆在Image对象上的坐标 (位置)
    img=Image.new("RGB",(100,40),'blue')           #创建宽100、高40的Image对象img，背景为蓝色
    draw=ImageDraw.Draw(img)                        #用draw在Image对象img上画图
    #(x,y,x+30,y+30)是矩形左上角和右下角坐标，在img上画该矩形的内切圆，填充色和外轮廓线都为红色
    draw.ellipse((x,y,x+30,y+30),fill ='red',outline='red')
    return img
imgs=[]
x,y=0,10
for i in range(10):                                #创建10个宽100、高40的Image对象，在不同位置画红色圆
    newImg=createNewImg(x,y)
    imgs.append(newImg)
    x+=10                                          #每增加一个图像，Image对象的圆到x轴原点坐标增加10
imgs[0].save('myGif.gif',save_all=True,append_images=imgs,duration=0.2,loop=0)      #创建动图
```

第2个例子是将上边保存的gif文件，用语句im_gif=Image.open("myGif.gif")打开， im_gif初始代表gif文件中多个图像中的第0个图像。增加全局变量n，表示第几个图像。单击显示下一个按钮，n+=1，用语句im_gif.seek(n)使im_gif代表下一个图像，然后显示这个图像，多次单击按钮，显示第9个后，从第0个重新显示。完整程序如下。

```
import tkinter as tk
from PIL import Image,ImageTk
def nextPic():
  global n,img
  n+=1                                      # gif图中多个图像的序号+1
  if n==10:
    n=0
  im_gif.seek(n)                            #im_gif将引用第n个图像
  img=ImageTk.PhotoImage(image=im_gif)      #返回canvas能显示的图像
  cv.itemconfig('gifpic',image=img)
root = tk.Tk()
root.geometry('200x100')
n=0                                         #gif图中有多个图像，n为图像序号
cv=tk.Canvas(root,width=200,height=60,bg='lightgray')
cv.pack()
cv.create_image(10,10,tag='gifpic',anchor='nw')   #在cv创建image对象，用来显示gif文件的各个图像
im_gif=Image.open("myGif.gif")              #打开gif文件， im_gif初始引用gif图的第0个图像
img=ImageTk.PhotoImage(image=im_gif)        #返回canvas能显示的图像
cv.itemconfig('gifpic',image=img)           #显示gif图第0个图像
tk.Button(root,command=nextPic,text='显示下一个').pack()
root.mainloop()
```

22.3 ImageGrab.grab方法每秒截屏数

前边讲到，动画就是匀速地播放静止图片，在一个播放周期内，静止图片保持不变。因此可以用ImageGrab.grab()方法截屏来得到这帧图片。只要ImageGrab.grab()方法截屏速度足够快，匀速连续截屏，就能得到所有帧的图片。

对游戏运行后的动画，用ImageGrab.grab()方法连续截屏，将多个截屏图像转换为gif格式动图文件，每秒截屏数要大于动画每秒帧数，制作的动图才能不失真地呈现动画效果。有必要编写程序检测所使用的计算机，用ImageGrab.grab()截屏，每秒能得到多少个截屏图像，即截屏最大速率。编写的程序如下。

```
import tkinter as tk
from PIL import ImageGrab,Image
import threading                            #导入多线程模块
def test_fps():                             #测截屏速率函数
  global n
  m,n=0,0
```

```
t=threading.Timer(1,dojob)        #创建子线程，1秒后函数dojob在子线程运行
t.start()                         #开始计时，1秒后函数dojob在子线程运行，令n=1，将结束while循环语句
while n==0:                       #n==0循环。n==1退出循环，退出时m是每秒截屏数
    p=ImageGrab.grab()            #使用无缩放分辨率截屏，无缩放分辨率概念参见21.2节
    #p=ImageGrab.grab((0,0,960,540))  #截1/4屏，无缩放分辨率为1920×1080，中心点坐标为(960,540)
    m+=1                          #调用grab方法次数
    label['text']='每秒'+str(m)+'次'   #退出循环，显示调用grab方法次数，即每秒截屏次数
def dojob():                      #在子线程运行的函数
    global n
    n=1                           #令n=1，将使测截屏速率函数中的while循环结束
def test_fps1():                  #测截屏速率按钮事件处理函数，这样做是为了清空Label显示
    label['text']='      '        #如将本句及下句放到测截屏速率函数中，不能清空Label显示
    root.update_idletasks()       #立即更新，使Label显示立即为空
    test_fps()                    #调用测截屏速率函数，测截屏速率
root = tk.Tk()
root.geometry('200x200+50+50')
tk.Button(root, text="测截屏速率", command=test_fps1).pack()
label=tk.Label(text='')
label.pack()
root.mainloop()
```

用注释掉的语句替换前一条语句，是测试截1/4屏的速率，如果无缩放分辨率是1920×1080，其中心点坐标是(960,540)。测试的笔记本是荣耀MagicBook 2019，处理器为AMD Ryzen 5 3500U with Radeon Vega Mobile Gfx 2.10 GHz，Win11操作系统，Python 3.8.2，PIL 8.1.2。运行上边程序，截全屏或截1/4屏速率都为每秒20次。打开Window操作系统设置程序，单击"系统"，再单击"屏幕"，修改"显示器分辨率"为1280×720，截屏速率为每秒30次。这是关闭其它所有应用程序，测试的截屏速率。因必须打开需录屏的播放视频程序，截屏速率可能会降低，即最大录屏速率可能会降低。

22.4　如何获得动画的位置

播放动画程序在其窗体工作区播放动画。录屏程序用ImageGrab.grab(bbox)函数连续截屏，函数的参数是播放动画程序窗体工作区在显示器屏幕坐标系的左上角和右下角坐标。用Python程序得到其它程序窗体这两个坐标是比较困难的。解决的方法是将录屏程序窗体工作区变为透明，然后移动录屏程序窗体覆盖播放动画程序窗体，并使两窗体工作区重合，由于录屏程序窗体工作区是透明的，仍能看到被覆盖程序播放的动画，并不会影响截屏。录屏程序计算自己窗体工作区在显示器屏幕坐标系的左上角和右下角坐标，间接地得到播放动画程序窗体工作区在显示器屏幕坐标系的左上角和右下角坐标。实现窗体工作区透明的方法是，在窗体创建Canvas类对

象充满窗体，在Canvas类对象上画一个和窗体等宽高的矩形，其填充色和外轮廓线颜色都是窗体透明色。用下例说明实现窗体工作区透明的方法。创建窗体root，然后在窗体中创建Canvas对象cv，设置灰色为窗体透明色，在cv上创建矩形，其填充色(fill)和外轮廓线颜色(outline)为窗体透明色，矩形宽高和窗体工作区相同。由于窗体移动以及窗体尺寸改变，导致系统调用系统函数根据窗体新位置和窗体新尺寸，重画新窗体，同时重画矩形，但不会使用透明颜色画矩形。为重画透明矩形，绑定配置变化事件处理函数为自定义函数on_resize函数，在该函数中重画窗体和透明矩形。完整程序如下。

```
import tkinter as tk
def on_resize(evt):                                       #自定义配置变化事件处理函数
    root.configure(width=evt.width,height=evt.height)      #设置窗体改变后的宽和高
    cv.create_rectangle(0,0,cv.winfo_width(),cv.winfo_height(), fill=transColor,outline=transColor)  #重建窗体透明矩形
    #print(cv.winfo_width(),cv.winfo_height())              #显示窗体工作区的宽和高
    #print(root.winfo_screenwidth(),root.winfo_screenheight())    #显示屏幕的宽和高
    #print(root.winfo_rootx(),root.winfo_rooty())           #显示窗体工作区左上角在屏幕坐标系坐标
root=tk.Tk()
root.geometry('500x400+500+150')        #窗体工作区宽和高(500,400)，标题栏左上角坐标(500,150)
root.title('透明窗体工作区')
root.bind('<Configure>',on_resize)      #绑定配置发生变化的事件处理函数为on_resize
transColor='gray'
root.wm_attributes('-transparentcolor',transColor)        #设置灰色为窗体透明色
cv=tk.Canvas(root)
cv.pack(fill=tk.BOTH,expand=tk.Y)
cv.create_rectangle(0,0,cv.winfo_width(),cv.winfo_height(), fill=transColor,outline=transColor)
root.mainloop()
```

拖动窗体标题栏可移动窗体，单击窗体标题栏左侧图标，在下拉菜单选择菜单项"大小"后，可拖动窗体边界，改变窗体尺寸。通过拖动窗体标题栏移动窗体，改变窗体尺寸，最终将录屏程序窗体覆盖播放动画程序窗体，并使两窗体工作区重合，由于录屏程序窗体工作区是透明的，仍能看到播放动画程序窗体工作区播放的动画，并不会影响在两窗体重合工作区录屏。

本例有3条语句前有#，第3条语句print()的参数，是窗体工作区左上角在屏幕坐标系的坐标，第1条语句print()的参数是窗体的宽和高，那么以下表达式就是窗体工作区右下角在屏幕坐标系的坐标。

(root.winfo_rootx()+cv.winfo_width(),root.winfo_rooty()+cv.winfo_height())

是否将上述窗体用户区左上角和右下角这四个坐标作为函数ImageGrab.grab(bbox)参数，就可以对播放动画程序在工作区播放的动画录屏呢？只有在一种情况下，能正确录屏，即显示器的

缩放比为100%，缩放比为其他值，例如，125%、150%和175%都不能正确录屏。使用Windows系统的用户，可能会根据自己的使用习惯，选择不同的缩放比。那么在设置不同缩放比情况下，程序如何才能确保总是能够正确录屏呢？

其实截屏和录屏都是用ImageGrab.grab()截屏来实现的。在21.1节和21.2节，已经讨论过截屏问题。这里仅把这两节讨论的结论在这里列出。用函数ImageGrab.grab(bbox)截屏，参数bbox是无缩放屏幕坐标系矩形左上角和右下角坐标，而上边得到窗体工作区左上角和右下角在屏幕坐标系的坐标，都是缩放后屏幕坐标系的坐标，因此必须用公式完成转换：无缩放坐标系坐标=缩放坐标系坐标*k。坐标转换所需k值为：无缩放屏幕宽(像素数)/缩放后屏幕宽(像素数)。在21.1节讲到，如果使用语句im=ImageGrab.grab()截全屏，那么im.size记录了无缩放屏幕的宽和高(像素数)。而语句ws=root.winfo_screenwidth()，ws是缩后的屏幕宽。因此k=im.size[0]/ws。在Window系统，录屏程序可用此公式，预先计算得到k值，供以后使用。当录屏程序运行期间，修改缩放比，必须关闭录屏程序，再重新运行，录屏才不会出错。不知是否可用于其它系统。

22.5 显示和编辑图像的数据结构

录屏就是连续截屏，连续截屏得到的所有图像都可保存在列表unEditImgs中，需要指出的是，unEditImgs列表中保存的是图像的引用(ID)，并不是图像本身。一般希望将录屏所得原始图像作为资料保存，即这个列表中的元素一直保持不变，不被修改。另外利用这个不被修改的列表unEditImgs，可用来在程序中实现放弃所有修改，重新开始编辑功能。

为了使用录屏图像生成动图，一般需要对录屏所得图像进行编辑，例如动图只需要部分图像，其余图像要被删除。又如录屏频率大于动画播放频率，某帧图像可能被重复录屏，因此需删除多余的重复图像。本录屏程序的编辑功能仅包括删除图像的功能。因为不能修改列表unEditImgs，可令images=unEditImgs[:]，images和unEditImgs两个列表元素完全相同，元素都是录屏图像的引用(ID)，但这是两个不同列表，因此删除images列表元素，并不会影响unEditImgs列表，unEditImgs列表仍然保持不变。删除列表images元素，只是删除图像的一个引用(ID)，图像本身不会删除，只有在没有任何变量引用该图像，Python的垃圾回收器才会删除这个图像，但是本程序中，列表unEditImgs元素一直保持不变，不被修改，因此本程序中录屏所得图像不会被删除。但是这个方法有一个缺点，当列表images编辑未完成，需要保存列表images为文件，以便后续打开文件继续编辑。保存列表images为文件和保存列表unEditImgs为文件，都会保存列表本身以及列表元素引用的图像，那么其中有许多图像被重复保存，浪费了固态存储器空间。

为了克服这个缺点，本录屏程序采用另外一种方法。在录屏结束后，录屏图像按照录屏顺序被保存到列表unEditImgs后，执行语句：images=[i for i in range(len(unEditImgs))]，这条语句等效如下语句。

```
>>> images=[]
>>> for i in range(10):              #可以理解为列表长度len(unEditImgs)=10
        images.append(i)
>>> print(images)
```

[0, 1, 2, 3, 4, 5, 6, 7, 8, 9]

　　上例把len(unEditImgs)改为10，可理解10为列表长度。可以看出列表unEditImgs的所有索引按照原顺序被保存到images列表。可根据需要删除列表images的某些元素，images未被删除的元素值，就是保留的为创建动图的图像在列表unEditImgs的索引，例如删除上例images列表的前两项，images列表变为[2, 3, 4, 5, 6, 7, 8, 9]，那么images列表第0项的元素值为2，用语句unEditImgs[2]，就得到这个图像。当需要保存列表images为文件，以便后续打开文件继续编辑，这个images列表仅占用很小的存储空间。编辑完成后，用images列表得到图像最终会保存为动图，每一个图像都是动图的一帧图像，因此images列表索引也是动图帧号。下例用images列表，从unEditImgs列表得到创建动图所有帧图像，保存到列表img后，将列表img保存为动图文件。

```
img=[]
for a in images:                        #images元素是创建动图所有帧图像在列表unEditImgs的索引
    img.append(unEditImgs[a])           #取出录屏图像引用添加到img。下句fname是gif文件名和路径
img[0].save(str(fname),save_all=True,append_images=img,duration=d,loop=l)   #img为保存为动图的列表
```

　　该方法仅能用于编辑功能只包括删除图像这种情况，如果编辑功能还需修改图像，例如为图像增加字幕、对图像裁剪、加水印等，由于上例的列表img引用的图像，也是列表unEditImgs引用的图像，修改img列表引用图像，将使unEditImgs列表也被修改，这是不允许的。因此如需修改图像，在删除图像完成后，必须用img0=copy.deepcopy(img) 语句，将img深拷贝为img0，参见18.6节有关内容，然后修改新列表img0图像，就不会影响unEditImgs列表所引用的图像了，修改完成后，再将列表img0保存为gif格式文件。

22.6　录屏程序初始界面和框架

　　录屏程序的基本功能是对游戏或播放的动画录屏，将录屏得到的所有图像按照录屏顺序保存到列表unEditImgs。列表images按照列表unEditImgs索引原顺序，记录列表unEditImgs的所有索引。删除列表images多余元素后，创建新列表，保存从images列表剩余元素得到录屏图像，将新列表转换为动图。本录屏程序初始界面和框架如下。

　　在窗体工作区的上部增加顶级菜单：文件、编辑。文件下拉菜单有菜单项：保存图像、打开图像、保存动图、退出。编辑下拉菜单有菜单项：放弃修改、撤消、重做、删选中帧、删前边帧、删后边帧、修改参数。在顶级菜单"编辑"右侧，增加4个按钮，按钮的标题分别为：录屏、播放、检测fps值、帮助。在按钮右侧，增加Label组件用来显示4个变量的值：显示器缩放比、每秒录屏帧数(fps)、动图循环次数(为0无限循环)、动图图像缩小倍数。在Label组件右侧，再增加Label组件，显示其它提示信息。

　　编辑下拉菜单有菜单项：删选中帧、删前边帧、删后边帧。这里帧就是一帧图像。这需要先选中图像，然后才能删除选中图像，删除选中图像前(或后)边多帧图像。为方便选中图像，需将多个录屏图像缩小，用小图显示在屏幕下方。显示的方法是，在窗体下部按照列表images索引

顺序(即录屏得到图像顺序)，从变量frameN0指定索引开始，连续显示该索引及后边12个小图。键盘左右键可修改变量frameN0值，使12个小图能显示不同图像。每小图下方有获取该小图所需的images列表索引(动图帧号)。单击小图下方动图帧号使其为红色，表示该小图被选中，称为"选中帧"，变量currenframeN0记录选中帧号，是images列表索引。删除选中图像，实际上是删除images[currenframeN0]列表元素；删除选中图像前(或后)边图像，实际上是删除images列表索引currenframeN0前(或后)边的所有列表元素。

小图缺少图像细节，需选中小图将其放大后，才能准确判断是否删除选中图像。如录屏频率大于动画播放频率，某帧图像可能被重复录屏。为了判断相邻两小图是否是同一帧图像，两小图都应放大显示，并选中其中一小图，然后进行比较，完全相同，将选中小图删除。因此左击小图下方帧号，选中小图，小图同时在窗体中部左侧放大显示，称为左大图。在左大图上方有提示信息：鼠标左键单击小图下方帧号，该小图在下边放大显示，为选中帧，帧号为：。右击小图下方帧号，被右击小图在窗体中部右侧放大显示，称为右大图，变量rightBigPicFNo记录为获取右击所选小图所需的images列表索引(动图帧号)。在右大图上部有提示信息：鼠标右键单击小图下方帧号，该小图在下边放大显示，为比较帧，帧号为：。因此在主程序创建Canvas类对象canvasM，用canvasM.create_image方法创建多个image对象用来显示2个大图和12个小图，用语句canvasM.itemconfig(tag,image=图像引用)，使大图或小图显示录屏图像。在程序运行后，还没有录屏图像，因此创建Image类对象im，是一个背景为白色的矩形，作为2个大图和12个小图的初始图像。

12个小图的每小图下方都显示获取该小图所需的images列表索引(动图帧号)。左击小图下方动图帧号使其为红色，表示该小图被选中，选中小图同时在窗体中部左侧放大显示。右击小图下方索引，所选小图在窗体中部右侧放大显示。为实现这些功能，定义了MyText类，其初始化函数用Canvas类create_text方法创建一个text，参数text初始为默认值，为空，当其上方有图像显示时，用来显示该图像对应的images列表索引(动图帧号)；n是MyText类对象的序号，−1<n<12，第n个MyText类对象的tag为"t"+str(n)，该tag用来区分不同位置的MyText类对象。为每个MyText类对象的tag绑定相同的鼠标左击和右击事件处理函数，在这两个事件处理函数中，左击或右击不同的索引(动图帧号)，将根据其tag，处理指定列表索引(动图帧号)和该索引代表的图像。

有一点需要指出，本程序没有使用语句root.state("zoomed")使窗体最大化，显示器的分辨率不同，窗体最大化尺寸可能不同。由于组件使用了place布局，即采用坐标来定位各个组件，必须保证窗体的尺寸固定，否则可能使布局发生混乱，因此必须使窗体固定为1280×650，注意在垂直方向，已减掉Window桌面下方任务栏宽度。当显示器分辨率小于1280×720时，应增加滚动条。录屏程序主界面如下，可以看出录屏程序大概需要的功能。

```
import tkinter as tk
from PIL import ImageGrab,Image,ImageTk
import threading
import time
import tkinter.filedialog,tkinter.messagebox
import shelve
```

```
import copy
def openDialog():                         #单击录屏按钮调用的函数，打开录屏对话框，准备录屏
    pass
class MyText():                           #类定义，为在小图下方显示获取小图所需的images索引，响应鼠标事件
    canvas=0                              #引用主窗体中的Canvas类对象。canvas为类变量，所有类对象共用的变量
    functionId=None                       #引用showBigPic函数显示大图,参数1是大图帧号,参数2=1左大图,=2右大图
    def __init__(self,n):                 #初始化函数。共有12小图，n是MyText类对象的序号，−1<n<12
        self.tagN="t"+str(n)              #保存下句在Canvas中创建的第n小图下方的text对象的tag
        MyText.canvas.create_text(60+n*105,600,activefill='red',
                            tag=(self.tagN,'allt'),font=("Arial",15))     #参数text是帧号，初始为空
        MyText.canvas.tag_bind(self.tagN,'<Button−1>',self.leftClick)     #绑定左键单击事件
        MyText.canvas.tag_bind(self.tagN,'<Button−3>',self.rightClick)    #绑定右键单击事件
    def leftClick(self,event):            #类实例方法，是鼠标左击事件处理函数
        s=MyText.canvas.itemcget(self.tagN,'text')   #得到tag为self.tagN的MyText类对象属性'text'的值
        k=int(s)                          #k是获取序号为n的小图所需的images列表索引(动图帧号)
        MyText.functionId(k,1)            #调用函数在左大图显示左键单击所选图像
        MyText.canvas.itemconfig('allt',fill="black")   #12个MyText类对象字体颜色都变黑，表示都未选中
        MyText.canvas.itemconfig(self.tagN,fill="red")  #当前选中的MyText类对象字体颜色变红，表示选中
        MyText.canvas.itemconfig('m1',text=s1+s)        #在左大图上部显示的提示信息
    def rightClick(self,event):           #类实例方法，是鼠标右击事件处理函数
        s=MyText.canvas.itemcget(self.tagN,'text')   #开始帧号并不显示，只有显示数字才能响应任何事件
        k=int(s)                          #因此，从字符串转换为整数一定成功
        MyText.functionId(k,2)            #调用函数在右大图显示右键单击所选图像
        MyText.canvas.itemconfig('m2',text=s2+s)        #在右大图上部显示的提示信息
def saveFile():                           #单击"保存图像"菜单项调用的函数
    pass                                  #保存列表images和lunEditImgs为文件
def openFile():                           #单击"打开图像"菜单项调用的函数
    pass                                  #打开用saveFile()保存的文件，得到列表images和lunEditImgs
def showBigPic(frameNo,whichBigPic):      #显示左或右大图，参数1为正是大图的帧号，−1无图显示空白
    pass                                  #参数2=1为左大图，=2为右大图
def moveR(event):                         #按下键盘右箭头键的事件处理函数
    pass                                  #12个小图像全部右移
def moveL(event):                         #按下键盘左箭头键的事件处理函数
    pass                                  #12个小图像全部左移
def delAframe():                          #单击"删选中帧"菜单项调用的函数
    pass                                  #该函数删除images列表中，索引(动图帧号)被选中的元素
def delFront():                           #单击"删前边帧"菜单项调用的函数
    pass                                  #该函数删除images列表中，索引被选中元素前边所有元素
```

```
def delBehind():                                    #单击"删后边帧"菜单项调用的函数
    pass                                            #该函数删除images列表中，索引被选中元素后边所有元素
def change3var():                                   #单击"修改参数"菜单项调用的函数
    pass                                            #该函数修改fps、动图循环次数、保存gif文件的图像宽高缩小倍数
def play():                                         #单击"播放"按钮调用的函数
    pass                                            #使用动图的播放参数，播放从images列表得到的图像来模拟动图
def saveGIF():                                      #单击"保存动图"菜单项调用的函数
    pass                                            #从编辑后的images列表中获取多个录屏图像，保存为动图文件
def test_fps():                                     #单击"检测fps值"按钮调用的函数
    pass                                            #检测每秒截全屏最大次数，和当前系统打开的程序多少有关
def Help():                                         #单击"帮助"按钮调用的函数
    s='本程序自动计算缩放后坐标转换为无缩放坐标的k值。程序运行期间，'+\
    '如用设置程序修改屏幕的缩放比，必须关闭本程序再运行，否则录屏出错，\n'+\
    '点击标题栏左侧图标,在下拉菜单中选择移动或大小,可将窗体移动或改变大小.'+\
    '单击"录屏"按钮,打开录屏窗体，使所需录屏动画在录屏窗体透明矩形内，'+\
    '单击开始录屏按钮开始录屏，单击停止录屏按钮停止录屏，关闭录屏窗体.'+\
    '所录图像出现在主窗体。小图是12个缩小图像，左右键可显示不同帧号图像.'+\
    '单击数字帧号变红色表示选中，被选图像在左大图显示.'+\
    '根据选中帧号可删除指定帧图像。右击数字帧号，所选图像在右大图显示，'+\
    '用来和左图比较。所有这些图都不是原始尺寸。单击播放按钮，'+\
    '可查看原始尺寸动图效果。单击保存动图菜单项，保存为GIF格式文件。'+\
    '保存的动图根据所选缩小比例做了缩小。\n\n保留所有版权'
    tkinter.messagebox.showinfo(title="帮助",message=s)
def DiscardChange():                                #单击"放弃修改"菜单项调用的函数
    pass                                            #放弃所有已做的删除，重新开始编辑
def undo():                                         #单击"撤销"菜单项调用的函数
    pass                                            #仅能恢复所有小图，两个大图可能有变化
def redo():                                         #单击"重做"菜单项调用的函数
    pass                                            #重做后，两个大图可能有变化
root = tk.Tk()
root.geometry("1280x650+0+0")       #使用计算机分辨率为1280×720，结合下句在高分辨率下能保持尺寸不变
root.resizable(width=False,height=False)   #设置窗体是否可变，这里宽不可变，高不可变，默认为True
#root.state("zoomed")                #如窗体最大化，分辨率不同，窗体尺寸可能不同
root.title('编辑录屏图像后保存为动图')  #窗体标题
im1=ImageGrab.grab()                #用无缩放坐标系截全屏，返回记录全屏图像的Image类对象，赋值给im1
ws=root.winfo_screenwidth()         #得到缩放坐标系中，屏幕宽度
scaling=im1.size[0]/ws              #显示器缩放比=无缩放坐标系屏幕宽度/缩放坐标系屏幕宽度
bigPic1image=None       #鼠标左键单击帧号所选左大图像的引用，两大图显示的图像必须是全局变量
```

```
bigPic2image=None            #鼠标右键单击帧号所选右大图像的引用，用来和选中图像做比较的图像
images=[]                     #该列表用途见22.5节有关内容
unEditImgs=[]                 #该列表保存录屏或打开图像文件后图像，保持不变用来撤消或重做恢复图像
undoStack=[]                  #撤消堆栈
redoStack=[]                  #重做堆栈
frameN0=0                     #获取12个小图的首个小图所需的images列表索引(动图帧号)，初始值为第0帧
currenframeN0=-1              #获取选中图像(左大图)所需images列表索引(动图帧号),称'选中帧',-1未选中
rightBigPicFNo=-1            #获取右边大图所需的images列表索引(动图帧号)，-1表示未选中
fps=5                        #每秒播放帧数或录屏频率
downsize=1                   #存为gif文件时，每帧图像的缩放比例，=1不缩放，=2缩小2倍…
scale1=1                     #令录屏图像缩小scale1倍，使其能在两大图显示。录屏图像本身没缩小
scale2=3                     #令录屏图像缩小scale2倍，使其能在12个小图显示。录屏图像本身没缩小
playNum=0                    #gif图重复播放的次数，=0，循环播放，=1，播放1次，=2，播放2次…
frm=tk.Frame(root)          #frm作为工具条
frm.pack(fill=tk.BOTH)

fButton=tk.Menubutton(frm,text='文件')                          #在工具条中的"文件"顶级菜单
fButton.pack(side='left')

fileMenu=tk.Menu(fButton,tearoff=0)                            #顶级菜单"文件"的下拉菜单
fileMenu.add_command(label="保存图像",command=saveFile)         #为"文件"下拉菜单增加菜单项
fileMenu.add_command(label="打开图像",command=openFile)
fileMenu.add_command(label="保存动图",command=saveGIF)
fileMenu.add_separator()
fileMenu.add_command(label="退出")
fButton.config(menu=fileMenu)
eButton=tk.Menubutton(frm,text='编辑')                          #在工具条中的"编辑"顶级菜单
eButton.pack(side='left')

editMenu=tk.Menu(eButton,tearoff=0)                            #"编辑"顶级菜单的下拉菜单
editMenu.add_command(label="放弃修改",command=DiscardChange)    #为"编辑"下拉菜单增加菜单项
editMenu.add_command(label="撤消",command=undo)
editMenu.add_command(label="重做",command=redo)
editMenu.add_command(label="删选中帧",command=delAframe)
editMenu.add_command(label="删前边帧",command=delFront)
editMenu.add_command(label="删后边帧",command=delBehind)
editMenu.add_separator()
editMenu.add_command(label="修改参数",command=change3var)
eButton.config(menu=editMenu)
tk.Button(frm,text="录屏",command=openDialog,relief='flat').pack(side='left')     #工具条中的"录屏"按钮
tk.Button(frm,text="播放",command=play,relief='flat').pack(side='left')          #工具条中的"播放"按钮
```

```
tk.Button(frm,text="检测fps值",command=test_fps,relief='flat').pack(side='left')
tk.Button(frm,text="帮助",command=Help,relief='flat').pack(side='left')
s9=' 显示器缩放比:'+str(scaling)+ ', fps:4, 循环次数=0为无限循环, 图像缩小倍数:1'
label=tk.Label(frm,text=s9)
label.pack(side='left')
label1=tk.Label(frm,text=",fg='red')          #用于显示其它提示信息
label1.pack(side='left')
canvasM=tk.Canvas(root)                         #创建Canvas类对象canvasM，用canvasM.create_image方法显示大小图
canvasM.pack(fill=tk.BOTH, expand=tk.Y)
MyText.functionId=showBigPic                    #为MyText类变量赋值
MyText.canvas=canvasM
root.bind('<Right>',moveR)                      #绑定键盘右箭头键按下事件处理函数
root.bind('<Left>',moveL)                       #绑定键盘左箭头键按下事件处理函数
im=Image.new("RGB",(100, 100),'white')          #创建Image类对象im，背景为白色的矩形
img = ImageTk.PhotoImage(image=im)              #将im转换为canvasM能显示的格式
for n in range(12):                             #在窗体底部循环创建12个小图
    canvasM.create_image(60+n*105, 550,image=img,tag='p'+str(n))    #创建小图，初始显示白色矩形
    MyText(n)                                   #小图下部的帧号，初始空白
s1='鼠标左键单击小图下方帧号，该小图在下边放大显示，为选中帧，帧号为：'
s2='鼠标右键单击小图下方帧号，该小图在下边放大显示，为比较帧，帧号为：'
canvasM.create_text(200,10,text=s1,tag='m1')    #左大图上部提示信息，注意tag='m1'
canvasM.create_text(840,10,text=s2,tag='m2')    #右大图上部提示信息
canvasM.create_image(320,250,image=img,tag='m3')   #创建左大图，初始显示白色矩形
canvasM.create_image(960,250,image=img,tag='m4')   #创建右大图，初始显示白色矩形
root.mainloop()
```

22.7 录屏

在前边讲到，为了录屏，必须创建一个工作区透明的窗体，拖动并改变窗体宽和高，使该窗体透明工作区和播放动画的窗体工作区重合，然后得到录屏窗体工作区左上角和右下角在屏幕坐标系的坐标，作为ImageGrab.grab(bbox)方法参数，连续截屏，完成录屏。

单击主界面程序上部的"录屏"按钮，将调用函数openDialog()，该函数首先使主界面程序最小化，然后创建模式对话框f1，绑定单击对话框f1标题栏右侧关闭按钮的事件"WM_DELETE_WINDOW"的事件处理函数为closef1()，即单击对话框f1标题栏关闭按钮，调用函数closef1()，在该函数中先关闭子线程，再关闭f1模式对话框，避免先关闭f1模式对话框，未关闭子线程报错。模式对话框f1和22.4节的窗体一样，其窗体工作区也是透明的。对话框f1上部有工具条，在工具条中有一个按钮，初始标题为"开始录屏"；还有一个Spinbox组件，用来改变录屏的频率(fps)；在工具条最右侧，有一个Label组件用来显示录屏时间(秒数)。对话框打开后，首先

需要拖动并改变窗体宽和高，使该窗体透明工作区和播放动画程序窗体工作区重合。当按钮标题为"开始录屏"时，单击按钮调用startORstop()函数，开始录屏，同时按钮标题变为"停止录屏"，在工具条右侧显示录屏时间。当按钮标题为"停止录屏"时，单击按钮再次调用函数startORstop()，结束录屏，关闭录屏对话框f1。单击主界面程序"录屏"按钮调用的函数openDialog()定义如下。

```python
def openDialog():                    #打开对话框准备录屏
    global f1,canvas,transColor,var2,label0,var1,fps,sb
    root.state('icon')               #主窗体最小化
    f1=tk.Toplevel(root)             #用Toplevel类创建独立于主窗体的新窗体f1
    f1.grab_set()                    #将f1设置为模式对话框，f1不关闭无法操作主窗体
    f1.geometry('550x400+400+150')
    f1.title('改变窗体大小和位置，使动画程序窗体工作区和录屏窗体透明工作区重合，开始录制')
    f1.bind('<Configure>',on_resize)                    #绑定配置发生变化的事件处理函数为on_resize
    f1.protocol("WM_DELETE_WINDOW",closef1)             #使单击对话框f1标题栏关闭按钮，调用函数closef1()
    frm = tk.Frame(f1)                                  #frm为工具条
    frm.pack(fill=tk.BOTH)
    var2=tk.StringVar()
    var2.set('开始录屏')                                #下句创建按钮，初始标题为"开始录屏"
    tk.Button(frm,textvariable=var2,command=startORstop).pack(side='left')
    tk.Label(frm,text='fps(1-10').pack(side='left')     #Spinbox组件前的提示信息
    var1=tk.StringVar()
    var1.set(fps)                                       #设置Spinbox组件初值
    sb=tk.Spinbox(frm,from_=1,to=10,width=3,state="readonly",textvariable=var1)    #用来修改fps
    sb.pack(side='left')
    label0=tk.Label(frm,font=("Arial",15),fg='red',text='0')    #用来显示录屏的时间
    label0.pack(side='right')
    transColor='gray'
    f1.wm_attributes('-transparentcolor', transColor)   #定义窗体透明颜色
    canvas=tk.Canvas(f1)                                #创建Canvas类对象
    canvas.pack(fill=tk.BOTH, expand=tk.Y)
    canvas.create_rectangle(0,0,canvas.winfo_width(),canvas.winfo_height(),fill=transColor,
            outline=transColor)      #画一个和窗体等宽高的透明矩形，使窗体工作区透明
def on_resize(evt):                  #自定义配置变化事件处理函数
    …                                #参见22.4节同名函数
```

录屏工作是通过连续不停的截屏实现的，需用无限循环语句来完成。如果把这个无限循环语句放到单击"开始录屏"按钮调用的函数中，那么就无法从这个函数退出，也就无法响应其

它事件，就是说无法结束录屏。解决的方法就是将录屏工作和计时工作放到其它子线程中，无限循环语句为：while n==0:，当n为1，从无限循环语句退出，也就结束这个线程。单击"开始录屏"按钮和单击窗体关闭按钮的事件处理函数如下。

```
def startORstop():                          #单击标题为"开始录屏"或"停止录屏"按钮调用的函数
    global n,k,fps,unEditImgs
    if var2.get()=='开始录屏':                #如单击标题为"开始录屏"的按钮
        var2.set('停止录屏')                  #将按钮标题改为"停止录屏"
        unEditImgs=[]                        #清空列表unEditImgs，用来记录屏得到所有新图像
        sb.configure(state="disabled")      #录屏时不允许修改fps，使组件变为不能用
        fps=var1.get()                      #fps被Spinbox修改，主窗体显示也应改变，如直接关闭窗体，放弃修改fps
        s='      显示器缩放比:'+str(scaling)+', fps:'+str(fps)
        label['text']=s+'，循环次数='+str(playNum)+', 图像缩小倍数:'+str(downsize)
        t1 = threading.Thread(target=aTimer)  #新线程，每秒调用一次aTimer函数完成秒计数
        t1.start()                          #将调用aTimer方法在子线程中运行，退出该方法子线程结束
        t = threading.Thread(target=RecordScreen)  #新线程，用RecordScreen函数在子线程录屏
        t.start()
    else:                                   #如单击标题为"停止录屏"的按钮
        closef1()                           #关闭窗体，结束录屏
def closef1():                              #单击窗体标题栏的关闭按钮的事件处理函数
    global n,k,f1
    n=1                                     #关掉录屏子线程
    k=1                                     #关掉秒表子线程，k=1从aTimer方法while循环退出，线程结束
    root.state('normal')                    #使主窗体正常显示
    f1.destroy()                            #关闭对话框
def aTimer():                              #在子线程运行的秒表函数，显示录屏时间
    global k,label0
    k=0
    seconds=-1
    while k==0:                             #当k为1，从无限循环语句退出，也就结束这个线程
        seconds+=1                          #每隔一秒+1
        label0['text']=str(seconds)+' '     #在label组件上显示秒数
        time.sleep(1)                       #延迟1秒
```

实际的录屏程序是RecordScreen()函数，定义如下。倒数第2条语句解释见22.5节。

```
def RecordScreen():                        #实际的录屏方法，就是按指定时间间隔多次截屏
    global n,fps,images,unEditImgs
```

```
x=f1.winfo_rootx()+canvas.winfo_x()           #窗体用户区左上角，在显示器屏幕缩放坐标系x坐标
y=f1.winfo_rooty()+canvas.winfo_y()           #窗体用户区左上角，在显示器屏幕缩放坐标系y坐标
x1=x+canvas.winfo_width()                      #窗体用户区右下角，在显示器屏幕缩放坐标系x坐标
y1=y+canvas.winfo_height()                     #窗体用户区右下角，在显示器屏幕缩放坐标系y坐标
x,y,x1,y1=scaling*x,scaling*y,scaling*x1,scaling*y1   #从缩放后坐标转换为无缩放坐标
n=0                                            #n=1，退出，结束录屏子线程
SampleCycle=1/int(fps)                         #计算截屏的周期，即多长时间截屏一次
while n==0:                                     #n=1，将退出while循环，线程结束，录屏结束
    start=time.time()                          #以秒为单位，开始时间
    p=ImageGrab.grab((x,y,x1,y1))              #截屏语句
    unEditImgs.append(p)                       #将截屏图像的image类对象保存到列表
    end = time.time()                          #结束时间
    time.sleep(SampleCycle-(end-start))        #延迟时间取样周期(SampleCycle)-(截屏用去的时间)
images=[i for i in range(len(unEditImgs))]      #见22.5节的解释
reSet()                                        #调用初始化方法显示录屏图像
```

22.8　显示录屏图像

在22.6节程序主界面程序中，用canvasM.create_image方法创建了多个image类对象，用来显示12个小图和两个大图，由于初始没有录屏图像，所有显示的图像都是背景为白色矩形，在图形下部也没有动图帧号。

在22.5节介绍了unEditImgs和images列表的用途，unEditImgs列表按录屏顺序保存所有录屏图像，保持不变。列表unEditImgs索引按原顺序被列表images保存，即images列表元素值是列表unEditImgs索引，如n为images列表索引，则images[n]是unEditImgs列表索引，unEditImgs[images[n]]将引用录屏某个图像。因此能从images列表得到录屏图像在12个小图和两个大图显示，在小图形下方是获取该小图所需的images列表索引(动图帧号)。调用reset函数完成此任务。用images列表得到图像最终会保存为动图，每个图像都是动图的一帧图像，因此images列表索引也是动图帧号。reset函数和相关函数定义如下。

```
def reSet():                        #从第0帧开始显示12小图，两大图分别显示第0帧和第1帧图像
    global currenframeN0,rightBigPicFNo,frameN0,scale2,scale1   #请注意，帧号就是列表images的索引
    scale1=unEditImgs[images[0]].height/450    #大图允许最大高是450，如录屏图像高大于450要缩小图像
    if scale1<=1:                   #比450大，scale1为缩小倍数。实际上还需要考虑宽度
        scale1=1                    #等于或小于450，就不用缩小了。取宽高缩小倍数较大值
    scale2=unEditImgs[images[0]].width/100     #小图允许最大宽是100，如录屏图像宽>100要缩小图像
    if scale2<=1:                   #确保能同时显示12小图。比100大，scale2为缩小倍数
        scale1=1                    #等于或小于100，就不用缩小了
    canvasM.itemconfig('m1',text=s1+'0')       #左大图上边显示的提示信息和动图帧号，s1在主程序定义
```

```
        canvasM.itemconfig('m2',text=s2+'1')          #右大图上边显示的提示信息和动图帧号，s2在主程序定义
        showBigPic(0,1)                               #在参数2指定的左大图，显示参数1指定的第0帧图像
        currenframeN0=0                               #选中动图帧号(选中帧)=0，帧号就是列表images的索引
        showBigPic(1,2)                               #在参数2指定的右大图，显示参数1指定的第1帧图像
        rightBigPicFNo=1                              #右大图显示图像的动图帧号，就是列表images的索引
        frameN0=0                                     #12小图起始图像的动图帧号，就是列表images的索引
        showAll(frameN0)                              #从第0帧开始显示12小图
def showBigPic(frameNo,whichBigPic):  #显示大图，参数1是帧号，–1为空白；参数2为1，左大图，为2，右大图
        global bigPic1image,bigPic2image,currenframeN0,img,rightBigPicFNo,scale1    #上句frameN0是形参
        if whichBigPic==1:                            #whichBigPic=1，左大图，显示选中帧的图像
            if frameNo>=0:                            #帧号>=0，显示录屏图像。frameNo是形参1
                bigPic1image=reformat(frameNo,scale1)  #返回可在Canvas上显示的大图，scale1为缩小倍数
            else:                                     #如果动图帧号小于0
                bigPic1image=img                      #显示背景为白色矩形
            canvasM.itemconfig('m3',image=bigPic1image)  #在左大图显示指定图像，'m3'为左大图tag(标签)
            currenframeN0=frameNo                     #选中帧号=showBigPic函数形参1(frameNo)
        elif whichBigPic==2:                          #whichBigPic=2，右大图，用来和选中帧图像比较
            if frameNo>=0:                            #如帧号>=0，显示录屏图像
                bigPic2image=reformat(frameNo,scale1)  #返回可在Canvas上显示的大图
            else:                                     #如果动图帧号小于0
                bigPic2image=img                      #显示白色矩形
            canvasM.itemconfig('m4',image=bigPic2image)  #在右大图显示指定图像，'m4'为右大图tag(标签)
            rightBigPicFNo=frameNo                    #rightBigPicFNo=形参1(右大图的动图帧号)
def reformat(No,k):                                   #将第No帧的图像转换为canvas能显示的格式，尺寸缩小k倍
        im=unEditImgs[images[N0]]                     #从列表unEditImgs取出动图帧号为N0的图像
        m=int((im.width/k)//1)                        #图像宽缩小k倍
        n=int((im.height/k)//1)                       #图像高缩小k倍
        im=im.resize((m,n))                           #缩小图像尺寸
        return ImageTk.PhotoImage(image=im)           #返回canvas能显示的图像
def showAll(N0):                                      #从12小图起始图像的动图帧号N0开始，显示12小图
        global shomImage,img,scale2
        shomImage=[]                                  #列表保存能在Canvas显示的12小图，必须是全局变量
        m=12
        if len(images)<12:                            #如列表长度<12，12个小图后边有些位置无图像可显示
            m=len(images)                             #如m为0，for n in range(m):，循环0次，直接退出循环
            for n in range(12):                       #让12小图先显示白色矩形，小图下边显示帧号位置为空
                canvasM.itemconfig('p'+str(n),image=img)    #清空显示的所有小图，img是白色背景矩形
                canvasM.itemconfig('t'+str(n),text=' ')     #令小图下边显示帧号位置为空
```

```
for n in range(m):  #如m=12，小图都有图像，m<12，例如=11，前11个有图像，第12个无图像保留白色矩形
    shomImage.append(reformat(N0+n,scale2))           #能将Canvas显示的小图添加到全局列表中
    canvasM.itemconfig('p'+str(n),image=shomImage[n])  #在指定位置显示小图
    canvasM.itemconfig('t'+str(n),text=str(N0+n))      #在指定位置显示帧号，注意通过tag(标签)
canvasM.itemconfig('allt',fill="black")                #显示帧号的所有MyText类对象字体颜色变黑
if N0<=currenframeN0<=N0+11:                            #如选中帧在12个被显示小图像中，帧号变红
    canvasM.itemconfig('t'+str(currenframeN0−N0),fill="red")  #字体颜色变红，表示被选中
```

请再看一下22.6节中MyText类的定义。在MyText类中，绑定鼠标左键单击事件和鼠标右键单击事件。鼠标左键单击事件处理函数中，单击小图下边的帧号，使被单击的帧号变为红色，从帧号得到该帧图像，在左大图显示。鼠标右键单击事件处理函数中，右击小图下边的帧号，从帧号得到该帧图像，在右大图显示。

在22.6节中主界面程序中，绑定按下键盘左箭头键的事件处理函数是moveL，绑定按下键盘右箭头键的事件处理函数是moveR。在函数moveL和moveR中，键盘左右键可修改12小图起始图像的动图帧号，即变量frameN0，从而使12个小图显示不同图像。moveL和moveR定义如下。

```
def moveR(event):                    #12个小图像全部向右移
    global frameN0
    if frameN0<=0:
        return
    frameN0−=1
    showAll(frameN0)
def moveL(event):                    #12个小图像全部向左移
    global shomImage,frameN0,images
    if frameN0==len(images)−12:       #如已显示最后12个图像，无法左移，退出
        return
    if len(images)<=12:               #如要显示的所有图像数小于12，也无法左移
        frameN0=0
        return
    frameN0+=1                        #其它情况，12小图起始帧号+1，完成左移
    showAll(frameN0)
```

22.9 删除图像

录屏程序最终目的是将录屏图像转换为动图，一般不需要将全部录屏图像直接转换为动图文件，例如，录屏频率大于动画播放频率，某帧图像可能被重复录屏，因此需删除多余的重复图像；又如对动图文件大小有要求，必须从所有录屏图像截取部分连续图像，即删除前后部分图像。本录屏程序的编辑功能仅包括删除图像的功能。

因不允许修改列表unEditImgs的内容，无法直接删除列表unEditImgs的元素。在22.5节给出了一种方法，创建images列表，其初始元素包括列表unEditImgs所有索引，从0开始，然后1、2、3…，最后的元素值是Len(unEditImgs)–1。可以根据需要删除images列表元素，images列表中剩下的元素，就是最后创建动图的图像在列表unEditImgs的索引。从列表images得到的录屏图像都是动图的一帧，因此images列表的索引也是动图帧号。

为了删除图像，必须显示若干连续的录屏图像，使用者才能从这些图像中更加容易地发现选中帧，从而删除选中帧，删除选中帧前边(或后边)所有。本录屏程序显示12个连续的小图，变量frameN0是获取12小图的首小图所需的images列表索引(动图帧号)，可用22.8节方法在窗体下部显示12个小图，键盘左右键可修改变量frameN0值，从而使12个小图显示不同图像。每小图下方有为获取该小图所需的images列表索引(动图帧号)。单击某小图索引使其变红色，表示该小图被选中，变量currenframeN0记录为获取该小图所需images列表索引(动图帧号)，称为选中帧。单击编辑下拉菜单的"删选中帧"菜单项，删除images列表被选中索引元素，即删除images[currenframeN0]列表元素。单击编辑菜单的"删前边帧"(或"删后边帧")菜单项，删除images列表被选中索引前(或后)边的所有元素，不包括被选中索引元素。为实现编辑菜单的"撤消"和"重做"功能，需清空重做栈，然后当前正在使用的images列表放到撤消堆栈，参见下节有关内容。编辑菜单的"删选中帧""删前边帧"和"删后边帧"菜单项的单击事件处理函数如下。

```
def delAframe():                              #该方法删除选中帧，即左大图显示的帧
    global currenframeN0,rightBigPicFNo,frameN0,redoStack
    if currenframeN0>=0:                       #=-1，表示没有帧被选中
        redoStack=[]                           #清空重做堆栈，参见下节撤消重做内容
        IntoStack(undoStack)                   #正在使用的images列表放到撤消堆栈
        del images[currenframeN0]              #此条语句删除选中帧
        if currenframeN0==rightBigPicFNo:      #如右大图也显示此帧，令其显示空，帧号为–1
            showBigPic(-1,2)                   #参数1=-1是空白，参数2=2在右大图显示空白
            rightBigPicFNo=-1                  #右大图显示图像的帧号，=-1表示显示空白
            canvasM.itemconfig('m2',text='')   #右大图提示信息为空。下句frameN0是显示12个小图起始帧号
        if currenframeN0<frameN0:    #为真，说明删除元素在frameN0左侧，删除该元素，使其右侧所有索引–1
            if frameN0-1>=0:                   #删除后，为维持显示的12小图不变，frameN0-1，但帧号不能是负数
                frameN0-=1
        currenframeN0=-1                       #因选中帧被删除，令选中帧为–1，表示没有选中帧
        showBigPic(-1,1)                       #令左大图显示空白
        canvasM.itemconfig('m1',text='')       #令左大图提示信息为空
        showAll(frameN0)                       #重新显示所有小图
def delFront():                               #该方法删除选中帧之前所有帧，不包括选中帧
    global images,currenframeN0,rightBigPicFNo,frameN0,redoStack
    if currenframeN0>=0:                       #如为–1，没有选中帧
```

```
        redoStack=[]                                    #清空重做堆栈
        IntoStack(undoStack)                            #当前正在使用的images列表放到撤消堆栈
        images=images[currenframeN0:]                   #此条语句删除选中帧之前所有帧
        if rightBigPicFNo<currenframeN0 and rightBigPicFNo>=0:   #如右侧大图被删除
            showBigPic(-1,2)                            #右侧大图显示白色背景矩形
            rightBigPicFNo=-1                           #-1表示没有右大图被选中
            canvasM.itemconfig('m2',text='')           #令右侧大图提示信息为空
        elif rightBigPicFNo>=currenframeN0 and rightBigPicFNo>=0:   #如在选中帧之后，前边帧被删除
            rightBigPicFNo=rightBigPicFNo-currenframeN0   #右侧大图帧号需要改变
            canvasM.itemconfig('m2',text=s2+str(rightBigPicFNo))   #提示信息中帧号改变
        frameN0=frameN0-currenframeN0                   #12个小图的起始帧号也要改变，>=0，显示的12小图不变
        if frameN0<0:                                   #如<0，正在显示的12小图中有小图将被删除
            frameN0=0                                   #因此从删除后的第0帧开始显示
        currenframeN0=0                                 #左侧大图帧号变为0，因其左侧图像全被删除
        canvasM.itemconfig('m1',text=s1+'0')           #左侧大图提示信息中的帧号改变
        showAll(frameN0)                                #重新显示12个小图
def delBehind():                                        #该方法删除选中帧之后所有帧，不包括选中帧
    global images,currenframeN0,rightBigPicFNo,frameN0,redoStack
    if currenframeN0>=0:                                #=-1，没有选中帧
        redoStack=[]                                    #清空重做堆栈
        IntoStack(undoStack)                            #当前正在使用的images列表放到撤消堆栈
        images=images[:currenframeN0+1]                 #此条语句删除选中帧之后所有帧
        if rightBigPicFNo>currenframeN0 and rightBigPicFNo>=0:   #右侧大图帧号大于选中帧号被删除
            showBigPic(-1,2)                            #右侧大图显示白色背景矩形
            rightBigPicFNo=-1                           #-1表示没有右大图被选中
            canvasM.itemconfig('m2',text='')           #右侧大图提示信息为空
        fn=currenframeN0-frameN0                        #选中帧-12个小图的起始帧号，下句如fn<0
        if fn<=0:                                       #删除选中帧之后所有帧，包括原来显示的12小图都被删除
            frameN0=0                                   #则12小图从0帧开始显示
        elif fn<11:                                     #如fn>=11，原来显示的12小图未被删除，显示的12小图不变
            frameN0-=(11-fn)                            #如fn<11，显示的12小图后边有小图被删除，12小图起始帧前移重新显示12图
            if frameN0<0:                               #帧号不能为0，一定是所有图数<12
                frameN0=0
        showAll(frameN0)
```

　　将正在使用的images列表入撤消堆栈或重做堆栈的函数定义如下。由于images列表的元素是unEditImgs列表的索引，是整数，是不可变数据类型，因此令newList=images[:]，列表newList和images是两个完全独立的列表，修改images列表元素，不会影响入堆栈的newList列表。当newList

列表入撤消堆栈，如超过允许撤消堆栈长度，必须删除最先入撤消堆栈元素，这样将使最先入撤消堆栈newList列表不能被恢复。撤消堆栈和重做堆栈的长度必须相等。因只有撤消才需要将列表入重做堆栈，连续撤消的最大次数=撤消堆栈长度，那么重做堆栈不会出现超过允许重做堆栈长度的情况。

```
def IntoStack(aStack):                #参数可以是撤消堆栈或重做堆栈。
    if len(aStack)==5:                #如超过允许撤消堆栈长度
        del aStack[0]                 #删除最先入撤消堆栈元素
    newList=images[:]                 #必须创建独立的列表入栈
    aStack.append(newList)            #入栈是将列表放到堆栈列表的最后边
```

22.10 撤消和重做功能

撤消和重做是很多应用程序的重要功能，这个功能给使用者改正错误的机会。所谓撤消就是撤消多个已完成的工作，重做就是恢复多个已完成的撤消工作。实现撤消和重做常用的方法是使用两个长度相等的堆栈，一个作为撤消堆栈，一个作为重做堆栈。本章程序undoStack列表作为撤消堆栈，redoStack列表作为重做堆栈。

在19.19节讨论过画图程序编辑菜单中的撤消和重做功能，所讲概念同样适用于本录屏程序。不同点是，画图程序所画所有图形都保存到Image类的对象image1中，即画图将使image1被修改。为了实现撤消功能，在image1被修改前，首先将修改前image1的拷贝(image1.copy())的引用放到撤消堆栈，请注意不是image1入堆栈，而是创建了一个和image1相同的另一个Image类对象引用入堆栈，修改image1引用图像，就不会影响到入堆栈引用的图像，当需要撤消所做修改，从撤消堆栈弹出的才是修改前的图像引用。

录屏程序的编辑工作，就是删除images列表中的元素。删除images列表中的元素前，令newList=images[:]，newList元素是不可变数据类型整数，是和未修改的images列表完全相同，且独立的列表，将newList入撤消堆栈，当继续删除列表images中元素时，不会影响入堆栈的列表newList，当需要撤消所做修改，从撤消堆栈弹出的才是修改前的列表。

在19.19节介绍了画图程序用双堆栈实现撤消和重做功能的思路及具体步骤。根据录屏程序具体情况修改的具体步骤如下。

①删除：先将images列表备份入撤消堆栈，再删除images列表元素。清空重做堆栈。如超过堆栈允许长度，删除最先入撤消堆栈列表，将使被删除的列表不能被恢复。

②撤消：正在使用的images列表入重做堆栈，撤消堆栈弹出images列表。两堆栈长度需相等，确保连续撤消到撤消堆栈为空，撤消后需入重做堆栈列表都能入堆栈。

③重做：先将正在使用的images列表入撤消堆栈，重做堆栈弹出images列表。

单击编辑顶级菜单的"放弃修改""撤消"和"重做"菜单项，调用的函数如下。"放弃修改"菜单项的功能是，放弃已做的所有删除，回到录屏结束，还未开始编辑的状态，此时images列表记录了unEditImgs列表全部索引，即用images列表可得到unEditImgs列表引用的所有图像，此时如用images列表得到unEditImgs列表引用图像制作动图，动图包括unEditImgs列表引用的所有图像。

```
def DiscardChange():          #单击编辑菜单"放弃修改"菜单项调用的函数，放弃已做的所有删除，重新开始
    global undoStack,redoStack,images
    redoStack=[]              #清空重做堆栈
    IntoStack(undoStack)     #当前正在使用的images列表放到撤消堆栈
    images=[i for i in range(len(unEditImgs))]        #从images列表可得到unEditImgs列表引用的所有图像
    reSet()                  #重新显示12小图和2大图
def undo():                   #单击编辑菜单"撤消"菜单项调用的函数，仅能恢复所有小图，两个大图可能有变化
    global images            #两个大图也可以入栈的，请读者增加此功能
    if len(undoStack)==0:    #如果撤消堆栈为空，退出
        return
    IntoStack(redoStack)    #当前正在使用的images列表备份放到重做堆栈
    images=undoStack.pop()  #从撤消堆栈弹出修改前的images列表
    reSet()                  #重新显示12个小图和2个大图
def redo():                   #单击编辑菜单"重做"菜单项调用的函数，仅能恢复所有小图，2个大图可能有变化
    global images
    if len(redoStack)==0:    #如果重做栈为空，退出
        return
    IntoStack(undoStack)    #当前正在使用的images列表放到撤消堆栈
    images=redoStack.pop()  #从重做堆栈弹出images列表
    reSet()                  #重新显示12小图和2个大图
```

22.11　修改3个参数

　　单击"编辑"菜单的"修改参数"菜单项，将调用change3var()函数。该函数打开模式对话框，在模式对话框中，需要使用者输入3个参数值。有3个Scale 组件，分别选择fps，动图循环次数(为0无限循环)，动图所有帧图像缩小倍数。请注意，在录屏窗体也可以修改变量fps，在主窗体仅定义了一个变量fps，无论在哪里修改fps，都修改这个唯一全局变量fps的值。有3处用到变量fps，在录屏、播放图像和创建动图，这3处所需fps参数值可能不一致，要根据实际情况修改。函数change3var()定义如下。

```
def change3var():             #该方法修改fps、动图循环次数和动图宽高缩小倍数
    global f2
    f2 = tk.Toplevel(root)   #用Toplevel类创建独立主窗体的新窗体
    f2.grab_set()            #将f1设置为模式对话框，f1不关闭无法操作主窗体
    f2.geometry('250x290+400+150')
    f2.resizable(width=False,height=False)
```

```
f2.title('修改3个参数')
tk.Label(f2,text='请选择播放动图每秒帧数(fps)').grid(row=0,column=0,sticky='w')          #提示信息
s1=tk.Scale(f2,from_=1,to=10,orient='horizontal')
s1.grid(row=1,column=0,sticky='w')
s1.set(fps)                #设置初值
tk.Label(f2,text='请选择播放动图循环次数，=0为无限次').grid(row=2,column=0,sticky='w')
s2=tk.Scale(f2,from_=0,to=10,orient='horizontal')
s2.grid(row=3,column=0,sticky='w')
s2.set(playNum)
tk.Label(f2,text='请选择动图宽和高缩小倍数').grid(row=4,column=0,sticky='w')
s3=tk.Scale(f2,from_=1,to=5,orient='horizontal',resolution=0.5)
s3.grid(row=5,column=0,sticky='w')
s3.set(downsize)
frame1=tk.Frame(f2)
frame1.grid(row=6,column=0)
b,c,d=s1,s2,s3
tk.Button(frame1,text="确定",command=lambda B=b,C=c,D=d:OK(B,C,D)).pack(side="left",padx=30)
tk.Button(frame1,text="放弃",command=cancel).pack(side="right",padx=30)
def OK(B,C,D):              #单击"确定"按钮调用的函数
    global f2,fps,scaling,playNum,downsize
    fps=B.get()            #取样频率
    playNum=C.get()        #播放gif循环次数
    downsize=D.get()       #动图宽高缩小倍数
    s='    显示器缩放比例:'+str(scaling)+',  fps:'+str(fps)
    label['text']=s+',  循环次数='+str(playNum)+', 图像缩小倍数:'+str(downsize)
    f2.destroy()
def cancel():              #单击"放弃"按钮事件处理函数
    global f2
    f2.destroy()
```

22.12　播放录屏图像

　　播放录屏图像，就是以fps速度匀速地显示用列表images得到的所有图像。单击工具条中的"播放"按钮，将调用函数play()，该函数打开模式对话框，在该模式对话框中，创建Canvas类对象cv，使其充满窗体，在cv中创建image类对象用来显示图像。连续地显示多张图像，是一个无限循环过程，不能将无限循环语句放到play函数中，必须在子线程中运行。创建子线程，在子线程中运行函数PlayPic，连续地显示多张图像。该思路可用于播放某文件夹中所有照片，有兴趣的读者可试一试。play和PlayPic函数定义如下。

```
def play():                                        #单击"播放"按钮调用的函数
    global f3,images,cv
    if len(images)==0:                             #如无图像，退出
        return
    f3 = tk.Toplevel(root)                         #用Toplevel类创建对话框
    f3.grab_set()                                  #将f3设置为模式对话框
    f3.geometry('380x200+400+150')
    f3.title('播放录屏实际大小所有帧图像')
    f3.protocol("WM_DELETE_WINDOW", closef3)       #窗体关闭调用函数closef3
    cv = tk.Canvas(f3)                             #创建Canvas类对象
    cv.pack(fill=tk.BOTH, expand=tk.Y)             #使cv充满窗体
    cv.create_image(0,0,tag='f3im',anchor='nw')    #(0,0)是左上角坐标，即'nw'，图像左上角对齐
    t = threading.Thread(target=PlayPic)           #子线程播放录屏图像
    t.start()
def closef3():                                     #关闭对话框f3函数，关闭子线程后再关闭对话框f3
    global n9,f3
    n9=1                                           #如使用后边被注释的两条语句，关闭窗体后正常运行，但报错
    #time.sleep(2)                                 #可能是n9=1要退出本函数才能使播放子线程结束，延时不起作用
    #f3.destroy()                                  #子线程未结束，关闭对话框f3，报错
    t=threading.Timer(0.1,close0)                  #解决方法是，0.1秒后启动新线程，退出本函数，播放子线程结束
    t.start()                                      #在新线程运行函数close0，关闭对话框f3，此时播放子线程已结束
def close0():
    global f3
    f3.destroy()                                   #线程PlayPic已结束，再关闭f3窗体就不会报错了
def PlayPic():                                      #实际的播放图像函数
    global n9,images,fps,img1,cv,playNum
    k,n9=0,0
    l=int(playNum)                                 #播放次数，为0播放无限次
    SampleCycle=1/int(fps)                         #播放周期
    while n9==0:                                    #n9=1，退出播放，也就退出播放子线程
        start = time.time()                        #以秒为单位，开始时间
        im=unEditImgs[images[k]]
        img1=ImageTk.PhotoImage(image=im)          #返回canvas能显示的图像
        cv.itemconfig('f3im',image=img1)           #在cv显示图像
        k+=1
        if k==len(images):
            k=0
```

```
    if int(playNum)!=0:                   #=0为连续播放
        l-=1                              #不是连续播放，l是播放次数，播放1次减1
        if l==0:                          #l=0，播放次数完成，退出
            return
    end = time.time()                     #结束时间，下句保证fps为指定值
    time.sleep(SampleCycle-(start-end))   #延迟时间=取样周期(SampleCycle)-(截屏用的时间)
```

22.13　检测fps值

单击工具条中的 "检测fps值" 按钮，将调用函数test_fps，在该函数中将用函数ImageGrab.grab()连续截屏，检测每秒截屏的次数，显示在窗体工具条的右侧。在22.3节介绍了检测的方法，并给出具体程序。本录屏程序使用了在22.3节中定义的函数test_fps和dojob，具体内容可参见22.3节。

在实际使用中，由于录屏程序不可能是去录制静止画面，而是为了记录动画或游戏的画面。因此至少还有一个动画或游戏程序运行，动画或游戏程序播放也需要占用CPU的时间，那么录屏程序和动画或游戏程序将共用CPU时间。因此，录屏程序能使用的最大fps要比检测到的fps小很多。例如，录制静止画面fps=20，动画的fps=10，那么如果仅运行录屏程序和动画程序，那么录屏程序fps的可用最大值要小于10，即用检测到fps=20的录屏最高速率，可能无法对每秒10帧动画录屏。

22.14　文件菜单

文件菜单下拉菜单包括四个菜单项：保存图像、打开图像、保存动图和退出。录屏程序的目的就是从显示器屏幕录制图像，然后保存为动图(gif)文件。单击 "保存动图" 菜单项，从编辑后的images列表可得到为转换动图所需图像，将这些图像保存到列表img0中，再使用列表img0将图像保存为gif格式动图文件。有时还需要将所有录屏图像宽和高缩小若干倍数，变量downsize是缩小倍数，使用编辑菜单的 "修改参数" 菜单项打开一个对话框来输入。由于列表img0保存的不是图像，而是图像引用，因此不能直接修改列表img0引用的图像，也不能令img=img0[:]，修改列表img引用的图像，因为img0、img和unEditImgs列表引用的是同一图像，修改列表img0或img引用的图像，也就修改列表unEditImgs引用的图像，这是不允许的。如需要修改图像宽和高，必须使用img=copy.deepcopy(img0) 语句得到img，deepcopy拷贝过程是，从img0拷贝所有图像，创建新的相同图像，再创建新列表引用新图像，这样修改img列表引用的图像的宽和高，才能使unEditImgs引用图像保持不变。保存动图菜单项的事件处理函数saveGIF定义如下。

```
def saveGIF():                           #用列表images将所选录屏图像转换为动图
    global images,playNum,fps,downsize
    fname=tkinter.filedialog.asksaveasfilename(title=u'保存GIF文件',defaultextension='GIF')
    if fname=='' or len(images)==0:      #如单击忽略按钮返回空字符串或未选中图像
```

```
        return
img0=[]
for a in images:                    #列表images元素是unEditImgs列表序号
    img0.append(unEditImgs[a])      #将录屏图像引用取出，添加到img0
img=copy.deepcopy(img0)             #列表img0深拷贝到img，两者是独立列表，对img修改不会影响img0
if downsize!='1':                   #=1保持原尺寸不缩小
    k=int(downsize)                 #=2到10，要缩小为原来的1/10到1/2
    for i in range(len(img)):       #对列表中每个图像进行缩放
        im=img[i]                   #取出列表第i项
        m=int((im.width/k)//1)
        n=int((im.height/k)//1)
        img[i]=im.resize((m,n))
l=int(playNum)                      #l为完整动图播放几次，=0，无限循环播放
d=int(round(1000/int(fps),0))       #d为播放周期。Round是4舍5入函数，1000/int(fps)后保留整数
img[0].save(str(fname),save_all=True,append_images=img,duration=d,loop=l)        #img为保存为动图的列表
```

录屏完成后，一般需要对所录屏的图像进行编辑，会删除一些图像。当没有完成编辑时，希望保存已完成的编辑工作，以便下次编辑时再次打开，继续编辑。原计划将编辑后的录屏图像都保存为gif文件，需要时，用22.1节的第二个例子所使用的方法打开gif文件，将动图的每一帧图形还原到列表中。虽然22.1节的第二个例子能正确运行，但打开保存的录屏图形gif文件时，只有第一帧正确，其余帧不正确，不知何故。因此将记录所有录屏图像列表unEditImgs和列表images保存为shelve文件，第2个列表记录了经过编辑后，创建动图所需图像在列表unEditImgs的索引，但编辑可能还未完成。当需要继续编辑工作，可打开保存列表unEditImgs和images的文件，得到images列表，继续删除不需要的图像。

另外shelve的open方法不能包括扩展名，因此保存时不必输入扩展名。而打开Python文件时，当然也不能有文件扩展名。但使用Python的文件对话框选择文件名时，shelve文件扩展名.data也出现在文件名中，无法只选择无扩展名的文件名，只能先选择带扩展名的文件名，再去掉扩展名。"保存图像"和"打开图像"菜单项的事件处理函数如下。

```
def saveFile():                     #保存unEditImgs列表和images列表为shelve文件
    if len(images)==0:
        return
    fname=tkinter.filedialog.asksaveasfilename(title=u'保存录屏图像为文件，不用输入扩展名')
    if fname=="":                   #如单击对话框的取消按钮，返回空字符串，取消此次操作
        return                      #必须单击对话框的确定按钮，才能执行下边程序
    with shelve.open(fname) as f:
        f['unEditImgs']=unEditImgs  #保存记录所有录屏图像列表unEditImgs
        f['images']=images          #列表images记录创建动图所需图像在列表unEditImgs的索引
```

```
def openFile():                        #打开shelve文件得到unEditImgs列表和images列表
    global unEditImgs,images
    fname=tkinter.filedialog.askopenfilename(title=u'打开录屏图像文件，选择.dat文件')
    if fname == "":                    #如单击对话框的取消按钮，返回空字符串，取消此次操作
        return                         #必须单击对话框的确定按钮，才能执行下边程序
    s=fname.split('.')                 #打开shelve文件不需扩展名，用'.'分割fname为两个字符串，s[0]无扩展名
    with shelve.open(s[0]) as f:
        unEditImgs=f.get('unEditImgs')
        images=f.get('images')
        reSet()                        #重新显示images中的图像
```

在调用openFile()前，如果正在编辑其它录屏图像，要提示是否保存当前所作的修改。因此必须增加是否修改列表images的标记，该标记初始值、打开新文件和保存文件后，为假表示当前images未被修改。当修改了列表images，将该标记设置为真。另外，撤销栈和重做栈需清空。

使用本程序设计思路，可将多张照片保存为gif文件，并能用显示静止图片的软件自动逐一显示所有照片。有兴趣的读者可以试一试。

第23章 投篮游戏

【学习导入】前边的棋类游戏都使用tkinter窗体，对于运动类游戏，人物和物体的运动都要有动画效果，实际就是连续播放图片，最好使用专用的游戏框架。pygame 是一个专门用来开发游戏的 Python 模块，主要用于开发、设计二维电子游戏，它是一个免费、开源的第三方软件包，支持多种操作系统，例如 Windows、Linux、Mac 等，具有良好的跨平台性。本章使用pygame开发运动类游戏。本章通过投篮游戏，说明使用pygame开发游戏的具体步骤。游戏中有一个投篮手，一个防守者。投篮手运球避开防守，跳起投篮，投中得一分。投篮手离篮筐越近，投篮准确率越高，但离篮筐越近，越可能碰到防守者，如碰到防守者，游戏结束。

23.1 安装pygame

可用两种方法安装pygame：一是通过 Python 的包管理器 pip 来安装；二是从网站https://pypi.org/project/pygame/#files下载不同操作系统的 pygame 二进制安装包后安装。pypi.org网站是Python第三方库官网，如希望自己编写的Python代码，能通过pip install 方式供所有人进行下载，可将代码上传到PyPi网站，这样就能让所有人下载使用。这里仅介绍第一种方法。

pip包管理器安装是最为简单的一种安装方式，推荐大家使用。计算机必须首先安装Python（推荐使用3.7以上版本），然后打开cmd命令窗体，输入以下命令即可成功安装：pip install pygame。该方法同样适用于 Linux 和 Mac 操作系统。安装后在shell窗体输入：import pygame，然后回车，出现以下字符，表示安装成功。

```
>>> import pygame          #1.9.6是所安装的pygame的版本号
pygame 1.9.6
Hello from the pygame community. https://www.pygame.org/contribute.html
```

23.2 pygame游戏基本框架

一个游戏框架必须有两个基本功能：第一，将游戏角色的各种动作流畅地显示，就是以设定的速度播放不同造型、不同位置的角色造型图像，本质上是动画；第二，在播放角色图片时，及时响应事件，控制角色的动作。pygame游戏基本框架如下。

```
import sys,pygame                              #导入sys和pygame模块
pygame.init()                                  #初始化pygame。下句创建游戏窗体，参数是窗体宽和高
screen=pygame.display.set_mode((400,300))      #screen是一个Surface类对象(见下节)，不是屏幕
pygame.display.set_caption('游戏框架')          #设置窗体标题
bg_color=(0,200,200)                           #设置窗体背景色。下句的fps是英文缩写
fps=5                                          #设定游戏帧速率，即每秒播放帧数
fclock=pygame.time.Clock()                     #创建时钟，用来控制动画帧速率
while True:                                     #无限循环语句，每次循环，显示一帧图像
    for event in pygame.event.get():           #获取当前所有发生的事件
        if event.type == pygame.QUIT:          #如单击窗体右上角按钮"X"，则退出游戏
            pygame.quit()                      #卸载pagame所有模块
            sys.exit()            #终止程序，确保退出程序。下句设置窗体背景色，清除窗体所有图像
    screen.fill(bg_color)     #每次循环，首先设置背景色（或图片背景），然后重画角色图片，顺序不能变
    pygame.display.flip()         #更新屏幕，将窗体screen的图像在屏幕显示
    fclook.tick(fps)              #延迟时间，保证一次循环时间为帧周期
```

本游戏框架首先用函数pygame.display.set_mode()创建游戏窗体screen。然后定义变量fps，是每秒播放的帧数，也称帧速率，其倒数是帧周期。然后进入无限循环，一次循环显示一帧图像，每秒循环次数为fps。连续多帧显示某角色的不同运动造型图像，利用人眼视觉暂留特性，使该角色产生动画效果。因此每次循环，首先要重置窗体screen背景色(或图片背景)，后画图形将覆盖前边所画图形，效果就是删除了上帧图像，然后将本帧多个角色造型图像依次复制到窗体screen，窗体screen的图像就是要在屏幕显示的本帧图像。窗体screen不是屏幕，是一个Surface类对象(见下节)，该Surface类对象不会自动显示到屏幕。窗体screen之所以不能是屏幕，是因为动画是通过连续播放多帧静止图像来实现的，在一个帧周期内，图像是静止的。假如窗体screen是屏幕，删除上帧图像、多次复制角色到窗体screen，窗体screen的图像每次改变，会立即显示到屏幕，导致屏幕闪烁，影响动画效果。游戏框架在每帧最后执行语句pygame.display.flip()，以不产生屏幕闪烁的极快速度，将窗体screen的图像显示到屏幕，即更新整个屏幕，该功能是用硬件实现的，这里就不解释其工作原理了。这就保证了在一个帧周期内，图片是静止的，避免屏幕产生闪烁。

也可用函数pygame.display.update(rectangle=None)更新屏幕，如参数rectangle是一个Rect类对象，将只更新参数rectangle指定的屏幕区域；如需更新屏幕多个矩形区域，参数rectangle也可以是一个Rect类对象列表；该函数如无参数，和pygame.display.flip()函数功能相同，更新整个屏幕。

为保证每秒循环次数等于fps，每次循环需延迟若干时间，延迟时间=播放周期——帧内程序运行占用的时间。用函数pygame.time.Clock()创建时钟变量fclock，用来控制动画帧速率，在循环的最后，用语句fclock.tick(fps)实现延时，确保一次循环的时间等于帧周期。显然，响应事件、设置背景色和显示角色造型图像等程序运行占用的时间，要小于播放周期(帧周期)，否则无法达到设定的fps。在无限循环中，除了刷新图像，还必须响应事件，在循环开始，首先检测事件，

根据事件完成指定工作，这里只检测退出事件，结束游戏。

23.3 pygame.Surface类和blit()方法

Surface 模块是Pygame 中专门用来创建游戏中的角色，角色本质上是矩形图像。通过该模块可以创建一个 Surface 对象，语法格式如下。其中参数size表示 Surface 对象的矩形区域大小；参数flags是功能标志位，有两个可选参数值 HWSURFACE 和 SPCALPHA，前者表示将创建的 Surface 对象存放于显存中，后者表示让图像的每一个像素都包含一个alpha通道；参数depth是像素的颜色深度，默认为自适应模式，由 Pygame 自动调节。

aSurface=pygame.Surface(size=(width,height),flags,depth)

除了使用 Surface 模块新建图像外，我们还可以使用另外一种方法从外部导入图像，得到一个Surface 类对象，作为角色。如下所示。通过 image.load() 方法可以导入游戏的背景图文件，或者游戏中使用的其他元素文件，元素可以是人物、道具等。

aSurface=pygame.image.load("图片路径").convert()   #如导入背景透明png文件，请用convert_alpha()

上节例子中语句screen=pygame.display.set_mode((400,400))创建的游戏窗体，其用户区本质是一个 Surface 类对象，screen可以调用pygame.Surface所有方法。Surface 模块提供了处理图像的一些方法如下。

pygame.Surface.blit()	#将一个图像（Surface 对象）绘制到另一个图像上
pygame.Surface.convert()	#修改图像（Surface 对象）的像素格式
pygame.Surface.fill()	#使用纯色填充 Surface 对象，设置该对象背景色(底色)
pygame.Surface.scroll()	#复制并移动 Surface 对象
pygame.Surface.set_alpha()	#设置整个图像的透明度
pygame.Surface.get_at()	#获取一个像素的颜色值
pygame.Surface.set_at()	#设置一个像素的颜色值
pygame.Surface.get_palette()	#获取 Surface 对象 8 位索引的调色板
pygame.Surface.map_rgb()	#将一个 RGBA 颜色转换为映射的颜色值
pygame.Surface.set_clip()	#设置该 Surface 对象的当前剪切区域
pygame.Surface.subsurface()	#根据父对象创建一个新的子 Surface 对象
pygame.Surface.get_offset()	#获取子 Surface 对象在父对象中的偏移位置
pygame.Surface.get_size()	#获取 Surface 对象的尺寸

pygame.surface.blit方法经常被使用，该方法定义如下：

rect=screen.blit(source,dest,area=None,special_flags=0)

该方法将一个Surface对象source复制到另一个Surface对象screen上，由参数dest指定位置。返回值是一个Rect类对象，表示在screen上实际复制的矩形区域。参数dest可以是矩形图像source左上角在screen上的坐标，也可以是一个Rect类对象，那么blit()会使用其左上角坐标，而忽略Rect类对象的宽和高。可选参数area也是一个Rect类对象，表示从source的area区域取出图像复制到screen上。可选参数 special_flags 是 pygame 1.8.0 新增的内容，是将参数source(Surface对象)复制到screen(Surface对象)上时，两者对应位置颜色的混合方式，默认方式为参数source颜色覆盖screen对应点颜色，其它可选值是BLEND_ADD、BLEND_SUB、BLEND_MULT、BLEND_MIN、BLEND_MAX；pygame1.8.1 新增可选值：BLEND_RGB_ADD, BLEND_RGB_SUB, BLEND_RGB_MULT, BLEND_RGB_MIN, BLEND_RGB_MAX , BLEND_RGBA_ADD, BLEND_RGBA_SUB, BLEND_RGBA_MULT, BLEND_RGBA_MIN, BLEND_RGBA_MAX；将来还可能添加新的可选值。BLEND、ADD、SUB、MULT、MIN和MAX中文意思按顺序是：混合、加、减、乘、最小和最大。后两个参数一般采用默认值。在下节有使用第三个参数的例子。有关Rect类内容参见23.10节。

下例的Surface类对象face是一个正方形，正方形首先从左向右运动，碰到右边界后，改为从右向左移动，碰到左边界后，再次改为向右运动，重复这个过程。请注意，程序中的screen也是一个Surface类对象，当将Surface类对象face复制到screen，在执行语句pygame.display.flip()后，screen中所有图像(包括正方形face)，将在屏幕显示。程序如下。

```python
import sys,pygame
def prepare():                    #游戏渲染前的准备工作
    global bg_color,fps,face,dx,x
    bg_color=(0,200,200)          #窗体背景色
    fps=5                         #帧速率
    face=pygame.Surface((50,50),flags=pygame.HWSURFACE)   #创建正方形
    face.fill((0,0,255))          #使正方形背景色为蓝色
    dx=10                         #正方形沿x方向增量，向右为正，向左为负
    x=0                           #正方形左上角在窗体坐标系的x坐标
def render():                     #渲染(render)正方形，使正方形沿x方向运动
    global x,dx                   #函数名为render，中文意思是渲染
    screen.fill(bg_color)         #首先设置窗体工作区背景色，清空上帧图像
    x+=dx
    if x>350:                     #如到右边界
        dx=-dx
    elif x<0:                     #如到左边界
        dx=-dx
    screen.blit(face,(x,80))      #将face复制到screen上由参数2指定位置
```

```
pygame.init()                                    #初始化pygame
screen=pygame.display.set_mode((400,200))        #创建游戏窗体，参数是窗体宽和高
pygame.display.set_caption('方块移动')            #窗体标题
prepare()                                        #渲染准备
fclock=pygame.time.Clock()                       #创建时钟，用来控制动画帧速率
while True:                                       #无限循环语句
    for event in pygame.event.get():             #获取事件，监听事件状态
        if event.type==pygame.QUIT:              #如果单击窗体右上角按钮"X"，则退出游戏
            pygame.quit()                        #卸载所有模块
            sys.exit()                           #终止程序，确保退出程序
    render()                                     #渲染
    pygame.display.flip()                        #更新屏幕，将screen中所有图像在屏幕显示
    fclock.tick(fps)                             #保证一次循环的时间等于帧周期
```

　　游戏中的角色图像一般从图片得到，图片形状一般是矩形，在图片中除了角色图像，例如一个圆，矩形其它区域一般为单一颜色，称为底色或背景色。在游戏中当然希望只看到角色图像，不希望看到其底色。常用去掉底色方法是使用png格式文件，将底色设置为透明。pygame还提供一个方法set_colorkey（某颜色），将参数指定颜色变为透明。修改上例的prepare函数如下，其余代码不变，将看到一个移动的圆。如注释掉语句face.set_colorkey()，将能看到白色背景色（底色）。

```
def prepare():                                   #游戏渲染前的准备工作
    global bg_color,fps,face,dx,x
    bg_color=(0,200,200)                         #窗体背景色(底色)
    fps=5                                        #帧速率
    face=pygame.image.load("pic/e.png").convert() #e.png文件的图形背景色(底色)为白色
    face.set_colorkey(pygame.Color(255,255,255)) #将白色设置为透明
    dx=10                                        #正方形沿x方向增量，向左为正，向右为负
    x=0                                          #正方形在窗体坐标系的x坐标
```

　　游戏中许多角色总是在移动，如篮球运动员在投篮前，不断运球避开防守，寻找机会投篮。为了显示投手运球效果，需要投手多帧运动图像，循环显示。下边例子有运动员运球的4个png图像文件（见23.5节图23-2的前4个图像），底色已变为透明，取出4个文件图像保存到列表，作为4帧图像，注意球也是图像的一部分。使运动员运球从左向右运动，碰到右边界后，改为从右向左移动，碰到左边界后，再次改为向右运动，重复这个过程。程序如下。仅修改本节第一个例子中的函数prepare和render，其余代码同本节第一个例子。

```
def prepare():
```

```
    global bg_color,fps,dx,x,images,frameNum
    bg_color=pygame.Color('blue')
    images=[]                                            #列表保存投手运球4帧图像
    for n in range(4):                                   #将4帧图像保存到列表中
        p=pygame.image.load('pic/'+str(n)+'.png').convert_alpha()   #文件名为：0.png、1.png、2.png…
        r=p.get_rect()                                   #有关Rect类内容参见23.10节
        p=pygame.transform.scale(p,(r.width//6,r.height//6))   #调整图像的大小
        images.append(p)
    fps=5
    frameNum=0                                           #帧号初始为0
    dx=20
    x=0
def render():
    global x,dx,p,frameNum
    screen.fill(bg_color)
    p=images[frameNum]
    if dx<0:                                             #使投手总是面向前进方向
        p=pygame.transform.flip(p,True,False)           #参数2=True图像p沿y轴翻转，参数3=False沿x轴不翻转
    screen.blit(p,(x,70))
    frameNum+=1                                          #帧号从0–3，初始为0，完成1帧，其值加1，到4，变0
    if frameNum==4:
        frameNum=0
    x+=dx
    if x>350:
        dx=-dx
    elif x<0:
        dx=-dx
```

　　修改上例，使运动员带球随鼠标移动，完整程序如下。读者也可以试试用键盘的左右箭头键控制运动员带球移动。

```
import sys,pygame
def prepare():
    global bg_color,fps,dx,x,images,frameNum
    bg_color=pygame.Color('blue')
    images=[]
    for n in range(4):
        p = pygame.image.load('pic/'+str(n)+'.png').convert_alpha()
```

```
        r=p.get_rect()
        p=pygame.transform.scale(p,(r.width//6,r.height//6))
        images.append(p)
    fps=5
    frameNum=0
    x=0                                    #记录鼠标移动位置的x坐标
def render(a,b):                           #渲染函数，参数是鼠标移动位置坐标
    global x,dx,p,frameNum
    screen.fill(bg_color)
    p=images[frameNum]
    if a-x<0:                              #面向鼠标
        p=pygame.transform.flip(p,True,False)
    x,y=a,b
    screen.blit(p,(x,y))
    frameNum+=1
    if frameNum==4:
        frameNum=0
pygame.init()
screen=pygame.display.set_mode((400,200))
pygame.display.set_caption('投手运球随鼠标跑')
prepare()                                 #渲染准备
fclock=pygame.time.Clock()
while True:                               #死循环语句
    for event in pygame.event.get():      #循环获取事件，监听事件状态
        if event.type==pygame.QUIT:
            pygame.quit()
            sys.exit()
        if event.type == pygame.MOUSEMOTION:  #得到鼠标位置
            a,b=event.pos
    render(a,b)                           #渲染
    pygame.display.flip()
    fclock.tick(fps)
```

23.4　用Surface.blit()方法从多帧图片取出单帧

当游戏的运动角色有多帧造型图像，每帧图像用不同png文件保存，从不同文件得到每帧图像保存到列表，从列表逐一取出在窗体显示。这是保存多帧图像的第一种方法。上节投手运球的例子采用这种方法，适用于运球各种动作幅度不同，每帧图像的宽高不相同的图像。如果

每帧图像宽高都相同，如图23-1所示，可将所有图像保存到一个图像文件中，导入该文件作为pygame.surface.blit()方法的参数source，在循环语句中，每次循环修改参数area位置，从参数source取出不同小姑娘图像，用blit()方法按顺序将每帧小姑娘图像在屏幕显示，完成小姑娘跑步动画。这是保存多帧图像的第二种方法。

图23-1

下例使用图23-1作为source，包含2行4列8个等宽等高动画帧，图片宽为width，高为height，则每帧宽为width//4，帧高为height//2，帧序号frameNum取值范围为0,1,2,…，7。使用blit()方法循环从source按参数3指定位置取出部分图形绘制到screen，完成动画。程序如下。仅修改了23.3节第一个例子中的函数prepare和render，其余代码相同。

```
def prepare():
    global bg_color,fps,dx,x,image,frameNum,rect2
    bg_color=pygame.Color('pink')
    image=pygame.image.load('pic/girlRun_缩小.png')        #背景色为白色，不透明
    rect=image.get_rect()
    rect2=pygame.Rect(0,0,rect.width//4,rect.height//2)    #blit方法第3个参数area
    fps=5
    frameNum=0                            #帧号取值范围为0到7，初始为0，完成1帧，其值加1，到8变0
    dx=20
    x=0
def render():
    global x,dx,p,frameNum
    screen.fill(bg_color)
    row=frameNum//4                       #求整数商为行号，根据frameNum改变：0，1
    col=frameNum%4                        #求余数为列号，根据frameNum改变：0，1，2，3
    rect2.x=col*rect2.width               #rect2是blit方法第3个参数area
    rect2.y=row*rect2.height              #根据frameNum改变，从image取不同的帧
    p=pygame.Surface((rect2.width,rect2.height))    #p和rect2等宽高，将使下句执行后，背景色为白色
    p.blit(image,(0,0),rect2)             #从有多帧图的image根据rect2指定位置的某帧复制到p
```

```
if dx<0:                                #跑步者向右跑，面向右侧，如向左跑，面向左侧
    p=pygame.transform.flip(p,True,False)
p.set_colorkey((255,255,255))           #注意是(255,255,255)，设置白色为透明色
screen.blit(p,(x,40))

frameNum+=1                             #帧号取值范围为0到7，初始为0，完成1帧，其值加1，到8变0
if frameNum==8:
    frameNum=0
x+=dx
if x>300:                               #是否碰到右边界
    dx=-dx
elif x<0:                               #是否碰到左边界
    dx=-dx
```

请注意，文件girlRun_缩小.png中的图像底色是不透明白色，将该文件保存到Image类对象image，从有多帧图的image根据rect2指定位置取出的一帧图像，其底色当然也是不透明白色，创建图像p和一帧图像的宽高相同，将取出的某帧图像复制到p，p将被该帧图像完全覆盖，因此图像p的底色也是不透明白色。p.set_colorkey((255,255,255)) 语句将白色设置为透明，当图像p在窗体显示时，将看不到图像p的底色。

23.5　实现投篮手运球和投篮动作

本章投篮游戏，背景是半个篮球场。投手随鼠标运动，运动范围只能在篮球场内(不是在背景内，不能出界，也不能在空中行走)，鼠标可移出篮球场，但投手不能移出篮球场。当按下空格键，投手将跳起投篮。定义Player类，封装投篮者的行为，在__init__方法做一些初始化工作，dribble方法实现投篮手运球动作，jumpShot方法实现跳投。

从上节例子可以看到在每秒4帧图像情况下，4个造型就可以完成运球动画。注意球也是造型的一部分。但在每秒4帧图形情况下，跳投动画仅用4帧造型是不可能的，试了一下，每秒4帧，感觉要用12帧造型，即跳投从起跳到落下需用12*0.25=3秒时间，才有满意的动画效果。因此投手运球有4个造型，帧号0—3，跳投有12个造型，帧号4—15，这些造型用来实现投篮手运球和跳投动画。投篮手、防守者和球的所有造型如图23-2。

图23-2

当按空格键将启动跳投，将帧号(frameNum)修改为4。当帧号>=4，将调用jumpShot方法完成跳投动作，第9帧是投篮手跳投最高点，以后将下降，第16帧跳投结束，重新运球，帧号重新设置为0。注意，跳投的第4、5和6帧中图形是有篮球的，后边帧无篮球，表示篮球已经投出，在

适当时候(本例在第8帧)篮球角色将出现在投篮者上方，以此为起点向篮板运动。当帧号<4，将调用dribble方法完成运球动作。实现运球和跳投程序如下。

```
import sys,pygame
class Player():                                              #Player类封装投篮者的行为
  def __init__(self,screen):
    self.screen=screen                                       #游戏窗体
    self.images=[]                                           #列表保存运球和投篮共16帧图形
    for n in range(16):
      p=pygame.image.load('pic/'+str(n)+'.png').convert_alpha()   #文件名为：0.png、1.png、2.png…
      r=p.get_rect()
      p=pygame.transform.scale(p,(r.width//6,r.height//6))   #调整图像的大小
      self.images.append(p)
    self.frameNum=0                                          #投手动作图像在列表索引(帧号)
    sclf.x,sclf.y=0,0                                        #投手在窗体的坐标
    self.mouseX,self.mouseY=0,0                              #鼠标移动坐标
    self.width,self.height=screen.get_size()                #得到screen窗体的宽和高
    self.jumpUpOrDown=-10          #按空格键后投手上跳增量，初值为负数。到最高点后下落，为正数
    self.rect=None                 #记录当前帧图像在screen上的坐标与图形宽和高，用来检测碰撞
  def dribble (self):             #实现投手运球动作
    p=self.images[self.frameNum]  #得到指定帧号投手运球图像
    if self.mouseX-self.x<0:      #使投手总是面向鼠标
      p=pygame.transform.flip(p,True,False)                  #图像p沿y轴翻转
    self.x,self.y=self.mouseX,self.mouseY
    if self.x<1:                  #4个if语句保证运动员在篮球场中
      self.x=1                    #投篮者不能越过篮球场左边界
    if self.x+90>self.width:      #90是投手图片的宽，每帧图像宽不相同，近似值
      self.x=self.width-90        #投手不能越过篮球场右边界
    if self.y<230:                #篮球场上边界，测量背景篮球场得到
      self.y=230                  #投手不能越过篮球场上边界
    if self.y+120>self.height:    #120是投篮者图片的高，每帧图像高相同为720，缩小到1/6为120
      self.y=self.height-120      #投手不能越过篮球场下边界
    self.rect=self.screen.blit(p,(self.x,self.y))            #在屏幕指定位置绘制图形
    self.frameNum+=1                                         #帧号为0、1、2和3
    if self.frameNum==4:
      self.frameNum=0
  def jumpShot(self):             #实现跳投动画，帧号>3，调用该函数，跳起投篮
    p=self.images[self.frameNum]  #得到指定帧号投篮手跳投图像
```

```
        if self.x>self.width/2:                                  #投篮者必须面向篮板跳投
            p=pygame.transform.flip(p,True,False)                #图像p沿y轴翻转
        self.screen.blit(p,(self.x,self.y))                      #在self.x,self.y位置显示跳投图像
        self.y+=self.jumpUpOrDown                                #投篮手先向上跳(y值减少)，到最高点后下落
        self.frameNum+=1
        if self.frameNum==9:                                     #第9帧开始下落，下落值为正
            self.jumpUpOrDown=10
        if self.frameNum==16:                                    #第16帧，跳起投篮结束，转运球
            self.frameNum=0
            self.jumpUpOrDown=-10
pygame.init()
screen=pygame.display.set_mode((800,600))                        #800,600是背景篮球场的宽和高
pygame.display.set_caption("投手跟随鼠标运球")
bg_img=pygame.image.load("pic/篮球场1.png").convert()             #背景是半个篮球场
fps=4                                                            #设定游戏帧速率
player=Player(screen)                                            #创建Player类对象
fclock=pygame.time.Clock()                                       #创建时钟，用来控制动画帧速率
while True:
    for event in pygame.event.get():
        if event.type==pygame.QUIT:                              #处理退出事件
            pygame.quit()
            sys.exit()
        if event.type==pygame.KEYUP:                             #按键后抬起事件，避免长按键不抬起
            if event.key == pygame.K_SPACE:                      #如是按空格键后抬起
                if player.frameNum<4:                            #如在运球状态，转投篮状态
                    player.frameNum=4                            #已在投篮状态不处理
    player.mouseX,player.mouseY=pygame.mouse.get_pos()           #将鼠标位置传递给投篮手用于运球
    screen.blit(bg_img,(0,0))                                    #绘制背景，删除所有其它图像
    if player.frameNum>=4:                                       #如投手帧号>=4,投手正在跳投
        player.jumpShot()                                        #投手跳投
    else:                                                        #如投手帧号<4，投手正在运球
        player.dribble()                                         #投手运球
    pygame.display.flip()                                        #刷新游戏场景
    fclock.tick(fps)                                             #保证一次循环的时间等于帧周期
```

23.6　投手将球投向篮筐

前边讲到投手跳投的第4、5和6帧图像是有篮球的，后边帧无篮球，表示篮球已经在第7帧

投出。篮球角色在投篮手跳投的第8帧出现，得到该帧投手坐标(x0,y0)，篮球从该点出发，匀速向篮板前进，直到碰到篮板中心点(400,40)。篮球从起始点到碰到篮板的(400,40)，共有6帧，还有两帧（第7、8帧）是篮球从篮板下落。那么(400-x0)/6和(40-y0)/6就是篮球在x和y方向的移动速度，还可得到篮球移动起点到篮板中心点距离L。

首先要解决的问题是哪种情况投篮能中，哪种情况投篮不中。本游戏规则是：距离篮筐越远投篮越不准，在某一点投篮，哪次投中，哪次投不中无规律，或者说是随机的，但投中概率是定值。从投篮起始点到篮板中心点距离为L，令n=(L//100)取整数，使用随机数发生器产生1到n+1之间随机整数。规定随机数为1，投中，其它随机整数投不中。如投篮起始点到篮板中心点距离L<100,n=0，投中率为100%；如200>L>99，n=1，投中率为50%；如300>L>199，n=2，投中率为33%，等等。实际上由于有防守者，投手到100附近，一般就会碰到防守者，游戏就会结束。如果计算本次投篮能投中，篮球进篮筐，否则，篮球从篮筐外下落。定义Ball类，封装篮球行为。Ball类的定义如下。

```
import sys,pygame,math,random                    #注意引入新模块math和random
class Ball():                                     #篮球类
    def __init__(self,screen):                    #screen是游戏主窗体，Surface类对象
        self.screen=screen
        b=pygame.image.load('pic/b.png').convert_alpha()   #得到篮球图形
        r=b.get_rect()
        self.p=pygame.transform.scale(b,(r.width//2,r.height//2))  #缩小图形
        self.x,self.y,self.xi,self.yi=0,0,0,0     #篮球坐标，篮球两帧坐标增量
        self.frameNum=9                           #球运动帧号1-8，=9球结束运动消失，篮球被投手控制
        self.mark=0                               #此次投篮中否，=0不中，=1中
        self.score=0                              #投篮投中次数(得分)
    def draw(self):                               #主程序调用，实现篮球动画
        if self.frameNum==9:                      #篮球运动帧号=9，篮球结束运动消失，篮球被投手控制
            return                                #不处理，退出
        if self.frameNum==1:                      #第1帧计算必要数据,下句坐标(self.x,self.y)是球运行起点
            dx,dy=(400-self.x),(40-self.y)        #坐标(400,40)点是球碰到篮板中心点
            self.xi=dx//6                         #篮球从起始点到篮板每帧沿x轴前进的增量
            self.yi=dy//6                         #篮球从起始点到篮板每帧沿y轴前进的增量
            dist=math.sqrt((dx**2)+(dy**2))       #投篮点距离篮板距离
            n=int(dist//100)                      #除数越小，投中率越低，为200，投中率提高
            if random.randint(1,n+1)==1:          #随机数为1投中，n+1在 dist<100时避免(1,0)
                self.mark=1                       #投中标记为1，这次投篮入篮筐
            else:
                self.mark=0                       #投不中为0，这次投篮出篮筐
        if self.frameNum>=1 and self.frameNum<6:  #从第1帧到第5帧篮球向篮板球前进
```

```
            self.x+=self.xi                                    #篮球每帧沿x轴增加1个增量值
            self.y+=self.yi                                    #篮球每帧沿y轴增加1个增量值
            self.frameNum+=1                                   #球帧号加1
        elif self.frameNum==6:                                 #此帧球碰到篮板，要计算碰到篮板后球落点
            self.x=400                                         #球碰到篮板的x坐标，也是篮筐中心x坐标
            self.frameNum+=1                                   #篮球x坐标不变，y坐标增加，篮球将入篮框
            if self.mark==1:                                   #投中，篮球落点y轴方向靠近篮筐
                self.y=90                                      #数值大，距离篮筐近，篮筐在篮球下方
            else:                                              #投不中，篮球落点y轴方向离篮筐较远
                self.y=70                                      #数值小，距离篮筐远
        else:                                                  #其余是篮球下落第7，8帧
            if self.mark==0:      #球未投中，球除下落，还沿x轴方向移动，球从篮筐两侧落下
                if self.xi>=0:    #如球从左到右，最后两帧，球沿x轴方向继续从左向右移动
                    self.x+=30
                else:
                    self.x-=30    #否则最后两帧，球沿x轴方向继续从右向左移动
            self.y+=25            #如投中x坐标不变，即球直接下落穿过篮筐
            self.frameNum+=1
        self.screen.blit(self.p, (self.x, self.y))             #在屏幕指定位置绘制篮球
        if self.frameNum==9 and self.mark==1:                  #球所有动作完成，判断得分是否加1
            self.score+=1
class Player():                                                #Player封装投篮者的行为
    …                                                          #Player定义未修改，未列出

pygame.init()
screen=pygame.display.set_mode((800,600))                      #800,600是背景篮球场的宽和高
pygame.display.set_caption("投手跟随鼠标运球并投篮")
bg_img=pygame.image.load("pic/篮球场1.png").convert()          #背景篮球场
fps=4                                                          #设定游戏帧速率
player=Player(screen)                                          #创建Player类对象
ball=Ball(screen)                                              #创建篮球类对象
fclock=pygame.time.Clock()                                     #创建时钟，用来控制动画帧速率
while True:
    for event in pygame.event.get():
        if event.type==pygame.QUIT:                            #处理退出事件
            pygame.quit()
            sys.exit()
        if event.type==pygame.KEYUP:                           #按键后抬起事件，避免长按键不抬起
            if event.key == pygame.K_SPACE:                    #如按空格键后抬起
```

```
        if player.frameNum<4:                           #如在运球状态，转投篮状态
            player.frameNum=4                           #投篮从第4帧开始
    player.mouseX,player.mouseY=pygame.mouse.get_pos()  #将鼠标位置传递给投篮手用于运球
    screen.blit(bg_img,(0,0))                           #绘制背景，将删除所有其它图像
    if player.frameNum>=4:                              #如果投篮手帧号>=4，投篮手正在跳投
        player.jumpShot()                               #投手投篮
        if player.frameNum==8:                          #第8帧投手已将球投出，篮球出现并开始向篮板运动
            ball.frameNum=1                             #球向篮板运动第1帧
            ball.x,ball.y=player.x,player.y             #球向篮板运动的起始位置
    else:                                               #如果投手帧号<4，投篮手正在运球
        player.dribble()                                #投手运球
    ball.draw()                                         #球帧号=9退出，其它球帧号，球移动
    pygame.display.flip()                               #刷新游戏场景
    fclock.tick(fps)                                    #保证一次循环的时间等于帧周期
```

23.7 使用pygame.math.Vector2

在游戏程序设计中，必然会涉及角色的运动。例如，投篮游戏，要根据投篮点到篮板的距离，确定本次投篮的命中率，距离越近，投篮命中率越高，距离越远，投篮命中率越低。两点间的距离可用一个数值表示，这种只用数值就可以表示的量，称为标量。还有很多的量是既有大小，又有方向。例如，投篮游戏的一次投篮，篮球从投出点向篮板某点做直线移动，假设在6帧后篮球碰到篮板，必须计算每帧的篮球位置，首先要计算篮球移动速度，即篮球每帧位移量，然后从投篮点或篮球上一次位置，按照篮球每帧位移量完成移动。这里速度和位移，不仅有移动距离，还有移动方向，这种需用数值和方向表示的量，在运动学中被称为矢量，在数学中被称为向量。向量(矢量)可用于数学和物理等多个领域，例如物理中力的合成分解，物体的运动等。本节仅介绍在用pygame游戏编程中如何使用二维向量，内容包括如何用向量记录游戏角色的位置，以及游戏角色的移动速度向量和位移向量等概念。这些实际上是计算机图形学的有关内容。

可用坐标系中的有向线段来呈现向量，线段长度是向量的长度，从线段起点到线段终点方向是向量的方向，也可用线段和x轴夹角记录方向。在直角坐标系上，点的位置用(a,b)表示，称为点的坐标，其中a称为x坐标，是距离y轴的距离，b称为y坐标，是距离x轴的距离，直角坐标系的原点坐标为(0,0)。线段就是连接两个坐标点的线。在计算机游戏中，直角坐标系原点在屏幕左上角，x轴向右为正方向，y轴向下为正方向。计算机游戏只显示坐标x和y都为正数的点。

在直角坐标系中，可从原点(0,0)到终点(a,b)画一条线段代表一个向量，该向量方向从原点(0,0)到终点(a,b)，用向量和x轴夹角 θ 记录向量方向，该向量长度是从原点(0,0)到终点(a,b)的距离。数学中的向量仅有方向和大小(长度)，向量的起点和终点等位置信息是没有意义的，认为所有长度相等的平行向量都是同一向量。因此任何向量，只要和从原点(0,0)到终点(a,b)的向量平行，且长度相等，都是同一向量。运动学中的速度向量和位移向量，仅表示沿指定方向移动指

定距离，就是这样的向量，仅有方向和长度。在向量的运算中，所有速度向量和位移向量的起点都为(0,0)，运算结果如是速度向量和位移向量，也是起点为(0,0)的向量。但在游戏设计中，有些向量还是要考虑起点和终点的。例如，从原点(0,0)到终点(a,b)的向量，由于向量起点是原点，向量终点坐标(a,b)分别是距离y轴和x轴的距离，因此这个向量也可以代表坐标为(a,b)的点，称这个向量为"位置向量"。为了用向量代表坐标为(a,b)的点，向量起点必须是直角坐标系原点(0,0)，终点是坐标(a,b)点，其它和该向量平行，且长度相等，但起点不是(0,0)的向量，都不能代表坐标为(a,b)的点。在实际应用中，应该还有其他情况需要考虑向量的起点和终点。

不使用向量，也可以处理游戏角色移动或旋转。例如本投篮游戏的一次投篮，用坐标定位篮球的位置。投手将篮球投出的点，是篮球出发点，例如(40,34)点，向篮板的(400,40)点移动，假设在6帧后篮球碰到篮板(400,40)点。先求出篮板的(400,40)点到篮球出发点(40,34)的差值，这是坐标的减法：dx,dy=(400−40),(40−34)=360,6，dx,dy=dx/6,dy/6=60,1，就是每一帧篮球在x和y方向增加的值，请注意，dx,dy 包含了篮球前进的数值和方向，方向是从投手将篮球投出的点(40,34)到篮板的(400,40)点。如篮球出发点(x,y)=(40,34)，则x+=dx，y+=dy是篮球一帧后球的新坐标，(x,y)变为(100,35)，这是坐标的加法。用勾股定理计算篮板的(400,40)点到篮球出发点(40,34)的距离，用于确定本次投篮的命中率。上节例子中，篮球的运动就是采用这种方法。如需旋转某点，还需更多代码。

如用向量处理投篮后篮球的移动，篮球起点坐标为(40,34)，可用从坐标原点(0,0)到篮球起点坐标(40,34)的位置向量v1表示，篮球终点是篮板的(400,40)点，用从坐标原点(0,0)到篮板(400,40)点的位置向量v2表示，则篮球从起点到篮板(400,40)点的位移向量v3=v2−v1，运算规则是：两向量相减，结果仍是向量，向量v3终点坐标等于向量v2终点坐标减去v1终点坐标，即(400−40,40−34)，v3终点坐标是(360,6)，v3是(360,6)点的位置向量，也是从原点(0,0)到(360,6)点的位移向量，因位移向量和起点无关，也是从篮球起点坐标(40,34)到篮板(400,40)点的位移向量，两向量方向和长度相同，但起点不同。这和上节的坐标减法规则相同，即dx,dy=400−40,40−34，只不过向量计算是由系统自动完成，用向量格式呈现。一般来讲，游戏角色从起点到终点的位移向量，等于终点位置向量减起点位置向量。

速度向量，是单位时间的位移向量，本投篮程序是篮球一帧(时间)的位移向量，篮球速度向量v=v3/6，是(0,0)点到(60,1)点的位移向量，这是向量乘(除)标量，v仍是向量，和v3方向相同，v向量长度是v3的六分之一。

1帧后，篮球新位置向量v4=v1+v，以后每经过1帧，篮球新位置向量为v4=v4+v。向量加法运算规则是：两个向量相加，例如v4=v1+v，和仍为向量，v1是篮球移动起始点的位置向量，v是起点为(0,0)的速度向量，v4是篮球从位置向量v1出发，以速度v前进，一帧后篮球所在点的位置向量，向量v4终点坐标等于位置向量v1终点坐标加上速度向量v终点坐标，向量v4的终点坐标为(100,35)。和坐标加法规则相同。向量加法v4=v1+v，等效于位置向量v1保持不动，速度向量v保持方向不变，将自己的起点移到v1向量的终点，向量v移动后的终点位置，就是一帧后篮球移动后的位置，即v4是一帧后篮球移动后的位置向量，这是向量加法的三角形法则。一般来讲，游戏角色移动后的位置向量，等于移动开始的位置向量加上一个起始点为(0,0)的位移向量或速度向量。

向量和坐标的加减法规则完全相同，两者的运算结果当然会完全一致。由于向量类提供若干方法，可得到向量长度，向量和x轴夹角，向量的终点坐标等属性，使用向量完成游戏角色的移动更简单。pygame.math.Vector2类用于处理二维向量，该类提供了一些方法，能得到二维向量类Vector2对象的一些属性，如有Vector2类对象v，v.length()得到向量v的长度；r,a=v.as_polar()，可得到向量v的长度r及该向量和x轴之间的夹角a；v.x和v.y得到向量v终点的坐标；另外还有v1=v.rotate(angle)，向量v1是向量v的终点围绕坐标系原点(0,0)旋转angle度所得向量，向量v长度和方向不变。v1=v.normalize()，向量v1是向量v的单位向量，和向量v方向相同，向量v1长度为1。下边以投篮游戏中投篮为例，说明Vector2二维向量类的用法。

```
>>> from pygame.math import Vector2          #导入pygame.math.Vector2二维向量类
>>> v1=Vector2(40,34)                        #v1是从坐标(0,0)到(40,34)的位置向量,代表点(40,34)
>>> v1                                        #向量v1终点记录角色位置，例如篮球起始坐标
<Vector2(40,34)>
>>> v1.x,v1.y
(40.0, 34.0)
>>> v2=Vector2(400,40)                        #位置向量v2代表球和篮板碰撞点(400,40)
>>> v3=v2-v1                                   #v3是从篮球起始点到和篮板碰撞点的位移向量
>>> v3                                         #也可直接计算v3=Vector2(400,40)-Vector2(40,34)
<Vector2(360, 6)>                              #v3是从(0,0)到(360, 6)点的位置向量，也是位移向量
>>> r,a=v3.as_polar()                          #r是向量v3的长度，a是向量v3和x轴夹角
>>> r,a                                         #r可理解为球起始点到球和篮板碰撞点距离
(360.04999652825995,0.9548412538721887)
>>> v=v3/6                                      #向量除(乘)以标量，向量方向不变，仅长度改变
>>> r,a=v.as_polar()                            #向量v3除以6，可理解为速度向量，每帧移动距离
>>> r,a
(60.00833275470999, 0.9548412538721887)
>>> v4=v1+v                                     #位移向量v平行移动，使v起点移到v1终点
>>> v4                                           #位置向量v4终点可理解为球从起始点一帧后坐标
<Vector2(100, 35)>
```

在上例中应看到，一个向量，由于其所在语句中的表达式不同，或在同一表达式的位置不同，向量代表的意义也可能不同，例如，在角色移动中，向量可能是代表一个点的位置向量，也可能是上节讨论的位移向量，还可能是速度向量，即每帧位移向量，以及后边将看到的法线向量等。在使用中，要根据具体情况，来判断向量的用途。例如v3=v2-v1，两个向量相减，在篮球移动中，向量v1是篮球移动起始点的位置向量，向量v2是篮球移动结束点的位置向量，v3是篮球从移动起始点到移动结束点的位移向量。又如v4=v1+v，在篮球移动中，v1是篮球移动的起始点的位置向量，v是速度向量(一帧的位移向量)，v4是篮球从起始点出发，按照速度向量前进，一帧后篮球所在的位置向量。

很多游戏要用到这些概念，例如，篮球、足球和射击等游戏。向量是处理这类问题常用的

方法，是编写游戏必须掌握的知识。在后边将定义Guard类，封装了防守者的行为。投手运球避开防守，跳起投篮，投中得一分。投手离篮筐越近，投篮准确率越高，但离篮筐越近，越可能碰到防守者，如碰到，游戏结束。防守者的目的是尽量靠近投手，投手为了避免碰到防守者导致游戏结束，就不能太靠近篮板，这将降低了投手投篮命中率。在Guard类中，将利用以上所讲向量概念处理防守者逼近投手的行为，使代码变得简单。

　　向量的运算还包括点积和叉积。点积是两个向量间的运算，运算结果是一个标量，是两个向量的长度值的积再乘以两向量夹角的余弦值。根据两个单位向量点积的值，可以判断两个向量之间的角度或角度范围，例如两个单位向量的点积等于1，说明两向量夹角是0度或360度，两个向量重合；两个单位向量点积越接近1，说明两个向量方向越接近。由于叉积涉及三维向量，这里就不介绍了。点积例子如下。

```
>>> from pygame.math import Vector2
>>> v=Vector2(0,2)              #从(0,0)点到(0,2)的向量，方向为y轴方向，长度为2
>>> v1=v.normalize()           #v1是v的单位向量，即向量长度为1，和v方向相同
>>> v1
<Vector2(0, 1)>
>>> v2=v1.rotate(60)           #v1终点以(0,0)为中心，逆时针旋转60度得到向量v2，v1不变
>>> a=v1.dot(v2)               #两向量的点积，a=v1长度*v2长度*cos(v1和v2夹角)
>>> a                          #a是标量，这里是0.5，小数点后的1是浮点数运算的误差
0.5000000000000001            #cos(60°)=0.5
```

　　在平面上，当球从左上方，向下碰到水平线，球运动轨迹和水平线的垂线夹角为α，球碰到水平线后，会在碰撞点向右上方反弹，球反弹轨迹和水平线垂线夹角仍然为α，球的这种运动现象被称为反射。反射也是一种碰撞。Pygame提供了reflect函数，根据角色反射前向量和法线向量，得到反射后的位移向量。这里用到法线概念，法线经常用于光照、碰撞等相关运算。二维空间中，如球碰到一条直线，这条直线的法线垂直该条直线，如球和x轴平行直线发生碰撞，其法线向量是y轴方向(或y轴反方向)的单位向量。下例给出一个球碰到下方水平直线反弹的例子，第一帧球从(0,0)点运动到(2,2)点，在(2,2)点有一条和x轴平行的直线，碰到该直线球将反弹。

```
>>> from pygame.math import Vector2
>>> v=Vector2(2,2)       #向量v理解为第1帧球从(0,0)运动到(2,2)，在(2,2)点碰到下方和x轴平行直线
>>> v
<Vector2(2, 2)>
>>> n=Vector2(0,-1)      #和y轴反向的单位向量n，作为反弹法线向量
>>> n
<Vector2(0, -1)>
>>> v1=v.reflect(n)      #球碰到(2,2)点后，以n为法线反弹，v1是反弹位移向量
```

```
>>> v1                         #可理解位移向量v1是反弹后，球1帧运动速度
<Vector2(2, -2)>
>>> v2=v+v1                    #向量加法，从向量v终点沿向量v1方向，移动向量v1长度
>>> v2                         #v为碰撞点，下一帧从v点反弹，球移到向量v2代表的点
<Vector2(4, 0)>
```

23.8　用向量旋转角色

本投篮游戏没有角色需要旋转，这里只是通过用向量控制角色旋转，进一步介绍向量的用法。内容包括使角色围绕自己中心旋转，或像地球围绕太阳那样，角色围绕远处某点旋转，或像坦克炮那样，线形角色以线端点为中心旋转，或使角色头部总是面向鼠标。

导入图片为Surface对象p，语句p1=pygame.transform.rotate(p,angle)使p围绕自己中心(即导入图片的中心)旋转angle角度，angle是浮点数，为正逆时针旋转，为负顺时针旋转，返回p1引用p旋转后的Surface对象，p保持不变。该旋转方法并不使用向量。

图片围绕自己中心旋转，就是说图片中心点坐标不变，图片其它各点坐标都会发生变化，因此为了使角色旋转后图像不抖动，唯一方法是旋转图片前和旋转图片后的图片中心点坐标保持不变。可用如下方法使图片旋转后的中心点坐标保持不变。

```
screen=pygame.display.set_mode((200,100))
p=pygame.image.load("pic/c.png").convert_alpha()    #导入图片。c.png是圆的图片文件，背景透明
rect=p.get_rect(center=(50,50))                      #设置p的中心(即导入图片的中心)初始坐标在(50,50)
p1=pygame.transform.rotate(p,angle)                  #p围绕自己中心旋转angle度，即图片围绕自己中心旋转
r=p1.get_rect(center=(50,50))                        #为避免抖动，旋转后p中心坐标必须仍在(50,50)
screen.blit(p1,r)                                     #显示旋转后图片。r引用的矩形左上角坐标会改变
```

图23-3

图像围绕自己中心旋转完整程序如下。先用圆的图片文件c.png(图23-3左图)，再用线的图片文件L1.png(图23-3右图)，分别查看不修改程序和按照注释语句修改程序的运行效果。可看到不修改程序，图像基本不抖动，这是因为程序使旋转后图片的中心坐标总是和初始图片中心坐标保持一致，为(50,50)。修改程序后，图像旋转抖动严重，这是因为旋转后，图片外接矩形左上角坐标保持不变，不能保证图片中心点坐标保持不变。还可以看到，有凸起的圆有轻微抖动，应是无凸起的圆的圆心和图片中心点不完全重合有关，而线段图像看起来没有抖动，是线段中心点和图片中心点完全重合。为了使类似圆这样的图像旋转时减少对称部分的抖动，在创建图片时，角色对称部分图形中心应和图片中心重合。

```
import sys,pygame
pygame.init()
screen=pygame.display.set_mode((200,100))
p=pygame.image.load("pic/c.png").convert_alpha()      #c.png是圆的图片文件,可改为线图片文件L1.png
rect=p.get_rect(center=(50,50))                        #p的中心(即导入图片的中心)初始坐标在(50,50)
fps=10
angle=0
fclock=pygame.time.Clock()
while True:
    for event in pygame.event.get():
        if event.type == pygame.QUIT:
            pygame.quit()
            sys.exit()
    screen.fill(pygame.Color('blue'))                  #设置窗体背景色，清除窗体所有图像
    p1=pygame.transform.rotate(p,angle)                #p围绕自己中心旋转angle度
    r=p1.get_rect(center=(50,50))                      #为避免抖动，p旋转后，其中心仍在(50,50)
    screen.blit(p1,r)                                  #如注释本条和上条语句，用下条语句，看看效果
    #screen.blit(p1,rect)                              #rect是初始图像外接矩形左上角坐标保持不变
    pygame.display.flip()
    angle+=10
    fclock.tick(fps)
```

如果希望图形像地球绕太阳那样旋转，也就是图形旋转中心是图形外某点，这就需要向量的概念。首先看下面4条语句。第1条语句创建一个起点是(0,0)、终点是(100,0)的向量。第2条语句的向量v以(0,0)为中心，100为半径，旋转angle度，得到向量v1。在计算机游戏中，直角坐标系原点在屏幕左上角，x轴向右为正方向，y轴向下为正方向，因此计算机游戏只显示坐标x和y都为正数的点。如果围绕(0,0)旋转360度，只有1/4时间，旋转向量可以看到。第3条语句创建一个位置向量c，其起点是(0,0)，终点是(175,150)，该位置向量代表(175,150)点，作为新的旋转中心。第4条语句是向量加法，向量v1起点平移到向量c代表的(175,150)点，v2是v1移动后的终点位置向量。如果在每一帧都执行第2和第4条语句，然后angle增加2度，v1的终点将以(175,150)为中心，100为半径旋转。如果希望图像以(175,150)为中心旋转，只需每一帧都执行第2和第4条语句后，令图像中心坐标等于向量v1终点坐标，即v2是图像中心的位置向量。

```
v=pygame.math.Vector2(100,0)        #从(0,0)点到(100,0)向量
v1=v.rotate(angle)                  #向量v以(0,0)为中心，100为半径，旋转angle度，得到v1
c=pygame.math.Vector2(175,150)      #c是(175,150)点位置向量
v2=c+v1                             #将向量v1起点移到向量c代表的(175,150)点，v2是v1的终点的新位置向量
```

下面是以坐标(175,150) 为中心，100为半径旋转有凸起的圆的完整程序。程序中，每帧中有凸起的圆图像都旋转角度−angle+180，这是因为圆凸起沿x轴正方向，为了使其指向旋转中心，初始必须先旋转180度，随着angle由0度开始，每帧增加2度，还必须增加负的angle度，才能使圆凸起总是指向旋转中心。

```
import sys,pygame
pygame.init()
screen=pygame.display.set_mode((350,300))
p=pygame.image.load("pic/c.png").convert_alpha()
length=100                              #旋转半径
#length=p.get_rect().width//2
v=pygame.math.Vector2(length,0)         #从(0,0)到(length,0)的向量
c=pygame.math.Vector2(175,150)          #c是(175,150)点位置向量
fps=20
angle=0                                 #旋转角度，每帧减少2度，顺时针旋转
fclock=pygame.time.Clock()
while True:
    for event in pygame.event.get():
        if event.type == pygame.QUIT:
            pygame.quit()
            sys.exit()
    screen.fill(pygame.Color('blue'))
    angle-=2                            #正数是顺时针，负数是逆时针
    p1=pygame.transform.rotate(p,-angle+180)  #使圆凸起部分指向圆心
    v1=v.rotate(angle)                  #向量v以(0,0)为中心旋转，终点坐标改变，得到v1
    v2=c+v1                             #将向量v1起点移到向量c代表的(175,150)点
    r=p1.get_rect(center=(int(v2.x),int(v2.y)))  #图形外接矩形中心点为(v2.x,v2.y)
    screen.blit(p1,r)                   #在矩形r指定位置显示图形
    pygame.display.flip()
    fclock.tick(fps)
```

为实现线段以其某端点为中心旋转，首先将上例中圆图像c.png文件替换为L1.png。取消程序中被注释的语句前的#，使用该语句即可，这将使旋转半径等于线段长度的一半。

游戏设计中，一些角色随鼠标移动，要求角色的头部总是指向鼠标。例如小蝌蚪随鼠标移动，蝌蚪头部必须指向鼠标，否则鼠标向蝌蚪尾部方向移动，看起来蝌蚪向后倒退，显然不合理。蝌蚪随鼠标移动比较容易做到，只要令蝌蚪中心坐标等于鼠标坐标值即可。但蝌蚪的头部总是指向鼠标，不用向量概念，就比较麻烦，如使用向量，则只用不多语句就能完成。如所画小蝌蚪从尾巴到头部初始沿x轴正方向，故认为和x轴夹角为0度。如小蝌蚪围绕其中心自转，蝌

蚪头部就可以指向任何方向，其和x轴夹角是旋转角度。前边讲到，鼠标位移向量=当前帧鼠标位置向量−前一帧鼠标位置向量，只要使小蝌蚪围绕其中心自转角度等于鼠标的运动向量的角度，就能使蝌蚪头部总是指向鼠标，实现代码如下：

```
oldMouse=pygame.math.Vector2(前一帧鼠标坐标x值, 前一帧鼠标坐标y值)        #前一帧鼠标位置向量
mouse_pos=pygame.mouse.get_pos()                                      #得到鼠标当前帧坐标
mouse=pygame.math.Vector2(mouse_pos)                                  #鼠标当前帧位置向量
mouseMove=mouse−oldMouse                                              #得到鼠标位移向量
r1,angle=mouseMove.as_polar()                          #得到鼠标位移向量角度angle(和x轴夹角)
p=pygame.transform.rotate(p1,−angle)                  #小蝌蚪Surface类对象p1头部旋转−angle
r=p.get_rect(center=mouse_pos)                        #蝌蚪中心移到当前帧鼠标位置
oldMouse=mouse                                        #保存当前帧鼠标向量作为前一次鼠标向量
screen.blit(p, r)                                     #在屏幕指定位置绘制旋转后的小蝌蚪图形
```

　　p1是导入小蝌蚪图片的Surface类对象，背景需透明。每次鼠标移动，将p1旋转−angle得到p，将p显示到屏幕。向量知识就介绍这么多，不涉及较难的向量知识，应该不难理解。但这些向量知识对于游戏编程却有很大帮助。

23.9　Guard类实现防守者功能

　　游戏中除了投篮者(投手)，还有一个防守者。因投篮者距离篮筐越近，投篮准确率越高，投篮者总是尽量靠近篮板投篮。而防守者初始位于篮下，投篮者距离防守者小于200，防守者开始逼近防守，向投篮者方向移动若干距离，如碰到投篮者，游戏结束。投篮者距离防守者大于200，防守者退回初始位置。定义Guard类封装防守者的行为。

```
class Guard():                                        #防守者类
    def __init__(self,screen):                        #screen是游戏主窗体，Surface类对象
        self.screen=screen
        self.images=[]
        for n in range(2):                            #将2帧图像保存到列表中
            p=pygame.image.load('pic/'+str(n+16)+'.png').convert_alpha()    #文件名为16.png、17.png
            r=p.get_rect()
            p=pygame.transform.scale(p,(r.width//6,r.height//6))            #调整图像的大小
            self.images.append(p)                     #保存到列表
        self.frameNum=0                               #防守者有2个造型，帧号，0,1
        self.vGuard=pygame.math.Vector2(400,300)      #防守者在窗体初始位置向量
        self.vPlayer=pygame.math.Vector2(0,0)         #投手在窗体位置向量
        self.PlayerFrameNum=0        #投手帧号。在显示防守者前，主程序给投手这两个变量赋值
```

```
    self.rect=None                          #调用blit绘制图形图像时，返回rect记录图形在screen位置，用来检测碰撞
def draw(self):                             #主程序调用，实现防守者动画
    p=self.images[self.frameNum]            #取出当前帧号防守者图形
    if self.vPlayer.x-self.vGuard.x<0:      #防守者总是面向投篮者(投手)
        p=pygame.transform.flip(p,True,False)
    vG_P=self.vPlayer-self.vGuard           #投手位置向量-防守者位置向量，是防守者到投手位移向量
    dist=vG_P.length()                      #防守者到投手距离
    vG_P.scale_to_length(5)                 #将向量长度变为5，是防守者向投手前进每帧位移向量
    if dist>200:                            #如距投手距离>200，返回初始点
        self.vGuard=pygame.math.Vector2(400,300)
    elif self.PlayerFrameNum<4:             #如投手未投篮，逼近投手，如投篮，防守者位置不变
        self.vGuard=self.vGuard+vG_P        #防守者移动后新位置。下句在屏幕绘制防守者，返回rect
    self.rect=self.screen.blit(p,(int(self.vGuard.x),int(self.vGuard.y)))   #记录防守者位置，用来检测碰撞
    self.frameNum+=1                        #改变防守者造型，仅有2个造型
    if self.framcNum==2:
        self.frameNum=0
```

23.10 用Rect类检测碰撞

在本投篮游戏中，投手运球尽量接近篮板投篮，距离篮板越近，投篮命中率越高。有一防守者阻止投手接近篮板，如果投手碰到防守者，游戏结束。用矩形图片可呈现一个游戏角色，可用矩形记录角色图片的位置和边界。导入游戏角色图片为pygame.Surface类对象，作为游戏中的角色，用Surface类get_rect()方法返回Rect(矩形)类对象，返回的矩形左上角坐标、矩形宽和高分别记录角色位置和边界。两个角色之间的碰撞，可用检测两个Surface类对象的矩形是否发生碰撞完成，实际上是检测两个矩形是否有坐标点相交。pygame.Rect类中有许多检测碰撞的方法，可检测点、矩形等是否在另一矩形中。用以下语句创建Rect类对象。其中参数left和top是矩形左上角的x和y坐标，width和height是矩形的宽和高。

```
rect =pygame.Rect(left,top,width,height)        #创建pygame.Rect类对象rect
```

Rect类提供了矩形一些常用属性，它们是：(x,y)、(top,left)都是矩形左上角的坐标；(bottom,right)是右下角的坐标；元组topleft、bottomleft、topright和bottomright，分别是矩形的左上角、左下角、右上角和右下角坐标；midtop、midleft、midbottom和midright 也是元组，分别是矩形上边、矩形左边、矩形底边和矩形右边的中点的坐标；矩形中心坐标是(centerx,centery)，centery是元组，也是矩形中心坐标。

pygame.Rect类的方法pygame.Rect.colliderect()用来检测两个 Rect 对象是否重叠，如有重叠返回True，否则返回False。如果player是投手Player类对象，guard是防守者Guard类对象，它们都有属性rect，用来记录自己边界和位置，那么判断投篮手和防守者是否发生碰撞的语句是：

player.rect.colliderect(guard.rect)

23.11 pygame显示中文

pygame 内建字体，其中也包括一些中文字体。首先要查看pygame支持哪些中文字体。用以下两条语句可显示pygame支持的所有字体名称，注意，中文字体名称是拼音，在pygame中有关字体的函数中，只能使用列出的拼音字体名称，例如，需要用"仿宋"字体，只能使用"fangsong"。

```
>>> import pygame
>>> print(pygame.font.get_fonts())
```

pygame不能直接在游戏窗体上显示字符。需要使用pygame.font模块，用以下步骤在游戏窗体显示字符。第一，首先必须用match_font('字体名称')方法得到所需内建字体文件名称(包括完整路径)。第二，使用得到的内建字体文件名称，创建这个内建字体的Font类对象，Font类中定义了很多处理字符的方法，最常用的方法是render()。第三，使用render方法返回一个Surface类对象，Surface类对象用来保存图像，该方法的参数1是需要显示的字符串，只能是单独一行，不支持换行符，字符串将被转换为图像，参数2=True表示在将字符转换为图像时，采取措施避免出现锯齿，参数3是字符颜色，参数4是字符背景色。第四，用Surface.Blit()方法将这个Surface类对象保存的字符图像复制到游戏窗体。下例在游戏窗体显示红色中文字符"你好"，背景色是蓝色。

```
import pygame,sys
pygame.init()
root=pygame.display.set_mode((200,100))          #游戏主窗体
font_name=pygame.font.match_font('fangsong')     #搜索参数指定的内建字体文件名称
font=pygame.font.Font(font_name,20)              #创建参数1指定字体文件的Font类对象，字符大小为20
aSurface=font.render('你好',True,[255,0,0],[0,0,255])    #返回一个Surface对象
while True:
    root.fill(pygame.Color('white'))                 #主窗体背景色，清除主窗体所有图像
    for event in pygame.event.get():
        if event.type == pygame.QUIT:
            pygame.quit()
            sys.exit()
    root.blit(aSurface,(50,30))                       #将aSurface拷贝到游戏窗体坐标为(50,30)位置
    pygame.display.flip()
```

23.12 完整主程序

以下是投篮游戏主程序全部代码，加上导入模块语句，以及3个类的定义，就是完整的投篮

游戏程序。

```python
import sys,pygame,math,random,os
class Ball():                                    #篮球类
    …                                            #请将Ball类所有代码添加到此处
class Player():                                  #Player类封装投手的行为
    …                                            #请将Player类所有代码添加到此处
class Guard():                                   #防守者类
    …                                            #请将Guard类所有代码添加到此处
pygame.init()
os.environ['SDL_VIDEO_WINDOW_POS']="%d,%d"%(200,40)    #游戏窗体距左侧和顶部点数为200,40
screen=pygame.display.set_mode((800,600))              #800,600是图片背景篮球场的宽和高
pygame.display.set_caption("投篮游戏")
bg_img=pygame.image.load("pic/篮球场1.png").convert()   #作为背景的篮球场图片
fps=4                                            #设定游戏帧速率
player=Player(screen)                            #创建Player类对象，是投手
ball=Ball(screen)                                #创建篮球类对象
guard=Guard(screen)                              #创建Guard类对象，防守者
font_name=pygame.font.match_font('kaiti')        #字体名称必须是拼音，这里是楷体
font1=pygame.font.Font(font_name,30)             #创建Font(字体)类对象
gameOver=False                                   #该次游戏是否结束，初始不结束
fclock=pygame.time.Clock()                       #创建时钟，用来控制动画帧速率
while True:
    for event in pygame.event.get():
        if event.type==pygame.QUIT:              #处理退出事件
            pygame.quit()
            sys.exit()
        if event.type==pygame.KEYUP:             #按键抬起事件，避免长按键不抬起
            if event.key==pygame.K_SPACE:        #按空格键后抬起事件
                if player.frameNum<4:            #如在运球状态，转投篮状态
                    player.frameNum=4            #已在投篮状态不处理
            if event.key==pygame.K_r and gameOver==True:    #按r键后抬起，重玩游戏
                gameOver=False
                ball.score=0                     #初始得分为0
    if gameOver==True:                           #如果该次游戏结束，后边程序不再执行
        fclock.tick(fps)                         #确保帧速率为fps
        continue                                 #未执行pygame.display.flip()语句，当前帧画面静止
    player.mouseX,player.mouseY=pygame.mouse.get_pos()    #将鼠标位置传递给投篮手用于运球
```

```
screen.blit(bg_img,(0,0))                                           #显示篮球场作为背景，清除主窗体所有图像
surface1=font1.render('得分:'+str(ball.score),True,[255,0,0])        #得分数转换为图像保存到surface1
screen.blit(surface1,(20, 20))                                      #在游戏窗体显示进球数(得分)
if player.frameNum>=4:                                              #如果投篮手帧号>=4，投篮手正在跳投
    player.jumpShot()                                               #调用投手跳投函数
    if player.frameNum==8:                                          #第8帧跳起手中无球，篮球要出现并开始向篮板运动
        ball.frameNum=1                                             #球向篮板运动第1帧
        ball.x,ball.y=player.x,player.y                             #球向篮板运动的起始位置
else:                                                               #如果投篮手帧号<4，投篮手正在运球
    player.dribble()                                                #调用投手运球函数
ball.draw()                                                         #调用球向篮板移动函数，如其帧数>9，会立即退出
guard.vPlayer=pygame.math.Vector2(player.x,player.y)                #将投手当前位置传递给防守者
guard.PlayerFrameNum=player.frameNum                               #将投手当前帧号传递给防守者
guard.draw()                                                        #调用防守者函数，显示防守者
if player.frameNum<4:                                              #仅在投手运球时，才会判断和防守者是否发生碰撞
    if player.rect.colliderect(guard.rect):                        #检测投篮者和防守者是否发生碰撞
        gameOver=True                                              #发生碰撞，游戏结束
        surface2=font1.render('重玩按r键',True,[255,0,0])           #'重玩按r键'转换为图像保存到surface2
        screen.blit(surface2,(20,100))                            #在游戏窗体显示'重玩按r键'
pygame.display.flip()                                              #刷新游戏场景
fclock.tick(fps)                                                    #确保帧速率等于帧速率fps
```

23.13　矩形碰撞检测缺点和圆形碰撞检测

在玩本章的投篮游戏时，当防守者和投手发生碰撞，游戏结束，两角色在碰撞后停止动作，在静止画面中，有时却发现防守者和投手没有发生碰撞，使游戏看起来不真实。发生这种情况的原因是用矩形碰撞检测函数查看两个角色是否发生碰撞。在游戏中一般用矩形图片来显示角色，图片中除角色图像，矩形图片其它部分称作背景(底色)。最简单的角色之间碰撞检测是检测呈现两个角色图片的外接矩形是否存在重叠，而这时可能仅是角色外接矩形发生碰撞，而图片中代表角色的图像并没有发生碰撞。为了验证该结论，编写一个程序，使用矩形碰撞检测，演示两个圆还未发生碰撞就检测到碰撞的现象。程序定义一个Circle类，请注意，要使用pygame.sprite.collide_rect(circleRed,circleBlue)函数检测Circle类的两个对象circleRed和circleBlue是否发生碰撞，要求在Circle类中有属性self.rect，记录图片的外接矩形。在程序中，有些注释为#6、#10等，这些数字是该行语句的行号，以后要修改这些带行号的语句。程序运行后，两角色未发生碰撞，窗体背景为白色。用左右箭头键移动带有黑色背景的圆，可看到，当黑色背景发生碰撞，窗体背景变为灰色，表示发生碰撞，而圆这时还未发生碰撞。如去掉第5行语句前的注释，使用该语句，运行后将看不到圆的背景色，用左右箭头键移动圆，两圆还未发生碰撞，窗体已变为灰色，表示发生碰撞。完整程序如下。

```
import pygame,sys
class Circle():
    def __init__(self,pos,color):                       #参数2是圆的位置，参数3是圆的颜色
        self.image=pygame.Surface((40,40))              #创建1个40×40的Surface对象image
        #self.image.set_colorkey((1,2,3))               #5，设置颜色(1,2,3)为透明色
        self.image.fill((1, 2, 3))                      #底色为黑色，使用上条语句，底色变为透明
        pygame.draw.circle(self.image,pygame.Color(color),(20,20),15)   #在image上画圆，角色的图形
        self.rect=self.image.get_rect(center=pos)       #rect是图片外接矩形，参数使image移到指定位置
        #self.radius=15                                 #9，圆半径=15，用于圆形碰撞检测
    def draw(self,aSurface):                            #该方法用于在游戏主窗体显示Circle类对象
        aSurface.blit(self.image,self.rect)
pygame.init()
screen=pygame.display.set_mode((200,100))              #游戏主窗体
pygame.display.set_caption("图形之间碰撞")
circleRed=Circle((30,30),'red')                        #创建红色Circle对象
circleBlue=Circle((100,55),'blue')                     #创建蓝色Circle对象
clock=pygame.time.Clock()
while True:
    for event in pygame.event.get():
        if event.type==pygame.QUIT:
            pygame.quit()
            sys.exit()
        if event.type==pygame.KEYDOWN:                 #如是键盘按下事件
            if event.key==pygame.K_RIGHT:              #键盘右键使蓝色圆向右移动
                circleBlue.rect.x+=5
            elif event.key==pygame.K_LEFT:             #键盘左键使蓝色圆向左移动
                circleBlue.rect.x-=5
    if pygame.sprite.collide_rect(circleRed,circleBlue):           #28，矩形碰撞检测。Circle类必须有self.rect属性
    #if pygame.sprite.collide_circle(circleRed,circleBlue):        #29，圆碰撞检测
    #if pygame.sprite.collide_circle_ratio(0.75)(circleRed,circleBlue):    #30，圆碰撞检测可改变半径值
        screen.fill((220, 220, 220))                   #如发生碰撞，窗体背景为灰色
    else:                                              #如没有发生碰撞
        screen.fill((255, 255, 255))                   #窗体背景为白色
    circleRed.draw(screen)                             #显示两个圆
    circleBlue.draw(screen)
    clock.tick(10)
    pygame.display.flip()
```

pygame有两个圆碰撞检测函数，用来检测两个圆形角色类对象之间的碰撞。检测两个圆碰撞函数如下。

pygame.sprite.collide_circle(圆形角色1, 圆形角色2)　　　　　　　#两个参数都是Circle类对象

pygame.sprite.collide_circle_ratio(k)(圆形角色1, 圆形角色2)

圆形角色必须用正方形图片来呈现，要求圆心和正方形图片中心重合。如Circle类中有名称为radius的属性(上例第9行)，指定了圆半径，两函数将检测两个分别用属性radius指定半径的圆之间碰撞，如没有radius属性，检测两个正方形图片的外接圆之间碰撞，相碰返回真。第2个方法和第1个方法的不同之处是，可以修改k值来缩放被检测碰撞的两个圆半径，具体是哪个圆半径，决定于是否有属性radius，k是一个浮点数，1.0是不改变圆半径，2.0是圆半径的两倍，0.5是圆半径的一半。

仍然使用前边程序验证。首先验证没有属性radius情况，在第5、9和28行前加注释符号#，去掉第29行前注释符#，运行后，窗体背景是白色。单击左箭头键使两图接近，两矩形未碰到，窗体背景变灰色，说明发生了碰撞，验证了没有属性radius，默认两个正方形图片的外接圆之间碰撞。然后验证有属性radius情况，去掉第5、9行注释符#，运行，实现了两圆正确碰撞。最后，验证没有属性radius，是用公式2实现了两圆的碰撞，第9、29行前加注释符号#，去掉第30行注释符，运行，也实现了两圆的碰撞，其中k=0.75，计算后的半径略大于实际半径，也实现了两圆正确碰撞。

23.14　用pygame.mask实现精准碰撞检测

在游戏中，有很多角色形状既不是矩形，也不是圆形，而是不规则形状，例如动物、人物和各种物体等，使用矩形碰撞和圆碰撞都无法实现精准碰撞检测。像本章投篮游戏中，应该只有防守者身体碰到投手的身体，才应认为发生了碰撞，游戏结束。两角色的背景相碰、防守者身体碰到投手的背景，甚至防守者碰到篮球，都不应该认为发生了碰撞。要实现角色之间的精准碰撞检测只能使用pygame.mask。

在游戏中一般用矩形图片来呈现角色，图片中除了角色图像(例如投手)外，图片矩形中其它区域称为背景(底色)。矩形图片是由m行n列像素点阵组成，一些像素点组成角色图像，这些像素点可称为角色像素点，另一些像素点组成背景，这些像素点可称为背景像素点。两图片由于移动而相交，两图片有若干像素点形成叠加，在所有叠加像素点中，如存在由两个角色像素点形成的叠加点，精准碰撞认为两角色发生了碰撞。为了实现这个目标，可创建一个和呈现角色的矩形图片有相同行列数的掩码矩阵(mask)，掩码矩阵中m行n列掩码对应矩形图片像素点阵的相同行列号像素点，如矩形图片像素点阵中某点是角色像素点，在掩码矩阵中对应的掩码值为1，该点像素点将参加碰撞检测，否则为0，将不参加碰撞检测。当两图片由于移动而相交，两图片有若干像素点形成叠加，叠加处是两个属于不同图片的像素点，两个像素点都有对应的掩码值，要逐一检查所有叠加处两个像素点对应的掩码值，如存在两个掩码值都为1的叠加像素点，两角色发生碰撞。如果检测两个背景透明的图片的碰撞，希望透明背景不参加碰撞检测，掩码

矩阵(mask)可以使对应图片透明的像素点的掩码为0，即图像背景不参加碰撞检测，其余的掩码设置为1。有两种方法使背景变为透明，因此得到图片的掩码矩阵(mask)也有两种方法。

```
#方法1
surf = pygame.surface.Surface((20,20), 0, 32)              #创建Surface类对象，即游戏角色
surf.fill(pygame.Color('white'))                          #背景色(底色)为白色
surf.set_colorkey(pygame.Color('white'))                  #使白色为透明色，这里是设置背景色为透明
pygame.draw.circle(surf,red,(10,10),10)                   #画一个圆，是角色的图形
rect = surf.get_rect(center=(90,35))                      #rect记录surf边界和位置
mask=pygame.mask.from_surface(surf)                       #mask中对应透明点掩码为0，不透明点为1
#方法2
surf1=pygame.image.load('迷宫去底色.png').convert_alpha()  #png图片，背景色已经设置为透明
rect1=surf1.get_rect()
mask1=pygame.mask.from_surface(surf1)                     #创建mask(掩码矩阵)
```

图片的掩码矩阵(mask)的作用是，掩码矩阵某点掩码值为1，才允许图片对应的点参加碰撞检测，否则不允许参加碰撞检测。因此，如果希望角色图像的一部分虽然被碰到，但不认为发生了碰撞，例如本章投篮游戏，希望防守者碰到篮球不发生碰撞，可以使用语句pygame.mask.Mask.set_at()方法修改 Mask 中给定位置的掩码值，即修改投手角色图像的mask中和篮球对应的所有点的掩码值为0。

检测上面两个Surface对象surf、surf1碰撞方法如下。

```
offset=rect1.x−rect.x,rect1.y−rect.y                      #使用下边语句检测碰撞，被减数和减数次序不能交换
#碰撞返回第1个碰撞点在mask(不是mask1)坐标(x,y)，注意同样也是surf的图片上碰撞点坐标
if mask.overlap(mask1,offset)!=None:                      #未碰撞返回None，用法见下节例子
if mask.overlap_area(mask1,offset)!=0:                    #返回发生碰撞的点数
mask2=mask.overlap_mask(mask1,offset)                     #返回掩码矩阵，surf对应像素点发生碰撞为1，否则为0
if pygame.sprite.collide_mask(角色1,角色2):               #发生碰撞返回True，否则返回False。使用方法见下例
```

编写一个pygame程序使用pygame.sprite.collide_mask(圆类对象, 圆环类对象)方法检测一个圆和一个圆环发生碰撞的情况，在圆类和圆环类中必须有属性rect和mask，该方法并不要求圆类和圆环类是pygame.sprite.Sprite派生类。程序运行后，两角色未发生碰撞，背景为白色。用左箭头键使蓝色圆接近红色圆环，当圆和圆环发生碰撞，背景色变灰色，到了圆环内部，因不发生碰撞，背景色恢复为白色。程序如下。

```
import pygame,sys
class Circle():
    def __init__(self,pos,color,radius,width):
```

```
        self.image=pygame.Surface((100,100))                    #创建1个100×100的Surface对象
        self.image.set_colorkey((1,2,3))                        #设置image中颜色(1,2,3)为透明色
        self.image.fill((1, 2, 3))                              #背景色为黑色，由于上条，背景色透明
        self.radius=radius                                      #画圆的半径
        self.width=width                                        #圆外轮廓线宽
        #参数顺序为:在self.image上画圆、圆外轮廓线颜色、圆心坐标、圆半径、圆外轮廓线宽，0为实心圆
        pygame.draw.circle(self.image,pygame.Color(color),(50,50),self.radius,self.width)
        self.rect=self.image.get_rect(center=pos)               #rect记录image宽高和位置，设定image位置
        self.mask= pygame.mask.from_surface(self.image)         #必须创建检测碰撞所需mask属性
    def draw(self,aSurface):
        aSurface.blit(self.image,self.rect)
pygame.init()
screen = pygame.display.set_mode((200,100))
pygame.display.set_caption("圆和环碰撞")
circleRed=Circle((50,50),'red',45,10)                           #创建红色Circle对象为圆环
circleBlue=Circle((150,50),'blue',15,0)                         #创建蓝色Circle对象为实心圆
clock = pygame.time.Clock()
while True:
    screen.fill((255, 255, 255))
    for event in pygame.event.get():
        if event.type == pygame.QUIT:
            pygame.quit()
            sys.exit()
        if event.type==pygame.KEYDOWN:                          #按键后按下事件
            if event.key==pygame.K_RIGHT:                       #使蓝色圆向右运动
                circleBlue.rect.x+=5
            elif event.key==pygame.K_LEFT:                      #使蓝色圆向左运动
                circleBlue.rect.x-=5
    if pygame.sprite.collide_mask(circleRed,circleBlue):
        screen.fill((200, 200, 200))
    else:
        screen.fill((255, 255, 255))
    circleRed.draw(screen)
    circleBlue.draw(screen)
    clock.tick(10)
    pygame.display.flip()
```

23.15　用mask实现走迷宫游戏

如迷宫图背景是白色，迷宫墙是黑色，红色小球从迷宫入口进入，走墙之间的路，到达终点后胜利。红色小球不能穿过迷宫墙，必须检测红色小球和墙的碰撞。可使用mask检测碰撞。窗体填充为白色。迷宫去底色.png文件中，除黑色迷宫墙外，其余部分透明，将迷宫图片复制到窗体，将只看到黑色迷宫墙，其余部分为窗体填充的白色。得到迷宫图掩码矩阵mask，这个掩码矩阵保证了小球和迷宫图背景不会产生碰撞，只和迷宫墙产生碰撞。之所以使用背景透明的图片，而不是直接用background.set_colorkey()方法将迷宫背景白色设置为透明，然后得到迷宫图片的mask，是因为从网上下载的图片各点背景白色值不同，有小误差，而将图片背景色设置为透明的程序允许背景白色有误差。红色小球处理方法同上一节中的小球，用mask.overlap方法检测迷宫图和红色小球之间碰撞。完整程序如下。

```python
import pygame,sys
white=pygame.Color('white')
pygame.init()
pygame.display.set_caption("迷宫")
screen=pygame.display.set_mode((350,320))
background=pygame.image.load('pic/迷宫去底色.png').convert_alpha()      #导入背景透明迷宫图片
rect=background.get_rect()
mask=pygame.mask.from_surface(background)
surf=pygame.surface.Surface((20,20),0,32)                            #创建红色小球图像
surf.fill(white)
surf.set_colorkey(white)
pygame.draw.circle(surf,pygame.Color('red'),(10,10),10)
mask1=pygame.mask.from_surface(surf)
rect1=surf.get_rect(center=(15,155))
fps=10
fclock=pygame.time.Clock()
while True:
    screen.fill(white)                                              #窗体填充为白色，清除上帧显示的图像
    for event in pygame.event.get():
        if event.type == pygame.QUIT:
            pygame.quit()
            sys.exit()
    if event.type == pygame.KEYDOWN:
        if event.key==pygame.K_LEFT:                                #如按下左箭头键
            rect1.x-=5                                              #下句参数2被减数和减数次序不能交换
            if rect1.x<0 or mask.overlap(mask1,(rect1.x-rect.x,rect1.y-rect.y))!=None: #实际上rect.x=rect.y=0
```

```
        rect1.x+=5
    elif event.key==pygame.K_RIGHT:
        rect1.x+=5
        if rect1.x>330 or mask.overlap(mask1,(rect1.x,rect1.y))!=None:        #迷宫图不动，左上角坐标为(0,0)
            rect1.x-=5
    elif event.key==pygame.K_UP:
        rect1.y-=5
        if rect1.y<0 or mask.overlap(mask1,( rect1.x,rect1.y))!=None:
            rect1.y+=5
    elif event.key==pygame.K_DOWN:
        rect1.y+=5
        if rect1.y>310 or mask.overlap(mask1,( rect1.x,rect1.y))!=None:
            rect1.y-=5
screen.blit(background,(0,0))                                 #迷宫图
screen.blit(surf,rect1)                                       #红色小球
pygame.display.flip()
fclock.tick(fps)
```

23.16 sprite.Sprite和sprite.Group

有些游戏中可能有很多类似角色。例如飞机大战游戏，有很多敌机侵犯领空，从顶部x方向的不同位置向下飞行，玩家控制一架飞机，在底部沿x方向向左或向右运动，并连续射击，试图击毁敌机，子弹向上移动，如子弹碰到敌机，敌机坠毁，玩家得1分。控制很多子弹和很多敌机是很麻烦的，首先必须用循环语句将子弹和敌机显示到游戏窗体，其次必须用循环语句检查每一个子弹是否和某一架敌机发生碰撞，每个子弹是否碰到上边界，每一架敌机是否碰到下边界。那么有没有办法将众多敌机和子弹放在一起统一管理呢？答案就是使用pygame.sprite.Sprite类和pygame.sprite.Group列表。该Group列表元素是游戏角色，和普通列表不同的是，Group能自动将列表中角色显示到游戏窗体，并提供函数能检测列表中每个角色是否和其它角色或其它Group列表中每个角色发生碰撞。对保存到列表Group中的角色有些特殊要求，必须定义以pygame.sprite.Sprite为基类的角色类，角色必须是该角色类对象，角色类定义中必须有名称为image和rect的属性。Image是导入的图片，用来呈现角色。rect记录了图片位置、宽度和高度，Group列表将自动调用方法pygame.surface.blit(Image,rect)，将列表中所有角色显示在游戏窗体，请注意调用的blit(Image,rect)方法的两个参数，就是角色定义中的两个属性Image和rect。因此在角色类定义中就不需要定义自己draw()方法。另外派生角色类可能需要重写 Sprite.update()方法，更新一些数据，例如每帧修改rect 属性使角色移动，以及修改image为角色的不同造型。

检测一个角色和Group列表中每个角色碰撞的2个方法，以及检测一个Group中每个角色和另一个Group中每个角色碰撞方法如下。请注意，在本段以及本节后续部分使用的"角色"这个词是指角色类的对象，角色类必须以pygame.sprite.Sprite为基类。

pygame.sprite.spritecollide(aSprite,group,True,collided)–> Sprite_list

pygame.sprite.spritecollideany(aSprite,group,collided)–>(group中一个和参数1发生碰撞的角色或None)

pygame.sprite.groupcollide(group1,group2,dokill1,dokill2,collided=None)–>Sprite_dict

  方法1，逐一检查列表group中所有角色是否和角色aSprite发生碰撞。返回列表Sprite_List，记录在列表group中，所有和角色aSprite发生碰撞的角色，如果没有碰撞发生，返回空列表。参数3是布尔值，如为True，所有发生碰撞的角色将从group中删除。collided参数决定采用哪种方法判断两个角色是否发生碰撞，有5种选项，这些选项都对应相应的碰撞方法，选项是：collide_rect,collide_rect_ratio, collide_circle,collide_circle_ratio ,collide_mask。除了第2个其余的前边都使用过。如忽略collided参数，采用矩形碰撞，在此情况下要求所有Sprite派生类必须有一个用来定义角色边界的属性"rect"。

  方法2，是第一个方法的简化版，仅返回group中和aSprite角色发生碰撞的一个角色，如无碰撞发生返回None，该方法不能删除group中发生碰撞的角色。该方法运行时间明显小于方法1，如仅判断是否发生碰撞，建议使用该法。参数collided意义相同。

  方法3，返回一个字典，这个字典的键是group1中的所有角色，如某键未和group2中任何角色发生碰撞，值为None，否则值为和键(group1角色)发生碰撞的group2中的角色。换句话讲，在这个返回字典中，如果键对应的值不为None，说明键(group1角色)和group2中的某个角色发生了碰撞，如键对应的值是None，说明该键没和任一角色发生碰撞。dokill1或dokill2，如为True，将删除group1或group2中发生碰撞的所有角色。

  用一个例子说明Group使用。程序运行后，有10个圆固定不动，每个圆的颜色可能是4种颜色中的一种。1个圆随鼠标移动。初始窗体背景色为白色。当移动的圆碰到固定不动的圆，窗体背景色变为被碰撞圆的颜色，由于碰撞圆的颜色和背景同色，将会看不见。

```
import pygame,random,sys
class Circle(pygame.sprite.Sprite):            #使用Group，其基类必须是pygame.sprite.Sprite
    def __init__(self,pos,color,*grps):        #*args表示有若干参数，个数不定
        super().__init__(*grps)                #基类的__init__方法
        self.color=color                       #圆的颜色
        self.image=pygame.Surface((32, 32))    #创建宽32、高32的Surface类对象，属性名称必须是image
        self.image.set_colorkey((1,2,3))       #设置image中颜色(1,2,3)为透明色
        self.image.fill((1, 2, 3))             #背景为黑色，由于上条，背景变为透明
        pygame.draw.circle(self.image,pygame.Color(color),(15, 15),15)  #在image上画圆，角色图形
        self.rect=self.image.get_rect(center=pos)          #将image移到指定位置，属性名称必须是rect
        self.mask=pygame.mask.from_surface(self.image)     #创建mask，将使用mask检测碰撞
pygame.init()
screen=pygame.display.set_mode((400, 300))
pygame.display.set_caption("两圆相碰改变背景色")
colors=['green','yellow','red','blue']         #圆颜色随机选择列表中的某种颜色
```

```
objects=pygame.sprite.Group()                                 #Group列表保存10个Circle类对象
for n in range(10):                                           #创建10个圆，颜色随机
    pos=random.randint(20,380),random.randint(20,280)         #位置随机，但固定不变
    Circle(pos,random.choice(colors),objects)                 #创建Circle对象并增加到列表objects
player=Circle(pygame.mouse.get_pos(),'dodgerblue')            #创建1个圆，将随鼠标移动和10个圆发生碰撞
clock=pygame.time.Clock()
while True:
    for e in pygame.event.get():
        if e.type == pygame.QUIT:
            pygame.quit()
            sys.exit()
    player.rect.center=pygame.mouse.get_pos()             #player随鼠标移动。下句得到objects中和player碰撞sprite
    aSprite=pygame.sprite.spritecollideany(player,objects,pygame.sprite.collide_mask)  #无碰撞返回None
    if aSprite:          #如发生碰撞，背景变为被碰撞圆的颜色，碰撞圆的颜色和背景同色，将看不见
        screen.fill(pygame.Color(aSprite.color))
    else:
        screen.fill((245,245,245))                            #无碰撞背景色是白色
    objects.update()                                          #本例没有重写该函数，删除此语句无影响
    objects.draw(screen)                                      #在窗体显示Group列表所有角色
    screen.blit(player.image,player.rect)
    clock.tick(10)
    pygame.display.update()
```

上节的迷宫游戏程序很简单，有兴趣可在此基础上完成吃豆游戏。在迷宫中非墙的位置可放豆子，豆子不能碰到迷宫墙壁。如在迷宫中有m点能放豆子，将这些点的坐标记录到列表中。随机从列表取出n(n<m)点用来放豆子。豆子被吃掉就要消失，豆子不能画到迷宫背景中。要定义以pygame.sprite.Sprite为基类的豆子类，创建pygame.sprite.Group列表保存所有豆子，创建吃豆者类，用pygame.sprite.spritecollide(吃豆者, group,True,collided)方法侦测吃豆者和豆子的碰撞，最后一个参数collided选择pygame.sprite.collide_mask，参数3为True，被吃豆者吃掉的豆子就会自动被从group列表中删除。当然还必须检测吃豆者和墙的碰撞，这和迷宫实现的方法相同。

23.17　颜色碰撞

pygame提供了一个函数，用这个函数可以为一个Surface类对象创建一个mask，用这个mask检测碰撞，该Surface类对象中，只有指定颜色像素点能参加碰撞检测。这个函数共有5个参数，这里只讨论前3个参数的使用，后两个参数使用默认值。仅有3个参数的函数定义如下。

```
pygame.mask.from_threshold(surface,color,threshold=(0,0,0,255))->mask          #返回参数1的mask
```

参数1是需要创建mask的Surface类对象。参数2为颜色，用来指定参数1中哪种颜色像素点被允许参加碰撞检测，是列表或元组，例如(R,G,B,A)或(R,G,B)，(R,G,B)默认A=255，不透明，字母大写用以区别参数1像素点颜色。参数3是阈值，每种颜色有红、绿、蓝和透明度4个分量，阈值是两颜色对应分量允许的最大绝对误差，阈值格式可记为(dr,dg,db,da)，参数3的默认值为(0,0,0,255)。用列表或元组记录参数1中某像素点颜色，例如元组(r,g,b,a)或(r,g,b)，(r,g,b)默认a=255，不透明，字母小写用以区别参数2颜色。那么参数1某像素点能够参加碰撞检测条件为：

abs(r–R)<dr and abs(g–G)<dg and abs(b–B)<db and abs(a–A)<da为真   #用此式创建参数1的mask

如希望参数1所有蓝色像素点都能参加碰撞检测，参数2的值应为(0,0,255,255),如参数1中某像素点颜色为(0,0,255,255)，两者颜色对应分量相减得到两者对应分量绝对误差为：(0,0,0,0)。不能使用参数3的默认值(0,0,0,255)作为阈值，默认阈值表示，红绿蓝三种颜色分量绝对误差小于0，透明度绝对误差小于255。两者绝对误差只能等于0，不可能小于0，因此使用函数参数3(阈值)默认值，将使参数1代表的Surface类对象中所有像素点都不能参加碰撞检测。可修改参数3(阈值)为(1,1,1,255)，将使参数1中所有蓝色像素点都能参加碰撞检测。参数1所有红色像素点颜色和参数2的颜色，两者颜色对应分量相减得到两者对应分量绝对误差为：(255,0,255,0)，不满足上式条件，参数1中所有红色像素点都不被允许参加碰撞检测。

参数1中的一些像素点颜色，可能和参数2的颜色不完全相同，有正负很小偏差，如希望这些颜色有偏差的像素点也能参加碰撞检测，那么就必须修改阈值，为红、绿和蓝分量都设定一个较大绝对误差上限，误差不超过上限，允许参加碰撞检测，这就是参数3的用途。例如，参数3为(2,2,2,255)，参数2为(0,0,255,255)，那么参数1中，颜色值为(1,1,254,255)、(0,1,254,255)、(1,0,255,255)等像素点，也能参加碰撞检测。

在游戏程序设计中，一个角色可能由不同颜色组成，有时希望只碰到其中一种颜色像素点才产生碰撞。下边例子介绍了实现该功能的具体步骤。在窗体画一个大红色圆环，环内有个蓝色实心圆，再画一个实心黄色小圆。移动黄色小圆接近大圆，希望碰到大红色圆环时，检测不到碰撞，只有碰到大红色圆环内蓝色圆时，才能检测到碰撞，发生碰撞时改变窗体背景色。定义Circle类，实心黄色小圆角色和外红色圆环内蓝色圆角色都是Circle类对象，注意红色圆环内有蓝色圆的角色，其mask只允许蓝色参加碰撞。完整程序如下。

```
import pygame,sys
class Circle(pygame.sprite.Sprite):                    #基类为pygame.sprite.Sprite
    def __init__(self,pos,color,radius,width):         #pos:圆心位置,其后依次为:颜色,圆半径,圆线宽
        pygame.sprite.Sprite.__init__(self)            #调用基类初始化函数
        self.image=pygame.Surface((100,100))           #创建1个100×100的Surface对象image
        self.image.set_colorkey((0,0,0))               #设置image中颜色(0,0,0)的颜色为透明色
        self.image.fill((0,0,0))                       #底色为黑色，由于上条，底色变为透明。
        #下句在self.image上画实心圆或画圆环，width=0，画实心黄色小圆，>0画红色圆环
        pygame.draw.circle(self.image,pygame.Color(color),(50,50),radius,width)
```

```
        if width>0:                          #如width>0，画圆环后，还要画实心蓝色圆，然后创建红色圆环蓝色圆mask
            pygame.draw.circle(self.image,pygame.Color('blue'),(50,50),25,0)              #画实心蓝色圆
            self.mask=pygame.mask.from_threshold(self.image,(0,0,255,255),(1,1,1,255))   #mask
        else:                                                #到这里一定是画的黄色小圆
            self.mask=pygame.mask.from_surface(self.image)   #黄色小圆的mask
        self.rect=self.image.get_rect(center=pos)            #将image移到指定位置
    def draw(self,aSurface):
        aSurface.blit(self.image,self.rect)
pygame.init()
screen=pygame.display.set_mode((200,100))
pygame.display.set_caption("和蓝色发生碰撞")
circleRed=Circle((50,50),'red',45,20)                    #创建大红色圆环和内部蓝色实心圆，Circle对象
circleyellow=Circle((150,50),'yellow',15,0)              #创建黄色小圆，Circle对象
clock=pygame.time.Clock()
while True:
    screen.fill((255,255,255))
    for event in pygame.event.get():
        if event.type == pygame.QUIT:
            pygame.quit()
            sys.exit()
        if event.type==pygame.KEYDOWN:                   #按键按下事件
            if event.key==pygame.K_RIGHT:                #按键盘右方向键使小黄球向右
                circleyellow.rect.x+=5
            elif event.key==pygame.K_LEFT:               #按键盘左方向键使小黄球向左
                circleyellow.rect.x-=5
    if pygame.sprite.collide_mask(circleRed,circleyellow):   #检测两圆是否发生碰撞
        screen.fill((200, 200, 200))                         #碰到蓝色发生碰撞，窗体背景变灰
    else:
        screen.fill((255, 255, 255))                         #不发生碰撞，窗体背景白色
    circleRed.draw(screen)
    circleyellow.draw(screen)
    clock.tick(10)
    pygame.display.update()
```

　　大型障碍类游戏有很多关，每关障碍物不同。为增加游戏的真实感，每关用不同照片作背景。将所有障碍物设计为角色不是好办法，由于每关障碍物的形状各异，如都用语句创建角色，导致游戏中的每一关，都要编写不同程序，修改背景中障碍物，导致程序变得十分复杂。比较实用的方法是预先把不同颜色障碍图形直接画在照片上，然后导入有不同颜色障碍物的照

片，再创建照片的Surface类对象作为游戏背景。显然不能将照片图像设置为透明，因此无法用pygame.mask.from_surface()创建mask，只能用函数pygame.mask.from_threshold()创建mask，用检测角色是否和指定颜色发生碰撞方法，确定障碍物。这样每关只需用画图程序在不同照片上，画各种颜色障碍物，然后导入照片作为背景，基本不用修改程序，就能实现游戏新的关卡，极大减少了工作量。很多游戏采用类似的思路。读者可将迷宫游戏修改为用颜色碰撞判断是否碰到迷宫墙。

参考文献

[1]Eric Matthes著. Python编程：从入门到实践. 袁国忠译. 北京：人民邮电出版社，2019.

[2]Al Sweigart著. Python和Pygame游戏开发指南. 李强译. 北京：人民邮电出版社，2018.

[3]Al Sweigart著. Python游戏编程快速上手. 李强译. 北京：人民邮电出版社，2018.

[4]Jacqueline Kazil　Katharine Jarmul著. Python数据处理. 张亮，吕家明译. 北京：人民邮电出版社，2018.

[5]Craig Steele等著. 编程真好玩：9岁开始学Python. 余宙华译. 海口：南海出版公司，2019.

[6]齐伟编著. 跟老齐学Python从入门到精通. 北京：电子工业出版社，2016.

[7]码高少儿编程编著. Python趣味编程与精彩实例. 北京：机械工业出版社，2020.